U0282617

内容简介

　　本教材以畜牧产业链各岗位典型工作任务为主线，以案例分析为载体，以职业技能培养为重点，在分析高职高专学生学习特点、实际需要和接受能力的基础上，结合动物寄生虫病防治的特点设计而成，是一本基于工作过程的项目式教材。

　　本教材紧扣动物疫病防治员、动物检疫检验工和宠物医师等国家职业标准和执业兽医资格考试大纲选择教学内容，并引入行业企业技术标准，按照工作岗位设计了认识动物寄生虫和动物寄生虫病，人畜共患、猪、牛、羊、鸡、犬和其他动物寄生虫病防治8个项目，其中包括33个任务和7个岗位操作任务，共选编了80余种动物寄生虫病。基于工作过程进行组织内容，在阐述寄生虫病原特征和生活史的基础上，对该寄生虫病的预防、诊断和治疗进行了详细阐述。其中还附有插图160余幅。

　　本教材可作为高职高专畜牧兽医类专业学生的教学用书，也可作为畜牧兽医工作者的学习参考书。

动物寄生虫病

 魏冬霞 匡存林 主编

DONGWU JISHENGCHONGBING

中国农业出版社
北京

"国家示范性高等职业院校建设计划"
骨干高职院校建设项目教材
编写委员会

《动 物 寄 生 虫 病》
编 审 人 员

序

　　农业类高等职业教育是高等教育的一种重要类型，在服务"三农"、服务新农村、促进农村经济持续发展、培养农村"赤脚科技员"中发挥了不可替代的引领作用。作为职业教育教学的核心——课程，是连接职业工作岗位的职业资格与职业教育机构的培养目标之间的桥梁，而高质量的教材是实现这些目标的基本保证。

　　江苏畜牧兽医职业技术学院是教育部、财政部确定的"国家示范性高等职业院校建设计划"骨干高职院校首批立项建设单位。学院以服务"三农"为宗旨，以学生就业为导向，紧扣江苏现代畜牧产业链和社会发展需求，动态灵活设置专业方向，深化"三业互融、行校联动"人才培养模式改革，创新"课堂—养殖场"、"四阶递进"等多种有效实现形式，构建了校企合作育人新机制，共同制定人才培养方案，推动专业建设，开展课程改革。学院教师联合行业、企业专家在实践基础上，共同开发了《动物营养与饲料加工技术》等40多门核心工学结合课程教材，合作培养社会需要的人才，全面提高了教育教学质量。

　　三年来，项目建设组多次组织学习高等职业教育教材开发理论，重构教材体系，形成了以下几点鲜明的特色：

　　第一，以就业为导向，明确教材建设指导思想。按照"以就业为导向、能力为本位"的高等职业教育理念，将畜牧产业生产规律与高等职业教育规律、学生职业成长规律有机结合，开发工学结合课程教材，培养学生的综合职业能力，以此作为教材建设的指导思想。

　　第二，以需要为标准，选择教材内容。教材开发团队以畜牧产业链各岗位典型工作任务为主线，引入行业、企业核心技术标准和职业资格标准，在分析学生生活经验、学习动机、实际需要和接受能力的基础上，针对实际职业工作需要选择教学内容，让学生习得工作需要的知识、技能和态度。

　　第三，以过程为导向，序化教材结构。按照学生从简单到复杂的循序渐进认知过程、从能完成简单工作任务到完成复杂工作任务的能力发展过程、从初学者到专家的职业成长过程，序化教材结构。

"千锤百炼出真知。"本套特色教材的出版是"国家示范性高等职业院校建设计划"骨干高职院校建设项目的重要成果之一，同时也是带动高等职业院校教材改革、发挥骨干带动作用的有效途径。

感谢江苏省农业委员会、江苏省教育厅等相关部门和江苏高邮鸭集团、泰州市动物卫生监督所、南京福润德动物药业有限公司、卡夫食品（苏州）有限公司、无锡派特宠物医院等单位在教材编写过程中的大力支持。感谢李进、姜大源、马树超、陈解放等职教专家的指导。感谢行业、企业专家和学院教师的辛勤劳动。感谢同学们的热情参与。教材中的不足之处恳请使用者不吝赐教。

是为序。

江苏畜牧兽医职业技术学院院长：

2012 年 4 月 18 日于江苏泰州

前　言

　　本教材根据《教育部关于加强高职高专教育人才培养工作的意见》《关于加强高职高专教育教材的若干意见》《关于全面提高高等职业教育教学质量的若干意见》等文件精神，集国家级示范性（骨干）高职院建设的成果，以畜牧产业链各岗位典型工作任务为主线，以工作过程为导向，以案例分析为载体，以职业技能培养为重点，在分析高职高专学生学习特点、实际需要和接受能力的基础上，结合动物寄生虫病防治的特点设计而成的基于工作任务的项目式教材。本教材具有以下特点和特色：

　　一、本教材引入了典型临床案例，这不仅使学生便于理解和学习，而且促进了理论知识和临床实践的结合，同时也便于教师教学，这是本教材特色之一。

　　二、本教材紧扣《动物疫病防治员国家职业标准》《动物检疫检验工国家职业标准》《兽医化验员国家职业标准》《宠物医师国家职业标准》和《执业兽医师考试大纲》而选择教学内容，并引入行业企业技术标准，以适用、够用、实用为度，按照工作岗位设计了认识动物寄生虫和动物寄生虫病、人畜共患寄生虫病防治、猪寄生虫病防治、牛寄生虫病防治、羊寄生虫病防治、鸡寄生虫病防治、犬寄生虫病防治和其他动物寄生虫病防治8个项目，其中包括33个任务和7个岗位工作任务，共选编了80余种动物寄生虫病。根据目前寄生虫病流行情况和畜牧业发展现状，删减了部分理论内容和部分寄生虫病，对一些不常见的寄生虫病以知识拓展的形式展现给读者。并力求教材内容具有科学性、针对性、应用性和实用性，并能反映新知识、新方法和新技术。

　　三、基于工作过程进行组织内容，在阐述寄生虫病原特征和生活史的基础上，通过典型案例展示，对该寄生虫病的预防、诊断和治疗进行了详细阐述，再现各种寄生虫病的预防、诊断和治疗过程。本教材还配有丰富的图片，每个项目前面设有项目设置描述、学习目标，后面设有岗位操作任务，项目小结和职业能力和职业资格测试，便于学习和教学使用。使学生通过本课程的学习，能轻松地掌握动物寄生虫的形态结构、寄生虫病发生和发展的规律、寄生虫病的预防、诊断和治疗这些寄生虫病的方法和技能，实现"教、学、做"一体化。

本教材适用于高职高专畜牧兽医类及相关专业的教材，还可以作为动物科学和动物医学技术人员或管理工作者的参考书。

本教材由来自江苏畜牧兽医职业技术学院（魏冬霞、匡存林、蔡丙严、吴植、齐富刚、刘莉、程汉、管远红）、郑州牧业工程高等专科学校（王秀君）、信阳农业高等专科学校（易先国）、江苏农林职业技术学院（刘海侠）、福建龙岩学院（黄翠琴）、中山大学中山医学院（张定梅）等6所高职院校有多年从事动物寄生虫病防制和教学科研经历的教师以及来自广东出入境检验检疫局（邓艳）和兰州兽医研究所（周东辉）的2名行业专家参加编写，本教材邀请了江苏畜牧兽医职业技术学院杨廷桂教授和中国检验检疫科学研究院动物检疫研究所副所长吴绍强研究员担任本书主审，还邀请了具有丰富临床实践经验的行业企业专家，梅里亚动物保健有限公司南大区经理胡轶鹏先生及重庆市畜牧科学院重庆泰通动物药业销售总经理、兽医师张俊丰先生担任本教材的企业指导。教材在编写过程中引用了国内外同行已发表的论文、著作，国家标准、地方标准、行业标准及网络资源等，谨向他们表示最诚挚的感谢！

限于编者的水平和经验有限，书中疏漏和不妥之处在所难免，恳请广大同行、师生及读者指正，多提宝贵意见。

编　者

2012 年 9 月

目　录

绪　论

（一）动物寄生虫病的概念

动物寄生虫病主要是阐明寄生于动物的各种寄生虫及其所引起的动物疾病。它一方面必须研究动物的寄生虫本身，即研究寄生在动物机体的各种寄生虫的形态结构、生活史、地理分布、在动物分类学中的位置等；另一方面必须研究由寄生虫引起的动物疾病的流行病学、症状、病理变化、免疫、诊断，以及在正确诊断的基础上施行防治的卫生保健措施等问题。所以，动物寄生虫病从广义上讲包含动物寄生虫和狭义上的动物寄生虫病两个方面。因此，研究寄生虫是研究寄生虫病的基础，必须对寄生虫有全面的了解，特别是掌握寄生虫形态特征、生活史、流行病学的规律，才可能正确地研究寄生虫病，从而采取切实有效的综合性防治措施。

（二）动物寄生虫病的地位

动物的疾病大体上可分为普通病，传染病和寄生虫病三大类。人类对疾病的认识是与社会的进步和科学技术的发展密切相关的，在个体农业经济的时期，家畜以分散饲养，役用为主，兽医工作以治疗普通病为主；随着畜牧业的发展，畜禽规模化饲养不断发展，畜产品及畜禽流动增加，畜禽传染病的传播与流行也随之增多，控制动物传染病的传播与流行成为主要课题，因而动物寄生虫病被一些急性流行性的烈性传染病所掩盖。随着兽医科学技术的发展，重要的烈性传染病逐步得到控制与消灭，而被忽视的寄生虫病就显得格外突出，养殖业遭受寄生虫病所造成的经济损失已超过传染病所带来的损失。现在对动物寄生虫病的危害性已开始有所认识，但远未被放在应有的位置，因而寄生虫仍然严重地危害着畜禽、伴侣动物、经济动物及水产动物的健康，阻碍着畜牧业的发展，使畜牧业遭受巨大的经济损失。有些寄生虫不仅会感染动物，还感染人，危害人体健康。这类寄生虫被称之为人畜（兽）共患寄生虫。例如，卫生部于2001年6月至2004年底在全国人体重要寄生虫病现状调查报告中显示，包虫病、囊虫病、卫氏并殖吸虫病、旋毛虫病和弓形虫病人畜重要寄生虫病的阳性率分别为12.04%、0.58%、1.71%、3.38%、7.88%。食源性寄生虫华支睾吸虫，其感染率比1990年上升了75%；西藏、四川两省（自治区）的带绦虫感染率比1990年分别上升了97%和98%。

（三）动物寄生虫病与各学科的关系

动物寄生虫病在畜牧兽医类学院既是动物医学专业、畜牧兽医专业、宠物医学专业、养禽与禽病专业等必须学习的一门临床课程，又是动物防疫与检疫专业、兽医检验专业桥梁性核心课程。这门学科和下列学科之间有着密切联系。动物解剖和生理、动物病理、动物药理、生物化学、动物临床诊断等都是动物寄生虫病的基础学科，动物防疫与检疫技术、动物防疫技术、牛病防治、猪病防治、禽病防治等课程又必须以动物寄生虫病为基础

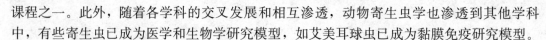

课程之一。此外，随着各学科的交叉发展和相互渗透，动物寄生虫学也渗透到其他学科中，有些寄生虫已成为医学和生物学研究模型，如艾美耳球虫已成为黏膜免疫研究模型。

（四）动物寄生虫病的危害

动物寄生虫病的危害主要包括对畜牧业生产和人类健康的危害。我国幅员辽阔，地形、气候等自然环境条件复杂，各地流行的寄生虫病种类、畜禽对寄生虫病的感染率和感染强度都不同。据统计，16 种畜禽的寄生虫多达 2 169 种，动物寄生虫病仍然是制约养殖业健康发展的重要原因之一。并且在这些寄生虫中很多都是人畜共患寄生虫，目前，世界上报道的人兽共患寄生虫病共约 100 余种，在我国存在的人兽共患寄生虫病达 53 类或种以上，严重威胁着人类的健康。

1. 动物寄生虫病对畜牧业生产的危害 许多寄生虫病往往呈慢性病理过程，主要导致病畜的消瘦、贫血，营养不良等，因其病情缓慢而易被其他非传染性脏器疾病或某些营养缺乏的疾病所混淆而被疏忽，从而使动物长期遭受感染和损害；此外，由于某些原虫病严重感染而发生急性的剧烈症状时，与某些急性传染病的表现相似。这类寄生虫病畜若不能及时给予正确的诊断与治疗，会造成大批死亡，或动物本身耐过急性期，则往往转入慢性或呈长期带虫现象。动物寄生虫病的危害，最终表现在造成巨大的经济损失。世界范围内最常见的肠道线虫猪蛔虫造成的猪肝废弃给 1999 年东欧养猪业带来价值 1 750 万美元的经济损失。在美国，寄生虫病使肥育猪多消耗的饲料，对养猪业造成 6 010 万美元的损失。我国从 20 世纪 80 年代初期至今，每年仅猪棘头虫病在四川省和重庆市两地引起的经济损失近 1 亿元；牛皮蝇蛆病仅在四川省一年引起的经济损失达 5 000 万元以上；山羊蠕形螨引起的山羊皮张损失每年达 1 000 多万元；包虫病，在青海，每年仅引起废弃肝的经济损失一项就达 2 625 万元，给我国畜产品销售造成的经济损失则逾 8 亿元人民币。全国每年因囊尾蚴病造成的经济损失可达 8 000 万元以上。另外，药物残留对动物产品和环境的污染以及对人体的危害，更是无法用经济指标进行估量。动物寄生虫病的危害具体主要表现在以下几个方面。

（1）引起动物大批死亡。有些动物寄生虫病可以在某些地区广泛流行，造成病畜的大批死亡。如肝片吸虫病、莫尼茨绦虫病、捻转血矛线虫病、肺线虫病、日本血吸虫病等蠕虫病以及牛梨形虫病、家兔和鸡球虫病等原虫病都可以发生地方性暴发性流行，引起畜禽的大批死亡。

另外，有些寄生虫病虽然呈慢性型经过，但在感染强度较大时也可以引起动物大批发病和死亡，如蛔虫病、姜片吸虫病、螨病等。

（2）影响幼畜生长发育和种畜繁殖能力。年幼动物最易遭到寄生虫感染，被寄生虫严重感染的幼畜常表现营养不良、消瘦、贫血等，从而生长发育迟缓。据报道，对仔猪蛔虫病所做的驱虫对比试验结果表明，患蛔虫病的仔猪比驱虫组的仔猪生长速度平均降低 36.9%。

种用动物感染寄生虫后，由于营养不良，常影响雌性动物的配种率和受胎率，易流产和早产，母乳分泌不足；雄性动物配种能力降低。有些寄生虫还直接侵害动物生殖系统降低其繁殖能力，如牛胎儿毛滴虫等。

（3）导致饲料的严重浪费，降低动物的生产性能。畜牧业是以饲料和饲草来换取畜（禽）和畜（禽）产品，达到最高的经济效益。而寄生虫则从宿主（畜、禽）体内夺取消化好的或半消化的营养物、组织液、血液等为其营养，借以生存与繁殖，正是人养畜，畜养虫；畜吃草（料），虫吃畜。虽然多数寄生虫感染呈慢性经过，甚至不出现临床症状，但可以明显地降低动物的生产性能，如肝片吸虫病的奶牛产乳量比健康奶牛降低 25％～40％；牛皮蝇蛆病可使皮革损失 10％～15％；羊混合感染多种蠕虫可使产毛量下降 20％～40％，增重减少 10％～25％，螨病可使羊毛损失 50％～100％。有的寄生虫甚至导致肉品及脏器不能利用，甚至整个胴体的废弃，如猪囊尾蚴病、牛囊尾蚴病、猪旋毛虫病、棘球蚴病、细颈囊尾蚴病和肉孢子虫病等。

（4）降低家畜的抗病能力，诱发或传播其他疾病。如蛔虫病严重感染的仔猪有 40％发生蛔虫性肺炎，30％发生呼吸困难，往往引起仔猪死亡。仔猪蛔虫病还可促进气喘病的病势，增加病猪死亡率。寄生虫除了自身是病原体外，它还传播其他疾病或为其他病原侵入畜禽打开门户。如体表寄生虫蚊吸血时给人和家畜带入日本乙型脑炎，蜱吸血时给牛羊带入梨形虫病。

2. 威胁人类的健康 寄生虫对人类的危害包括作为病原引起疾病、作为媒介引起疾病传播以及对经济的损失。许多种类的寄生虫不仅给养殖业造成巨大的经济损失，而且也严重危害人的生命和健康。如近两年在我国多个省市发生的因蜱叮咬人，而使人感染一种新型布尼亚病毒而死亡的现象。联合国开发计划署/世界银行/世界卫生组织联合倡议的热带病特别规划要求防治的 6 类主要热带病中，除麻风病外，其余 5 类都是人畜共患寄生虫病。它们是疟疾、血吸虫病、丝虫病、利什曼原虫病和锥虫病。血吸虫病、华支睾吸虫病、卫氏并殖吸虫病、包虫病、囊虫病、钩虫病、旋毛虫病、丝虫病、弓形虫病、利什曼原虫病、锥虫病、隐孢子虫病、贾第虫病等都构成公共卫生的严重威胁，有时甚至构成严重的社会问题。

（五）学习和研究动物寄生虫病的任务

现在对动物寄生虫病的危害性虽已开始有所认识，但远未被放在应有的位置，因而寄生虫仍然严重地阻碍着畜牧业生产的发展和人类的健康。这种现象与当前人民生活的改善，对畜产品及其加工制品日益增长的需求极不适应。因此，加强对动物寄生虫病的学习、研究和应用，从而对动物寄生虫病和人畜共患寄生虫病进行有效的防控，保障养殖业生产的发展和人类的健康，提高经济效益、社会效益和公共卫生水平已成为畜牧业生产上的重要任务。为此，必须掌握动物寄生虫病学的基础理论、动物寄生虫病的诊治技术和综合防治措施；保障动物不受或少受寄生虫的侵袭，使动物的寄生虫感染减少到最低程度，在不太长的时期内，在一切可能的地方要求做到基本上消灭危害动物最严重的几种寄生虫病。

另外，新中国成立后，虽然我国的寄生虫学的研究在寄生虫病的诊断、抗寄生虫药和疫苗的研发等防控方面取得了一些成就，但也应该看到，我国动物寄生虫病的研究水平与先进国家相比尚有距离，还存在着许多空白。另外，有关寄生虫的耐药性与耐药机制、生物安全、疫苗、受体理论、海洋寄生虫等一些问题已引起关注。因此，必须加速人才培养，提高科研水平，并使一些先进科技成果转化为现实生产力，为保证现代化畜牧业的快速发展和人类健康事业做出贡献。

认识动物寄生虫和动物寄生虫病

【项目设置描述】

　　本项目是根据《兽医化验员国家职业标准》和《动物疫病防治员国家职业标准》中专业基础的要求分析而来的，通过对寄生虫和寄生虫病的认识和了解，为各种动物寄生虫病的预防、诊断和治疗奠定基础。

【学习目标】

　　通过本项目的学习，你将能够认识寄生虫和宿主，掌握常用的寄生虫病预防、诊断和治疗的方法及技术；了解寄生虫免疫的特点以及在寄生虫病诊断和预防上的应用。并具备对寄生虫病进行预防、诊断、治疗的技能和一定的综合分析能力。

任务 1-1　了解寄生虫和宿主

一、寄生生活

　　随着漫长的生物演化过程，自然界中生物与生物之间的关系更显复杂。凡是两种生物在一起生活的现象，统称共生。在共生现象中根据两种生物之间的利害关系可粗略地分为共栖、互利共生、寄生等。

　　1. 共栖　两种生物在一起生活，其中一方受益，另一方既不受益，也不受害，称为共栖。例如，鮣用其背鳍演化成的吸盘吸附在大型鱼类的体表被带到各处觅食，这对鮣有利，对大鱼无利也无害。

　　2. 互利共生　两种生物在一起生活，在营养上互相依赖，长期共生，双方有利，称为互利共生。例如，牛、马胃内有以植物纤维为食物的纤毛虫定居，纤毛虫能分泌消化酶类，以分解植物纤维，获得营养物质，有利于牛、马消化植物，其自身的迅速繁殖和死亡可为牛、马提供蛋白质；而牛、马的胃为纤毛虫提供了生存、繁殖所需的环境条件。

　　3. 寄生　两种生物在一起生活，其中一方受益，另一方受害，后者给前者提供营养物质和居住场所，这种生活关系称寄生。受益的一方称为寄生物，受损害的一方称为宿主。例如，病毒、立克次氏体、胞内寄生菌、寄生虫等永久或长期或暂时地寄生于植物、动物和人的体表或体内以获取营养，赖以生存，并损害对方，这类营寄生生活的生物统称为寄生物，而营寄生生活的动物则称寄生虫，被寄生虫寄生的动物称为宿主。

二、寄生虫与宿主的类型

(一) 寄生虫的类型

由于寄生虫-宿主关系的历史过程的长短和相互间适应程度的不同，以及特定的生态环境的差别等因素，使这种关系呈现多样性，从而也使寄生虫显示为不同的类型。

1. 专一宿主寄生虫和非专一宿主寄生虫　这是从寄生虫寄生的宿主范围来分的。有些寄生虫只寄生于一种特定的宿主，对宿主有严格的选择性，称为专一宿主寄生虫。例如，人的体虱只寄生于人，马的尖尾线虫只寄生于马属动物等。这种相互间都具有严格的特异性的情况，称之为某种寄生虫是某种宿主的专性寄生虫和某种宿主是某种寄生虫的专性宿主。

有些寄生虫能够寄生于许多种宿主，缺乏一定的选择性，称为非专一宿主寄生虫。如肝片吸虫可以寄生于绵羊、山羊、牛等多种反刍兽，还有猪、兔、海狸鼠、象、马、犬、猫、袋鼠等多种动物和人。寄生虫的这种多宿主性导出了人畜共患病的概念。对宿主最缺乏选择性的寄生虫，是最富有流动性的，其危害性也最为广泛。其防治难度也大为增加。

2. 永久性寄生虫和暂时性寄生虫　这是从寄生虫的寄生时间来分的。某些寄生虫的一生均不能离开宿主，否则难以存活，称为永久性寄生虫。而只有在采食的时候才与宿主接触的寄生虫称为暂时性寄生虫。例如蚊子和臭虫，仅吸血时在宿主身上，吸血后随即离开。

3. 内寄生虫和外寄生虫　这是从寄生虫寄生的部位来分的。凡是寄生在宿主体外或体表（如皮肤、毛发）的寄生虫称为外寄生虫，如虱和螨都属于外寄生虫。有的外寄生虫属于永久性寄生，如虱子，它们总是由一个宿主的体表，通过接触转移到另一个宿主的体表；有的是暂时性寄生，如蚊子、臭虫。有一些寄生虫，虽然通常称之为外寄生虫，但实际上它们常常在表皮内，例如疥螨，它们在宿主皮肤的浅层挖掘隧道，在隧道中生活。

寄生于宿主体内（如体液、细胞组织和内脏等）的寄生虫称为内寄生虫，如吸虫、绦虫、线虫等。内寄生虫中，以寄生于消化道的寄生虫最多，呼吸系统、泌尿系统、神经系统、循环系统、肌肉、体腔和淋巴结等处也都有寄生虫。

4. 专性寄生虫和兼性寄生虫　这是从寄生虫对宿主的依赖性来分的。整个发育过程的各个阶段都营寄生生活或某个阶段必须营寄生生活的寄生虫称为专性寄生虫，如吸虫、绦虫等；既可以自立生活，又能营寄生生活的寄生虫称为兼性寄生虫，如类圆线虫、丽蝇等。

5. 单宿主寄生虫和多宿主寄生虫　按发育过程需要寄生的宿主数量可以把寄生虫分为单宿主寄生虫（土源性寄生虫）和多宿主寄生虫（生物源性寄生虫）。发育过程中仅需要一个宿主的寄生虫称单宿主寄生虫，如蛔虫、球虫等。发育过程中需要多个宿主的寄生虫称多宿主寄生虫，如肝片吸虫、绦虫等。

6. 机会致病寄生虫和偶然寄生虫　有些寄生虫在宿主体内通常处于隐性感染状态，但当宿主免疫功能受损时，虫体出现大量的繁殖和强致病力，称为机会致病寄生虫，如隐孢子虫。有些寄生虫进入一个不是其正常宿主的体内或黏附于其体表，这样的寄生虫称为偶然寄生虫，如啮齿动物的虱偶然叮咬犬或人。

(二) 宿主的类型

有些寄生虫的发育过程很复杂，不同的发育阶段寄生于不同的宿主，例如，幼虫和成虫阶段（指性成熟阶段的虫体，也就是能产生虫卵或幼虫的虫体）分别寄生于不同的宿主;有的甚至需要 3 个宿主,并且都是固定不变的,这样就出现了不同类型的宿主。因此按照宿主在寄生虫生活史中所起的作用可以将宿主区分为不同的类型。

1. 终末宿主 寄生虫的成虫或有性繁殖阶段寄生的宿主称之为终末宿主。例如,猪带绦虫的成虫寄生于人的小肠,所产虫卵随粪便排出并被猪吞咽之后,在猪的肌肉中发育为幼虫,人吃猪肉时,吃进了有生命力的幼虫,它们便在人的小肠中发育成熟。所以人是猪带绦虫的终末宿主。弓形虫的有性繁殖阶段(配子生殖)在猫体内完成,无性繁殖阶段在哺乳类、鸟类动物和人体有核细胞内完成,因此猫为弓形虫的终末宿主。

2. 中间宿主 寄生虫幼虫或无性生殖阶段寄生的宿主。如前述的猪带绦虫,幼虫寄生在猪的肌肉中,猪是猪带绦虫的中间宿主;弓形虫的无性繁殖阶段在哺乳类、鸟类动物和人体有核细胞内完成,因此,哺乳类、鸟类动物和人都是弓形虫的中间宿主。

3. 补充宿主 某些寄生虫在发育阶段需要两个中间宿主,通常把第二中间宿主称补充宿主,如华支睾吸虫的补充宿主是淡水鱼和虾。

4. 贮藏宿主 寄生虫在其体内不进行任何发育,但是仍保留活性和感染性,亦称转运宿主。贮藏宿主是终末宿主和中间宿主之间生态缺口的桥梁,在流行病学上具有重要意义。

5. 保虫宿主 某些经常寄生于某种宿主的寄生虫,有时也可以寄生于其他一些宿主,但不普遍且无明显危害,通常把这种不经常寄生的宿主称为保虫宿主。例如肝片吸虫可寄生于多种家畜和野生动物体内,那些野生动物就是肝片吸虫的保虫宿主。这种宿主在流行病学上有一定作用。

6. 超寄生宿主 许多寄生虫是其他寄生虫的宿主,此种情况称为超寄生。例如蚊子是疟原虫的超寄生宿主。

7. 带虫宿主 有时一种寄生虫病在自行康复或治愈以后,或处于隐性感染之时,宿主对寄生虫保持着一定的免疫力,但也保留着一定量的虫体感染,这时我们称之为带虫宿主,又称带虫者,称这种状态为带虫现象。带虫者最容易被忽略,常把它们视为健康动物。事实上,带虫者在经常不断地向周围环境中排出病原。在寄生虫病的防治措施中,对待带虫者是个极为重要的问题。带虫动物的健康状态下降时,可导致疾病复发。

8. 媒介 通常是指在脊椎动物宿主间传播寄生虫病的一种低等动物,更常指传播血液原虫的吸血节肢动物。其传播疾病的方式可分为生物性传播和机械性传播,前者是指虫体需要在媒介体内发育,例如,蚊子在人与人之间传播疟原虫,蜱在牛与牛之间传播双芽巴贝斯虫等。后者是指虫体不在昆虫体内发育,媒介昆虫仅起搬运作用。例如,虻、螫蝇传播伊氏锥虫等。媒介只是一个通常为了方便而使用的名词,完全不反映寄生虫—宿主关系的实质。例如疟原虫和双芽巴贝斯虫是在媒介——蚊和蜱的体内进行有性繁殖的。

寄生虫与宿主的类型是人为的划分,各类型之间有交叉和重叠,有时并无严格的界限。

三、寄生虫与宿主的相互影响

寄生虫与宿主的关系,包括寄生虫对宿主的损害及宿主对寄生虫的抵抗两个方面。寄生虫在宿主体内的移行、定居、发育和繁殖,均可对宿主造成损害,如机械性损伤、毒素作用、夺取营养、带入其他病原引起继发感染等。宿主机体为了抵抗寄生虫的侵袭,产生一系列复杂的防御反应,最主要的是免疫应答。由寄生虫抗原引起宿主的免疫应答一方面

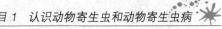

可杀灭寄生虫，减少寄生虫对宿主的损害，另一方面也可产生不利于宿主的免疫病理损害。寄生虫与宿主之间的相互影响贯穿于寄生生活的全过程。

（一）寄生虫对宿主的影响

寄生虫对宿主的影响主要表现在四个方面：

1. 掠夺营养　寄生虫在宿主体内生长、发育及繁殖所需的营养物质均来自宿主，寄生的虫体越多，对宿主营养的掠夺也越严重。有些肠道寄生虫，不仅可直接吸收宿主的营养物质，还可妨碍宿主吸收营养，致使宿主较易出现营养不良。

2. 机械性损伤　寄生虫在宿主体内移行和定居均可造成宿主组织损伤或破坏。如布氏姜片吸虫依靠强而有力的吸盘吸附在肠壁上，可造成肠壁损伤；并殖吸虫童虫在宿主体内移行可引起肝、肺等多个器官损伤；细粒棘球绦虫在宿主体内形成的棘球蚴除可破坏寄生的器官外还可压迫邻近组织，造成多器官或组织的损伤；蛔虫在肠道内相互缠绕可堵塞肠腔，引起肠梗阻。有些兼性或偶然寄生虫侵入人体或造成异位寄生，虫体在人体内的移行或定居引起宿主的组织损伤一般较专性寄生虫更为严重。如果寄生部位是脑、心、眼等重要器官，则预后相当严重，可致生活质量严重下降，甚至致命。

3. 毒性与免疫损伤　寄生虫的排泄物和分泌物、虫卵、死亡虫体的崩解物和蠕虫的蜕皮液等可能引起组织损害或免疫病理反应。如寄生于胆管系统的华支睾吸虫，其分泌物、代谢产物可引起胆管上皮增生，附近肝实质萎缩，胆管局限性扩张，管壁增厚，进一步发展可致上皮瘤样增生；血吸虫抗原与宿主抗体结合形成抗原抗体复合物可引起肾小球基底膜损伤；再如，钩虫成虫能分泌抗凝素，使受损肠组织伤口流血不止。

4. 引起继发感染　一些寄生虫侵袭或侵入宿主时，往往引起继发感染，一方面表现在寄生虫侵入宿主体内时常把多种病原体带入机体引起传染病和寄生虫病。如某些蚊虫传播日本乙型脑炎、某些蚤传播鼠疫杆菌；鸡异刺线虫传播火鸡组织滴虫；蠓和蚋传播鸡的住白细胞虫；某些蜱传播牛梨形虫病、森林脑炎、布鲁氏菌病和炭疽杆菌病等。另一方面表现在寄生虫的侵入、移行和寄生造成动物机体的损伤和免疫力的下降，为其他病原的侵入创造了条件和促进了疫病的发生。如经皮肤或黏膜感染的寄生虫，常在宿主的皮肤或黏膜等处造成损伤，给其他病原的侵入创造条件。移行期的猪蛔虫幼虫，为猪支原体进入猪肺创造了条件而发生气喘病。犬感染蛔虫、钩虫和绦虫时，比健康犬更易发生犬瘟热，鸡患球虫病时更易发鸡马立克氏病。

以上所述是寄生虫对宿主影响的一些主要方面。但寄生虫对宿主的影响常常是综合性的，多方面的。由于寄生虫的种类、数量和致病作用的差别，各种寄生虫对宿主的影响也各不相同。

（二）宿主对寄生虫的影响

寄生虫一旦进入宿主，机体必然出现防御性生理反应，产生非特异性和特异性的免疫应答。通过免疫应答，宿主对寄生虫产生不同程度的抵抗，力图抑制或消灭侵入的虫体。还有其他一些因素如宿主的自然屏障、营养状况、年龄、种属等也对寄生虫产生不同程度的影响。如一般成年动物、营养状况良好的动物具有较强的抵抗力，或抑制虫体的生长发育，或降低其繁殖力，或缩短其生活期限，或能阻止虫体附着并促其排出体外，或以炎症反应包围虫体，或能沉淀及中和寄生虫的产物等，对寄生虫的寄生产生一定影响。相反，幼龄动物和体弱的动物则很难抵抗寄生虫的侵入和寄生。

（三）寄生虫与宿主相互作用的结果

宿主与寄生虫相互作用，有三种不同结果：第一，完全清除。宿主将寄生虫全部清除，并具有抵御再感染的能力，但寄生虫感染中这种现象极为罕见。第二，带虫状态。宿主能清除部分寄生虫，并对再感染产生部分抵御能力，大多数寄生虫与宿主的关系属于此类型。第三，机体发病。宿主不能有效控制寄生虫，寄生虫在宿主体内发育甚至大量繁殖，引起寄生虫病，严重者可以致死。

寄生虫与宿主相互作用会出现何种结果则与宿主的遗传因素、营养状态、免疫功能、寄生虫种类、数量等因素有关，这些因素的综合作用决定了宿主的感染程度或疾病状态。

四、寄生虫的生活史

（一）寄生虫生活史的概念

寄生虫完成一代生长、发育和繁殖的整个过程称为生活史，也称发育史。寄生虫的种类繁多，生活史形式多样，简繁不一。

寄生虫的生活史包括寄生虫侵入宿主的途径、虫体在宿主体内移行及定居、离开宿主的方式，以及发育过程中所需的宿主（包括传播媒介）种类和内外环境条件等。总之，寄生虫完成生活史除需要适宜的宿主外，还受外界环境的影响。生活史越复杂，寄生虫存活的机会就越小，但其高度发达的生殖器官和生殖潜能可弥补这一不足。了解和掌握寄生虫的生活史，不仅可以认识动物和人体是如何感染某种寄生虫的，而且还可针对生活史的某个发育阶段采取有效的防治措施。

（二）寄生虫生活史的类型

依据寄生虫生活史中是否需要中间宿主，可大致分为两种类型：

1. 直接发育型　寄生虫完成生活史不需要中间宿主，虫卵或幼虫在外界发育到感染期后直接感染动物或人，称直接发育型。

2. 间接发育型　寄生虫完成生活史需要中间宿主，幼虫在中间宿主体内发育到感染期后经中间宿主才能感染动物或人。

在流行病学上，又将直接发育型的寄生虫称为土源性寄生虫；如蛔虫、钩虫等。将间接型发育型的寄生虫称为生物源性寄生虫。如日本血吸虫、猪带绦虫等。

（三）寄生虫完成生活史的条件

寄生虫完成生活史必须具备以下条件：

1. 适宜的宿主　适宜的甚至是特异性的宿主是寄生虫建立生活史的前提。

2. 发育到感染性阶段　寄生虫有多个生活阶段，并不是所有的阶段都对宿主具有感染能力。能使动物机体感染的阶段称为感染性阶段或感染期。虫体必须发育到感染性阶段（或称侵袭性阶段），才具有感染宿主的能力。

3. 适宜的感染途径　寄生虫均有特定的感染宿主的途径，如蛔虫感染途径是经口感染。

4. 接触　寄生虫必须有与宿主接触的机会。

5. 抵抗力　寄生虫必须能抵御宿主的抵抗力。

6. 移行　移行是指寄生虫从侵入部位，沿一定的路线到达其特定的寄生部位的过程。寄生虫进入宿主体后，往往要经过一定的移行路径才能最终到达其寄生部位，并在此生长、发育和繁殖。

五、寄生虫感染的免疫

(一)寄生虫免疫的特点

寄生虫免疫具有与微生物免疫所不同的特点,主要体现在免疫复杂性和带虫免疫两个方面。

1. 免疫的复杂性　由于绝大多数寄生虫是多细胞动物,因而组织结构复杂;虫体发育过程存在遗传差异,有些为适应环境变化而产生变异;寄生虫生活史十分复杂,不同的发育阶段具有不同的组织结构。这些因素决定了寄生虫抗原的复杂性,因而其免疫反应也十分复杂。

2. 带虫免疫　带虫免疫是指寄生虫感染后,虽然可以诱导宿主对再感染产生一定的抵抗力,但对体内原有的寄生虫则不能完全清除,维持较低的感染状态,使宿主免疫力维持在一定的水平,如果残留的寄生虫被清除,宿主的免疫力也随之消失。带虫免疫虽然可以在一定的程度上抵抗感染,但是这种抵抗力并不十分强大和持久。

(二)寄生虫免疫逃避

寄生虫可以侵入免疫功能正常的宿主体内,有些能逃避宿主的免疫效应,而在宿主体内发育、繁殖、生存,这种现象称为免疫逃避。其主要原因为:

1. 组织学隔离　寄生虫一般都具有较固定的寄生部位。有些寄生在组织中、细胞中和腔道中,特殊的生理屏障使之与免疫系统隔离,如寄生在眼部或脑部的囊尾蚴。有些寄生虫在宿主体内形成保护层如棘球蚴囊壁或包囊,在肌肉组织中形成包囊的旋毛虫幼虫也可逃避宿主的免疫效应。另外,还有一些寄生虫寄居在宿主细胞内而逃避宿主的免疫清除。如果寄生虫的抗原不被呈递到感染细胞的外表面,宿主的细胞介导效应系统不能识别感染细胞。有些细胞内的寄生虫,宿主的抗体难以对其发挥中和作用和调理作用。

2. 虫体抗原的改变

(1)抗原变异。寄生虫的不同发育阶段,一般都有其特异性抗原。即使在同一发育阶段。有些虫种抗原亦可产生变化。所以当宿主对一种抗原的抗体反应刚达到一定程度时,另一种型的抗原又出现了,总是与宿主特异抗体合成形成时间差,使宿主的免疫效应系统对其失去了作用。如锥虫。

(2)抗原模拟与伪装。有些寄生虫体表能表达与宿主组织抗原相似的成分,称为抗原模拟。有些寄生虫能将宿主的抗原分子镶嵌在虫体体表,或用宿主抗原包被,称为抗原伪装。如分体吸虫吸收许多宿主抗原,所以宿主免疫系统不能把虫体作为侵入者识别出来。

(3)表膜脱落与更新。蠕虫虫体表膜不断脱落与更新,与表膜结合的抗体随之脱落,从而出现免疫逃避。

3. 抑制宿主的免疫应答　寄生虫抗原有些可直接诱导宿主的免疫抑制。表现为:使B细胞不能分泌抗体,甚至出现继发性免疫缺陷;抑制性T细胞Ts的激活,可抑制免疫活性细胞的分化和增殖,出现免疫抑制;有些寄生虫的分泌物和排泄物中的某些成分具有直接的淋巴细胞毒性作用,或可以抑制淋巴细胞的激活等;有些寄生虫抗原诱导的抗体可结合在虫体表面,不仅对宿主不产生保护作用,反而阻断保护性抗体与之结合,这类抗体称为封闭抗体,其结果是宿主虽抗体滴度较高,但对再感染无抵抗力。

六、寄生虫的分类和命名

（一）分类

寄生虫分类的最基本的单位是种，是指具有一定形态学特征和遗传学特性的生物类群。近缘的种集合成属，近缘的属集合成科，以此类推为目、纲、门、界。为了更加准确表达动物的相近程度，在上述分类阶元之间还有一些"中间"元，如亚门、亚纲、亚目与超科、亚科、亚属、亚种或变种等。与动物医学相关的寄生虫分类如下：

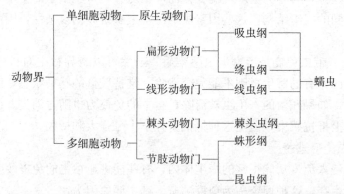

为了表述方便，习惯上将吸虫纲、绦虫纲、线虫纲、棘头虫纲的寄生虫统称为蠕虫；昆虫纲的寄生虫称为昆虫；原生动物门的寄生虫称为原虫。由其所致的寄生虫病则分别称为动物蠕虫病、动物昆虫病、动物原虫病。蛛形纲的寄生虫主要为蜱和螨。

（二）命名

1. 寄生虫的命名 采用双命名制法，用此方法为寄生虫规定的名称称为寄生虫的学名，即科学名。学名由两个不同的拉丁文或拉丁化文字单词组成，属名在前，种名在后。如 *Schistosoma japonicum*，中译名全名为：日本分体吸虫，其中 *Schistosoma* 是分体属，属名第一个字母应大写；*japonicum* 是种名，即日本的，种名的第一个字母小写。

2. 寄生虫病的命名 原则上以引起疾病的寄生虫属名定为病名，如阔盘吸虫属的吸虫所引起的寄生虫病称为阔盘吸虫病。在某属寄生虫只引起一种动物发病时，通常在病名前冠以动物种名，如鸭鸟蛇线虫病。但在习惯上也有突破这一原则的情况，如牛羊消化道线虫病，就是若干个属的线虫所引起寄生虫病的统称。

任务 1-2　认识寄生虫的形态和生活史

一、吸虫的形态和生活史

吸虫是扁形动物门吸虫纲的动物，包括单殖吸虫、盾殖吸虫和复殖吸虫三大类。寄生于畜、禽的吸虫以复殖吸虫为主，可寄生于畜禽肠道、结膜囊、肠系膜静脉、肾和输尿管、输卵管及皮下部位。兽医临床上常见的吸虫主要有肝片吸虫、姜片吸虫、日本分体吸虫、华支睾吸虫、并殖吸虫、阔盘吸虫、前殖吸虫，前后盘吸虫、棘口吸虫等。

（一）吸虫的形态

1. 外部形态 虫体多背腹扁平，呈叶状、舌状；有的似圆形或圆柱状，只有分体属的吸虫为线状。虫体随种类不同，大小在 0.3～75mm。体表常由具皮棘的外皮层所覆盖，体色一般为乳白色、淡红色或棕色。通常具有两个肌肉质杯状吸盘，一为环绕口的口吸盘，另一为位于虫体腹部某处的腹吸盘。腹吸盘的位置前后不定或缺失。

2. 体壁　吸虫无表皮，体壁由皮层和肌层构成皮肌囊。无体腔，囊内含有大量的网状组织，各系统的器官位居其中。皮层从外向内包括三层：外质膜、基质和基质膜。外质膜成分为酸性黏多糖或糖蛋白，具有抗宿主消化酶及保护虫体的作用。皮层具有进行气体交换，吸收营养物质的功能。肌层是虫体伸缩活动的组织。

3. 消化系统　一般包括口、前咽、咽、食道及肠管。口位于虫体的前端，口吸盘的中央。前咽短小或缺，无前咽时，口后即为咽。咽后接食道，下分两条肠管，位于虫体的两侧，向后延伸至虫体后部，末端封闭为盲肠，没有肛门，废物可经口排出体外。

4. 排泄系统　由焰细胞、毛细管、集合管、排泄总管、排泄囊和排泄孔等部分组成。焰细胞布满虫体的各部分，位于毛细管的末端，为凹形细胞，在凹入处有一束纤毛，纤毛颤动时很像火焰跳动，因而得名。焰细胞收集的排泄物，经毛细管、集合管集中到排泄囊，最后由末端的排泄孔排出体外。焰细胞的数目与排列，在分类上具有重要意义。

5. 神经系统　在咽两侧各有一个神经节，相当于神经中枢。从两个神经节各发出前后 3 对神经干，分布于背、腹和侧面。向后延伸的神经干，在几个不同的水平上皆有神经环相连。由前后神经干发出的神经末梢分布于口吸盘、咽及腹吸盘等器官。

6. 生殖系统　生殖系统发达，除分体属的吸虫外，皆雌雄同体。

雄性生殖系统包括睾丸、输出管、输精管、贮精囊、射精管、前列腺、雄茎、雄茎囊和生殖孔等。通常有两个睾丸，圆形、椭圆形或分叶，左右排列或前后排列在腹吸盘下方或虫体的后半部。睾丸发出的输出管汇合为输精管，其远端可以膨大及弯曲成为贮精囊。贮精囊接射精管，其末端为雄茎，开口于生殖孔。贮精囊、射精管、前列腺和雄茎可以一起被包围在雄茎囊内。贮精囊被包在雄茎囊内时，称为内贮精囊，在雄茎囊外时称为外贮精囊，交配时，雄茎可以伸出生殖孔外，与雌性生殖器官相交接。

雌性生殖系统包括卵巢、输卵管、卵模、受精囊、梅氏腺、卵黄腺、子宫及生殖孔等。卵巢的位置常偏于虫体的一侧。卵巢发出输卵管，管的远端与受精囊及卵黄总管相接。劳氏管一端接着受精囊或输卵管，另一端向背面开口或成为盲管。卵黄腺一般多在虫体两侧，由许多卵黄滤泡组成。卵黄总管与输卵管汇合处的囊腔即卵模，其周围由梅氏腺包围着（图1-1）。

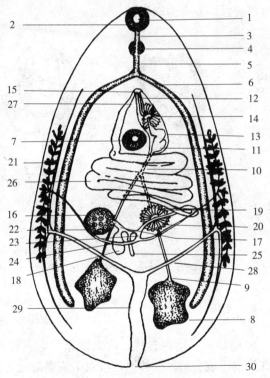

图1-1　复殖吸虫成虫的形态

1. 口　2. 口吸盘　3. 前咽　4. 咽　5. 食道　6. 盲肠　7. 复吸盘　8. 睾丸　9. 输出管　10. 输精管　11. 贮精囊　12. 雄茎　13. 雄茎囊　14. 前列腺　15. 生殖孔　16. 卵巢　17. 输卵管　18. 受精囊　19. 梅氏腺　20. 卵模　21. 卵黄腺　22. 卵黄管　23. 卵黄囊　24. 卵黄总管　25. 劳氏管　26. 子宫　27. 子宫颈　28. 排泄管　29. 排泄囊　30. 排泄孔

11

成熟的卵细胞由于卵巢的收缩作用而移向输卵管,与受精囊中的精子相遇受精,受精卵向前移入卵模。卵黄腺分泌的卵黄颗粒进入卵模与梅氏腺的分泌物相结合形成卵壳。子宫起始处以子宫瓣膜为标志。子宫的长短与盘旋情况随虫种而异,接近生殖孔处多形成阴道,阴道与阴茎多数开口于一个共同的生殖窦或生殖腔,再经生殖孔通向体外。

(二)吸虫的生活史

吸虫生活史为需宿主交替的较为复杂的间接发育型,中间宿主的种类和数目因不同吸虫种类而异。其主要特征是需要更换一个或两个中间宿主。第一中间宿主为淡水螺或陆地螺,第二中间宿主多为鱼、蛙、螺或昆虫等。发育过程经虫卵、毛蚴、胞蚴、雷蚴、尾蚴、囊蚴、成虫各期。

1. 虫卵 多呈椭圆形或卵圆形,除分体吸虫外都有卵盖,颜色为灰白、淡黄至棕色。有的虫卵在产出时,仅含胚细胞和卵黄细胞;有的已有毛蚴;有的在子宫内已孵化;有的必须被中间宿主吞食后才孵化;但多数虫卵需在宿主体外孵化。

2. 毛蚴 当卵在水中完成发育,则成熟的毛蚴即破盖而出,游于水中;无卵盖的虫卵,毛蚴则破壳而出。毛蚴体形近似等边三角形,多被纤毛,运动活泼。前部宽,有头腺,后端狭小。体内有简单的消化道、胚细胞、神经与排泄系统(图1-2)。游于水中的毛蚴,在1~2d内遇到适宜的中间宿主,即利用其头腺,钻入螺体内,脱去纤毛,移行至淋巴腔内,发育为胞蚴。

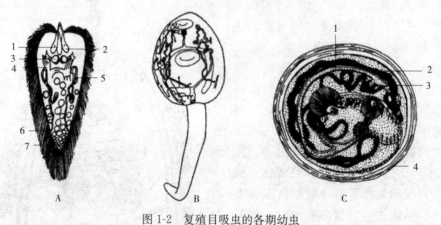

图1-2 复殖目吸虫的各期幼虫

A. 毛蚴:1. 头腺 2. 穿刺腺 3. 神经元 4. 神经中枢 5. 排泄管 6. 排泄孔 7. 胚细胞

B. 尾蚴

C. 囊蚴:1. 盲肠 2. 侧排泄管 3. 侧排泄管 4. 囊壁

(孔繁瑶.1997.家畜寄生虫学)

3. 胞蚴 呈包囊状,营无性繁殖,内含胚细胞、胚团及简单的排泄器。逐渐发育,在体内生成雷蚴。分体属的吸虫无雷蚴阶段,由胞蚴直接形成尾蚴。

4. 雷蚴 呈包囊状,营无性繁殖,有咽和盲肠,还有胚细胞和排泄器,有的吸虫仅有一代雷蚴,有的则存在母雷蚴和子雷蚴两期。雷蚴逐渐发育为尾蚴,成熟后即逸出螺体,游于水中。

5. 尾蚴 由体部和尾部构成。不同种类吸虫尾蚴形态不完全一致。尾蚴能在水中活跃地运动。体表具棘,有1~2个吸盘(图1-2)。尾蚴可在某些物体上形成囊蚴而感染终末宿主;或直接经皮肤钻入终末宿主体内,脱去尾部,移行到寄生部位,发育为成虫。但有些吸虫尾蚴需进入第二中间宿主体内发育为囊蚴，才能感染终末宿主。

6. 囊蚴　系尾蚴脱去尾部，形成包囊后发育而成，体呈圆形或卵圆形（图 1-2）。囊蚴是通过其附着物或第二中间宿主进入终末宿主的消化道内，囊壁被胃肠的消化液溶解，幼虫即破囊而出，经移行，到达寄生部位，发育为成虫。

二、绦虫的形态和生活史

寄生于畜禽的绦虫种类多、数量大，隶属于扁形动物门绦虫纲，其中只有圆叶目和假叶目绦虫对畜禽和人具有感染性。绦虫的分布极其广泛，成虫和其中绦期虫体——绦虫蚴都能对人畜造成严重的危害。

（一）绦虫的形态

1. 外部形态　绦虫呈背腹扁平的带状，白色或淡黄色。虫体大小随种类不同，小的仅有数毫米，如寄生于鸡小肠的少睾变带绦虫；大的可达 10m 以上，如寄生在人小肠的牛带吻绦虫，最长可达 25m 以上。一条完整的绦虫由头节、颈节和体节三部分组成。

（1）头节。头节位于虫体的最前端，为吸附和固着器官，种类不同，形态构造差别很大。圆叶目绦虫的头节上有 4 个圆形或椭圆形的吸盘，如莫尼茨绦虫等。有的种类在头节顶端的中央有一个顶突，其上有一圈或数圈角质化的小钩，如寄生于人小肠的猪带绦虫、寄生于犬小肠的细粒棘球绦虫等。顶突的有无、顶突上钩的形态、排列和数目在分类定种上有重要的意义。假叶目绦虫的头节一般为指形，在其背腹面各具一沟样的吸槽。四叶目头节为长形吸着器官，上有 4 个叶状结构（图 1-3）。

曼氏迭宫绦虫　　微小膜壳绦虫　　肥胖带吻绦虫　　链状带绦虫

图 1-3　各种绦虫头节

（2）颈节。颈节是头节后的纤细部位，和头节、体节的分界不甚明显，其功能是不断生长出体节。但亦有缺颈节者，其生长带则位于头节后缘。

（3）体节。体节由节片组成。节片数目因种类差别很大，少者仅有几个，多者可达数千个。绦虫的节片之间大多有明显的界限。节片按其前后位置和生殖器官发育程度的不同，可分为未成熟节片、成熟节片和孕卵节片。

未成熟节片简称"幼节"，紧接在颈节之后，生殖器官尚未发育成熟。成熟节片简称"成节"，在幼节之后，节片内的生殖器官逐渐发育成具有生殖能力的雄性和雌性两性生殖器官。孕卵节片简称"孕节"，随着成节的继续发育，节片的子宫内充满虫卵，而其他的生殖器官逐渐退化、消失。

因为绦虫的生长发育总是由前向后逐渐进行，因此，居于后部的节片依次比前部的节片成熟度高，越老的节片距离头端越远，达到孕节时，孕节最后的节片逐节或逐段脱落，而前部新的节片从颈节后部不断地生成。这样就使绦虫保持着各自固有的长度范围和相应的节片数目。

2. 体壁　绦虫体壁的最外层是皮层，皮层覆盖着链体各个节片，其下为肌肉系统，

13

由皮下肌层和实质肌层组成。皮下肌层的外层为环肌，内层为纵肌。纵肌贯穿整个链体，唯在节片成熟后逐渐萎缩退化，越往后端退化越为显著，于是最后端孕节能自动从链体脱落。绦虫无消化系统，靠体壁的渗透作用吸收营养物质。

3. 实质 绦虫无体腔，由体壁围成一个囊状结构，称为皮肌囊。囊内充满着海绵样的实质，也称髓质区，各器官均埋藏在此区内。在发育过程中，形成的实质细胞膨胀产生空泡，空泡的泡壁互相连系而产生细胞内的网状结构；各细胞间也有空隙。通常节片内层实质细胞会失去细胞核，而每当生殖器官发育膨胀，便压迫这些无核的细胞，它们退化后可变为生殖器官的被膜。另外，在实质内常散在有许多球形的或椭圆形的石灰小体，具有调节酸碱度的作用。

4. 排泄系统 链体两侧有纵排泄管，每侧有背、腹两条，位于腹侧的较大，纵排泄管在头节内形成蹄系状联合；通常腹纵排泄管在每个节片中的后缘处有横管相连。一个总排泄孔开口于最早分化出现的节片的游离边缘中部。当此头 1 个节片（成熟虫体的最早 1 个孕节）脱落后，就失去总排泄孔，而由排泄管各自向外开口。排泄系统起始于焰细胞，由焰细胞发出来的细管汇集成为较大的排泄管，再和纵管相连。

5. 生殖系统 除个别虫种外，绦虫均为雌雄同体。即每个节片都具有雄性和雌性生殖系统各一套或两套，故其生殖器官特别发达。

生殖器官的发育是从紧接颈节的幼节开始分化的，最初节片尚未出现雌、雄的性别特征，继后逐渐发育，开始先见到节片中出现雄性生殖系统，接着出现雌性生殖系统的发育，后形成成节。在圆叶目绦虫节片受精后，雄性生殖系统渐趋萎缩尔后消失，雌性生殖系统至子宫扩大充满虫卵时，其他部分亦逐渐萎缩消失，至此即成为孕节，充满虫卵的子宫占满了整个节片。而在假叶目，由于虫卵成熟后可由子宫孔排出，子宫不如圆叶目绦虫发达（图 1-4）。

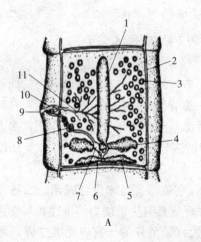
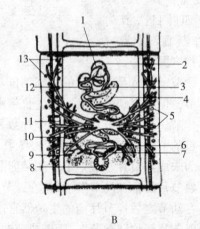

A   B

图 1-4 绦虫生殖系统构造模式

A. 圆叶目 1. 子宫 2. 排泄管 3. 睾丸 4. 卵巢 5. 卵黄腺 6. 梅氏腺 7. 受精囊
8. 阴道 9. 生殖孔 10. 雄茎囊 11. 输精管

B. 假叶目 1. 雄茎 2. 雄茎囊 3. 阴道 4. 子宫 5. 睾丸 6. 卵黄管 7. 受精囊
8. 梅氏腺 9. 卵巢 10. 卵黄腺 11. 排泄管 12. 输精管 13. 睾丸

（1）雄性生殖器官。雄性生殖器官有睾丸一个至数百个，呈圆形或椭圆形，连接着输出管。睾丸多时，输出管互相连接成网状，至节片中部附近会合成输精管，输精管曲折蜿蜒向边缘推进，并有两个膨大部，一个在未进入雄茎囊之前，称外贮精囊，一个在进入雄茎囊之后，称内贮精囊，与输精管末端相接的部分为射精管及雄茎。雄茎可自生殖腔向边缘伸出。雄茎囊多为圆囊状物，贮精囊、射精管、前列腺及雄茎的大部分都包含在雄茎囊内。雄茎与阴道分别在上下位置向生殖腔开口，生殖腔在节片边缘开口，称为生殖孔。

（2）雌性生殖器官。卵模在雌性生殖器官的中心区域，卵巢、卵黄腺、子宫、阴道等均有管道（如输卵管、卵黄管）与之相连。卵巢位于节片的后半部，一般呈两瓣状，由许多细胞组成。各细胞有小管，最后汇合成一支输卵管，与卵模相通。阴道（包括受精囊——阴道的膨大部分）末端开口于生殖腔，近端通卵模。卵黄腺分为两叶或为一叶，在卵巢附近（圆叶目），或成泡状散布在髓质中（假叶目），由卵黄管通往卵模。子宫一般为盲囊状，并且有袋状分支，由于没有开口，虫卵不能自动排出，需孕卵节片脱落破裂时才散出虫卵。虫卵内含具有 3 对小钩的胚胎，称为六钩蚴。有些绦虫包围六钩蚴的内胚膜形成突起，似梨形而称为梨形器。有些绦虫的子宫退化消失，若干个虫卵被包围在称为副子宫的袋状腔内。

6. 神经系统 神经中枢在头节中，由几个神经节和神经联合构成；自中枢部分通出两条大的和几条小的纵神经干，贯穿各个体节，直达虫体后端。

（二）绦虫的生活史

绦虫的发育比较复杂，绝大多数在其生活史中都需要一个或两个中间宿主。寄生于家畜体内的绦虫都需要中间宿主，才能完成其整个生活史。绦虫在其终末宿主体内的受精方式大多为自体受精，但也有异体受精或异体节受精的。

1. 圆叶目绦虫的发育 圆叶目绦虫寄生于终末宿主的小肠内，孕卵节片（或孕卵节片先已破裂释放虫卵）随粪便排出体外，被中间宿主吞食后，卵内六钩蚴逸出（图1-5），在寄生部位发育为绦虫蚴期，此期称为中绦期。如果以哺乳动物作为中间宿主，在其体内发育为囊尾蚴、多头蚴或棘球蚴等类型的幼虫；如果以节肢动物和软体动物等无脊椎动物作为中间宿主，则发育为似囊尾蚴（图1-6）。

当终末宿主吞食了含有幼虫的中间宿主或其组织后，在胃肠内经消化液作用，蚴体逸出，头节外翻，吸附在肠壁上，逐渐发育为成虫。

2. 假叶目绦虫的发育 假叶目绦虫的子宫向外开口，虫卵（图1-5）可从子宫孔排出，随终末宿主粪便排出外界。在水中适宜条件下孵化为钩毛蚴（钩球蚴），被中间宿主（甲壳纲昆虫）吞食后发育为原尾蚴，含有原尾蚴的中间宿主被补充宿主（鱼、蛙类或其他脊椎动物）吞食后发育为实尾蚴（裂头蚴）（图1-6），终末宿主吞食带有实尾蚴的补充宿主而感染，在其消化道内经消化液的作用，蚴体吸附在肠壁上发育为成虫。

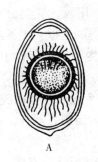

图 1-5 绦虫虫卵构造模式

A. 假叶目 B. 圆叶目

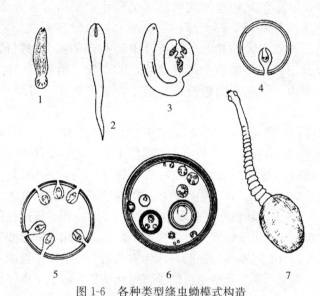

图1-6　各种类型绦虫蚴模式构造

1.原尾蚴　2.裂头蚴　3.似囊尾蚴　4.囊尾蚴　5.多头蚴　6.棘球蚴　7.链尾蚴

三、线虫的形态和生活史

线虫数量大，种类多，分布广，已报道有50万余种；营自由生活者有海洋线虫、淡水线虫、土壤线虫，寄生者有植物线虫和动物线虫。后者只占线虫中的一小部分，且多数是土源性线虫，一般是混合寄生。据统计，牛、羊、马、猪、犬和猫的重要线虫寄生种数合计约达300多种。

（一）线虫形态构造

1. 外部形态　线虫通常为细长的圆柱形或纺锤形，有的呈线状或毛发状。通常前端钝圆、后端较细。整个虫体可分为头端、尾端、腹面、背面和两侧面。活体通常为乳白色或淡黄色，吸血的虫体常呈淡红色。虫体大小随种类不同差别很大，如旋毛虫雄虫仅1mm长，而麦地那龙线虫雌虫长达1m以上。家畜寄生线虫均为雌雄异体。雄虫一般较小，雌虫稍粗大。

2. 体壁　体壁由无色透明的角皮即角质层、皮下组织和肌层构成。角皮光滑或有横纹、纵线。某些线虫虫体外表还常有一些由角皮参与形成的特殊构造（图1-7），如头泡、唇片、叶冠、颈翼、侧翼、尾翼、乳突、交合伞等，有附着、感觉和辅助交配等功能，其位置、形状和排列是分类的依据。皮下组织在虫体背面、腹面和两侧中央部增厚，形成四条纵索。这些排泄管和侧神经干穿行于侧索中，主神经干穿行于背、腹索中（图1-8）。

3. 假体腔　体壁包围着一个充满液体的腔，此腔没有源于内胚层的浆膜作衬里，所以称为假体腔。内有液体和各种组织、器官、系统。假体腔液液压很高，维持着线虫的形态和强度。

4. 消化系统　消化系统包括口孔、口腔、食道、肠、直肠、肛门（图1-9）。口孔位于头部顶端，常有唇片围绕。无唇片的寄生虫，有的在该部分发育为叶冠、角质环。有些线虫在口腔内形成硬质构造，称为口囊，有些在口腔中有齿和切板等。食道多为圆柱状、

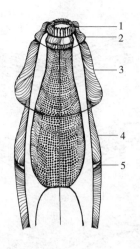
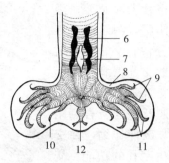

图 1-7　线虫角皮的分化构造

1. 叶冠　2. 头泡　3. 颈泡　4. 颈翼　5. 颈乳突　6. 交合刺

7. 引器　8. 背叶　9. 腹肋　10. 外背肋　11. 侧肋　12. 背肋

（朱兴全 . 2006. 小动物寄生虫病学）

棒状或漏斗状。有些线虫食道后膨大为食道球。食道的形状在分类上具有重要意义。食道后为管状的肠、直肠，末端为肛门。雌虫肛门单独开口于尾部腹面；雄虫的直肠与射精管汇合成泄殖腔，开口尾部腹面，为泄殖孔。开口处附近常有乳突，其数目、形状和排列有分类意义。

5. 排泄系统　有腺型和管型两类。在无尾感器纲，系腺型，常见一个大的腺细胞位于体腔内；在有尾感器纲，系管型；排泄孔通常位于食道部腹面正中线上，同种类线虫位置固定，具分类意义。

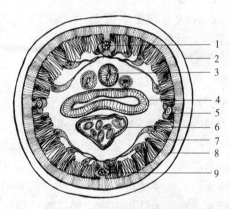

图 1-8　线虫横切面示意

1. 背神经　2. 角皮　3. 卵巢　4. 肠道　5. 排泄管

6. 子宫　7. 肌肉　8. 皮下组织　9. 腹神经

（朱兴全 . 2006. 小动物寄生虫病学）

6. 神经系统　位于食道部的神经环相当于中枢，自该处向前后各发出若干神经干，分布于虫体各部位。线虫体表有许多乳突，如头乳突、唇乳突、尾乳突或生殖乳突等，都是神经感觉器官（图 1-9）。

7. 生殖系统　家畜寄生线虫均为雌雄异体，雌虫尾部较直，雄虫尾部弯曲或卷曲。雌雄虫生殖器官都是简单弯曲的连续管状构造，形态上区别不大。

（1）雌性生殖器官。雌性生殖器官通常为双管型（双子宫型），即有两组生殖器，最后由两条子宫汇合成一条阴道。少数单管型（单子宫型）。由卵巢、输卵管、子宫、受精囊（贮存精液，无此构造的线虫其子宫末端行此功能）、阴道（有些线虫无阴道）和阴门（有些虫种尚有阴门盖）组成（图 1-9）。阴门是阴道的开口，可能位于虫体腹面的前部、中部或后部，但均在肛门之前，其位置及其形态常具分类意义。

17

（2）雄性生殖器官。雄性生殖器官通常为单管型，由睾丸、输精管、贮精囊和射精管组成。睾丸产生的精子经输精管进入贮精囊，交配时，精液从射精管入泄殖腔，经泄殖孔射入雌虫阴门（图1-9）。雄性器官的末端部分常有交合刺、引器、副引器等辅助交配器官，其形态具分类意义。交合刺2根者多见包藏在位于泄殖腔背壁的交合刺鞘内，有肌肉牵引，故能伸缩，在交配时有掀开雌虫生殖孔的功能。交合刺、引器、副引器和交合伞有多种多样的形态，在分类上非常重要。

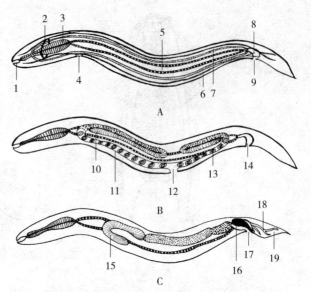

图1-9　线虫纵切面示意

A. 消化系统、分泌系统、神经系统　1. 口腔　2. 神经环
3. 食道　4. 排泄孔　5. 肠　6. 腹神经索　7. 神经索
8. 直肠　9. 肛门
B. 雌性生殖系统　10. 卵巢　11. 子宫　12. 阴门
13. 虫卵　14. 肛门
C. 雄性生殖系统　15. 睾丸　16. 交合刺　17. 泄殖腔
18. 肋　19. 交合伞

（朱兴全 . 2006. 小动物寄生虫虫学）

（二）线虫的生活史

雌虫和雄虫交配受精。大部分为卵生，有的为卵胎生或胎生。在蛔虫类和毛首线虫类，雌虫产出的卵尚未卵裂，处于单细胞期；在圆线虫类，雌虫产出的卵处于桑葚期；此两种情况称为卵生。在后圆线虫类、类圆线虫类和多数旋尾线虫类，雌虫产出的卵内已处于蝌蚪期阶段，即已形成胚胎，称为卵胎生。在旋毛虫类和恶丝虫类，雌虫产出的是早期幼虫，称为胎生。

线虫的发育要经过5个幼虫期，其间经过4次蜕皮。其中前两次蜕皮在外界环境中完成，后两次在宿主体内完成。蜕皮时幼虫不生长，处休眠状态，即不采食、不活动。第三期幼虫是感染性幼虫，对外界环境变化抵抗力强。如果感染性幼虫在卵壳内不孵出，该虫卵称为感染性虫卵。

从诊断、治疗和控制的角度出发，可将线虫生活史划为4个期间，即感染前期、感染期、成虫前期和成虫期。感染前期指线虫由虫卵或初期幼虫转化为感染期的所有幼虫阶段。感染期指线虫虫卵或幼虫能侵入人或动物等宿主体内能继续发育和繁殖的阶段，又称感染阶段。成虫前期指线虫从进入终末宿主至其器官成熟所经历的所有幼虫期。成虫期是指线虫从性器官发育成熟至衰老死亡的阶段。雌性线虫在此期可产生大量虫卵或幼虫。

根据线虫在发育过程中需不需要中间宿主，可分为直接发育型线虫和间接发育型线虫。前者系幼虫在外界环境中如粪便和土壤直接发育到感染阶段，故又称土源性线虫；后者的幼虫需在中间宿主如昆虫和软体动物的体内方能发育到感染阶段，故又称生物源性线虫。

1. 直接发育型线虫的发育

（1）蛲虫型。雌虫在终末宿主的肛门周围和会阴部产卵，感染性虫卵在该处发育形

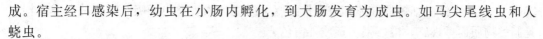

成。宿主经口感染后，幼虫在小肠内孵化，到大肠发育为成虫。如马尖尾线虫和人蛲虫。

（2）毛尾线虫型。虫卵随宿主粪便排至外界，在粪便或土壤中发育为感染性虫卵。宿主经口感染后，幼虫在小肠内孵化，到大肠发育为成虫。如毛尾线虫。

（3）蛔虫型。虫卵随宿主粪便排至外界，在粪便或土壤中发育为感染性虫卵。宿主经口感染后，幼虫在小肠内孵化，多数种类幼虫需在宿主体内经复杂移行，再到小肠内发育为成虫。如猪蛔虫。

（4）圆线虫型。虫卵随宿主粪便排出外界，从卵壳内第 1 期幼虫孵出，再经两次蜕皮发育为感染性幼虫，即第 3 期幼虫，其在土壤和牧草上活动。宿主经口感染后，幼虫在终末宿主体内经复杂移行或直接到达寄生部位发育为成虫。大部分圆线虫都属于这个类型。

（5）钩虫型。虫卵随宿主粪便排出，在外界发育孵化出第 1 期幼虫，之后，经两次蜕皮发育为感染性幼虫。主要是通过宿主的皮肤感染，幼虫随血流经复杂移行最后到小肠发育为成虫。但该类型虫体亦能经口感染，如犬钩虫。

2. 间接发育型线虫的发育

（1）旋尾线虫型。雌虫产出含幼虫的卵或幼虫，排入外界环境中被中间宿主摄食，或当中间宿主舔食终末宿主的分泌物或渗出物时一同将卵或幼虫摄入体内，幼虫在中间宿主（节肢动物）体内发育到感染阶段。终末宿主因吞食带感染性幼虫的中间宿主或中间宿主将幼虫直接输入终末宿主体内而感染。以后随虫种的不同而在不同部位发育为成虫。如旋尾类的多种线虫。

（2）原圆线虫型。雌虫在终末宿主体内产含幼虫的卵，随即孵出第 1 期幼虫。第 1 期幼虫随粪便排至外界后，主动地钻入中间宿主——螺体内发育到感染阶段。终末宿主吞食了带有感染性幼虫的螺而受感染。幼虫在终末宿主肠内逸出，移行到寄生部位，发育为成虫。如寄生于绵羊呼吸道的原圆线虫。寄生猪呼吸道的后圆线虫的生活史与此相似，中间宿主为蚯蚓。

（3）丝虫型。雌虫产幼虫，进入终末宿主的血液循环中，中间宿主吸血时将幼虫摄入；幼虫在中间宿主体内发育到感染阶段。当带有感染性幼虫的中间宿主吸食易感动物血液时，即将感染性幼虫注入健畜体内。幼虫移行到寄生部位，发育为成虫。

（4）龙线虫型。雌虫寄生在终末宿主的皮下结缔组织中，通过一个与外界相通的小孔将幼虫产入水中。幼虫以剑水蚤为中间宿主，在其体内发育到感染期。终末宿主吞食了带感染性幼虫的剑水蚤而感染；幼虫移行到皮下结缔组织中发育为成虫。如鸟蛇线虫。

（5）旋毛虫型。旋毛虫的生活史比较特殊，同一宿主既是（先是）终末宿主，又是（后是）中间宿主。旋毛虫的雌虫在宿主肠壁淋巴间隙中产幼虫；后者转入血液循环，其后进入横纹肌纤维中发育，形成幼虫包囊，此时被感染动物已由终末宿主转变为中间宿主。终末宿主是由于吞食了含有幼虫的肌肉而遭受感染的，肌肉被消化之后，释放出的幼虫在小肠中发育为成虫。

四、棘头虫的形态和生活史

（一）棘头虫的形态构造

1. 外形　虫体一般呈椭圆、纺锤或圆柱形等不同形态。大小为 $1 \sim 65\text{cm}$，多数在

25cm左右。虫体由细短的前体和较粗长的躯干组成。体表常由于吸收宿主的营养,特别是脂类物质而呈现红、橙、褐、黄或乳白色。

2. 体壁 体壁由5层固有体壁和两层肌肉组成。体壁分别由上角皮、角皮、条纹层、覆盖层、辐射层组成,各层之间均由结缔组织支持和粘连。棘头虫无消化器官,其角皮中密集的小孔具有从宿主肠腔吸收营养的功能。肌层里面是假体腔,无体腔膜。

3. 排泄器官 由一对位于生殖系统两侧的原肾组成。包含有许多焰细胞和收集管,收集管通过左右原肾管汇合成一个单管通入排泄囊,再连接于雄虫的输精管或雌虫的子宫而与外界相通。

4. 神经系统 中枢部分是位于吻鞘内收缩肌上的中央神经节,从这里发出能至各器官组织的神经。在颈部两侧有一对感觉器官,即颈乳突。雄虫的一对性神经节和由它们发出的神经分布在雄茎和交合伞内。雌虫没有性神经节。

5. 生殖系统

(1)雄性生殖系统。雄虫含两个前后排列的圆形或椭圆形睾丸,包裹在韧带囊中,附着于韧带索上。每个睾丸连接一条输出管,两条输出管汇合成一条输精管。睾丸的后方有黏液腺、黏液囊和黏液管;黏液管与射精管相连。再下为位于虫体后端的一肌质囊状交配器官,其中包括有一个雄茎和一个可以伸缩的交合伞。

(2)雌性生殖系统。雌虫的生殖器官由卵巢、子宫钟、子宫、阴道和阴门组成。卵巢在背韧带囊壁上发育,以后逐渐崩解为卵球或浮游卵巢。子宫钟呈倒置的钟形,前端为一大的开口,后端的窄口与子宫相连;在子宫钟的后端有侧孔开口于背韧带囊或假体腔。子宫后接阴道;末端为阴门。

(二)基本发育过程

棘头虫为雌雄异体,雌雄虫交配受精。交配时,雄虫以交合伞附着于雌虫后端,雄虫向阴门内射精后,黏液腺的分泌物在雌虫生殖孔部形成黏液栓,封住雌虫后部,以防止精子逸出。卵细胞从卵球破裂出来以后,进行受精;受精卵在韧带囊或假体腔内发育。虫卵被吸入子宫钟内,未成熟的虫卵,通过子宫钟的侧孔流回假体腔或韧带囊中;成熟的虫卵由子宫钟入子宫,经阴道,自阴门排出体外。成熟的卵中含有幼虫,称棘头蚴,其一端有一圈小钩,体表有小刺,中央部为有小核的团块。棘头虫的发育需要中间宿主,中间宿主为甲壳类动物和昆虫。排到自然界的虫卵被中间宿主吞咽后,在肠内孵化,其后幼虫钻出肠壁,固着于体腔内发育,先变为棘头体,而后变为感染性幼虫——棘头囊。终末宿主因摄食含有棘头囊的节肢动物而受感染。在某些情况下,棘头虫的生活史中可能有搬运宿主或储藏宿主,它们往往是蛙、蛇或蜥蜴等脊椎动物。

五、节肢动物的形态和生活史

(一)节肢动物的形态构造

虫体左右对称,躯体和附肢(如足、触角、触须等)既分支,又是对称结构;体表由几丁质及其他无机盐沉着而成,称为外骨骼,具有保护内部器官和防止水分蒸发的功能,与内壁所附肌肉共同完成动作,当虫体发育中体形变大时则必须蜕去旧表皮而产生新的表皮,这一过程称为蜕皮。

1. 蛛形纲 躯体呈椭圆形或圆形,分头胸和腹两部,或者头、胸、腹融合。假头突出在躯体前或位于躯体前端腹面,由口器和假头基组成,口器由1对螯肢(第1对,是采

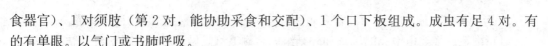

食器官）、1 对须肢（第 2 对，能协助采食和交配）、1 个口下板组成。成虫有足 4 对。有的有单眼。以气门或书肺呼吸。

2. 昆虫纲 主要特征是身体分为头、胸、腹三部，头上有触角 1 对，胸部有足 3 对，腹部无附肢。

（1）头部。头部有眼、触角和口器。绝大多数为 1 对复眼，由许多六角形小眼组成，为主要的视觉器官。有的亦为单眼。触角着生于头部前面的两侧。口器是昆虫的摄食器官，由于昆虫的采食方式不同，其口器的形态和构造亦不相同。兽医昆虫主要有咀嚼式、刺吸式、刮舐式、舐吸式及刮吸式 5 种口器。

（2）胸部。胸部分前胸、中胸和后胸，各胸节的腹面均有足一对，分别称前足、中足和后足。多数昆虫的中胸和后胸的背侧各有翅 1 对，分别称前翅和后翅。双翅目昆虫仅有前翅，后翅退化为平衡棒。有些昆虫翅完全退化，如虱、蚤等。

（3）腹部。腹部由 8 节组成，但有些昆虫的腹节互相愈合，通常可见的节数没有那么多，如蝇类只有 5～6 节。腹部最后数节变为雌雄外生殖器。

（4）内部。体腔为混合体腔，因其充满血液，所以又称为血腔。多数利用鳃、气门或书肺来进行气体交换。具有触、味、嗅、听觉及平衡器官，具有消化和排泄系统。雌雄异体，有的为雌雄异形。

（二）基本发育过程

蛛形纲的虫体为卵生，从卵孵出的幼虫，经过若干次蜕皮变为若虫，再经过蜕皮变为成虫，其间在形态和生活习性上基本相似。若虫和成虫在形态上相同，只是体形小和性器官尚未成熟。

昆虫纲的昆虫多为卵生，极少数为卵胎生。发育具有卵、幼虫、蛹、成虫四个形态与生活习性都不同的阶段，这一类称为完全变态；另一类无蛹期，称为不完全变态。发育过程中都有变态和蜕皮现象。

六、原虫的形态和生殖

原虫是单细胞动物，整个虫体由一个细胞构成。在长期的进化过程中，原虫获得了高度发达的细胞器，具有与高等动物器官相类似的功能。

（一）原虫形态构造

1. 基本形态构造 原虫微小，多数在 $1～30\mu m$，有圆形、卵圆形、柳叶形或不规则等形状，其不同的发育阶段可有不同的形态。原虫的基本构造包括胞膜、胞质和胞核三部分。

（1）胞膜。胞膜是由 3 层结构的单位膜组成，能不断更新，胞膜可保持原虫的完整性，参与摄食、营养、排泄、运动和感觉等生理活动。有些寄生性原虫的胞膜带有很多受体、抗原、酶类甚至毒素。

（2）胞质。细胞中央区的细胞质称内质，周围区的称外质。内质呈溶胶状态，承载着细胞核、线粒体、高尔基体等。外质呈凝胶状，起着维持虫体结构刚性的作用。鞭毛、纤毛的基部及其相关纤维结构均包埋于外质中。原虫外膜和直接位于其下方的结构常称作表膜。表膜微管或纤丝位于单位膜的紧下方，对维持虫体完整性有作用。

（3）胞核。除纤毛虫外，大多数均为囊泡状，其特征为染色质分布不均匀，在核液中出现明显的清亮区，染色质浓缩于核的周围区域或中央区域。有一个或多个核仁。

21

2. 运动器官 原虫的运动器官有 4 种，分别是鞭毛、纤毛、伪足和波动嵴。

（1）鞭毛。鞭毛由中央的轴丝和外鞘组成。鞭毛可以做多种形式的运动，快与慢，前进与后退，侧向或螺旋形。轴丝起始于细胞质中的一个小颗粒，称基体。

（2）纤毛。纤毛的结构与鞭毛相似。纤毛与鞭毛唯一不同的地方是运动时的波动方式。

（3）伪足。伪足是肉足鞭毛亚门虫体的临时性器官，它们可以引起虫体运动以捕获食物。

（4）波动嵴。波动嵴是孢子虫定位的器官，只有在电镜下才能观察到。

3. 特殊细胞器 一些原生动物还有一些特殊细胞器，即动基体和顶复体。

（1）动基体。动基体为动基体目原虫所有。动基体是一个重要的生命活动器官。

（2）顶复合器。是顶复门虫体在生活史的某些阶段所具有的特殊结构，只有在电镜下才能观察到。顶复合器与虫体侵入宿主细胞有着密切的关系。

（二）原虫的生殖

原虫的生殖方式有无性和有性生殖两种（图 1-10）。

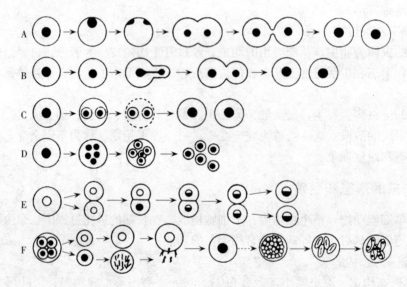

图 1-10　原虫生殖示意

A. 二分裂　B. 外出芽生殖　C. 内出芽生殖　D. 裂殖生殖　E. 接合生殖　F. 配子生殖和孢子生殖

（张宏伟，杨廷桂 . 2006. 动物寄生虫病）

1. 无性生殖

（1）二分裂。即一个虫体分裂为两个。分裂顺序是先从毛基体开始，而后动基体、核，再细胞。鞭毛虫常为纵二分裂，纤毛虫为横二分裂。

（2）裂殖生殖。裂殖生殖也称复分裂。细胞核和其基本细胞器先分裂数次，而后细胞质分裂，同时产生大量子代细胞。裂殖生殖中的虫体称为裂殖体，后代称裂殖子。一个裂殖体内可包含数十个裂殖子。裂殖生殖可进行若干代。球虫常以此方式生殖。

（3）孢子生殖。孢子生殖是在有性生殖配子生殖阶段形成合子后，合子所进行的复分裂。经孢子生殖，孢子体可以形成多个子孢子。此过程多在配子生殖过程后出现，常作为

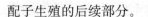

配子生殖的后续部分。

（4）外出芽生殖。外出芽生殖即先从母细胞边缘分裂出一个小的子个体，逐渐变大。梨形虫常以这种方法生殖。

（5）内出芽生殖。内出芽生殖又称内生殖，即先在母细胞内形成两个子细胞，子细胞成熟后，母细胞被破坏。如经内出芽生殖法在母体内形成 2 个以上的子细胞，称多元内生殖。

2. 有性生殖 有性生殖首先进行减数分裂，由双倍体转变为单倍体，然后两性融合，再恢复双倍体。有两种基本类型：

（1）接合生殖。纤毛虫多采用接合生殖方式。两个虫体并排结合，进行核质的交换，核重建后分离，成为两个含有新核的虫体。

（2）配子生殖。虫体在裂殖生殖过程中，出现性的分化，一部分裂殖体形成大配子体（雌性），一部分形成小配子体（雄性）。大小配子体发育成熟后，形成大、小配子。一个小配子体可以产生许多个小配子，一个大配子体只产生一个大配子。小配子进入大配子内，结合形成合子。有的合子形成后，在其表面形成坚实的被膜，称为卵囊。合子形成后，接着进行孢子生殖，在其内形成孢子囊。每个孢子囊内又形成不等量的子孢子。含有成熟子孢子的合子即具有感染和繁殖能力。

任务 1-3 认识动物寄生虫病的流行规律

动物寄生虫流行病学是研究某种寄生虫病在动物（包括畜、禽、鱼类等）群体中的发病原因和条件，传播途径，发生发展规律，流行过程及其转归等方面之特征。它需要回答群体中疾病的下列问题：为什么发病？如何发病？何时何地发病？疾病的严重程度如何？防治对策及其效果如何？

动物寄生虫病在一个地区流行必须具备三个基本条件，即感染来源、感染途径和易感动物。这三个条件通常称为动物寄生虫病流行的三个环节。当这三个环节在某一地区同时存在并相互联系时，就会引起动物寄生虫病的流行。另外，寄生虫病的流行还受到生物因素、自然因素和社会因素的影响。

一、流行过程的基本环节

（一）感染来源

寄生虫病的感染来源是指感染了寄生虫的动物和人。包括中间宿主、补充宿主、终末宿主、保虫宿主、带虫宿主。作为感染来源，其体内的寄生虫在生活史的某一发育阶段可以主动和被动、直接或间接进入另一宿主体内继续发育。病原体（虫卵、幼虫、虫体）通过宿主的粪、尿、血液等不断排出体外污染环境，在自然环境中或转入中间宿主体内发育到感染阶段，然后经一定途径转移给易感宿主。如感染有猪蛔虫的猪可以通过粪便排出大量虫卵到外界环境中，在适宜的条件下发育成感染性虫卵，然后再经口感染猪只。有些病原体虽不排出体外，但也以一定形式存在于宿主体内而成为感染来源，如旋毛虫的包囊、囊尾蚴和棘球蚴等。

根据寄生虫发育到感染阶段所是否需要中间宿主（或者说该种寄生虫病传播来源不同），可将寄生虫分为土源性寄生虫和生物源性寄生虫。

23

1. 土源性寄生虫　土源性寄生虫指发育过程中不需要中间宿主的寄生虫，这类寄生虫多在外界环境中（多在土壤中发育）发育到感染阶段，动物往往也是食入来自该环境中的感染性虫卵、感染性卵囊或幼虫而感染。譬如鸡球虫卵囊随鸡的粪便排出后，在自然界发育到孢子化卵囊，可随土、水或食物感染鸡只。不难想到，这类寄生虫病的发生多受自然因素的影响，预防这类寄生虫的关键措施是粪便管理与环境卫生。

2. 生物源性寄生虫　生物源性寄生虫是指发育过程中需要中间宿主的寄生虫，即通过中间宿主或昆虫媒介而传播的寄生虫。例如犬心丝虫，其传播需要中间宿主——某些蚊、蚤，犬是由于蚊蚤刺吸血液而遭受感染。由此可见，这类寄生虫病的发生多受中间宿主或传播媒介的影响，因此预防这类寄生虫的关键措施是消灭中间宿主或媒介昆虫。

（二）感染途径

感染途径是指寄生虫通过某种方式/门户感染易感宿主的过程。家畜感染寄生虫的途径主要有以下几种。

1. 经口感染　寄生虫主要通过动物的采食、饮水，经口腔进入宿主体内的方式。它是动物感染寄生虫的主要途径。大多数寄生虫的虫卵、卵囊或幼虫在自然环境中或中间宿主的体内发育到感染期后，随着动物的饲料或水经口进入易感动物体内而使易感动物感染。如动物感染蛔虫、旋毛虫和多种绦虫等均是通过此途径而感染。

2. 经皮肤感染　有些寄生虫的感染性幼虫自动钻入宿主的皮肤（在鱼类还有鳍和鳃）而引起感染。例如，日本血吸虫、钩虫以及类圆线虫的感染性幼虫都有很强的感染力，它们可穿透皮肤而感染宿主。

3. 接触感染　寄生虫通过宿主相互间皮肤或黏膜的直接接触，或通过褥草、玩具、饲槽等用具的间接接触而感染。一些外寄生虫的感染多属此种感染方式。如寄生在家畜体表的螨既可由患畜与健畜的直接接触引起感染，也可由污染螨的用具的间接接触而传播。马媾疫、牛胎儿毛滴虫病可由患畜与健畜交配引起感染。

4. 胎盘感染　寄生虫由母体通过胎盘进入胎儿体内使其发生感染，如弓形虫、犊弓首蛔虫和日本血吸虫等可经此途径感染。

5. 经节肢动物感染　寄生虫通过节肢动物的叮咬、吸血而传播给易感动物，一些血液原虫和丝虫主要通过此方式感染。

6. 自身感染　有些寄生虫产生的虫卵或幼虫不需要排出体外即可在宿主体内引起自体内重复感染，如在小肠内寄生的猪带绦虫，其脱落的孕节由于呕吐而逆流至胃内被消化，虫卵由胃到达小肠后，孵出六钩蚴，钻入肠壁随血循环到达身体各部位，引起囊尾蚴的自身感染。

7. 医源感染　由于污染病原体的医疗器械消毒不彻底，而引起寄生虫的感染。在临床上较为常见的是采血用的注射器污染所造成的，如锥虫、弓形虫等都能因此而感染。

在上述感染途径中，有的寄生虫仅有一种感染方式，有的则有一种以上的感染方式。

（三）易感动物

易感动物是指对某种寄生虫缺乏免疫力或免疫力低下而处于易感状态的动物。一方面，通常某种动物只对特定种类的寄生虫有易感性，例如猪只感染猪蛔虫，而不感染其他蛔虫；或是多种动物对同一种寄生虫都有易感性。例如牛羊等多种动物都能感染肝片吸虫。另一方面，同种动物的不同个体对同一种寄生虫的感染性也不同。动物对寄生虫感染的免疫力多属带虫免疫，未经感染的动物因缺乏特异性免疫力而成为易感动物。具有免疫

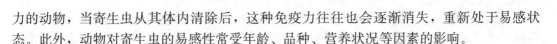

力的动物，当寄生虫从其体内清除后，这种免疫力往往也会逐渐消失，重新处于易感状态。此外，动物对寄生虫的易感性常受年龄、品种、营养状况等因素的影响。

二、影响寄生虫病流行的因素

某种寄生虫病之所以能在某一地区流行，除了必须具备三个基本环节之外，还受许多其他因素的影响，主要是自然因素、生物学因素和社会因素。

（一）自然因素

包括地理条件和气候条件，如温度、湿度、降雨量、光照、土壤的理化性状等。地理条件可以直接影响寄生虫的分布，如球虫、蛔虫、钩虫等一些土源性寄生虫，常呈世界性分布。地理条件也可以通过影响生物种群的分布及其活动而影响寄生虫病的流行。如血吸虫主要在南方流行，不在我国的北方流行，其主要原因是血吸虫的中间宿主钉螺在我国的分布不超过北纬 33.7°，因此我国北方地区无血吸虫病流行。

气候条件的变化对寄生虫病的流行有着直接和间接的影响。如多数线虫幼虫发育的最适温度为 18～26℃。若温度太高，由于幼虫发育太快而消耗掉大量贮藏的营养，增加了死亡率，因此很少能够发育至第 3 期幼虫。若温度太低，发育减缓；若处于 10～5℃，常不能从虫卵发育至第 3 期幼虫；若低于 5℃，则第 3 期幼虫的运动和代谢降到最低，存活能力反而增强。温度对球虫卵囊的影响也很大，卵囊孢子化的最适温度是 27℃左右，若温度偏低或偏高均影响其孢子化率而使其感染强度下降。各种圆线虫的各期幼虫，其行为最易受温、湿度的影响，如犬钩虫的幼虫随着土壤水的升降而上行或下行，此系一种固定反应性，而不是由于水的搬运作用。因此，湿度对于钩虫幼虫非常重要。在干燥、缺雨地区就较少有钩虫，甚至没有。

在同一地区，随着雨量的不同和温度的变异，有些寄生虫病的流行情况也可能有很大的区别。例如，多雨季节或年份由于椎实螺数量剧增，肝片吸虫病最为流行，而干旱季节或年份由于椎实螺减少，牛羊感染肝片吸虫的概率也随之下降。

水土与寄生虫的生存有密切关系。对外界环境中的寄生虫来说，土壤是它们的培养基；一般疏松的沙质土壤比坚硬的黏质土壤更适于寄生虫的生活；有腐殖质的浅表层土壤比深层土壤也更适合于寄生虫的生活。此外，水化学因子如溶氧、盐度对鱼类寄生虫都有或多或少的影响。另外，纬度的不同、海拔的高低，无疑都对气候、光照和土壤等方面产生重要的影响，随之也将影响到寄生虫的分布和流行。

（二）生物因素

寄生虫本身的生物学特性、宿主或媒介性的节肢动物的生物学特性也对寄生虫病的传播和流行产生重要影响。

1. 宿主因素　宿主的年龄、体质、营养状况、遗传因素以及免疫机能强弱等都会影响到许多寄生虫病的发生和流行。宿主的年龄不同，对同种寄生虫易感性不同。一般来讲，幼龄动物较易感染，且发病较重。不同种动物对同一种寄生虫的易感性有显著差异。即使是同种动物，因个体抵抗力不同，有的易感且发病较重，有的则感染较轻。

另外，对宿主的饲养管理和动物使役对寄生虫病的发生和流行也产生较明显的影响。不同的饲养方法及方式对寄生虫病的发生和传播有很大影响。如饲养密度过大，一旦发生螨病，传播迅速，不易控制；地面平养的鸡比笼养的鸡患鸡球虫病的几率大；放牧的动物就比舍饲的动物感染寄生虫的机会多；早晚放牧于露水草或雨后低洼地放牧的牛、羊感染寄生虫的机会增加。全价饲料饲养的动物可增强体质，增强动物对寄生虫的抵抗力。如果营养不良且缺乏维生素则易受到寄生虫的侵袭。使役不当、过度疲劳，往往提高宿主对寄生虫的感受性。

2. 寄生虫的生物学特性　寄生虫的种类、致病力、寿命、寄生虫虫卵或幼虫对外界的抵抗力、感染宿主到它们成熟排卵所需的时间等都直接影响某种寄生虫病的流行。

寄生虫在宿主体内寿命的长短决定了其向外界散布病原体的时间。长寿的寄生虫会长期地向外界散布该种病原体，使更多的易感动物感染发病。如猪蛔虫成虫的寿命为 7～10 个月，而猪带绦虫在人体内的存活时间可长达 25 年以上。

从寄生虫幼虫感染宿主到它们成熟排卵所需时间，这对于那些有季节性的蠕虫病特别重要。这个数据对于推测最初的感染时间及其移行过程的长短，对制定防治措施极为有用。

寄生虫对外界环境的耐受性，在自然界保持存活、发育和感染能力的期限等都会影响该寄生虫病的流行情况。如猪蛔虫虫卵在外界可保持活力达 5 年之久，因此对于污染严重、卫生状况不良的猪场，蛔虫病具有顽固、难以消除的特点。

3. 中间宿主和传播媒介　许多种寄生虫在其发育过程中需要中间宿主和传播媒介的参与，因此中间宿主和传播媒介的分布、密度、习性、栖息场所、出没时间、越冬地点和有无自然天敌均可影响到寄生虫病的流行程度。如吸虫以螺蛳为中间宿主，因此螺蛳在自然界的分布、密度、栖息地等生物学特性对吸虫病的流行有很大影响。一些寄生虫需要昆虫、蜱类、贝类及其他动物作为中间宿主；另一些寄生虫需要节肢动物作为传播媒介。如果缺少这种动物群体之间的联系，寄生虫就中断了发育而无法生存下去。此外，寄生虫的储藏宿主（转续宿主）、保虫宿主、带虫宿主也对寄生虫病的流行有较大影响。

（三）社会因素

社会因素包括社会制度、经济状况、生活方式、风俗习惯、科学水平、文化教育、法律法规的制定和执行、防疫保健措施以及人的行为等都会对寄生虫病的流行产生影响。比如，在很多农村地区，卫生条件差，人畜的粪便管理不严，再加上猪散养，而导致猪囊尾蚴病屡防不止。还有些地区有食半生猪肉的习惯，导致旋毛虫病在人群中得以流行，如我国云南、西藏地区有吃生猪肉的习惯，所以该地区流行此病。因此，向群众宣传科普知识，提倡讲究卫生，改变不良卫生习惯和风俗习惯，改善和提高饲养管理方法和水平，是预防寄生虫病流行的重要环节。

社会因素、自然因素和生物学因素常常相互作用，共同影响寄生虫病的流行。由于自然因素和生物学因素一般是相对稳定的，而社会因素往往是可变的。因此社会因素对寄生虫病流行的影响往往起决定性作用。

三、寄生虫病流行特点

1. 地区性　寄生虫病的传播流行常呈明显的区域性或地方性，这种特点与当地的气候条件，中间宿主或媒介节肢动物的地理分布，人群的生活习惯和生产方式有关。例如，我国血吸虫病的流行区与钉螺的地理分布是一致的，只限于长江流域及长江以南地区；肝片吸虫病多发生于低洼和潮湿地带的放牧地区；华支睾吸虫病经常流行于有吃生鱼习惯的地区；在我国西北畜牧地区流行的包虫病则与当地的生产环境和生产方式有关。

2. 季节性　由于温度、湿度、雨量、光照等气候条件会对寄生虫及其中间宿主和媒介节肢动物种群数量的消长产生影响，寄生虫病的流行往往呈现出明显的季节性或季节性差异。多数土源性寄生虫需在外界环境完成其一定的发育阶段，因此，温度、湿度、光照、降雨量等自然条件的季节性变化，使得寄生虫体外发育阶段也具有季节性，动物感染和发病的时间也随之出现季节性变化。如温暖、潮湿的条件有利于钩虫卵及钩蚴在外界的发育，因此钩虫感染多见于春、夏季节。生活史中需要中间宿主或媒介昆虫的寄生虫，其流行季节常与中间宿主或昆虫出现的季节相一致。例如卡氏住白细胞虫病的流行与库蠓出现的季节相一致；华支睾吸虫病的流行与纹沼螺活动的季节一致。

3. 慢性和隐性感染 寄生虫的繁殖并不像细菌、病毒等那样迅速，同时，寄生虫病的发生和流行受很多因素制约，因此不少寄生虫病都属于慢性感染或隐性感染，缓慢的传播和流行成为许多寄生虫病的重要特点之一。慢性感染是指多次低水平感染或在急性感染之后治疗不彻底，使机体持续带有病原体的状态，这与动物机体对绝大多数寄生虫未能产生完全免疫力有关。隐性感染是指动物感染寄生虫后，没有出现明显的临床表现，也不能用常规方法检测出病原体的一种状态，只有当动物机体抵抗力下降时寄生虫才大量繁殖，导致发病，甚至造成患畜死亡。大多数寄生虫病没有特异性临床症状，在临床上动物主要表现为渐进性消瘦、贫血、发育不良、生产性能降低，导致畜（水）产品的质量和数量下降，严重影响了畜牧业的经济效益。

4. 自然疫源性 在感染动物的寄生虫中，有些虫种可在人迹罕至的原始森林或荒漠地区里的脊椎动物之间互相传播，人或其他动物一旦进入该地区后，这些寄生虫病则可从脊椎动物传播给人或其他动物，这种地区称为自然疫源地。这类不需要人或其他动物的参与而存在于自然界的共患寄生虫病则具有明显的自然疫源性。例如在某些地区，特别是灌木丛生的河滩、草垛为蜱类滋生地带，往往成为梨形虫病的疫源地。寄生虫病的这种自然疫源性不仅反映寄生虫在自然界的进化过程，同时也说明某些寄生虫病在流行病学和防治方面的复杂性。

任务 1-4 动物寄生虫病的防制

一、防制原则

（一）寄生虫病的预防原则

寄生虫病发生和流行不仅需要有感染来源、传播途径和易感动物三个基本要素，而且寄生虫病的流行与寄生虫的生物学特性、动物的饲养管理条件、牲畜屠宰管理措施、人类的卫生习惯、经济状况、畜产品贸易中的检疫情况等密切相关，因此预防动物寄生虫病是一项很复杂的工作。然而不管情况如何千变万化，要达到有效防治寄生虫病的目的，最主要是贯彻"预防为主，防重于治"的方针。在制定预防措施时应从寄生虫病的流行病学环节上着手，围绕感染来源、传播途径和易感动物三要素展开。设法控制感染来源、切断传播途径、保护易感动物。采取对易感动物驱虫，粪便无害化处理，消灭中间宿主或传播媒介，安全放牧，免疫接种，生物防制，加强饲养管理等一系列综合性措施。对于具体的某个寄生虫病而言，要结合每个病的具体特点，因地制宜开展防治工作。

1. 控制和消灭感染来源 在寄生虫病传播过程中，感染来源是寄生虫病发生和流行的基本条件，因此控制感染来源是防止寄生虫病蔓延的重要环节。寄生虫病的感染来源主要存在于发病和带虫的动物体内外，因此控制和消灭感染来源一方面要及时治疗

27

患病动物，驱除或杀灭其体内外的寄生虫；另一方面要根据各种寄生虫的发育规律，定期有计划地进行预防性驱虫，这样做对防止带虫动物体内外的寄生虫扩散和传播尤为重要，也可减轻患病动物的损害。此外，对保虫宿主、储藏宿主的防治也是控制感染来源的重要措施。

2. 切断传播途径 尽管不同的寄生虫，因其生活史和特定的感染阶段传播途径不尽相同，但大多可以归为经生物传播（如中间宿主和传播媒介）和经非生物（如土、水、食物等）传播两大类。对经生物传播的寄生虫病，要设法避免动物和中间宿主以及传播媒介的接触，针对中间宿主或传播媒介制定特异性的防治措施。对经非生物传播的寄生虫病，为了减少或消除动物的感染机会，要经常做好动物舍及环境卫生，加强粪便和水源的管理，改良牧地和鱼塘等工作。

3. 保护易感动物 很多动物对多种寄生虫都具有易感性，尤其是体弱的动物更易发寄生虫病，因此平时应加强动物饲养管理，以增强动物体质，提高动物抗病能力，必要时用驱虫药或杀虫药进行预防性驱虫或喷洒杀虫剂防止吸血昆虫叮咬。此外对一些免疫效果较好的寄生虫虫苗，可通过人工接种使动物获得抵抗力而达到预防寄生虫病的目的。对某些地方性寄生虫病，可以选择具有抵抗力的品种进行饲养，从而减少动物发病的机会。

（二）寄生虫病的治疗原则

确认动物患何种寄生虫病后，即应根据患病动物的体质和病情制订治疗方案。治疗的原则是"标本兼治，扶正祛邪"。采用特效药物和对症治疗相结合的原则。对于治疗成本超过动物本身价值的动物，或治疗后饲养成本大于其经济价值的动物，应及时淘汰，不予治疗。

二、寄生虫病防制措施

（一）驱虫

所谓驱虫是指用特效的药物将寄生于动物体内或体表的寄生虫驱除或杀灭的措施，是动物寄生虫病综合性防制措施之一。它具有双重意义：一方面是治疗患病动物；另一方面是减少患病动物和带虫者向外界散播病原体，并可对健康动物产生预防作用。

1. 驱虫类型 驱虫并不是单纯的治疗，而是有着积极的预防意义，其关键在于减少了病原体向自然界的散布，控制了感染来源。因此，根据驱虫的目的和意义不同分为治疗性驱虫和预防性驱虫。在防治寄生虫病过程中，通常是实施预防性驱虫。

（1）治疗性驱虫。治疗性驱虫是当动物感染寄生虫之后出现明显的临床症状时，及时用特效驱虫药对患病动物进行治疗。驱虫的同时，根据动物的不同症状，必要时辅以对症疗法如强心、补液、输血、止痒等；另外，还要注意加强护理，以保证驱虫动物的安全。

（2）预防性驱虫。预防性驱虫也称计划性驱虫，是根据各种寄生虫的生长发育规律，不论动物是否发病，有计划地进行定期驱虫。预防性驱虫是控制寄生虫病发生和流行最常用的方法，该措施不仅能降低动物的带虫量，又能减少对环境的污染，尤其对规模化动物养殖具有重要意义。如北方地区防治绵羊蠕虫病，多采取每年两次驱虫的措施：春季驱虫在放牧前进行，目的在于防止污染牧场；秋季驱虫在转入舍饲后进行，目的在于将动物已经感染的寄生虫驱除，防止发生寄生虫病及散播病原体。对某些原虫病，如预防鸡球虫

病，可将抗球虫药拌入饲料，连续服用，能预防该病发生。又如对卡氏住白细胞虫病，可在该病的高发季节用复方泰灭净连续添加于鸡的基础日粮中，能预防此病。

2. 驱虫时间的选择 对于预防性驱虫来说，驱虫效果的好坏与驱虫时间选择的合适与否密切相关。大多数寄生虫病的发生与动物的年龄、季节、气候条件、中间宿主或传播媒介的活动有关，因此各类寄生虫的驱虫时间应根据寄生虫病传播规律、流行季节、当地寄生虫病的流行特点、动物本身的年龄和状态来确定驱虫时间。如球虫病的发病与季节、气温、湿度和鸡只年龄密切相关，其流行季节为4～10月份，其中以5～8月份发病率最高，15～50日龄的雏鸡多发，因此，在这个时期饲养雏禽尤其要注意球虫病的预防。对某些蠕虫病，可根据流行病学资料，选择虫体进入宿主体内尚未发育到成虫阶段时进行驱虫，即所谓的"成熟前驱虫"。这样既能保护动物健康，又能防止性成熟的成虫排出虫卵或幼虫对外界环境的污染。如一般对仔猪蛔虫可于2.5～3月龄和5月龄各进行1次驱虫，对犊牛、羔羊的绦虫，应于当年开始放牧后1个月内进行驱虫。对放牧的牛羊多采取每年春秋两次驱虫的措施。另外，种禽驱虫宜在开产前，母畜驱虫须在空怀期进行。

3. 驱虫药的选择 选择驱虫药时一般应考虑药物的安全、高效、广谱、使用方便、价格低廉、药源丰富等条件，这些对养殖场的预防性驱虫尤为重要。

（1）高效。所谓高效的抗寄生虫药即对成虫、幼虫，甚至虫卵都有很好的驱杀效果，且使用剂量小。一般来说，其虫卵减少率应达95%以上，若小于70%则属较差。但目前较好的抗蠕虫药亦难达到如此效果，多数驱虫药仅对成虫或部分幼虫有效，而对虫卵几乎无作用或作用较弱。因此，使用对幼虫和虫卵无效者则需间隔一定时间重复用药。

（2）广谱。广谱是指驱虫范围广。家畜的寄生虫病多属混合感染，因此要注意选择广谱驱虫药以达到一次投药能驱除多种寄生虫的目的。如吡喹酮可用于治疗血吸虫和绦虫感染；伊维菌素对线虫和体外寄生虫有效；阿苯达唑对线虫、绦虫和吸虫均有效。在实际应用中可根据具体情况，联合用药以扩大驱虫范围。如硝氯酚与左旋咪唑的复合疗法可以驱除牛的胃肠道线虫、肺线虫和肝片吸虫。

（3）安全低毒。一方面指治疗量不具有急性中毒、慢性中毒、致畸形和致突变作用。另一方面，应对人类安全，尤其是食品动物应用后，药物应不残留于肉、蛋和乳及其制品中，或可通过遵守休药期等措施控制药物在动物性食品中的残留。

（4）方便。方便多指投药方便。如驱肠道蠕虫时，应选择可以饮水或混饲的药物，并且应无味、无臭、适口性好则较为理想。杀体外寄生虫药应能溶于一定溶剂中，以喷雾方式给药。这样可节约人力、物力，提高工作效率。

（5）价格低廉。畜禽属经济动物，在驱虫时必然要考虑到经济核算，尤其是在牧区或规模化养殖时，家畜较多，用药量大，价格一定要低廉，以便降低养殖成本。

4. 用药量的确定 驱虫药多是按体重计算药量的，所以首先用称量法或体重估算法确定驱虫畜禽的体重，再根据体重确定药量和悬浮液的给药量。每头（只）动物平均用药量的确定，以体重最低动物的使用剂量不高于最高剂量，体重最高动物的使用剂量又不低于最低剂量为前提，可采取以下公式来计算。

$$每头（只）剂量（g）=\frac{最低值体重（kg）\times最高剂量（mg/kg）+最高值体重（kg）\times最低剂量（mg/kg）}{2\times1000}$$

5. 药物的配制与给药 应按药物要求配制给药。预防性驱虫，特别是对大群动物的驱虫，常将驱虫药混于饮水、饲料或饲草。若所用药物难溶于水，可配成混悬液的，先将淀粉、面粉或玉米粉加入少量水中，搅拌均匀后再加入药物继续搅匀，最后加足量水即成。使用时边用边搅拌，以防上清下稠，影响驱虫效果及安全。

应根据所选药物的要求和养殖场的具体条件，选择相应的给药方法，具体投药技术与临床常用给药法相同。如家禽多为群体给药（饮水和拌料给药）。

6. 驱虫的实施和动物的管理　最主要的是在投药前和投药后排虫期间的管理。

（1）驱虫前将动物的来源、健康状况、年龄、性别等逐头编号登记。为使驱虫药用量准确，要预先称重估重。

（2）根据驱虫目的和需要合理选择驱虫药，并计算剂量，确定剂型、给药方法和疗程。对药品的生产单位、批号等加以记载。

（3）在进行大群驱虫之前，最好选择少数有代表性的畜禽（包括不同年龄、性别、体况的畜禽）先做预试，并观察药物效果及安全性。

（4）采用口服法驱除肠道寄生虫时，动物应空腹给药，使药物直接与虫体接触，充分发挥作用。

（5）给药前后 1～2d 应观察整个群体，注意给药前后的变化，尤其是用药后 3～5h，密切观察畜禽是否有毒性反应，尤其是大规模驱虫时要特别注意。如发现较重的不良反应或中毒现象应及时抢救。

（6）在排虫期间应设法控制所有动物排出的成虫、幼虫或虫卵的散布，并加以杀灭。一般在动物驱虫后 5d 内，应将所排出的粪便及时清扫，利用发酵的办法集中处理粪便，杀死粪便内的寄生虫虫体和虫卵。放牧的家畜应留圈 3～5d，将粪便集中堆积发酵处理。5d 后应把驱虫动物驻留过的场地彻底清扫、消毒，以消灭残留的寄生虫虫体和虫卵。

（7）在驱虫期间还应加强对动物的看管和必要的护理，注意饲料、饮水卫生，避免虫卵等污染饲料和饮水。同时，要注意适当的运动，役畜在驱虫期间最好停止使役。

（8）驱虫后要进行驱虫效果评定，必要时进行第 2 次驱虫。重复驱虫可以杀灭由幼虫发育而成的成虫，一般在第一次驱虫后 7d 左右再重复驱虫一次。

7. 驱虫的注意事项

（1）正确选择驱虫药物，避免畜禽发生药物中毒。使用某种抗寄生虫药驱虫时，药物的用量最好按《中华人民共和国兽药典》或《中华人民共和国兽药规范》所规定的剂量。若用药不当，可能引起毒性反应，甚至导致畜禽死亡。因此，要注意药物的使用剂量、给药间隔和疗程。并且要注意群体驱虫给药时，方法要正确，药物搅拌要均匀。

（2）防止寄生虫产生耐药性。小剂量多次或长期使用某些抗寄生虫药物，虫体对该药物可产生耐药性，尤其是球虫对抗球虫药极易产生耐药。因此，在制订动物的驱、杀虫计划时，应定期更换或轮换使用几种不同的抗寄生虫药，以避免或减少因长期或反复使用某些抗寄生虫药而导致虫体产生耐药性。

（3）要了解驱虫药在体内残留时间，以便在宰前适当时间停药，以免危害人类的健康。如我国规定左旋咪唑在牛、羊、猪、禽的肌肉、脂肪、肾中的最高残留限量均为 $10\mu g/kg$，肝为 $100pg/kg$。内服盐酸左旋咪唑在牛、羊、猪、禽的休药期分别是 2d、3d、3d、28d，牛、羊、猪皮下或肌内注射盐酸左旋咪唑的休药期分别是 14d、28d、28d。

8. 驱虫效果评定　驱虫之后，经过一段时间（一个月左右），应抽查一定数量的驱虫

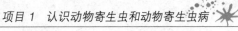

动物以了解驱虫效果，并了解存在问题，通过对比驱虫前后的各项检测结果，来评定驱虫效果。评定项目如下。

（1）发病率和死亡率。对比驱虫前后的发病率和死亡率。

（2）营养状况。对比驱虫前后机体营养状况的变化。

（3）临床表现。观察驱虫前后临床症状减轻与消失情况。

（4）生产能力。对比驱虫前后的生产性能。

（5）驱虫情况一般通过虫卵减少率、虫卵转阴率和驱虫率来确定，必要时通过剖检计算粗计和精计驱虫效果。驱虫疗效通常采用虫卵减少率、虫卵消失率或精计驱虫率和粗计驱虫率几种指标来表示。虫卵减少或消失率是根据虫卵减少或消失的情况来测定驱虫效果的方法。通过粪便检查挑选自然感染的动物，用药后 15～20d 再进行粪便检查，计算虫卵减少率和驱净率。通常以虫卵减少率代表驱虫率。

$$虫卵减少率 = \frac{驱虫前平均虫卵数（g）- 驱虫后平均虫卵数（g）}{驱虫前平均虫卵数（g）} \times 100\%$$

$$驱净率 = \frac{驱净虫体的动物数}{全部试验动物数} \times 100\%$$

用检查虫卵来判定疗效的方法，其最大优点是经济、省力、不必剖杀动物，只需进行驱虫前后的粪便检查。缺点是结果不够精确，特别是对于虫卵检出率较低的蠕虫。

精计驱虫率是用驱虫后驱出虫体数来测定驱虫效果的方法。在驱虫前对粪便检查确定为自然感染某种寄生虫的动物进行驱虫。将驱虫后 3～5d 内所排出的粪便用粪兜全部收集起来，进行水洗沉淀，计算并鉴定驱出虫体的数量和种类；最后抽查剖检动物，收集并计算残留在动物体内各种虫体的数量，鉴定其种类，然后按下列公式计算，以确定疗效。

$$精计驱虫率 = \frac{排出虫体数}{排出虫体数 + 残留虫体数} \times 100\%$$

对于寄生于肝、肺、胰、肠系膜血管等器官的蠕虫，驱虫效果可用粗计驱虫率来评价。

$$粗计驱虫率 = \frac{对照动物荷虫总数 - 驱虫后试验动物（体）内残留活虫数}{对照动物荷虫总数} \times 100\%$$

（二）卫生措施

1. 加强粪便管理　寄生在消化道、呼吸道、肝、胰腺及肠系膜血管中的寄生虫，在繁殖过程中把大量的虫卵、幼虫或卵囊随粪便排到外界环境并发育到感染期。因此加强粪便管理对防制多种寄生虫病至关重要。做好粪便管理，一方面，各养殖场要及时清除粪便、打扫圈舍，避免粪便对饲料和饮水的污染，尽可能减少宿主接触感染来源的机会；另一方面，应将扫起来的粪便和垃圾运到堆肥场或发酵池，进行无害化处理。对粪便无害化处理比较有效的措施是粪便生物热发酵。它是利用粪肥中多种微生物在分解有机物的过程中产生的"生物热"将肥料中寄生虫的虫卵和病菌杀死。经 10～20d 发酵后，粪堆内温度可达到 60～70℃，几乎完全可以杀死其中的虫卵、幼虫或卵囊。除堆肥之外，还可采取粪尿混合密封贮存法进行沤肥；或用沼气池发酵；或畜粪综合利用，如牛粪晒干作燃料、鸡粪喂鱼等。

另外，还应管好人和动物的粪便，做到人有厕所、牛有栏、猪有圈。禁止在池塘边盖猪舍或厕所，防止粪便污染水源及放牧场所。在农村，要根据农民积肥的习惯，加以科学引导，将畜粪集中起来，作堆肥处理。

2. 加强动物检疫工作 很多寄生虫病可以通过食入患有或感染该种寄生虫的动物或动物产品（鱼、虾、蟹、肉和脏器等）而传播给人类和动物，甚至造成在动物之间和人与动物之间循环，如猪带绦虫病、旋毛虫病、弓形虫病、棘球蚴病和华支睾吸虫病等。因此，要加强卫生检疫工作，对感染有寄生虫的动物、动物产品以及含有寄生虫的鱼、虾、蟹等，按有关规定销毁或生物安全处理，杜绝病原体的扩散。尤其是对一些人畜共患寄生虫病的防制方面，加强卫生检疫在公共卫生上意义重大。

3. 饲养卫生 动物感染蠕虫病以及某些原虫病多是由于吞食了感染性阶段的虫体或虫卵所致，因此加强饲养卫生，防止"病从口入"极为重要。要经常保持饲草、饲料的卫生，畜禽应选择在高燥处放牧；饮水最好用自来水、井水或流动的河水，并保持水源清洁，以防感染。从流行区运来的牧草须经高温或日晒处理后，才能喂舍饲的动物。禁止猪到池塘自由采食水生植物，水生植物要经过无害化处理后喂猪。禁止用生的或半生的鱼虾、蝌蚪以及贝类饲喂动物；勿用猪羊屠宰废弃物喂犬；家畜内脏等废弃物必须经过无害化处理后方可作饲料。

（三）消灭中间宿主或传播媒介

对于那些需要中间宿主或传播媒介的寄生虫，采用物理或化学的方法消灭它们的中间宿主淡水螺或传播媒介（昆虫、蜱类等），起到消灭感染来源和阻断感染途径的双重作用，可以达到防病的目的。应消灭的中间宿主和传播媒介，是指消灭那些经济意义较小的螺、蜊蛄、剑水蚤、甲虫、蚯蚓、蝇、蜱及吸血昆虫。主要措施有：

（1）使用化学药物杀死中间宿主和传播媒介，在动物圈舍、河流、溪流、池塘、草地等喷洒杀虫剂或药物来杀灭媒介昆虫。但要注意环境污染和对有益生物的危害，必须在严格控制下实施。

（2）结合农田水利建设进行，采用土埋、水淹、水改旱等措施改造生态环境，使中间宿主和传播媒介失去必需的栖息场所。

（3）养殖捕食中间宿主和传播媒介的动物对其进行捕食，如养鸭及食螺鱼灭螺，养殖捕食孑孓的柳条鱼、花鳅等。

（4）培育雄性不育节肢动物，使其与同种雌虫交配，产出不发育的卵，导致该种群数量减少。国外用该法成功地防治丽蝇、按蚊等。

（四）安全放牧

利用寄生虫的某些生物学特性或者设法避开它们的中间宿主和传播媒介的设计方案来实现安全放牧的目标。其中轮牧是安全放牧的措施之一，它是利用寄生虫的生物学特性来设计的。如水禽剑带绦虫的中间宿主剑水蚤的生活期限为一年，我们可以将一部分水池停用一年，使含有似囊尾蚴的剑水蚤全部死亡后再放牧。放牧时动物粪便污染草地，在它们还未发育到感染期时，即把动物转移到新的草地，可有效地避免动物感染。在草原上的感染期虫卵和幼虫，经过一段时期未能感染动物则自行死亡，草地得到净化。如某些绵羊线虫的幼虫在某地区夏季牧场上，需要 7d 发育到感染阶段，便可让羊群在 6d 时离开；如果那些绵羊线虫在当时的温度和湿度条件下，只能保持 1.5 个月的感染力，即可在 1.5 个月后，让羊群返回原牧场。

另外，设法避开它们的中间宿主和传播媒介也可实现安全放牧。如淡水螺是许多吸虫的中间宿主，它们一般栖息在低洼潮湿地带，禁止牛羊到这些地带放牧，可以防止或减少吸虫的感染。地螨是莫尼茨绦虫的中间宿主，由于它畏强光，怕干燥，潮湿和草高而密的

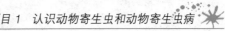

地带数量多，黎明和日落时活跃。因此根据它们的这些习性，尽量避免到它们活动的地区和在活跃的时间放牧来减少绦虫的感染。

（五）免疫预防

随着寄生虫耐药虫株的出现以及消费者对畜禽产品药物残留问题的担忧和环境保护意识的增强，研制疫苗防治寄生虫病已成大势所趋。寄生虫与细菌、病毒一样，同样能刺激宿主产生保护性免疫反应，通过疫苗接种来预防寄生虫病的流行，已被证实是确实可行的。随着各种新技术在寄生虫学研究领域的广泛应用，寄生虫免疫学的研究也逐步取得进展，从最初的强毒虫苗发展到今天的基因工程苗，各种虫体的保护性抗原基因不断被克隆，其免疫机理也不断被揭示。

现在寄生虫疫苗主要分为以下几类。

1. 强毒虫苗　强毒虫苗是直接从自然发病的宿主体内（表）或其排泄物中分离得到的，在实验室内进行传代增殖，并配以适当的稳定剂，即组成了一种强毒活虫苗。对于强毒虫苗的研究，主要是集中在鸡球虫、泰勒虫、锥虫等原虫，如在美国和加拿大广泛使用的鸡球虫苗 Immucox。

值得注意的是，这种疫苗的致病力并没有减弱，在使用不当时有可能使其致病性超过了免疫原性，有引起明显临床症状的危害性，甚至有可能带入本地没有的虫种，所以目前还没有大面积推广使用。

2. 弱毒虫苗　为解决强毒虫苗存在的弊端，研究者采用理化或人工传代等方法来降低强毒虫苗的致病力，使其在保持抗原性的同时，仍然起到良好的免疫保护效果。目前，弱毒苗的制备主要有筛选天然弱毒株、理化处理、人工传代致弱、遗传学致弱（基因剔除、基因失效）等几种方法。如通过对鸡艾美耳球虫早熟和晚熟弱毒株的筛选而获得的弱毒苗 Paracox 就是成功的实例。

3. 分泌抗原苗　寄生虫分泌或代谢产物具有很强的抗原性，可以从虫体培养液中提取有效抗原作为制备虫苗的成分。这方面最成功的例子有牛的巴贝斯虫苗和犬的巴贝斯虫苗，分别在澳大利亚和欧洲广泛应用。据报道，犬巴贝斯虫外抗原已有商品苗 Pirodog™ 问世，保护率为 70%～100%。其他一些虫体如犬弓首蛔虫、旋毛虫、细粒棘球绦虫、日本血吸虫、肝片吸虫、斯氏狸殖吸虫、弓形虫等，其分泌抗原的免疫实验表明，它们都能诱导宿主产生较强的免疫保护力。

4. 基因工程苗　基因工程苗也称重组抗原苗，是利用基因重组技术将虫体抗原基因片断导入受体细胞（主要有大肠杆菌、病毒、酵母、真核细胞等）内，随着受体细胞的繁殖而大量扩增，再经过必要的处理进而制备成免疫制剂（虫苗或疫苗）。目前，已经或正在进行研制的寄生虫基因工程苗的主要有血吸虫、球虫、锥虫、恶性疟原虫、弓形虫、利什曼原虫、微小牛蜱、钩虫、棘球蚴、羊带绦虫等，其中已上市用于临床的只有微小牛蜱 Bm86 基因工程苗。其他如血吸虫 GST 基因、棘球蚴 EG95 基因、弓形虫 p30 基因、锥虫 ESAG4 基因等重组苗，通过在宿主体内进行的免疫试验证实，都具有部分和较高的保护率。

5. 化学合成苗　化学合成苗主要通过化学反应合成一些被认为可以对人或动物有免疫保护作用的小分子抗原，主要有合成肽苗和合成多糖苗。人工合成肽苗最典型的例子要属疟疾合成多肽苗 spf66，但是由于造价高等原因，没有进行大规模的生产。到目前为止用于临床免疫的人工合成多糖分子还很有限。

33

6. 核酸疫苗 核酸疫苗是指将含有保护性抗原基因的质粒 DNA 直接接种到宿主体内，在宿主细胞中进行转录、翻译表达，从而激活宿主产生抵抗某种寄生虫入侵或致病的免疫力。核酸疫苗包括 DNA 和 RNA 疫苗，目前研究最多的是 DNA 疫苗，已报道的主要有疟原虫、利什曼原虫、弓形虫、隐孢子虫、血吸虫、猪囊虫、环形泰勒虫、艾美耳球虫、牛巴贝斯虫等的 DNA 疫苗，其中疟原虫的 DNA 疫苗已进入临床试验阶段。

一些研制成功的寄生虫疫苗已用于临床并起到了很好的保护效果，但寄生虫的免疫预防尚不普遍。目前，国内外已成功研制或正在研制的疫苗有：牛羊肺线虫、捻转血矛线虫、奥斯特线虫、毛圆线虫、泰勒梨形虫、伊氏锥虫、旋毛虫、弓形虫、鸡球虫、疟原虫、巴贝斯虫、片形吸虫、日本血吸虫、囊尾蚴、棘球蚴以及牛皮蝇蛆等的疫苗。

（六）生物控制

长期以来，对寄生虫病的防治主要是依靠化学药物，但随之产生的耐药性和药物残留以及化学药物有害成分的排出污染环境等问题的出现，使得人们开始寻求新的防治措施，其中，生物控制（Biological Control，简称 BC）以其无毒、无害、无污染等优点而备受关注。动物寄生虫的生物控制是指采用寄生虫的某些天敌（天然颉颃物）来对寄生虫及其所致疾病进行防制的一种生物技术。如利用某些细菌、病毒、真菌、原虫、线虫、蚂蚁、蜘蛛等对节肢动物害虫进行控制和消灭。如蚯蚓，在寒带的农耕土壤地区，它对家畜粪便的分解和清除，发挥着重要的作用。尽管寄生虫的生物控制在某些寄生性害虫的控制上取得了令人瞩目的成果，但在动物害虫，特别是动物寄生虫的生物控制方面进展较为缓慢。迄今，在动物寄生虫病防治方面，仅有少数成功的例证，而且主要是在一些昆虫性害虫及寄生性线虫上。

任务 1-5 动物寄生虫病的诊断

寄生虫病的诊断是一个综合判断的过程。寄生虫病的诊断，应在流行病学调查的基础上，根据患病动物临床症状的搜集和分析，通过病原学检查，查出虫卵、幼虫或虫体等建立诊断，必要时辅以寄生虫学剖检、免疫学诊断、分子生物学诊断建立诊断。目前，病原体检查是寄生虫病诊断最可靠、最常用的方法。但有时候动物体内发现寄生虫，并不一定引起寄生虫病，因为在宿主带虫数量较少时，常常呈现带虫免疫而不表现明显的临床症状。因此，寄生虫病的诊断除了检查病原体外，还要结合流行病学资料、临床症状的观察以及其他实验室检查结果等进行综合分析，必要时还要采取一些特殊的诊断方法才能确诊。

一、流行病学调查

流行病学调查对寄生虫病的诊断尤其是对群体寄生虫病的诊断具有重要作用。详细调查引起寄生虫病发生和流行的各种因素，包括生物学因素、自然因素和社会因素等，并分析相关的流行病学材料，能对建立正确诊断提供重要依据。调查的具体内容包括以下几个方面。

1. 基本情况调查 寄生虫病的发生与外界环境和宿主有着密切的联系，因此一方面主要了解被检动物所处地区的地形地势、降雨量及季节分布、河流与水源、土壤植被特性、野生动物种群、中间宿主、传播媒介及其分布等。另一方面，要调查被检动物种群概况、生产性能情况和饲养管理情况等。主要包括被检动物的数量、品种、性别、年龄、动

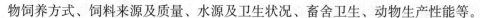

物饲养方式、饲料来源及质量、水源及卫生状况、畜舍卫生、动物生产性能等。

2. 被检动物发病情况调查　寄生虫病的发生，往往是由于忽略预防措施所造成的。因此，首先要对发病的养殖场和动物种群进行详尽的病史调查，了解该场历次发生过哪些疾病，同时详细询问发病当时以及近 2～3 年来动物的营养状况、发病时间、发病死亡的时间、发病率、死亡率、症状、剖检结果、已采取的措施及效果、平时防制措施等。

3. 社会因素　若怀疑为人兽共患病时，应了解当地居民的发病情况与诊断结果；居民的饮食及卫生习惯等。

通过流行病学调查，对所获资料进行去伪存真，去粗取精，抓住要点，加以全面分析，从而作出初步诊断，即此次发病可能是哪种寄生虫病，从而排除其他疾病，缩小范围，有利于继续采用其他更为准确的诊断方法。

二、临床症状观察

观察临床症状是生前诊断最直接、最基本的方法。临床检查主要是检查动物的营养状况、临床表现和疾病的危害程度，为寄生虫病的确诊提供一些诊断线索。大多数寄生虫病是一种慢性消耗性疾病，临床上多表现为消瘦、贫血、下痢、水肿等非典型症状，这些症状虽不是确诊的主要依据，但也能明确疾病的危害程度和主要表现。有些寄生虫所引起的疾病可表现具有特征性的临床症状，如脑包虫病患畜表现的"回旋运动"；反刍兽的梨形虫病可出现高热、贫血、黄疸或血红蛋白尿；鸡的盲肠球虫病可出现血粪；家畜的螨病可表现奇痒、脱毛等症状。据此，即可作出初步诊断。对于某些外寄生虫病如皮蝇蛆病、各类虱病等可发现病原体，建立诊断。

三、病理学诊断

病理学诊断包括病理剖检及组织病理学检查。

（一）病理剖检

病理剖检可用自然死亡、急宰的患病动物或屠宰的动物。病理剖检要按照寄生虫学剖检的程序做系统的观察和检查，详细记录病变特征和检获的虫体，并找出具有特征性的病理变化，经综合分析后作出初步诊断。通过剖检可以确定寄生虫种类、感染强度，还可以明确寄生虫对宿主危害的严重程度，尤其适合于群体寄生虫病的诊断。对某种寄生虫病的诊断，如果在流行病学和临床症状方面已经掌握了一些线索，那么可根据初诊的印象做局部的解剖学检查。例如，如果在临床症状和流行病学方面怀疑为肝片吸虫病时，可在肝胆管、胆囊内找出成虫或童虫，或在其他器官内找出童虫，进行确诊。

此法最易获得蠕虫病正确诊断结果，通常用全身性蠕虫检查法以确定寄生虫的种类和数量作为确定诊断的依据。寄生虫学剖检除用于诊断外，还用于寄生虫的区系调查和动物驱虫效果评定。一般是对全身各器官组织进行全面系统的检查，有时也根据需要检查一个或若干个器官，如专门为了解某器官的寄生虫感染状况，仅需对该器官寄生的寄生虫进行检查。具体操作方法如下。

1. 剖检前的准备工作

（1）动物的准备。因病死亡的家畜进行剖检，死亡时间一般不能超过 24h（一般虫体在病畜死亡 24～48h 崩解）。用于寄生虫的区系调查和动物驱虫效果评定时，所选动物应具有代表性，且应尽可能包括不同的年龄和性别，同时瘦弱或有临床症状的动物被视为主要的调查对象。选定做剖检的家畜在剖检前先绝食 1～2d，以减少胃肠内容物，便于寄生虫的检出。在登记表上详细填写每头动物种类、品种、年龄、性别、编号、营养状况、临床症状等。

（2）剖检前检查。畜禽死亡（或捕杀）后，首先制作血片，检查血液中有无锥虫、梨形虫、住白细胞虫、微丝蚴等。

然后仔细检查体表，观察皮肤有无瘀痕、结痂、出血、皲裂、肥厚等病变，有皮肤可疑病变则刮取病料备检。并注意有无吸血虱、毛虱、羽虱、虱蝇、蚤、蜱、螨等外寄生虫，并收集之。

2. 宰杀与剥皮　剖检家畜进行放血处死，家禽可用舌动脉放血宰杀，宠物可采用安乐死。如利用屠宰场的屠畜可按屠宰场的常规处理，但脏器的采集必须合乎寄生虫检查的要求。而后按照一般解剖方法进行剥皮，观察皮下组织中有无副丝虫（马、牛）、盘尾丝虫、贝诺孢子虫、皮蝇幼虫等寄生虫。并观察身体各部淋巴结、皮下组织有无病变。切开浅在淋巴结进行观察，或切取小块备检。剥皮后切开四肢的各关节腔，吸取滑液立即检查。

3. 腹腔各脏器的采取与检查

（1）腹腔和盆腔脏器采取。按照一般解剖方法剖开腹腔，首先检查脏器表面的寄生虫和病变，然后采集脏器。采取方法：结扎食管前端和直肠后端，切断食管、各部韧带、肠系膜根和直肠末端，小心取出整个消化系统（包括肝和胰），并采出肾。盆腔脏器亦以同样方式全部取出。最后收集腹腔内的血液混合物备检。

（2）腹腔脏器的检查。

①消化系统检查。先将附在其上肝、胰取下，再将食管、胃（反刍动物的 4 个胃应分开，禽类将嗉囊、腺胃、肌胃分开）、小肠、大肠分段做二重结扎后分离，分别进行检查。

a. 食管：先检查食管的浆膜面有无肉孢子虫。沿纵轴剪开食管，检查食管黏膜面有无筒线虫和纹皮蝇幼虫（牛）、毛细线虫（鸽子等鸟类）、狼尾旋线虫（犬、猫）寄生。用小刀或载玻片刮取黏膜表层，压在两块载玻片之间检查，置解剖镜下观察。必要时可取肌肉压片镜检，观察有无肉孢子虫（牛、羊）。

b. 胃：应先检查胃壁外面，然后将胃剪开，内容物冲洗入指定的容器内，并用生理盐水将胃壁洗净（洗下物一同倒入盛放胃内容物的容器），取出胃壁并刮取胃壁黏膜的表层，把刮下物放在两块玻片之间做成压片镜检。如有肿瘤时可切开检查。先挑出胃内容物中较大的虫体，然后加生理盐水，反复洗涤，沉淀，待上层液体清净透明后，弃去上清液，分批取少量沉渣，放入白色搪瓷盘仔细观察并检出所有虫体。也可将沉淀物放入大培养皿中，先后放在白色和黑色的背景上检查。

在胃内寄生的主要有胃虫（猪、鸡、马、驼）、胃蝇蛆（马）和毛圆线虫等。对反刍动物可以先把第一、二、三、四胃分开，分别检查。检查第一胃时主要观察有无前后盘吸虫。对第三胃延伸到第四胃的相连处和第四胃要仔细检查。注意观察是否有捻转血矛线虫、奥斯特线虫、指形长刺线虫、马歇尔线虫、古柏线虫等。

c. 肠系膜：分离前把肠系膜充分展开，然后对着光线检查，看静脉中有无虫体（主要是血吸虫）寄生，然后剖开肠系膜淋巴结，切成小块，压片镜检。最后在生理盐水内剪开肠系膜血管，冲洗物进行反复水洗沉淀后检查沉淀物。

d. 小肠：把小肠分为十二指肠、空肠、回肠三段，分别检查。先将每段内容物挤入指定的容器内，或由一端灌入清水，使肠内容物随水流出，再将肠管剪开，然后用生理盐

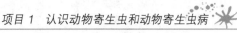

水洗涤肠黏膜面后刮取黏膜表层，压薄镜检。洗下物和沉淀物的检查方法同胃内容物。注意观察是否有蛔虫、毛圆线虫、仰口线虫、细颈线虫、似细颈线虫、古柏线虫、莫尼茨绦虫、曲子宫绦虫、无卵黄腺绦虫、裸头绦虫、赖利绦虫、戴文绦虫、棘头虫。

　　e. 大肠：大肠分为盲肠、结肠和直肠三段，分段进行检查。先检查肠系膜淋巴结，肠壁浆膜面有无病变，然后在肠系膜附着部的对侧沿纵轴剪开肠壁，倾出内容物，内容物和肠壁黏膜的检查同小肠。注意观察大肠中有无圆线虫（马属动物）、蛲虫、食道口线虫、夏伯特线虫；盲肠有无毛尾线虫；网膜及肠系膜表面有无细颈囊尾蚴。

　　f. 肝、胰腺和脾的检查：首先观察肝表面有无寄生虫结节，如有可做压片检查。分离胆囊，把胆汁挤入烧杯中，用生理盐水稀释，待自然沉淀后检查沉淀物；并将胆囊黏膜刮下物压片镜检。沿胆管剪开肝，检查其中虫体，而后将其撕成小块，用手挤压，反复淘洗，最后在沉淀物中寻找虫体。胰腺和脾的检查方法同肝。注意检查肝有无肝片吸虫、双腔吸虫、细粒棘球蚴；胰有无阔盘吸虫。

　　②泌尿系统检查。切开肾，先对肾盂作肉眼检查，注意肾周围脂肪和输尿管壁有无肿瘤及包囊，再刮取肾盂黏膜检查；最后将肾实质切成薄片，压于两载玻片间，在放大镜或解剖镜下检查。膀胱检查方法与胆囊相同，收集尿液，用反复沉淀法处理。按检查肠黏膜的方法检查输尿管。注意肾盂、肾周围脂肪和输尿管壁等处有无有齿冠尾线虫（猪肾虫）等。

　　③生殖器官的检查。切开，检查内腔，并刮下黏膜，压片检查。怀疑为马媾疫和牛胎儿毛滴虫时，应涂片染色后，用油镜检查。

　　4. 胸腔脏器的取出和检查

　　（1）胸腔脏器的取出。按一般解剖方法打开胸腔以后，观察脏器的自然位置和状态后，注意观察脏器表面有无细颈囊尾蚴和棘球蚴。连同食管和气管摘取胸腔内的全部脏器，再采集胸腔内的液体用水洗沉淀法检查。

　　（2）胸腔脏器的检查。

　　①呼吸系统检查（肺和气管）。从喉头沿气管、支气管剪开，寻找虫体，发现虫体即应直接采取。然后用小刀或载玻片刮取黏液在解剖镜下检查。肺组织按肝处理方法处理。注意气管和支气管、细支气管和肺泡中有无肺线虫。

　　②心脏及大血管检查。先观察心脏表面，检查心外膜及冠状动脉沟。剖开心脏和大血管，注意观察心肌中是否有囊尾蚴（猪、牛），将内容物洗于生理盐水中，反复沉淀法处理，注意血液中有无日本血吸虫、丝虫等。将心肌切成薄片压片镜检，观察有无旋毛虫和肉孢子虫。

　　5. 头部各器官的检查　头部从枕骨后方切下，首先检查头部各个部位和感觉器官。然后沿鼻中隔的左或右约 0.3cm 处的矢状面纵形锯开头骨，撬开鼻中隔，进行检查。

　　（1）眼部的检查。先将眼睑黏膜及结膜在水中刮取表层，沉淀后检查，最后剖开眼球将眼房液收集在培养皿内，在放大镜下检查是否有丝虫的幼虫、囊尾蚴、吸吮线虫等寄生。

　　（2）口腔的检查。肉眼观察唇、颊、牙齿间、舌肌等，注意观察有无囊尾蚴、蝇蛆和筒线虫等。

　　（3）鼻腔和鼻窦的检查。沿两侧鼻翼和内眼角连线切开，再沿两眼内角连线锯开，然后在水中冲洗后检查沉淀物。注意观察有无羊鼻蝇蛆、疥癣、锯齿状舌形虫等寄生。

　　（4）脑部和脊髓的检查。劈开颅骨和脊髓管，检查脑（大、小脑等）和脊髓；先用肉眼检查有无绦虫蚴（脑多头蚴或猪囊尾蚴）、羊鼻蝇蛆寄生。再切成薄片压薄镜检，检查有无微丝蚴寄生。

6. 肌肉的检查 采取全身有代表性的肌肉进行肉眼观察和压片镜检。如采取咬肌、腰肌和臀肌等检查囊尾蚴；采取膈肌脚检查旋毛虫和住肉孢子虫；采取牛、羊食道等肌肉检查住肉孢子虫。

7. 虫体收集 发现虫体后，用分离针挑出，用生理盐水洗净虫体表面附着物后，放入预先盛有生理盐水和记有编号与脏器名称标签的平皿内，然后进行待鉴定和固定（虫体的保存和固定方法参见本项目的知识拓展）。但应注意：寄生于肺部的线虫应在略为洗净后尽快投入固定液中，否则虫体易于破裂。当遇到绦虫以头部附着于肠壁上时，切勿用力猛拉，应将此段肠管连同虫体剪下浸入清水中，5～6h后虫体会自行脱落，体节也会自然伸直。为了检获沉渣中小而纤细的虫体，可在沉渣中滴加浓碘液，使粪渣和虫体均染成棕黄色，然后用5%硫代硫酸钠溶液脱去其他物质的颜色，虫体着色后不脱色，仍保持棕黄，故棕色虫体易于辨认。

鉴定后的虫体放入容器中保存，并贴好标签。标签上应写明：动物的种类、性别、年龄、解剖编号、虫体寄生部位、初步鉴定结果、剖检日期、地点、解剖者姓名、虫体数目等。可用双标签，即投入容器中的内标签和贴在容器外的外标签，内标签可用普通铅笔书写。

8. 结果登记 剖检结果要记录在寄生虫病学剖检登记表中并统计寄生虫的总数、各种（属、科）寄生虫的感染率和感染强度（表1-1）。

表1-1 畜禽寄生虫剖检记录表

剖检地点：　　　　　剖检者姓名：　　　　　剖检日期：　　年　　月　　日

动物编号		产地		畜禽类别		品种	
性别		年龄		死因		其他	
临床表现							
寄生虫 收集情况	寄生部位	虫名	数目（条）	瓶号	主要病变	备　注	
备注							

9. 注意事项

（1）如果器官内容物中的虫体很多，短时间内不能挑取完时，可将沉淀物加入3%福尔马林保存。

（2）在应用反复沉淀法时，应注意防止微小虫体随水倒掉。

（3）采取虫体时应避免将其损坏，病理组织或含虫组织标本用10%甲醛溶液固定保存。对有疑问的病理组织应做切片检查。

（二）组织病理学检查

组织病理学检查常常是寄生虫病诊断的辅助手段，但对于某些组织的寄生虫病来说，特别要结合病理组织学检查，在相关组织中发现典型病变或各发育阶段的虫体即可确诊，

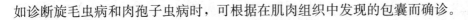

如诊断旋毛虫病和肉孢子虫病时，可根据在肌肉组织中发现的包囊而确诊。

四、病原学诊断

病原检查是从病料中查出病原体如虫卵、幼虫、成虫、虫体节片等，这是诊断寄生虫病的重要手段，也是确诊的主要依据。主要是对动物的粪便、尿液、血液、组织液及体表刮取物进行检查，查出各种寄生虫的虫卵、幼虫、成虫或其碎片等即可得出正确的诊断。

（一）粪便中寄生虫虫体及虫卵的检查

1. 粪便的采集、保存与送检　正确采集、保存和送检被检粪便是准确诊断寄生虫病的前提。粪便中的虫卵被排到外界后，在适宜的条件下，可以自然孵化，甚至孵化出幼虫，另外，在土壤中存在有一些营自由生活的线虫、蝇、螨等寄生虫及其虫卵和幼虫，甚至含有其他非被检动物和人所排出的虫卵。因此，在采取被检粪便时，应保证是新鲜而未被污染的粪便。为了确保新鲜，无污染，可以采取动物刚刚自然排出的粪便或者直接由动物直肠采粪。对于动物自然排出的粪便，要采集粪堆的上部和中间，未被污染的粪便。大动物可以按直肠检查的方法采集，犬、猫等小动物可将食指套上塑料指套，伸入直肠直接钩取粪便。

将采取的粪便装入清洁的容器内（采集用品最好一次性使用），尽快检查，若不能马上检查（超过2h），应放在冷暗处或冰箱中保存（4℃），以便抑制虫卵的发育。当不能及时检查而需送检时，或保存时间较长时，可将粪便浸入加温至50～60℃的5%～10%的福尔马林液中，使粪便中的虫卵失去生活能力，起固定作用，又不改变形态，还可以防止微生物的繁殖。对含有血吸虫卵的粪便最好用福尔马林液或70%～75%乙醇固定以防孵化。若需用PCR检测，要将粪便保存在70%～75%乙醇中，而不能用福尔马林固定。在送检时，应贴好标签，并标明所采集的动物、采集日期和采集人等。

2. 粪便中寄生虫虫体的检查　在消化道内寄生的绦虫常以孕卵节片排出体外；一些蠕虫的虫体由于受驱虫药的影响，或已老化或受超敏反应影响而随粪便排出体外；马胃蝇的成熟幼虫以及某些消化道内寄生原虫（隐孢子虫、结肠小袋纤毛虫、球虫）等都可以随粪便自然排出到体外。为此，可以直接检查粪便中的这些寄生虫虫体、节片和幼虫，从而达到确诊的目的。

（1）粪便内蠕虫虫体检查法。

①拣虫法。用于肉眼可见的较大型虫体的检查，如蛔虫、姜片吸虫成虫、某些绦虫成虫或孕节等。取出粪便后，先检查其表面，发现虫体后用镊子、挑虫针或竹签挑出粪便中的虫体，拣出的虫体先用清水洗净表面粪渣，立即移入生理盐水中，以待观察鉴定。

注意：动作要轻巧，若用镊子，最好是无齿镊。对于粪球和过硬的粪块，可用生理盐水软化后再拣虫。

②淘洗法。此法用于收集小型蠕虫，如钩虫、食道口线虫、鞭虫等。将经过肉眼检查过的粪便，置于较大的容器（玻璃缸或塑料杯）中，先加少量水搅拌成糊状，再加水至满。静置10～20min后，倾去上层粪液，再重新加水搅匀静置，如此反复操作几次，直至上层液体清澈为止，弃上清液，将沉渣倒入大玻璃皿内，先后在白色和黑色背景上，以肉眼或借助于放大镜寻找虫体，必要时可用实体显微镜检查，发现的虫体和节片用挑虫针或毛笔挑出，以便进行鉴定。如对残渣一时检查不完，可移入4～8℃冰箱中保存，或加入3%～5%的福尔马林溶液防腐，待后检查（2～3d内）。

注意：淘洗时间不能太长，以防线虫虫体崩解。为防虫体崩解，可用生理盐水代替清水。

（2）粪便内蠕虫幼虫检查法。

①幼虫分离法。主要用于生前诊断一些肺线虫病。如反刍兽网尾线虫的虫卵在新排出的粪便中已变为幼虫；类圆线虫的虫卵随粪便排出后很快即孵出幼虫。对粪便中幼虫的检查最常用的方法是贝尔曼氏法和平皿法。

a. 贝尔曼氏法：贝尔曼氏幼虫分离装置如图1-11所示，操作方法：取粪便15～20g放入漏斗（下端连接有乳胶管和一小试管）内的金属筛（直径约10cm）中。然后置漏斗架上，通过漏斗加入40℃的温水，使粪便淹没为止（水量约达到漏斗中部）。静置1～3h后（此时大部分幼虫游于水中，并沉于试管底部），取下小试管，吸弃掉上清液，取其沉渣滴于载玻片上镜检，查找活动的幼虫。该方法也可用于从粪便培养物中分离第三期幼虫或从被剖检畜禽的某些组织中分离幼虫。

注意：所检粪便（粪球）不必弄碎，以免渣子落入小试管底部，镜检时不易观察。小试管和乳胶管中间不得有气泡或空隙，温水必须充满整个小试管和乳胶管（可先通过漏斗加温水至试管和乳胶管充满，然后再加被检粪样，并使其浸泡住被检粪样）。

b. 平皿法：此法特别适用于球状粪便，其操作方法是：取粪球3～10个，置于放有少量热水（不超过40℃）的培养皿内，经10～15min后，取出粪球，吸取皿内的液体，在显微镜下检查幼虫，看有无活动的幼虫存在。

用上述两种方法检查时，可见到运动活泼的幼虫。为了静态观察幼虫的详细形态构造，可在有幼虫的载玻片上滴入少量卢戈氏碘液或用酒精灯加热，则幼虫很快死亡，并染成棕黄色。为了快速分离，也可在约40℃培养箱中静置。

②粪便培养法。毛圆科线虫种类很多，其虫卵在形态上很难区别，常将粪便中的虫卵培养为幼虫，再根据幼虫形态上的差异加以鉴别。

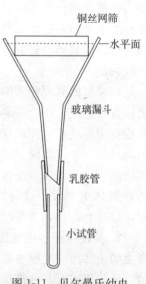

图1-11　贝尔曼氏幼虫
分离装置

（铜丝网筛　水平面　玻璃漏斗　乳胶管　小试管）

最常用的方法是在培养皿的底部加滤纸一张，将欲培养的粪便调成硬糊状，塑成半球形，放于皿内的纸上，并使粪球的顶部略高出平皿边沿，使加盖时与皿盖相接触。而后置25℃温箱中培养7d，注意保持皿内湿度（应使底部的垫纸保持潮湿状态）。此时多数虫卵已发育为L3，并集中于皿盖上的水滴中。将幼虫吸出置载玻片上，镜检。

③毛蚴孵化法。本法专门用于诊断日本血吸虫病，当粪便中虫卵较少时，镜检不易查出；由于粪便中血吸虫虫卵内含有毛蚴，虫卵入水后毛蚴很快孵出，游于水面，便于观察。具体方法参见日本血吸虫病的诊断。

④线虫幼虫的识别要点。主要从以下几个方面来识别幼虫：幼虫的大小；口囊的大小和形状；食道长短及形态构造；肠细胞的数目、形状，幼虫有无外鞘；幼虫尾部的特点（尖、圆、有否结节）及尾长（肛门至虫体尾端的距离）、鞘尾长（肛门至鞘的末端距离）。

（3）粪便内原虫检查法。寄生于消化道的原虫，如球虫、隐孢子虫、结肠小袋纤毛虫等都可以通过粪便检查来确诊。采用各种镜检方法之前，可以先对粪便进行观察，看其颜色、稠度、气味、有无血液等，以便初步了解宿主感染的时间和程度。

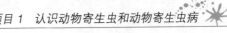

①球虫卵囊检查法。一般情况下，采取新排出的粪便，按蠕虫虫卵的检查方法，或直接涂片检查，或采用饱和盐水漂浮法检查粪便中的卵囊。应注意，由于卵囊较小，利用锦纶筛兜淘洗法检查时，卵囊能通过筛孔，故应留取滤下的液体，取沉渣检查。具体参见鸡球虫病。

当需要鉴定球虫的种类时，可将浓集后的卵囊加2.5％的重铬酸钾溶液，在25℃温箱中培养，待其孢子形成后进行观察。

②隐孢子虫卵囊检查法。隐孢子虫卵囊的采集与球虫相似，但其比球虫小，在采用饱和蔗糖溶液漂浮法收集粪便中的卵囊后，常需放大至1 000用油镜观察，还可采用改良抗酸染色法、沙黄-美蓝染色法加以染色后再油镜镜检。具体参见项目四。

③结肠小袋纤毛虫检查法。当动物患结肠小袋纤毛虫病时，在粪便中可查到活动的虫体(滋养体)，但是粪便中的滋养体很快会变为包囊，因此需要检查滋养体和包囊两种形态。

a. 滋养体检查：取新鲜的稀粪一小团，放在载玻片上加1～2滴温热的生理盐水混匀，挑去粗大的粪渣，盖上盖玻片，在低倍镜下检查时即可见到活动的虫体。

b. 包囊的碘液染色检查：检测时直接涂片方法同上，以一滴碘液(碘2g，碘化钾4g，蒸馏水1 000mL)代替生理盐水进行染色。如碘液过多，可用吸水纸从盖玻片边缘吸去过多的液体。

若同时需检查活滋养体，可在用生理盐水涂匀的粪滴附近滴一滴碘液，取少许粪便在碘液中涂匀，再盖上盖玻片。涂片染色的一半查包囊；末染色的一半查活滋养体。结果可看到细胞质染成淡黄色，虫体内含有的肝糖呈暗褐色，核则透明。

注意：活滋养体检查时，涂片应较薄，气温愈接近体温，滋养体的活动愈明显。必要时可用保温台保持温度。

3. 粪便中寄生虫虫卵的检查 根据所采取的方法不同，可将粪便内蠕虫虫卵的检查法分为直接涂片法、漂浮法、沉淀法以及锦纶筛兜淘洗法。

(1) 直接涂片法。首先在洁净的载玻片中央滴1～3滴50％甘油生理盐水溶液或生理盐水(缺少甘油生理盐水时可以用常水代替，但不如甘油盐水清晰，因为加甘油能使标本清晰，并防止过快蒸发变干，若检查原虫的包囊应加碘液代替生理盐水)，以牙签挑取绿豆粒大小的粪便与之混匀，用镊子剔除粗大粪渣，涂开呈薄膜状，其厚度以放在书上能透过薄层粪液模糊地看出书上字迹为宜。然后在粪膜上加盖玻片，置于光学显微镜下观察(图1-12)。检查虫卵时，先用低倍镜顺序查盖玻片下所有部分，发现疑似虫卵物时，再用高倍镜仔细观察。

注意：因一般虫卵(特别是线虫卵)色彩较淡，镜检时视野宜稍暗一些(聚光器下移)；用过的竹签、玻片、粪便等要放在指定的容器内，以防污染。

这种方法简单易行，但检出率不高，尤其在轻度感染时，往往得不到可靠的结果，所以为了提高检出率，每个粪样应连续涂至少3张片。

(2) 沉淀法。利用某些虫卵相对密度比水大的特点，让虫卵在重力的作用下，自然沉

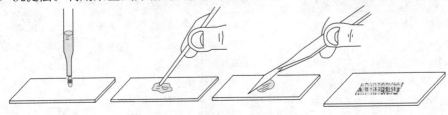

图1-12 直接涂片法操作流程

于容器底部或在离心力作用下沉于离心管底部，然后取沉淀物进行检查。因此此法多用于相对密度较大的虫卵检查，如吸虫卵、棘头虫卵和裂头绦虫卵等的检查。沉淀法可分为直接水洗沉淀法和离心沉淀。

①直接水洗沉淀法。取粪便5～10g置于烧杯中，先加少量的水，将粪便调成糊状，再加10～20倍量水充分搅匀成粪液，然后用孔径0.3mm金属筛或2～3层湿纱布滤过入另塑料杯或烧杯中，滤液静置20～30min后小心倾去上层液，保留沉渣再加水与沉淀物重新混匀、以后每隔15～20min换水一次，如此反复水洗沉淀物多次，直至上层液透明为止，最后倾去上清液，用吸管吸取沉淀物滴于载玻片上，加盖玻片镜检（图1-13）。

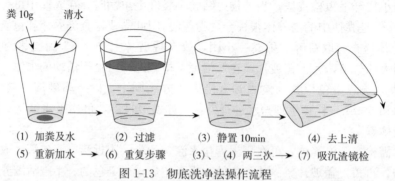

（1）加粪及水　　（2）过滤　　（3）静置10min　　（4）去上清
（5）重新加水 → （6）重复步骤 （3）、（4）两三次 → （7）吸沉渣镜检

图1-13　彻底洗净法操作流程

直接水洗沉淀法所需时间较长，但是不需要离心机，操作方便，因而在基层工作中适用。

②离心沉淀法。采用离心机进行离心，使虫卵加速集中沉淀在离心管底，然后镜检沉淀物。具体步骤：取3g粪便置于小杯中，加10～15倍水搅拌混匀；将粪液用金属筛或纱布滤入离心管中（或将直接水洗沉淀法时，滤去粗渣的粪液直接倒入离心管中），以2 000～2 300r/min的速度离心沉淀1～2min，取出后倾去上层液，再加水搅和，按上述条件重复操作离心沉淀2～3次，直至上清液清亮为止。倾去上层液，用吸管吸取沉淀物滴于载玻片上，加盖玻片镜检。

（3）漂浮法。本法是利用相对密度比虫卵大的溶液稀释粪便，将粪便中的虫卵浮集于液体表面，然后取液膜进行检查。常用饱和食盐水（饱和食盐水的配制：100mL水中溶解食盐38～40g，即将食盐慢慢加入盛有沸水的容器内，不断搅动，直至食盐不再溶解为止）做漂浮液，用以检查线虫卵、绦虫卵和球虫卵囊。此外，尚可采用硫酸镁、硫代硫酸钠和硝酸铅等饱和溶液作漂浮液，大大提高了检出效果，甚至可用于吸虫卵的检查。现将常见的虫卵及漂浮液的相对密度列表如下（表1-2）：

表1-2　常见的虫卵及漂浮液的相对密度表

寄生虫卵的相对密度		漂浮液的相对密度		
虫卵的种类	相对密度	漂浮液的种类	试剂（g）/水（L）	相对密度
猪蛔虫卵	1.145	饱和盐水	380	1.170～1.190
钩虫卵	1.085～1.090	硫酸锌溶液	330	1.140
毛圆线虫卵	1.115～1.130	氯化钙溶液	440	1.250
猪后圆线虫卵	1.20以上	硫代硫酸钠溶液	1 750	1.370～1.390
肝片吸虫卵	1.20以上	硫酸镁溶液	920	1.26
姜片吸虫卵	1.20以上	硝酸铅溶液	650	1.30～1.40

（续）

寄生虫卵的相对密度		漂浮液的相对密度		
虫卵的种类	相对密度	漂浮液的种类	试剂（g）/水（L）	相对密度
华支睾吸虫卵	1.20以上	硝酸钠溶液	1 000	1.20～1.40
双腔吸虫卵	1.20以上	甘 油		1.226

漂浮法分为饱和盐水漂浮法和试管浮聚法。

①饱和盐水漂浮法。取5～10g粪便置于100～200mL烧杯（或塑料杯）中，加入少量漂浮液搅拌混合后，继续加入约20倍的漂浮液。然后将粪液用孔径0.3mm金属筛或纱布滤入另一杯中，弃去粪渣。静置滤液，经30min左右，用直径0.5～1cm的金属圈平着接触滤液面，提起后将粘着在金属圈上的液膜抖落于载玻片上，如此多次蘸取不同部位的液面后，加盖玻片镜检，盖玻片应与液面完全接触，不应留有气泡（图1-14）。

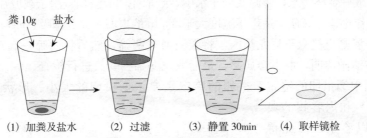

（1）加粪及盐水　（2）过滤　（3）静置30min　（4）取样镜检

图1-14　饱和盐水漂浮法操作流程

②试管浮聚法。取2g粪便置于烧杯中或塑料杯中，加入10～15倍漂浮液进行搅拌混合，然后将粪液用孔径0.3mm金属筛或纱布通过滤斗滤入到试管中，然后用滴管吸取漂浮液加入试管，至液面凸出管口为止。静置30min后，用清洁盖玻片轻轻接触液面，提起后放入载玻片上镜检（图1-15）。静置滤液的试管可用经济实惠的青霉素瓶代替。

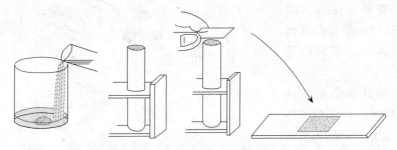

图1-15　饱和盐水浮聚法操作流程

注意： a. 漂浮时间约为30min左右，时间过短（少于10min）漂浮不完全；时间过长（大于1h）易造成虫卵变形、破裂，难以识别。b. 检查时速度要快，以防虫卵变形，必要时可在制片时加上一滴清水，以防标本干燥和盐结晶析出，妨碍镜检。c. 用相对密度较大漂浮液会使虫卵漂浮加快，但除特殊需要外，采用相对密度过大的溶液是不适宜的。因为一方面选用的浓度太大会使虫卵变形而很难鉴定，另一方面随溶液相对密度加大，粪渣浮起增多影响检出，而且由于液体黏度增加，虫卵浮起速度减慢。d. 检查多例粪便时，用铁丝圈蘸取一例后，再蘸取另一例时，需先在酒精灯上烧过后再用之，以免相互污染，影响结果的准确性。e. 玻片要清洁无油，防止玻片与液面间有气泡或漂浮的粪渣，若有气泡不要用力压盖玻片，可用牙签轻轻敲击赶出。

漂浮法适用于多种线虫卵、绦虫卵、球虫卵囊的检查，其检出率较高。当检查某些相对密度较大的虫卵如猪肺丝虫卵、棘头虫卵时，可用相对密度较大的漂浮液代替饱和盐水。另外，也可将离心沉淀法和漂浮法结合起来应用。如可先用漂浮法将虫卵和比虫卵轻的物质漂起来，再用离心沉淀法将虫卵沉下去；或者选用沉淀法使虫卵及比虫卵重的物质沉下去，再用漂浮法使虫卵浮起来，以获得更高的检出率。

（4）尼龙（锦纶）筛兜集卵法。由于虫卵的直径多在 $60\sim260\mu m$，因此可制作两个不同孔径的筛子，将较多量的粪便，经孔径较大的粗筛（金属筛）去除粪渣，再经锦纶筛兜去细粪渣和较小的杂质，以达到快速浓集虫卵，提高检出率的目的。

操作方法：取粪便 $5\sim10g$，加水搅匀，先通过孔径 $260\sim300\mu m$ 的金属筛过滤；滤下液再通过孔径 $59\mu m$ 的锦纶筛兜过滤，并在锦纶筛兜中继续加水冲洗，直至洗出液体清澈透明为止，直径小于 $60\mu m$ 的细粪渣和可溶性色素均被洗去而使虫卵集中。最后用流水将粪渣冲于筛底，而后取一烧杯清水，将筛底浸于水中，吸取兜内粪渣检查滴于载玻片上，加盖玻片镜检。此法操作迅速、简便，适用于宽度大于 $60\mu m$ 的虫卵（如肝片吸虫卵）的检查。

也可将金属筛直接置于尼龙筛内，将粪液通过两筛，然后将两筛一起在清水中冲洗，直至流出液体清澈透明，取下金属筛，最后取尼龙筛内粪渣进行检查。

（5）粪便中蠕虫卵的鉴定。虫卵的鉴定主要依据虫卵的大小、形状、颜色、卵壳（包括卵盖等）和内容物的典型特征来加以鉴别。因此首先要将那些易与虫卵混淆的物质与虫卵区分开来（粪检中镜下常见杂质见图 1-16）；其次应了解各纲虫卵的基本特征，识别出吸虫卵、绦虫卵、线虫卵和棘头虫卵（图 1-17 至图 1-21）；最后根据每种虫卵的具体特征鉴别出具体虫种的虫卵。

① 虫卵和其他杂质的区别。虫卵的特征：a. 多数虫卵轮廓清楚、光滑。b. 卵内有一定明确而规则的构造。c. 通常是多个形状和结构相同或相似的虫卵会存在一张标本中，只有一个的情况很少；若只有一个时，即便是寄生虫虫卵，也属于轻度感染，临床意义不大。

易与虫卵混淆的物质见图 1-16 和表 1-3。

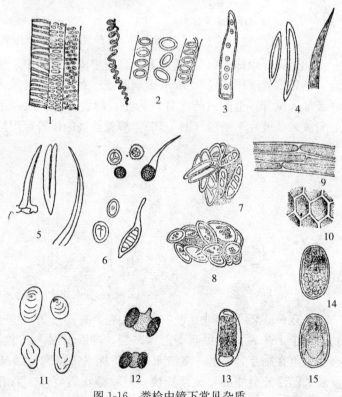

图 1-16　粪检中镜下常见杂质

1. 植物导管：梯纹、网纹、孔纹　2. 螺纹和环纹　3. 管胞　4. 植物纤维　5. 小麦的颖毛　6. 真菌的孢子　7. 谷壳的一些部分　8. 稻米胚乳　9. 植物的薄皮细胞　10. 植物的薄皮细胞　11. 淀粉粒　12. 花粉粒　13. 植物线虫的一些虫卵　14. 螨的卵（未发育）　15. 螨的卵（已发育）

表 1-3　易与虫卵混淆的物质及特征

易与虫卵混淆的物质	特征
气泡	圆形无色、大小不一，折光性强，内部无胚胎结构
花粉颗粒	无卵壳构造，表面常呈网状，内部无胚胎结构
植物细胞	有的为螺旋形，有的为小型双层环状物，有的为铺石状上皮，均有明显的细胞壁
淀粉粒	形状不一。外被粗糙的植物纤维，颇似蛔虫卵。可滴加卢戈尔氏碘液（碘液配方为碘 0.1mL，碘化钾 2mL，水 100mL）染色加以区分，未消化前显蓝色，略经消化后呈红色
霉菌	霉菌的孢子常易误认为蛔虫卵或鞭虫卵；霉菌内部无明显的胚胎构造，折光性强
结晶	在粪便中常常看到草酸钙、磷酸盐、碳酸钙的结晶，多呈方形、针形或斜方形等。有时在粪便中还可以看到棱形针状的夏科雷盾氏结晶（常常是肠道有溃疡和大量蠕虫寄生的象征）
其他	某些动物常有食粪癖（如犬、猪），它们的粪便中，除寄生于其本身的寄生虫和虫卵以外，还可能有被吞食的其他寄生虫卵，慎勿误认为是由寄生于其本身的寄生虫所产生者。患螨病时，在粪便中还可能有一些毛发、螨和它们的卵。有时还可以在粪便中找到纤毛虫，易误认为吸虫卵

　　在用显微镜检查粪便时，若对某些物体和虫卵分辨不清，可用解剖针轻轻推动盖玻片，使盖玻片下的物体转动，这样常常可以把虫卵和其他物体区分开来。

　　②识别蠕虫卵的方法和要点。在粪便检查过程中，观察蠕虫虫卵时，应从以下几个方面去进行观察比较：a. 卵的大小：要注意比较各种虫卵的大小，必要时可用测微尺进行测量。b. 卵的颜色和形状：色彩是黄色还是灰白、淡黑、黑或灰色；形状是圆的、椭圆的、卵圆的或其他形状；看两端是否同等的锐或钝；是否有卵盖；两侧是否对称；以及有无附属物等。c. 卵壳厚薄：一般在镜下可见几层，厚或薄；是否光滑或粗糙不平。d. 卵内结构：线虫卵内卵细胞的大小、多少、颜色深浅，是否排列规则；充盈程度；是否有幼虫胚胎。吸虫卵内卵黄细胞的充满程度；胚细胞的位置、大小、色彩；有无毛蚴的形成。绦虫卵内的六钩蚴形态及有无梨形器等。

　　③蠕虫卵的基本结构和特征见表 1-4。

表 1-4　蠕虫卵的基本结构和特征

虫卵	特征	图示
吸虫卵	吸虫卵多为黄色、黄褐色或灰褐色，呈卵圆形或椭圆形，卵壳厚而坚实。大部分吸虫卵的一端有卵盖，卵盖和卵壳之间有一条不明显的缝（新鲜虫卵在高倍镜下时可看见），也有的吸虫卵无卵盖。有的吸虫卵壳表面光滑；也有的有各种突出物（如结节、小刺、丝等）。新排出的吸虫卵内，有的含有卵黄细胞所包围的胚细胞，有的则含有成形的毛蚴	
绦虫卵	绦虫卵大多数无色或灰色，少数呈黄色、黄褐色。圆叶目绦虫卵与假叶目绦虫卵构造不同。圆叶目虫卵形状不一，卵壳的厚度和构造也不同，多数虫卵中央有一椭圆形具三对胚钩的六钩蚴，其被包在内胚膜里，内胚膜之外为外胚膜，内外胚膜之间呈分离状态。有的绦虫卵的内层胚膜上形成突起，被称之为梨形器（灯泡样结构），六钩蚴被包围在其中，有的几个虫卵被包在卵袋中。假叶目绦虫卵则非常近似于吸虫卵，虫卵椭圆形，有卵盖，内含卵细胞及卵黄细胞	
线虫卵	各种线虫卵的大小和形状不同，常见椭圆形、卵形或近于圆形。一般的线虫卵有 4 层膜（光学显微镜下只能看见 2 层）所组成的卵壳，光滑，或有结节、凹陷等。卵内含未分裂的胚细胞、或分裂着的胚细胞，或为一个幼虫。各种线虫卵的色泽也不尽相同，从无色到黑褐色。不同线虫卵卵壳的薄厚不同，蛔虫卵卵壳最厚；其他多数卵壳较薄	

虫 卵	特 征	图 示
棘头虫卵	多为椭圆或长椭圆形。卵壳3层，内层薄，中间层厚，多数有压痕，外层变化较大，并有蜂窝状构造。内含长圆形棘头蚴，其一端有3对胚钩	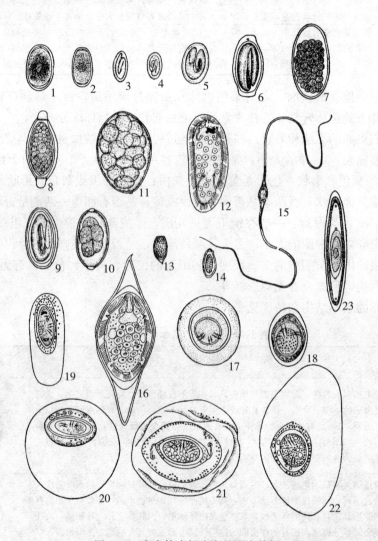

④各种动物粪便中蠕虫卵的形态结构见图1-17至图1-21。

图 1-17　家禽体内蠕虫卵的形态特征

1. 鸡蛔虫卵　2. 鸡异刺线虫卵　3. 类圆线虫卵　4. 孟氏眼线虫卵　5. 旋华首线虫卵　6. 四棱线虫卵　7. 鹅裂口线虫卵　8. 毛细线虫卵　9. 鸭束首线虫卵　10. 比翼线虫卵　11. 卷棘口吸虫卵　12. 嗜眼吸虫卵　13. 前殖吸虫卵　14. 次睾吸虫卵　15. 背孔吸虫卵　16. 毛毕吸虫卵　17. 楔形变带绦虫卵　18. 有轮瑞利绦虫卵　19. 鸭单睾绦虫卵　20. 膜壳绦虫卵　21. 矛形剑带绦虫卵　22. 片形皱褶绦虫卵　23. 鸭多型棘头虫卵

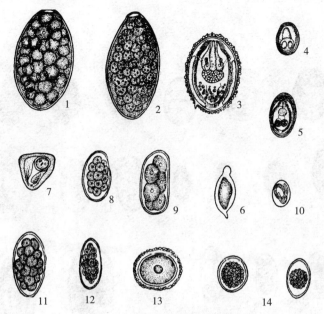

图 1-18　牛体内蠕虫卵的形态特征

1. 大片吸虫卵　2. 前后盘吸虫卵　3. 日本分体吸虫卵　4. 双腔吸虫卵　5. 胰阔盘吸虫卵

6. 鸟毕吸虫卵　7. 莫尼茨绦虫卵　8. 食道口线虫卵　9. 仰口线虫卵　10. 吸吮线虫卵

11. 指形长刺线虫卵　12. 古柏线虫卵　13. 犊新蛔虫卵　14. 牛艾美耳球虫卵囊

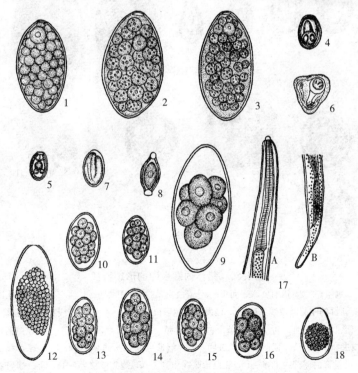

图 1-19　羊体内蠕虫卵的形态特征

1. 肝片吸虫卵　2. 大片吸虫卵　3. 前后盘吸虫卵　4. 双腔吸虫卵　5. 胰阔盘吸虫卵　6. 莫尼茨绦虫

卵　7. 乳突类圆线虫卵　8. 毛首线虫卵　9. 钝刺细颈线虫卵　10. 奥斯特线虫卵　11. 捻转血矛线虫

卵　12. 马歇尔线虫卵　13. 毛圆形线虫卵　14. 夏伯特线虫卵　15. 食道口线虫卵　16. 仰口线虫

卵　17. 丝状网尾线虫幼虫（A. 前端，B. 尾端）　18. 小型艾美耳球虫卵囊

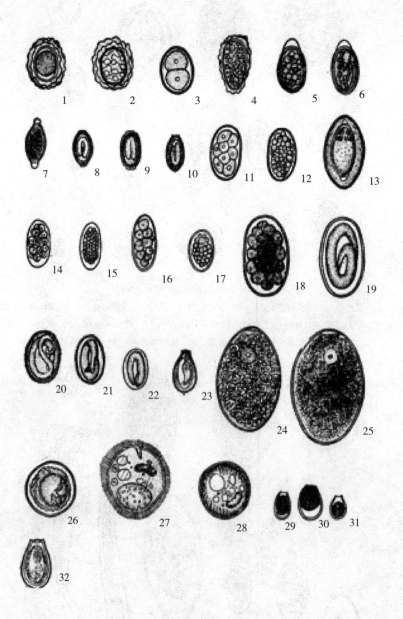

图 1-20 猪体内蠕虫卵的形态特征

1. 猪蛔虫卵　2. 猪蛔虫卵表面观　3. 蛋白质膜脱落的猪蛔虫卵　4. 未受精猪蛔虫卵
5. 新鲜的刚刺颚口线虫卵　6. 已发育刚刺颚口线虫卵　7. 猪毛首线虫卵　8. 未成熟圆形似蛔线虫卵　9. 成熟的圆形似蛔线虫卵　10. 六翼泡首线虫卵　11. 新鲜的食道口线虫卵　12. 已发育食道口线虫卵　13. 蛭形巨吻棘头虫卵　14. 新鲜球首线虫卵　15. 已发育的球首线虫卵　16. 红色猪圆线虫卵　17. 鲍杰线虫卵　18. 新鲜猪肾虫卵　19. 已发育猪肾虫卵　20. 野猪后圆线虫卵　21. 复阴后圆线虫卵　22. 兰氏类圆线虫卵　23. 华支睾吸虫卵　24. 姜片吸虫卵　25. 肝片吸虫卵　26. 长膜壳绦虫卵　27. 小袋虫滋养体　28. 小袋虫包囊　29、30、31. 猪球虫卵囊　32. 截形微口吸虫卵

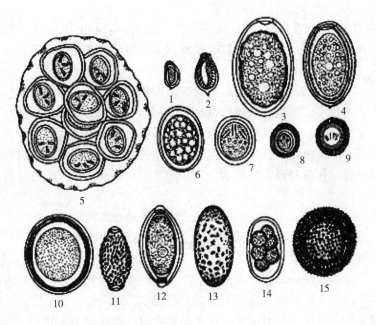

图 1-21 犬、猫寄生蠕虫卵形态

1. 后睾吸虫卵 2. 华支睾吸虫卵 3. 棘隙吸虫卵 4. 并殖吸虫卵 5. 犬复孔绦虫卵 6. 裂头
绦虫卵 7. 中线绦虫卵 8. 细粒棘球绦虫卵 9. 泡状带绦虫卵 10. 狮弓蛔虫卵 11. 毛细线
虫卵 12. 毛首线虫卵 13. 肾膨结线虫卵 14. 犬钩口线虫卵 15. 犬弓首蛔虫卵

（二）血液中寄生虫检查

血液内主要有伊氏锥虫、梨形虫及住白细胞虫等原虫以及某些丝虫的幼虫。常制作血液涂片，经染色、镜检来发现血浆或血细胞内的虫体，同时为了观察活动虫体亦可用鲜血压滴检查法。

1. 血液内蠕虫幼虫的检查　丝虫目某些线虫的幼虫可以寄生在动物的外周血液中，这些病的诊断就依靠检查血中的幼虫（微丝蚴），可采用下列方法：

（1）直接镜检法。直接由动物耳尖采新鲜血液 1 滴，滴于载玻片上，加上盖玻片，立即置显微镜下检查，即可在血液内见到活动的微丝蚴。为了延长观察时间，可以在血滴中加少许生理盐水，这样既可防止血液过早凝固，又可稀释血液便于观察。此法在血液内幼虫较多时适用。

（2）溶血染色法。如果血液内幼虫较少，可制作厚的血膜，溶血后染色观察。具体方法如下：由动物的耳尖采一大滴血液滴在载玻片稍加涂布，待自然干燥后便结成一层厚厚的血膜。然后将血片反转使血膜面向下，斜浸入一小杯蒸馏水中，待血膜完全溶血为止。取出晾干，再浸入甲醇中固定 10min，取出晾干后，以明矾苏木素染色（明矾苏木素由甲乙二液合成：甲液以苏木素 1.0g，无水乙醇 12mL 配成；乙液以明矾 1.0g 溶于 240mL 蒸馏水内。使用前以甲液 2~3 滴加入乙液数毫升内即成），待白细胞的核染成深紫色时取出，用蒸馏水冲洗 1~2min，吸干后显微镜下检查。

（3）离心集虫法。若血液内幼虫很少，可采血于离心管中，加入 5% 醋酸溶液以溶血。待完全溶血后，离心并吸取沉渣检查。

另外，若血中幼虫量多时，可推制血片，按血片染色法染色后检查，具体方法参见血液内原虫检查法。

2. 血液内原虫检查法 寄生于血液中的伊氏锥虫、梨形虫和住白细胞虫，一般可采血检查。检查血液内的原虫多在耳静脉或颈静脉采取血液，禽类可取翅静脉。检查方法有以下几种。

（1）压滴标本检查法。将采出的血液滴在洁净的载玻片上，加等量的生理盐水与之混合（不加生理盐水也可以，但易干燥），加上盖玻片，立即放显微镜下用低倍镜检查，发现有运动的可疑虫体时，可再换高倍镜检查。为增加血液中虫体的活动性，可以将玻片在火焰上方略加温。由于虫体未被染色，检查时应使视野中的光线弱一些；可借助虫体运动时撞开的血细胞移动作为目标进行搜索。此法简单，虫体在运动时较易检出，适用于检查伊氏锥虫。

（2）涂片染色镜检法。涂片染色镜检法适用于各种血液原虫的检查。

①涂片。采血部位剪毛后，用酒精棉球消毒并强力摩擦使之充血，再用消毒针头穿刺、采血，滴于洁净的载玻片一端距端线约 1cm 处的中央；另取一块边缘光滑的载玻片，作为推片。先将此推片的一端置于血滴的前方，然后稍向后移动，触及血滴，使血液均匀分布于两玻片之间，形成一线；推片与载玻片形成 30°～45° 角，平稳快速向前推进，使血液循接触面散布均匀，即形成血薄片。检查梨形虫时，血片越薄越好。

②染色。

a. 瑞氏染色：取已干燥的血涂片（不需用甲醇固定），滴加瑞氏染液（配制方法见附注 1）覆盖血膜，静置 2min，加入等量缓冲液，用吸球轻轻吹动，使染液与缓冲液充分混匀，放置 5～10min。倾去染液，然后用水冲洗，血片自然干燥或用吸水纸吸干后即可镜检。

附注 1：瑞氏染液配制：瑞氏染料（伊红和美蓝）0.2g，置棕色试剂瓶中，加入甘油 3mL，盖紧瓶塞，充分摇匀后，再加入甲醇 100mL，室温放置。

b. 姬姆萨染色：血膜自然干燥后，在血膜上滴加甲醇数滴固定 2～3min；再让血膜自然干燥；在血膜上滴姬姆萨染色液（配制方法见附注 2）或浸于染色液缸内，染色 30min 以上或过夜；用水冲走多余的染色液；再让血膜自然干燥或用吸水纸吸干；置显微镜下用油镜观察。

附注 2：姬姆萨染料原液的配制：姬姆萨染料（粉末）0.5g，甲醇 33mL，甘油 33mL。先将姬姆萨染料放入乳钵中，逐渐倒入甘油，边加甘油边研磨均匀，置于 55～60℃ 水浴箱内加温 1～2h，使其充分溶解，然后加入甲醇，摇匀后放置数天（1d 以上），过滤后或不过滤置有色瓶中即可使用。此染液放置室温阴暗处，时间越长越好。临用时将上述配液充分摇匀后，用缓冲液或蒸馏水稀释 10～20 倍即可使用。

（3）离心集虫法。当血液中的虫体较少时，可先进行离心集虫，再行制片检查。其操作方法是：在离心管中加 2% 的柠檬酸生理盐水溶液 1mL，再加被检血液 4mL；混匀后，以 500～700r/min 离心 5min，使其中大部分红细胞沉降；将含有少量红细胞、白细胞和虫体的上层血浆，用吸管移入另一离心管中，补加一些生理盐水，以 2 500r/min 的速度离心 10min，则虫体和病变红细胞下沉于管底，取其沉淀制成抹片，染色检查。此法适用于检查伊氏锥虫和梨形虫。因为伊氏锥虫及感染有虫体的红细胞比正常红细胞的相对密度轻，当第一次低速离心时，正常红细胞下降，而锥虫或感染有虫体的红细胞还浮在血浆中，经过第二次较高速的离心则浓集于管底。

（三）皮肤刮取物的检查

1. 病料的采集　疥螨、痒螨和蠕形螨等寄生于动物体表或表皮内，因此应刮取皮屑，置显微镜下寻找虫体或虫卵。刮皮屑时，应选择新生的患部皮肤与健康皮肤的交界处，因为这里的螨较多。刮取前先剪去该部的被毛，然后取凸刃刀、锐匙或钝口外科刀，在酒精灯上消毒，等凉后使刀刃和皮肤垂直，反复用力刮取病料，直到皮肤轻微出血为止（此点对疥螨的检查尤为重要）。为了便于采集到皮屑（尤其在户外采集时），可在刀刃上蘸取少量甘油或50％的甘油水溶液或5％的氢氧化钠溶液，这样可使皮屑黏附在刀上。将刮下的皮屑集中于培养皿、小瓶或带塞的试管中带回实验室供检查。刮取病料处用碘酒消毒。

检查蠕形螨时，皮肤上若有砂粒样或黄豆大的结节，可用力挤压病变部位，挤出脓液或干酪样物，涂于载玻片上，滴加生理盐水1～2滴，均匀涂成薄片，盖上盖玻片镜检。

2. 检查方法

（1）肉眼直接检查法。将刮取的干燥皮屑置于培养皿中，将培养皿底部在酒精灯上或用热水加热至37～40℃后，将培养皿放于黑色衬景上用肉眼观察（也可用放大镜观察），可见白色虫体在黑色背景上移动。此方法适用于体型较大痒螨的检查。若进一步鉴定，可取活动的虫体放在滴有一滴甘油水的载玻片上，置显微镜下观察。

（2）透明皮屑法。把刮下的皮屑置载玻片上，加一滴50％甘油水（甘油对皮屑有透明作用）或10％氢氧化钠溶液，用牙签调匀或盖上另一载玻片搓压使病料散开，在低倍镜下检查，发现螨虫体可确诊。若皮屑过多，可搓动后将两载玻片分开，分别盖上盖玻片检查。

（3）加热检查法。

①温水检查法。将病料浸入40～45℃的温水中，置恒温箱内1～2h，用解剖镜观察，活螨在温热作用下，由皮屑内爬出，集结成团，沉于水底部。

②培养皿内加热法。将刮取到的干的病料放于培养皿内，加盖。将培养皿放入盛有40～45℃温水的杯上，经10～15min后，将皿翻转，则虫体与少量皮屑黏附在皿底，大量皮屑则落于盖上。取皿底以放大镜或解剖镜检查；皿盖可继续放在温水上，再过15min，作同样处理。由于螨在温暖的情况下开始活动而离开痂皮，但因螨足上具有吸盘，因此不会和痂皮一块倒去。另外，本法可收集到与皮屑分离的虫体，供制作玻片标本用。

加热检查法适用于对活螨的检查。

（4）虫体浓集法。

①漂浮法。将病料放在盛有饱和食盐水的扁形称量瓶或适宜的容器内，加饱和食盐水至容器的2/3处，搅拌均匀，置10倍放大镜或双筒实体显微镜下检查，或继续加饱和食盐水至瓶口处（为防止盐水和样品溢出污染桌面，宜将上述容器放在装有适量甘油水的培养皿中），用洁净的载玻片盖在瓶口上，使玻片与液面接触，蘸取液面上的漂浮物，置显微镜下检查。

②皮屑溶解法。将病料浸入盛有10％氢氧化钠或苛性钾溶液的试管中，经浸泡过夜或在酒精灯上加热煮沸数分钟，痂皮全部溶解后将其倒入离心管中，用离心机以2 000r/min离心1～2min后，虫体沉于管底，倒去上层液，吸取沉淀物制片镜检。也可以向沉淀中加入60％亚硫酸钠溶液（60％硫代硫酸钠溶液）至满，然后加上盖玻片，半小时后轻轻取下盖玻片覆盖在载玻片上镜检。

（四）组织和组织液检查

有些寄生虫可以在动物身体的不同组织寄生。一般在死后剖检时，取一小块组织，以其切面在载玻片上做成抹片、触片，或将小块组织固定后做成组织切片，染色检查，抹片或触片可用瑞氏染色法或姬姆萨染色法染色。

1. 淋巴结穿刺检查　泰勒原虫病的病畜，常呈现局部的体表淋巴结肿大，采取淋巴结穿刺液作涂片，检查有无石榴体（柯赫氏蓝体），以便做出早期诊断。详见泰勒虫病。

2. 腹水中寄生虫的检查　家畜患弓形虫病时，除死后可在一些组织中找到包囊体和滋养体外，生前诊断可取腹水检查其中是否有滋养体存在。收集腹水，猪只可采取侧卧保定，穿刺部位在白线下侧脐的后方（公畜）或前方（母畜）1～2cm处。穿刺时局部消毒后，将皮肤推向一侧，针头以略倾斜的方向向下刺入，深度2～4cm，针头刺入腹腔后会感到阻力骤减，而后有腹水流出。有时针头被网膜或肠管堵住，可用针芯消除此障碍。取得腹水可在载玻片上抹片，以瑞氏液或姬姆萨液染色后检查。

3. 肌肉中寄生虫的检查　旋毛虫的检查是肉品卫生检疫的重要项目，其检查方法较多，目前，我国多采用目检法和镜检法，欧美等国家多用消化法。另外，肉孢子虫的检查方法也多和旋毛虫检查一同按目检法和镜检法进行。详见旋毛虫病。

（五）尿液检查

寄生在泌尿系统的蠕虫（如有齿冠尾线虫和肾膨结线虫）其虫卵常随动物尿液排出。当怀疑为本病时，可收集尿液进行虫卵检查。最好采取清晨排出的尿液，收集于小烧杯中，自然沉淀30min后，倾去上层尿液，在杯底衬以黑色背景，肉眼检查即可见杯底粘有白色虫卵颗粒。有的虫卵黏性大，如欲将其吸出检查比较困难，须用力冲洗，方能冲下；对于无黏附性的虫卵检查，可将尿液离心沉淀或用尖底的器皿将尿液静置，镜检沉渣。

（六）生殖道原虫检查法

牛胎儿毛滴虫存在于病母牛的阴道与子宫的分泌物、流产胎儿的羊水、羊膜或其第4胃内容物中，也存在于公牛的包皮鞘内，应采取以上各处的病料寻找虫体。

将收集到的病料，立即放于载玻片上，并防止材料干燥。对浓稠的阴道黏液，检查前最好以生理盐水稀释2～3倍，羊水或包皮洗涤物最好先以2 000r/min的速度离心沉淀5min，而后以沉淀物制片检查。

马媾疫锥虫在末梢血液中很少出现，而且数量也很少，因此，血液学检查在马媾疫诊断上的用处不大。检查材料主要应采取浮肿部皮肤或丘疹的抽出液，尿道及阴道的黏膜刮取物，特别在黏膜刮取物中最易发现虫体。以上所采的病料均可加适量的生理盐水，置载玻片上，覆以盖玻片，制成压滴标本检查；也可以制成抹片，用姬姆萨液染色后检查，方法与血液原虫检查相同。

也可用灭菌纱布以生理盐水浸湿，用敷料钳夹持，插入公马尿道或母马阴道擦洗后，取出纱布，洗入无菌生理盐水中，将盐水离心沉淀，取沉淀物检查，方法同上。

（七）鼻和气管分泌物的检查

猪肺线虫、牛肺线虫、羊肺丝虫、肺吸虫和禽比翼线虫的虫卵或幼虫可出现于气管分泌物中或痰液中，但由于采集较麻烦，所以只有在难以鉴别诊断时，或需要证实在粪便中的虫卵或幼虫确系属于呼吸道寄生虫时才进行。

检查方法：用棉拭子取鼻腔和气管分泌物（禽类伸到口腔中的后鼻孔附近），将采集的黏液涂于载玻片上，镜检，虫卵和幼虫的鉴定可参照粪便中寄生虫虫卵和虫体的检查。

家畜的痰液一般较难采集,为了得到较多的检查物,可用手小心轻压气管或喉头上部以引起动物咳嗽。

五、诊断性治疗

有些患病动物的粪、尿及其他病料中无虫体,或虫卵数量少,难以用现行的检查方法查出,或利用流行病学材料及临床症状不能确诊,或由于诊断条件的限制等原因不能进行确诊时,可根据初诊印象采用针对某些寄生虫的特效驱虫药对疑似病畜进行治疗,然后观察症状是否好转或者患病动物是否排出虫体从而进行确诊。治疗效果以死亡停止、症状缓解、全身状态好转以至于痊愈等表现来评定。多用于原虫病、螨病以及组织器官内蠕虫病的诊断。比如梨形虫病可注射贝尼尔作为诊断性治疗;弓形虫病可用磺胺类药物作诊断性治疗。

六、免疫学诊断

免疫学诊断是根据寄生虫感染的免疫机理而建立起来的诊断方法,如果在患病动物体内查到某种寄生虫的相应抗体或抗原时,即可做出诊断。随着免疫学的发展,各种免疫学诊断方法已经广泛地应用到某些寄生虫病的诊断上,其中主要有琼脂扩散试验(AGD)、间接血凝试验(IHA)、间接荧光抗体试验(IFAT)、酶联免疫吸附试验(ELISA)、胶体金快速诊断技术、环卵沉淀试验(COPT)等。该方法具有简便、快速、敏感、特异等优点,但由于寄生虫结构复杂、生活史的不同阶段有不同的特异性抗原以及许多寄生虫具有免疫逃避能力等,导致有时会出现假阳性、假阴性,因此尚不如病原学诊断可靠,常常作为寄生虫病诊断的辅助方法。然而,对于一些只有剖检动物或活组织检查才能确诊的寄生虫病,如猪囊尾蚴病、旋毛虫病、弓形虫病来讲,免疫学诊断仍是较为有效的方法。另外,在寄生虫病的流行病学调查中,免疫学方法也有着其他方法不可替代的优越性。

七、分子生物学诊断

随着分子生物学的发展和学科间的交叉渗透,许多分子生物学技术已经应用于寄生虫病的诊断、分类和流行病学的调查。分子生物学技术主要包括 DNA 探针(DNA probe)和聚合酶链反应(PCR)两种技术。PCR 技术是一种既敏感又特异的 DNA 体外扩增方法,可将一小段目的 DNA 扩增上百万倍,其扩增效率可检测到单个虫体的微量 DNA。通过设计特异引物,扩增出独特 DNA 产物,用琼脂糖电泳很容易检测出来显示它的特异性,而且操作过程也相对简便快捷,无需对病原进行分离纯化。该法同时可以克服抗原和抗体持续存在的干扰,直接检测到病原体的 DNA,既可用于临床诊断,又可用于流行病学调查。而以 PCR 技术为基础的技术如聚合酶链反应-单链构象多态性(PCR-SSCP)技术、聚合酶链式反应连接的限制性片段长度多态性(PCR-RFLP)技术等近年来发展很快,为研究寄生虫的遗传变异、分类鉴定、分子流行病学调查提供了新的途径。已应用的虫种包括利什曼原虫、疟原虫、弓形虫、阿米巴原虫、巴贝斯虫、旋毛虫、锥虫、隐孢子虫、猪带绦虫和丝虫等。

八、其他诊断方法

(一)动物接种试验

诊断弓形虫病、伊氏锥虫病时,可将病料或血液接种于实验动物;诊断梨形虫病时,可将患畜血液接种于同种幼畜，在被接种动物体内证实其病原体的存在，即可获得确诊。

1. 弓形虫病 取肺、肝、淋巴结等病料，将其研碎，加入 10 倍生理盐水，在室温下放置 1h。取其上清液 0.5～1mL 接种于小鼠腹腔，接种后 1～4d 观察小鼠是否有症状出现，并检查腹水中是否存在滋养体。

2. 伊氏锥虫病 采病畜外周血液 0.1～0.2mL，接种于小鼠的腹腔；2～3d 后，逐日检查尾尖血液，如病畜感染有伊氏锥虫，则在半个月内，可在小鼠血内查到虫体。

（二）X 射线检查

肝或肺内寄生的棘球蚴，脑内寄生的多头蚴以及组织内如腱、韧带寄生的盘尾丝虫可借助于 X 射线照射进行诊断。犬食道线虫病用 X 射线检查可以初步诊断，胸部 X 射线检查，在食道上 1/3 处有肿瘤样阴影，食道钡剂造影可见前部食道扩张。

 **岗位操作任务**

应用粪便检查技术诊断动物寄生虫病

【学习任务描述】

本任务是根据动物疫病防治员的工作要求和执业兽医的工作任务分析的需要安排而来的，通过对本任务的学习和掌握，将为动物寄生虫病的诊断提供技术支持。

【学习目标和要求】

完成本学习任务后，你应当能够具备以下能力：

1. 专业能力

（1）学会寄生虫学检查时，粪便的采集、保存和送检方法。

（2）掌握粪便中寄生虫（卵）检查的实验室检查技术。

（3）认识吸虫卵、绦虫卵、线虫卵等寄生虫虫卵。

2. 方法能力

（1）应能通过各种途径查找粪便检查所需信息。

（2）应能根据不同的动物，不同工作环境的变化，制订工作计划并解决问题。

（3）具有在教师、技师或同学帮助下，主动参与评价自己及他人任务完成程度的能力。

3. 社会能力

（1）应具有主动参与小组活动，积极与他人沟通和交流，团队协作的能力。

（2）能与养殖户或其他同学建立良好的、持久的合作关系。

【学习过程】

第一步 资讯

（1）查找《国家动物疫病防治员职业标准》及相关的国家标准、行业标准、行业企业网站，获取完成工作任务所需要的信息。

（2）查找各种动物寄生虫虫卵图谱。

第二步 学习情境

动物医院或宠物医院、猪场、牛场、羊场、鸡场附近以放牧或散养为主的地区，分组进行实训。

第三步　材料准备和人员分工

1. 材料　多媒体设备、光学显微镜、手套、采集粪便用的塑料袋和塑料链封袋、天平（100g）、离心机、孔径300μm的铜筛、孔径59μm的尼龙筛兜、玻璃棒、铁针（或毛笔）、牙签、放大镜、勺子、胶头滴管、载玻片、盖玻片、试管、记号笔等仪器和用具；饱和盐水、50％甘油生理盐水等试剂。

2. 人员分工

序号	人员	数量	任务分工
1			
2			
3			
4			
5			

第四步　实施步骤

1. 粪便的采集　各小组学生分别进入猪场、牛场、羊场、鸡场等场所采集新鲜的动物粪便，放入清洁的塑料链封袋或器皿中备用。

2. 粪便中常见寄生虫的检查　按照任务1-5中的方法将粪便中大型虫体、孕卵节片和相对对较小的虫体挑取或分离出来，进一步进行雌雄识别和种类鉴别。

3. 粪便中蠕虫卵的检查　其检查方法见任务1-5。

4. 计数　进行粪便中常见寄生虫卵的计数。

5. 填写报告　根据检查情况，写出检查结果报告。

第五步　评价

1. 教师点评　根据上述学习情况（包括过程和结果）进行检查，做好观察记录，并进行点评。

2. 学生互评和自评　每个同学根据评分要求和学习的情况，对小组内其他成员和自己进行评分。

通过互评、自评和教师（包括养殖场指导教师）评价来完成对每个同学的学习效果评价。评价成绩均采用100分制，考核评价表如表1-5所示。

表1-5　考核评价表

班级＿＿＿＿＿＿　学号＿＿＿＿＿＿　学生姓名＿＿＿＿＿＿　总分＿＿＿＿＿＿

评价能力维度		考核指标解释及分值	教师（技师）评价40%	学生自评30%	小组互评30%	得分	备注
1	专业能力50%	（1）学会寄生虫学检查时，粪便的采集、保存和送检方法。（10分） （2）掌握粪便中寄生虫（卵）检查的实验室检查技术。（25分） （3）认识吸虫卵、绦虫卵、线虫卵等寄生虫虫卵。（15分）					

（续）

评价能力维度		考核指标解释及分值	教师（技师）评价40%	学生自评30%	小组互评30%	得分	备注
2	方法能力30%	（1）具备通过各种途径查找粪便检查所需信息能力。（10分） （2）具备根据不同动物和工作环境的变化，制订工作计划并解决问题的能力。（10分） （3）具有在教师、技师或同学帮助下，主动参与评价自己及他人任务完成程度的能力。（10分）					
3	社会能力20%	（1）应具有主动参与小组活动，积极与他人沟通和交流，团队协作的能力。（10分） （2）能与养殖户（其他同学）建立良好的、持久的合作关系。（10分）					
得　分							
最终得分							

知识拓展

一、虫卵计数法

虫卵计数法主要用于粗略推断畜禽感染寄生虫的强度以及判断驱虫的效果。方法有多种，这里介绍两种常用的计数方法。

1. 麦克马斯特氏法（McMaster's Method）　麦克马斯特氏计数板由两片载玻片组成，其中一片较另一片窄一些（便于加液）。在较窄的载玻片上有 $1cm^3$ 的刻度区两个，每个刻度区中又平分为5个长方格。两个载玻片之间垫有厚度为1.5mm玻璃条，以树脂胶黏合。这样就形成了两个计数室，每个计数室的容积为 0.15mL（$0.15cm^3$）（图1-22）。

计数方法：取2g粪便，放入装有玻璃珠的小瓶内，加入饱和盐水58mL充分振荡混匀，用孔径 $300\sim440\mu m$ 的粪筛过滤，然后将滤液边摇晃边用吸管吸出少量滴入两个计数室内，置于显微镜载物台上，静置几分钟后，用10×10倍或10×40倍镜将两个计数室内见到的虫卵全部数完，取平均值，再乘以200，即为每克粪便中的虫卵数（EPG）。

2. 斯陶尔氏法（Stoll's Method）　在标有56mL和60mL刻度的小三角瓶或大试管内，加入0.1mol/L（或4%）NaOH溶液至56mL处，再加入捣碎的粪便，使液面达60mL处为止（大约加进4g粪便）。然后加入数个玻璃小球，塞紧容器口，充分振荡，使呈细致均匀的粪悬液（也可以过滤）。然后立即用吸管吸取0.15mL粪液滴于2～3张载玻片上（或滴于一张载玻片上），盖以不小于22cm×40mm的盖玻片或若干张小盖玻片，在显微镜下顺序统计各种或某种虫卵数（图1-23）。因0.15mL粪液中实际含原粪量为 $0.15×4/60=0.01g$，因此，检出的虫卵总数乘以100，即为每克粪便的虫卵数（EPG）。该法适用于吸虫卵、线虫卵、棘头虫卵和球虫卵囊的计数。

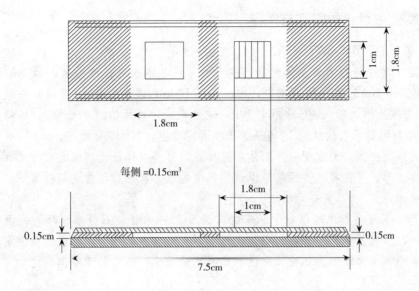

图 1-22　麦克马斯特氏计数板示意

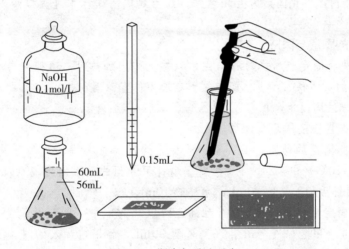

图 1-23　斯陶尔氏法示意

注意：进行虫卵计数时，所取粪便不能掺杂砂土、草根或其他杂质；操作过程中，粪便必须彻底粉碎，混合均匀；吸取粪液时，必须摇匀粪液，并在一定深度吸取；计数时，不能有遗漏和重复。

为了取得准确的虫卵计数结果，最好在每天的不同时间取粪便，检查三次，并连续检查 3d，然后取其平均值。这样就可以避免寄生虫在昼夜间排卵不平衡的影响。将每克粪便虫卵数乘以 24h 粪便的总重量（g），即为每天所排虫卵的总数，再将此总数除以已知成虫每天排卵数，即可得出雌虫的大约寄生数量。如寄生虫是雌雄异体的，则将上述雌虫数再乘以 2，便可得出雌雄成虫寄生总数。

由于粪中虫卵的数目还与宿主机体状况、寄生虫的成熟程度、雌虫排卵周期、粪便性状（干湿）及其他多种因素有关，所以虫卵计数只能大致推断寄生虫感染程度。

57

二、寄生虫材料的固定与保存

（一）吸虫的固定与保存

1. 固定 首先将检出的虫体洗净，较大的可用毛笔刷洗；然后放入薄荷脑溶液（将24g薄荷脑溶于10mL 95%的酒精中，用时在每100mL温水中滴1～2滴）中使虫体松弛（也可浸于自来水中，放入4℃冰箱中12h，使之死亡，虫体的组织松弛）。松弛后的虫体即可投入70%酒精、巴氏液或10%福尔马林固定液中，24h即可固定。

较大较厚的虫体，为方便以后制作压片标本，可将虫体放于两张载玻片之间，为了不使虫体压得太薄，可在载玻片两端垫以适当厚度的纸片，然后用橡皮筋扎紧载玻片两端后放入固定液固定。

2. 保存 固定后标本即保存于原液内或移入75%的甘油酒精中（75%的酒精中含有5%的甘油），加标签保存。若要制成装片标本以观察其内部结构，则以酒精固定较好；浸渍标本则以福尔马林较好。如对吸虫进行形态构造观察，也可制成整体染色标本或切片标本保存。

（二）绦虫的固定与保存

绦虫固定与保持方法同吸虫，但对于虫体过长的绦虫，可先缠在玻璃板上，连玻璃板一同浸入固定液内，以免固定时互相缠结。绦虫蚴或病理标本可直接浸入10%福尔马林固定保存。

（三）线虫的固定与保持

1. 固定 先将固定液加热到70℃左右（在火焰上加热时，酒精中有小气泡升起时即可），再将洗净的虫体移入，虫体即在热固定液中伸直而固定。

2. 保存 方法同吸虫。

（四）蜱螨与昆虫的固定与保存

1. 固定 把昆虫的幼虫、虱、蚤、虱蝇、蜱以及含有螨的皮屑等先投入经加温的70%酒精（60～70℃）中，24h即可固定。也可用专门的昆虫固定液（75%酒精120mL，苦味酸12g，溶解后加入氯仿20mL，冰醋酸10mL）。

2. 保存 固定后标本保存于5%甘油乙醇（70%）中；也可用5%～10%甲醛和布勒氏（Bless）液（甲醛原液7mL，70%乙醇90mL，临用前加入冰醋酸3～5mL混合配成）固定保存。固定液体积必须超过所固定标本体积的10倍以上，才能保证标本的质量。如此保存的标本可供随时观察。有翅昆虫可用针插法干燥保存。大量同种的昆虫，不需个别保存时，可将昆虫放在大盘内，在干燥箱内干燥后，放于广口试剂瓶中保存。

（五）原虫的固定和保存

寄生性原虫的种类很多，不同种类的原虫寄生部位不同，因此在取材方面有所差别，但制片方法基本相仿。如梨形虫、伊氏锥虫、住白细胞虫等，用其感染动物血液涂片；弓形虫、组织滴虫等常用其感染动物的脏器组织触片。经过染色制成玻片标本，装于标本盒中保存。以上原虫制片，为了长期保存，也可以用二甲苯逐级透明后，再用光学树脂胶封片。

（六）蠕虫卵的固定和保存

将3%福尔马林生理盐水加热至70～80℃，把收集的虫卵、含有虫卵的沉淀物或粪便浸泡其中即可。

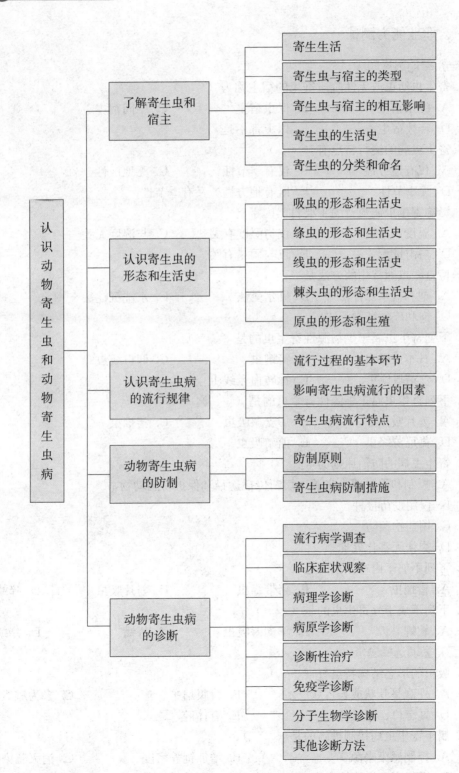

职业能力和职业资格测试

一、职业能力测试

（一）单项选择题

1. 寄生虫幼虫或无性阶段寄生的宿主称为（　　）。

 A. 终末宿主   B. 保虫宿主   C. 中间宿主

 D. 转续宿主   E. 以上都不是

2. 寄生虫病的流行特点有（　　）。

 A. 仅有地方性   B. 仅有季节性   C. 无地区性

 D. 无季节性   E. 既有地方性，又有季节性

3. 影响寄生虫病流行的主要自然因素（　　）。

 A. 温度和湿度   B. 仅与湿度有关 C. 与湿度无关

 D. 与雨量无关   E. 仅与雨量有关

4. 检查线虫卵常用的方法是（　　）。

 A. 饱和盐水漂浮法 B. 贝尔曼法   C. 水洗沉淀法

 D. 饱和硫酸镁漂浮法

5. 下列寄生虫属于生物源性寄生虫的是（　　）。

 A. 日本血吸虫   B. 猪蛔虫   C. 仰口线虫

 D. 食道口线虫   E. 捻转血矛线虫

6. 下列寄生虫属于土源性寄生虫的是（　　）。

 A. 姜片吸虫   B. 华支睾吸虫 C. 猪蛔虫

 D. 莫尼茨绦虫   E. 前殖吸虫

7. 寄生虫病的防治原则为（　　）。

 A. 控制和消灭感染来源，切断传播途径和保护易感动物

 B. 仅用疫苗接种

 C. 用药物预防

 D. 粪便无害化处理

8. 下列不属于内寄生虫的是（　　）。

 A. 猪蛔虫   B. 猪带绦虫   C. 姜片吸虫   D. 痒螨

9. 下列不属于外寄生虫的是（　　）。

 A. 软蜱   B. 华支睾吸虫 C. 疥螨   D. 痒螨

（二）多项选择题

1. 吸虫的形态结构特点有（　　）。

 A. 外观呈叶状或长舌状   B. 背腹扁平   C. 多为雌雄同体

 D. 具有口、腹吸盘   E. 有体腔

2. 属于寄生虫病控制措施的是（　　）。

 A. 控制感染来源   B. 增加饲养密度   C. 消灭感染来源

 D. 增强畜禽机体抗病力   E. 切断传播途径

3. 绦虫成虫的特征有（　　　）。

　　A. 大多为雌雄同体　　　　　　　　B. 虫体扁平、分节

　　C. 头节上有固定器官　　　　　　　D. 无子宫孔

　　E. 成虫无消化道

4. 蛛形纲动物的主要特征是（　　　）。

　　A. 虫体左右对称　　　　　　　　　B体表有外骨骼

　　C. 头胸腔愈合为一体即躯体　　　　D. 成虫有4对足

　　E. 无触角

（三）判断题

1. 绦虫卵内皆有六钩蚴和梨形器。　　　　　　　　　　　　　　　　（　　）

2. 复殖目吸虫都是雌雄同体。　　　　　　　　　　　　　　　　　　（　　）

3. 圆叶目绦虫的生殖系统发达，在成熟体节的每一节片中都有1～2套雌、雄性生殖器官。　　　　　　　　　　　　　　　　　　　　　　　　　　　　　　（　　）

4. 原虫都是单细胞动物。　　　　　　　　　　　　　　　　　　　　（　　）

5. 所有蛔虫卵（受精卵）的表面都是粗糙，高低不平的。　　　　　（　　）

6. 线虫是无消化器官的寄生虫。　　　　　　　　　　　　　　　　　（　　）

7. 吸虫病生前诊断粪检虫卵时，多采用沉淀法。　　　　　　　　　　（　　）

8. 绦虫是靠体表吸收营养物质的寄生虫。　　　　　　　　　　　　　（　　）

9. 蛔目雄性的线虫都有两根交合刺。　　　　　　　　　　　　　　　（　　）

（四）实践操作题

（1）如何识别吸虫、绦虫和线虫。

（2）怀疑为螨病时，如何采样和诊断？

二、职业资格测试

（一）理论知识测试

1. 猪是猪带绦虫的（　　　）。

　　A. 中间宿主　　　　　　B. 终末宿主　　　　　　C. 贮藏宿主

　　D. 补充宿主　　　　　　E. 保虫宿主

2. 锥虫的免疫逃避机制主要是（　　　）。

　　A. 抗原变异　　　　　　B. 抗原伪装　　　　　　C. 免疫抑制

　　D. 代谢抑制　　　　　　E. 组织学隔离

3. 确诊寄生虫病最可靠的方法是（　　　）。

　　A. 病变观察　　　　　　B. 病原检查　　　　　　C. 血清学检验

　　D. 临床症状观察　　　　E. 流行病学调查

4. 动物驱虫期间，对其粪便最适宜的处理方法是（　　　）。

　　A. 深埋　　　　　　　　B. 直接喂鱼　　　　　　C. 生物热发酵

　　D. 使用消毒剂　　　　　E. 直接用作肥料

（二）技能操作测试

如何用漂浮法检查粪便中的虫卵？

61

参考答案

一、职业能力测试

（一）单项选择题

1.C 2.E 3.A 4.A 5.A 6.C 7.A 8.D 9.B

（二）多项选择题

1.ABCD 2.ACDE 3.ABCE 4.ABCDE

（三）判断题

1.× 2.× 3.√ 4.√ 5.× 6.× 7.√ 8.√ 9.√

（四）实践操作题（略）

二、职业资格测试

（一）理论知识测试

1.A 2.A 3.B 4.C

（二）技能操作测试（略）

人畜共患寄生虫病防治

【项目设置描述】

　　本项目是根据动物疫病防治员与动物检疫检验员的工作要求和执业兽医工作任务分析的需要安排，通过常见人畜共患寄生虫病的防治的学习，为现代畜牧业的健康发展与人类公共卫生安全提供技术支持。

【学习目标】

　　完成本项目后，你将能够：1. 掌握重要人畜共患寄生虫病的病原特征、流行病学，并能对其进行正确的诊断和防治。2. 具有对典型病例进行分析和综合判断的能力。3. 了解常见人畜共患寄生虫病的种类和公共卫生学意义。

任务 2-1　人畜共患吸虫病

一、日本血吸虫病

　　案例介绍：2010 年 6 月，湖北省荆州市某村陈某饲养的 1 头 120 日龄的黄牛发病。患牛精神沉郁，体温 41.5℃，消瘦，毛色枯焦，发育不良，腹泻、下痢，粪便恶臭，带有黏液，血丝，可见部分肠黏膜和脓球，初疑为犊牛副伤寒，用抗生素治疗病情未见好转。用毛蚴孵化法检查病牛粪便，发现毛蚴。

　　问题：请问案例中牛为何表现出腹泻？如何判断检测到毛蚴为何种病原？该病应如何防治？

　　日本血吸虫病是由日本血吸虫（也称日本分体吸虫）寄生于人和牛、羊、猪等动物的门静脉系统的小血管内引起的一种危害严重的人畜共患吸虫病。该病以急性或慢性肠炎、肝硬化、严重的腹泻、贫血、消瘦为特征。

（一）病原特征及生活史

1. 病原特征

　　（1）成虫。雌雄异体，呈圆柱形，常以雌雄合抱的状态存在。口、腹吸盘位于虫体前端，腹吸盘大于口吸盘。雄虫粗短，长 10～20mm，宽 0.5～0.55mm，乳白色。自腹吸盘以下虫体两侧向腹面卷曲，形成一个沟槽，称抱雌沟。睾丸有 6～8 个，椭圆形，在腹吸盘后单行排列，生殖孔开口于腹吸盘后的抱雌沟内。雌虫前细后粗，黑褐色。虫体长

12～28mm，宽 0.1～0.3mm。口、腹吸盘均较雄虫小。卵巢呈长椭圆形，位于虫体中部偏后方两侧肠管之间。在卵巢前，输卵管与卵黄管合并形成卵模，卵模周围为梅氏腺体。子宫位于卵模前，呈管状，内含 50～300 个虫卵。卵黄腺分布在卵巢之后，虫体的后半部，呈规则的分枝状。雌性生殖孔开口于腹吸盘后方（图 2-1）。

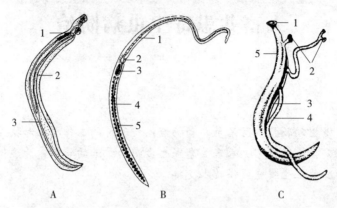

图 2-1　日本血吸虫
A. 雄虫　1. 睾丸　2. 抱雌沟　3. 肠支
B. 雌虫　1. 子宫　2. 卵模　3. 卵巢　4. 卵黄腺　5. 肠
C. 雌雄虫合抱状态　1. 口吸盘　2. 腹吸盘　3. 抱雌沟　4. 雌虫　5. 雄虫

（2）虫卵。成熟虫卵大小平均为 $89\mu m \times 67\mu m$，淡黄色，椭圆形，卵壳厚薄均匀，无卵盖。卵壳侧方有一小逗点或小钩状的棘突。卵壳内侧有一薄层的胚膜，内含成熟的毛蚴（图 2-2、图 2-3）。

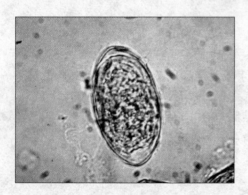

图 2-2　日本血吸虫虫卵

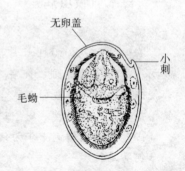

图 2-3　日本血吸虫虫卵模式

2. 生活史　日本血吸虫的生活史包括卵、毛蚴、母胞蚴、子胞蚴、尾蚴、童虫和成虫等阶段。终末宿主为人、牛或其他多种哺乳类动物，中间宿主为钉螺。

成虫寄生于终末宿主的肝门静脉和肠系膜静脉内，一般雌、雄合抱。雌雄交配后，雌虫产出的虫卵，一部分循门静脉系统流至肝门静脉并沉积在肝组织内，另一部分经肠壁进入肠腔，随宿主粪便排出体外。不能排出的虫卵，沉积在肝、肠等局部组织中逐渐死亡、钙化。

排出体外的虫卵必须入水才能进一步发育。入水后，卵内的毛蚴孵出，如遇钉螺，即钻入螺体内，再经过母胞蚴、子胞蚴发育成尾蚴。尾蚴自螺体逸出并常在水的表层游动，当人或其他哺乳动物与含尾蚴的水（疫水）接触时，尾蚴迅速钻入宿主皮肤，脱去体部的皮层和尾部后，变为童虫。童虫穿入静脉或淋巴管，随血流或淋巴液到右心、肺，再到左心，到达全身。胃动脉和肠系膜上、下动脉的童虫可再穿入小静脉随血流进入肝门静脉，虫体在此停留并经过一段时间的发育后，雌、雄合抱移行至肠系膜静脉，并在此发育至成熟，交配，大约在感染后5周开始产卵（图2-4）。

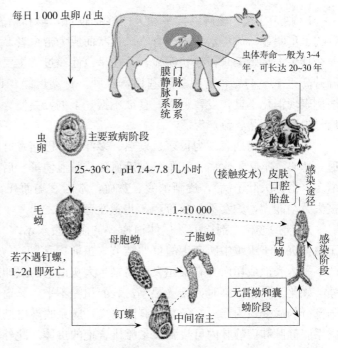

图 2-4　日本血吸虫生活史

（二）流行与预防

1. 流行　日本血吸虫分布于中国、日本、菲律宾及印度尼西亚等东南亚国家。我国血吸虫病在长江流域及以南的13个省（贵州省除外）、自治区、直辖市的372个县市流行。

日本血吸虫病终末宿主包括人和多种家畜及野生动物，其中，病人和病牛是最重要的感染来源。中国台湾的日本血吸虫系一动物株，主要感染犬，尾蚴侵入人体后不能发育为成虫。在我国，日本血吸虫的中间宿主为湖北钉螺，螺壳上有6~8个螺旋（右旋），以7个为典型。

人和动物的感染与接触含有尾蚴的疫水有关。感染多在夏、秋季节。感染的途径主要为经皮肤感染，也可经吞食含有尾蚴的水、草经口腔和消化道黏膜感染，还可经胎盘感染。该病的流行必须具备三个条件：虫卵能落入水中并孵化出毛蚴；毛蚴感染钉螺；在钉螺体内发育逸出的尾蚴能接触并感染终末宿主。一般钉螺阳性率高的地区，人、畜的感染率也高；凡有病人及阳性钉螺的地区，就一定有病牛。钉螺的分布与当地水系的分布是一致的，病人、畜的分布与当地钉螺的分布是一致的，具有地区性特点。

2. 预防　血吸虫病的防治是一个复杂的过程，单一的防治措施很难奏效。目前我国防治日本血吸虫病的基本方针是"积极防治、综合措施、因时因地制宜"。

（1）控制感染来源。在疾病难以控制的湖沼地区和大山区，选用吡喹酮对病人、病畜同步进行药物治疗，驱除体内虫体，减少粪便虫卵对环境的污染，是阻断血吸虫病的有效途径之一。

（2）消灭中间宿主钉螺。消灭钉螺是切断血吸虫病传播的关键环节。主要措施是结合农田水利建设，改变钉螺滋生地的环境和局部地区配合使用氯硝柳胺等化学灭螺药。

（3）加强水、粪便管理。在疫区挖水井或安装自来水，避免人、畜接触或饮用含血吸虫尾蚴的疫水。加强终末宿主粪便管理，对粪便进行发酵处理，严防粪便污染水源。

（4）加强宣传教育。加强健康教育，引导人们改变自己的行为和生产、生活方式，提高农民、渔民的血防常识和自我保护意识，对预防血吸虫感染有十分重要的作用。

（三）诊断

1. 临床症状 该病以犊牛和犬的症状较重，羊和猪较轻，马几乎没有症状。黄牛症状比水牛明显，成年水牛很少有临床症状而成为带虫者。

犊牛大量感染时，症状明显，往往呈急性经过。主要表现为食欲不振，精神沉郁，体温升高达 40～41℃，可视黏膜苍白，水肿，行动迟缓，日渐消瘦，因衰竭而死亡。慢性病例表现消化不良，发育迟缓，食欲不振，下痢，粪便含黏液和血液，甚至块状黏膜。患病母牛发生不孕、流产等。

人感染后初期表现为畏寒、发热、多汗、淋巴结及肝肿大，常伴有肝区压痛。食欲减退、恶心、呕吐，腹痛、腹泻、黏液血便或脓血便等。后期肝、脾肿大而致肝硬化，腹水增多（俗称大肚子病），逐渐消瘦、贫血，常因衰竭而死亡。幸存者体质极度衰弱，成人丧失劳动能力，妇女不孕或流产，儿童发育不良。

2. 病理变化 剖检可见尸体消瘦、贫血、腹水增多。该病引起的病理变化主要是由于虫卵沉积于组织中所产生的虫卵结节（虫卵肉芽肿）。病变主要在肝和肠壁。肝表面凹凸不平，表面或切面上有粟粒大到高粱米大灰白色的虫卵结节，初期肝肿大，日久后肝萎缩、硬化。严重感染时，肠壁肥厚，表面粗糙不平，肠道各段均可找到虫卵结节，尤以直肠部分的病变最为严重。肠黏膜有溃疡斑，肠系膜淋巴结和脾肿大，门静脉血管肥厚。在肠系膜静脉和门静脉内可找到多量雌雄合抱的虫体。此外，在心、肾、脾、胰、胃等器官有时也可发现虫卵结节。

3. 实验室诊断 病原检查最常用的方法是粪便尼龙筛淘洗法和虫卵毛蚴孵化法，且两种方法常结合使用。有时也刮取耕牛的直肠黏膜作压片镜检，以查找虫卵。死后剖检病畜，发现虫体、虫卵结节等也可确诊。

毛蚴孵化法是诊断日本血吸虫的常用方法之一。操作方法：取被检粪便 30～100g，经沉淀或尼龙筛淘洗集卵法处理后，将沉淀倒入 500mL 长颈烧瓶内，加温清水（自来水需脱氯处理）至瓶颈中央处，在该处放入脱脂棉，小心加入清水至瓶口。孵化时水温以 22～26℃ 为宜，应有一定的光线。

分别在第 1、3、5 小时，用肉眼或放大镜观察并记录一次。如见水面下有白色点状物做直线回往运动，即是毛蚴。毛蚴为针尖大小，灰白色，折光性强的棱形小虫，多在距水面 4cm 以内的水中作水平或略倾斜的直线运动。应在光线明亮处，衬以黑色背景用肉眼观察。但需与水中一些原虫如草履虫、轮虫等相区别，必要时吸出在显微镜下观察。显微镜下观察，毛蚴呈前宽后窄的三角形，大小较一致；而水虫多呈鞋底状，大小不一。

注意： 气温高时，毛蚴孵出迅速。因此，在沉淀处理时应严格掌握换水时间，以免换水时倾去毛蚴造成假阴性结果。也可用 1.0%～1.2% 食盐水冲洗粪便，以防止毛蚴过早孵出，但孵化时应用清水。

目前用于生产实践的免疫学诊断法包括 IHA、ELISA、环卵沉淀试验等，其检出率均在 95% 以上，假阳性率在 5% 以下。另外，金标免疫渗滤和三联斑点酶标诊断技术也可用于动物血吸虫病的诊断、检疫和流行病学调查。

（四）治疗

1. 吡喹酮 为治疗牛、羊血吸虫病的首选药。按每千克体重 30mg，一次口服，最大用药量黄牛以 300kg、水牛 350kg 体重为限，超过部分不计算药量。

2. 硝硫氰胺 按每千克体重 60mg，一次口服，最大用药量黄牛以 300kg、水牛

400kg 体重为限。亦可配成 1.5%～2.0% 的混悬液，黄牛按每千克体重 2mg、水牛按每千克体重 1.5mg，一次静脉注射。

3. 硝硫氰醚　按每千克体重 5～15mg，牛经第三胃给药，口服剂量加大 4 倍。

4. 六氯对二甲苯（血防-846）　该药有两种制剂。新血防 846 片（含量 0.25g）应用于急性期病牛，口服剂量，黄牛按每千克体重 120mg，水牛按每千克体重 90mg，1 次/d（每日极量：黄牛 28g，水牛 36g），连用 10d；血防-846 油溶液（20%），按每千克体重 40mg，肌内注射，1 次/d，5d 为一疗程，半月后可重复治疗。

二、肝片吸虫病

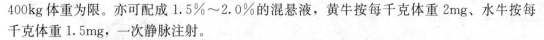

　　案例介绍：2010 年 7 月，某养羊户饲养山羊 46 只，有 10 只 1～2 岁的羊出现食欲减退、被毛粗乱、黏膜苍白、消瘦、眼睑、胸前及腹下出现水肿，便秘与下痢交替发生，死亡 2 只。剖检病死羊，胆管中均发现多条棕红色，长 2～3cm，宽约 1cm 的扁平叶状虫体。

　　问题：案例中羊群感染了何种寄生虫？诊断依据是什么，应如何防治？

　　肝片吸虫病又称肝蛭病，是由片形科片形属的肝片吸虫寄生于牛、羊等反刍动物及人肝胆管引起的疾病。该病常呈地方性流行，能引起急性或慢性肝炎和胆管炎，并伴发全身性中毒现象和营养障碍，危害相当严重，特别对幼畜和绵羊，可以引起大批死亡。其慢性病程中，常使牛羊消瘦、发育障碍，生产力下降，病肝成为废弃物。

（一）病原特征及生活史

1. 病原特征　肝片吸虫，虫体呈背腹扁平的叶状，大小为 21～41mm，宽 9～14mm。活体为棕红色，固定后为灰白色。虫体前端有一个三角形的锥状突起，称为头锥。在其底部有一对"肩"，从肩往后逐渐变窄。口吸盘呈圆形，位于头锥前端，腹吸盘位于肩水平线中央稍后方。肠管分为两支终于盲端，每个肠支又分出无数分支。两个睾丸呈树枝状分支，前后排列于虫体的中后部。卵巢呈鹿角状分支，位于腹吸盘下方，右侧。卵模位于睾丸前的体中央。子宫位于卵模和腹吸盘之间，曲折重叠，呈褐色菊花状，内充满虫卵。卵黄腺呈颗粒状分布于虫体两侧，与肠管重叠。无受精囊。体后端中央处有纵行的排泄管（图 2-5）。

虫卵较大，(133～157) μm×(74～91) μm。呈长卵圆形，黄色或黄褐色，前端较窄，后端较钝。卵盖不明显，卵壳薄而光滑，半透明，卵内充满卵黄细胞和 1 个胚细胞（图 2-6、图 2-7）。

2. 生活史　肝片吸虫的主要中间宿主为椎实螺科的淡水螺，在我国最常见的为小土窝螺，还有斯氏萝卜螺。终末宿主主要是牛、羊、鹿、骆驼等反刍动物，绵羊敏感，猪、马属动物、兔及人也可感染。

成虫产出的虫卵随胆汁进入肠道，随粪便排出体外。

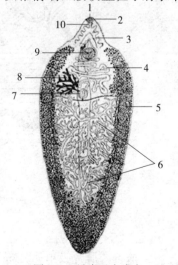

图 2-5　肝片吸虫成虫

1. 口　2. 口吸盘　3. 肠管
4. 子宫　5. 卵黄腺　6. 睾丸　7. 卵模
8. 卵巢　9. 腹吸盘　10. 咽

67

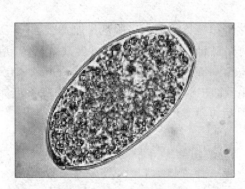

图 2-6 肝片吸虫虫卵

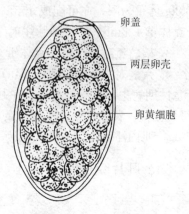

图 2-7 肝片吸虫虫卵构造模式

虫卵在适宜的温度（25～26℃）、氧气、水分和光线条件下孵化出毛蚴。毛蚴在水中游动，遇到中间宿主即钻入其体内，经无性繁殖发育为胞蚴、母雷蚴、子雷蚴和尾蚴。尾蚴逸出螺体，在水中或附着在水生植物上脱掉尾部，形成囊蚴。终末宿主饮水或吃草时，连同囊蚴一起吞食而被感染。囊蚴在十二指肠脱囊后发育为童虫，一部分童虫穿过肠壁，到达腹腔，由肝包膜钻入到肝，经移行到达胆管；另一部分童虫钻入肠系膜，经肠系膜静脉进入肝；还有部分通过在十二指肠胆管开口到达肝胆管（图 2-8）。

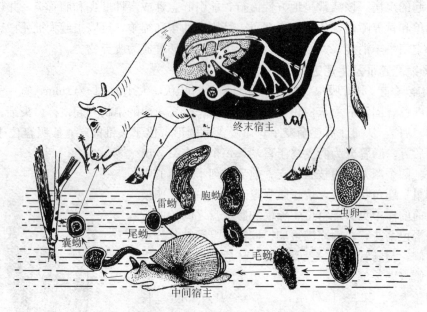

图 2-8 肝片吸虫的生活史

（张西臣，李建华．2010．动物寄生虫病学）

（二）流行与预防

1. 流行 肝片吸虫病分布于全国各地，在华南、华中和西南地区较常见。主要寄生于各种反刍动物的肝胆管中，猪、马属动物及人也可被感染。本病呈地方性流行，多发生在低洼和沼泽地带的放牧畜群内。常年均可感染，但以夏、秋两季最为严重。牛、羊等动物因食入含囊蚴的饲草和饮水而经口感染。

2. 预防

（1）预防性驱虫。驱虫的时间和次数可根据流行区的具体情况而定。针对急性病例，可在夏、秋季选用肝蛭净等对童虫效果好的药物。针对慢性病例，北方全年可进行两次驱虫，第一次在冬末春初，由舍饲转为放牧之前进行；第二次在秋末冬初，由放牧转为舍饲之前进行。南方终年放牧，每年可进行 3 次驱虫。

（2）生物发酵处理粪便。可应用堆积发酵法处理家畜粪便，杀死其中的病原，以免污染环境。

（3）消灭中间宿主小土窝螺。可采用改造低洼地、养殖水禽或使用化学灭螺药等方法，以减少螺的滋生。

（4）合理放牧。不要在低洼、潮湿、多囊蚴的地方放牧。在牧区有条件的地方，实行划地轮牧，降低牛羊感染的机会。

（5）保证饮水和饲草卫生。最好饮用井水或质量好的流水，将低洼潮湿地的牧草割后晒干再喂牛羊。

（三）诊断

1. 临床症状　急性型主要发生在夏末和秋季，多发于绵羊，是由于短时间内随草吃进大量囊蚴（2 000 个以上）后 2～6 周内发病。病初食欲大减或废绝，精神沉郁，可视黏膜苍白，红细胞数和血红蛋白显著降低，体温升高，偶尔有腹泻，通常在出现症状后 3～5d 内死亡。

慢性型多发于冬、春季。吞食中等量囊蚴（200～500 个）4～5 个月后发生。主要表现为渐进性消瘦，贫血，食欲不振，被毛粗乱，眼睑、颌下水肿，有时也发生胸、腹下水肿。后期可能卧地不起，最后死亡。

牛多呈慢性经过，犊牛症状较成年牛明显。除上述羊的症状外，常表现顽固性前胃弛缓与腹泻，周期性瘤胃臌胀，严重感染者亦可引起死亡。

人感染后多表现为高热及胃肠道症状，如恶心、呕吐、腹胀、腹痛、腹泻及便秘，多数病人有肝肿大，少数病人出现脾肿大及腹水等。

2. 病理变化　剖检病理变化包括肠壁和肝组织的严重损伤、出血，肝肿大。黏膜苍白，血液稀薄，嗜酸性粒细胞增加。慢性感染则引起慢性胆管炎、慢性肝炎和贫血。肝肿大、实质变硬、胆管增粗、常凸出于肝表面，胆管内有磷酸（钙、镁）盐等沉积。其他器官可因幼虫移行出现浆膜和组织损伤、出血，"虫道"内见有童虫。

3. 实验室诊断　粪便检查多采用反复水洗沉淀法和尼龙筛兜淘洗法来检查虫卵。急性病例时，可在腹腔和肝实质等处发现童虫，慢性病例可在胆管内检获多量成虫。

此外，免疫诊断法如 ELISA，IHA，血浆酶含量检测法等也可用于实验室诊断。

（四）治疗

目前常用的药物如下，各地可根据药源和具体情况加以选用。

1. 溴酚磷（蛭得净）　牛按每千克体重 12mg，羊按每千克体重 16mg，一次口服，对成虫和童虫均有良好的驱杀效果，可用于治疗急性病例。

2. 三氯苯唑（肝蛭净）　牛用 10％的混悬液或含 900mg 的丸剂，按每千克体重 10mg，经口投服；羊用 5％的混悬液或含 250mg 的丸剂，按每千克体重 12mg，经口投服。该药对成虫、幼虫和童虫均有高效驱杀作用，亦可用于治疗急性病例。

3. 硝氯酚（拜尔 9015）　只对成虫有效。粉剂：牛按每千克体重 3～4mg，羊按每千克体重4～5mg，一次口服。针剂：牛按每千克体重0.5～1.0mg，羊按每千克体重0.75～1.0mg，深部肌内注射。

4. 丙硫咪唑（抗蠕敏） 牛按每千克体重10mg，羊按每千克体重15mg，一次口服，对成虫有良效，但对童虫效果较差。该药有一定的致畸作用，对怀孕的母畜慎用。

任务2-2 人畜共患绦虫病防治

一、猪囊尾蚴病

案例介绍：哈尔滨市周边某养猪户饲养87头长白猪，体重约45kg。2011年5月份部分猪采食量下降，精神不振，被毛粗糙，无光泽，其中5头猪腹部皮肤发绀，有腹水，臀部异常肥胖宽阔，体中部窄细，整个猪体从背面观呈哑铃状，体温高达41℃，死亡3头。剖检病死猪发现膈肌、肝、脾上有大量黄豆大小囊虫结节，卵圆形，乳白色半透明，内有囊液，肺部出血，有少量囊虫结节，局部肉变。肝破裂，腹腔积液。全身略微水肿，淋巴结肿大。

问题：案例猪群感染了何种寄生虫？诊断依据是什么？该病能否早期诊断？

猪囊尾蚴病是由带科带属的猪带绦虫的幼虫——猪囊尾蚴寄生于猪和人的肌肉和其他器官中引起的一种寄生虫病，俗称囊虫病，其成虫寄生于人的小肠，是一种严重的人畜共患寄生虫病。

（一）病原特征及生活史

1. 病原特征 猪囊尾蚴俗称猪囊虫。成熟的猪囊尾蚴，外形椭圆，约黄豆大，为半透明的包囊，囊内充满液体，囊壁上有一个圆形米粒大的乳白色小结，其内有一个内陷的头节，头节上有4个圆形的吸盘，最前端的顶突上带有多个角质小沟，分两圈排列（图2-9）。

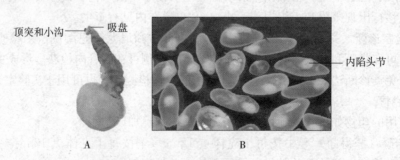

顶突和小沟—— ——吸盘

——内陷头节

A B

图2-9 猪囊尾蚴

A. 头节外翻后的猪囊尾蚴 B. 肌肉中分离出的猪囊尾蚴

成虫为猪带绦虫，或称链状带绦虫。成虫体长2～5m，整个虫体有700～1 000个节片。头节圆球形，顶突上带有25～50个角质小钩，所以又称有钩绦虫。头节上有4个吸盘。颈节细小，直径约为头节的一半，长5～10mm。成节中含有一套生殖器官，睾丸有150～300个，分散于节片的背侧。卵巢除分左右两大叶外，在生殖孔的一侧还有一副叶。孕节内的子宫每侧分出7～13个侧枝，内充满虫卵。每一孕节含虫卵3万～5万个。孕节逐个或成段地脱落，随宿主粪便排出（图2-10）。

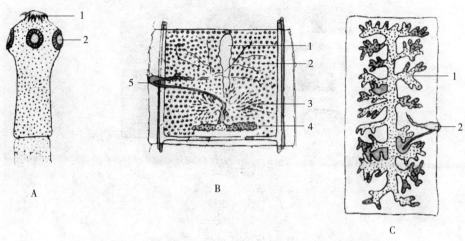

图2-10　猪带绦虫成虫的头节、成节和孕节的构造模式

A. 头节　1. 顶突（有小钩）　2. 吸盘

B. 成节　1. 子宫　2. 睾丸　3. 卵巢　4. 卵黄腺　5. 生殖孔

C. 孕节　1. 子宫　2. 生殖孔

（孔繁瑶．2010．家畜寄生虫病）

虫卵呈圆形或椭圆形，淡黄色，直径为31～43μm，其外有一层薄的卵壳，易脱落，内为胚膜层，较厚，具有辐射状条纹。卵内含有具3对小钩的胚胎，称六钩蚴（图2-11）。

2. 生活史　人是猪带绦虫的唯一终末宿主，未成年的白掌长臂猿猴和大狒狒也可实验感染；猪与野猪是最主要的中间宿主。成虫寄生于人的小肠，其孕节成熟后不断地脱落，随粪便排出体外，直接被猪吞食或污染饲料和饮水后被猪吞食。进入消化道后的虫

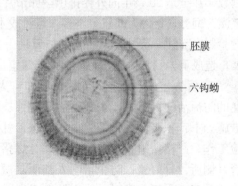

图2-11　猪带绦虫虫卵

卵，经消化液的作用而破裂，六钩蚴在肠内逸出，钻入肠黏膜的血管或淋巴管内，随血流散布到猪体的各组织中，主要是横纹肌，约经10周发育为具有感染能力的囊尾蚴。人吃到生的或未煮熟的含囊尾蚴的猪肉或误食附着在生冷食品上散落的囊尾蚴而感染。进入人体内的猪囊尾蚴，在小肠内经胃液和胆汁的作用，其头节翻出，借助自身的小钩和吸盘固着于肠黏膜上逐渐发育为成虫。人如果吃到被猪带绦虫卵污染的食物，或绦虫病患者发生恶心、呕吐时，在小肠内的孕卵节片和虫卵则可逆行至胃内，导致人感染猪囊尾蚴病（图2-12）。

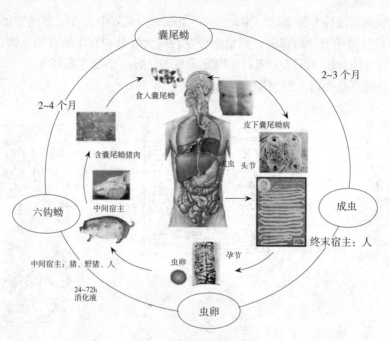

图 2-12　猪囊尾蚴生活史

（二）流行与预防

1. 流行　猪囊尾蚴病呈世界性分布，在我国有 26 个省、自治区、直辖市曾有报道，除东北、华北和西北地区及云南、广西与四川部分地区常发外，其余省份均为散发，长江以南地区较少，东北地区感染率较高。猪带绦虫的患者是猪囊尾蚴病的唯一感染来源，患者可持续数年甚至是 20 余年向外界排出孕卵节片和虫卵，造成环境的严重污染。猪的散养或采用"连茅圈"饲养，接触人粪机会增多，可造成本病的流行。生食猪肉、烹调时间过短、肉品卫生检验制度不健全易引起人的感染与发病。猪囊尾蚴病危害十分严重，不仅影响养猪业的发展，造成重大经济损失，而且给人体健康带来严重威胁，是肉品卫生检验的重点项目之一。

2. 预防　大力开展宣传教育工作，人医、兽医和食品卫生部门紧密配合，开展群众性的防治活动，抓好"查、驱、检、管、改"五个环节，可使该病得到良好的控制。具体措施如下：积极普查猪带绦虫病患者，杜绝感染来源；对患者进行驱虫；加强肉品卫生检验工作，严格按国家有关规程处理有病猪肉，严禁未经检验的猪肉供应市场或自行处理；管好厕所，管好猪，防止猪吃人粪便。做到人有厕所猪有圈，不使用连茅圈。人粪需经无害化处理后方可作肥料；改变饮食习惯，人不吃生的或未煮熟的猪肉。

（三）诊断

1. 临床症状　轻度感染的猪一般无明显症状，感染严重的猪可造成营养不良、生长受阻、贫血和肌肉水肿等。整个猪体从背面观呈哑铃或葫芦形，前面看呈狮子头形体形。由于病猪不同部位的肌肉水肿，两肩显著外展，臀部异常肥胖宽阔，头部呈大胖脸形，或前胸、后躯及四肢异常肥大。病猪走路前肢僵硬，后肢不灵活，左右摇摆，似醉酒状。某些器官严重感染时可出现相应的症状，如呼吸困难，声音嘶哑与吞咽困难，视力消失及一些神经症状，有时产生急性脑炎而突然死亡。

人若感染猪囊虫时，轻则躯体各部皮下发生黄豆大至蚕豆大的结节，感到胀痛，四肢无力。重则由于虫体在眼睛或大脑等部位，可引起视力减退、失明，头痛、记忆力减退以

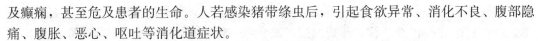

及癫痫,甚至危及患者的生命。人若感染猪带绦虫后,引起食欲异常、消化不良、腹部隐痛、腹胀、恶心、呕吐等消化道症状。

2. 实验室诊断 生前诊断比较困难,只有当舌部浅表寄生时,触诊可发现结节,但阴性者不能排除感染。免疫学检查方法有多种,有些已在实践中应用,如间接血凝试验检出率达 90%,酶联免疫吸附试验的阳性检出率达 98.8% 等。商检或肉品卫生检验时,如在肌肉中,特别是在心肌、咬肌、舌肌及四肢肌肉中发现囊尾蚴,即可确诊,尤以前臂外侧肌肉群的检出率最高。

(四)治疗

1. 对猪囊尾蚴病的治疗

(1)吡喹酮。口服,按每千克体重 30~60mg,1 次/d,连用 3d。

(2)丙硫咪唑。早晨空腹服药。口服,按每千克体重 30mg,每日 1 次,连用 3d。

2. 对猪带绦虫病人的治疗

(1)氯硝柳胺(灭绦灵)。成人用量 3g,早晨空腹 2 次分服,药片嚼碎后用温水送下,间隔 0.5h 再服另一半,1h 后服硫酸镁。

(2)南瓜籽、槟榔合剂。南瓜籽 50g,槟榔片 100g,硫酸镁 30g。南瓜籽炒后去皮磨碎,槟榔片作成煎剂,早晨空腹先服南瓜籽粉,1h 后再服槟榔煎剂,0.5h 后服硫酸镁,应多喝白开水,服药后约 4h 可排出虫体。

二、棘球蚴病

> **案例介绍:** 新疆某养羊户养绵羊 200 余只。2009 年 4 月,畜主发现有 40 多只羊消瘦,被毛逆立,精神沉郁,食欲减退,咳嗽,倒地不起。畜主怀疑为患感冒,使用青霉素、链霉素、安痛定每天注射 1 次,效果不好。十多天后,病羊增加到 60 多只,其中有 8 只因呼吸困难,窒息而死。剖检死羊 5 只,肝、肺、胃、直肠等脏器表面有近似球形的囊,小的豌豆大,大的有儿童拳头大,数量由十几个到三十几个不等,囊内充满囊液。
>
> **问题:** 案例中羊脏器上的球形囊可能是什么?如何识别?对该病的诊断,有无生前诊断方法?如何防治该病?

棘球蚴病,又名包虫病,是由带科、棘球绦虫的中绦期——棘球蚴寄生于牛、羊、猪、马、骆驼等动物和人的肝、肺及其他器官内引起的一种严重的人畜共患寄生虫病。由于蚴体呈囊泡状,不仅压迫周围组织使之萎缩和功能障碍,还易造成继发感染;如果蚴体囊泡破裂,可引起过敏反应,导致休克,甚至死亡。

(一)病原特征及生活史

1. 病原特征 棘球蚴为一囊泡状构造,内含液体。棘球蚴的形状常因其寄生部位不同而有变化,一般近似球形,直径为 5~10cm。棘球蚴的囊壁分为两层,外为乳白色的角质层,内为胚层,又称生发层,前者是由后者分泌而成。胚层含有丰富的细胞结构,并有成群的细胞向囊腔内芽生出有囊腔的子囊(生发囊)和原头蚴。子囊壁的构造与母囊相同,其生发层同样可以芽生出不同数目的孙囊和原头蚴(有些子囊不能长孙囊和原头蚴,称为不育囊,能长孙囊和原头蚴的子囊称为育囊)。子囊、孙囊和原头蚴脱落后游离于囊液中统称为棘球砂(图 2-13)。

细粒棘球绦虫很小，全长2～7mm，由一个头节和3～4个节片构成。头节上有4个吸盘，顶突上有36～40个小沟，排成两圈。成节内一套雌雄同体的生殖器官，睾丸有35～55个，卵巢左右两瓣。生殖孔不规则交替开口于节片侧缘的中线后方。孕节子宫膨大为盲囊状，内充满着500～800个虫卵。虫卵呈圆形，大小为（32～36）$\mu m \times$（25～30）μm，外被一层辐射状的胚膜（图2-14、图2-15）。

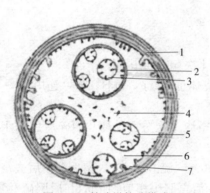

图2-13　棘球蚴构造模式
1. 角皮层　2. 子囊　3. 孙囊
4. 原头蚴　5. 生发囊　6. 囊液　7. 生发层

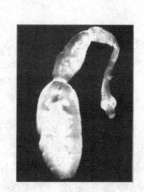

图2-14　细粒棘球绦虫成虫

图2-15　细粒棘球绦虫
成虫结构模式
1. 子宫　2. 卵巢　3. 卵黄腺
4. 子宫　5. 生殖孔　6. 睾丸

2. 生活史　犬、狐、狼等终末宿主将细粒棘球绦虫的虫卵和孕节随粪便排至体外，污染了牧草、饲料和饮水。牛、羊等中间宿主经口感染后，六钩蚴逸出，钻入肠壁经血流或淋巴液到体内各处，大部分停留在肝内，一部分到达肺寄生，少数到其他脏器，经6～12个月发育为具有感染性的棘球蚴。犬和其他的食肉动物吞食了含棘球蚴的牛、羊脏器而感染，经40～50d即可发育为细粒棘球绦虫（图2-16）。

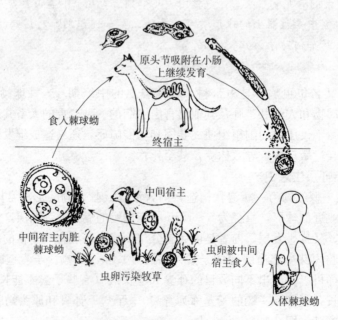

原头节吸附在小肠上继续发育

食入棘球蚴

终宿主

中间宿主

中间宿主内脏棘球蚴

虫卵污染牧草

虫卵被中间宿主食入

人体棘球蚴

图2-16　细粒棘球蚴生活史

（二）流行与预防

1. 流行　本病通常呈慢性经过，危害严重；同时呈世界性分布，尤以牧区最为多见。在我国 20 个省份报道有此病发生，其中以新疆、西藏、青海、四川西北部牧区发病率最高。在牧区，牧羊犬和野犬是人和动物棘球蚴的主要的感染来源。犬粪便中排出的虫卵及孕卵节片污染牧地及饮水而引起牛、羊等家畜的感染，而牧羊犬常吃到带棘球蚴的动物内脏，从而造成该病在家畜与犬之间的循环感染。人常因直接接触犬，致使虫卵粘在手上或误食了被虫卵污染的瓜果、蔬菜而经口感染。

2. 预防　对犬定期驱虫，粪便进行无害化处理，避免饲料、水源被犬粪污染。严格执行屠宰牛、羊的兽医卫生检验及屠宰场的卫生管理，发现棘球蚴应销毁，严禁喂犬。常与犬接触的人员应注意清洁卫生，防止从犬的被毛等处沾染虫卵而误食。

（三）诊断

1. 临床症状　寄生数量少时，牛、羊表现消瘦，被毛粗糙逆立，咳嗽等症状。多量虫体寄生时，肝肺高度萎缩，患畜逐渐消瘦，呼吸困难或轻度咳嗽，剧烈运动时症状加剧。肋下出现肿胀和疼痛，终因恶病质或窒息而死亡。猪的症状不如牛、羊明显。

人感染棘球蚴时可出现食欲减退、消瘦、贫血、儿童发育不良，肝区疼痛，咳嗽、呼吸急促等症状，严重者导致呼吸困难。如棘球蚴破裂，引起过敏性休克，甚至猝死。

2. 病理变化　剖检可见肝、肺体积增大或萎缩，表面凹凸不平，可找到棘球蚴，同时可观察到囊泡周围的实质萎缩。也可偶尔见到一些缺乏囊液的囊泡残迹或干酪变性和钙化的棘球蚴及化脓病灶（图 2-17、图 2-18）。

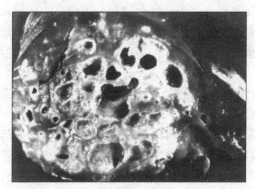

图 2-17　细粒棘球蚴感染的绵羊肝
（朱兴全 . 2006. 小动物寄生虫病学）

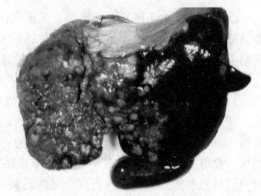

图 2-18　多房棘球蚴感染的人体肝
（朱兴全 . 2006. 小动物寄生虫病学）

3. 实验室诊断　生前诊断比较困难。采用皮内变态反应、IHA 和 ELISA 等方法对动物和人的棘球蚴病有较高的检出率。对动物尸体剖检时，发现棘球蚴可以确诊。

皮内变态反应：取新鲜棘球蚴囊液，无菌过滤（使其不含原头蚴），在动物颈部注射 0.1～0.2mL，注射 5～10min 观察皮肤变化，如出现直径 0.5～2cm 的红斑，并有肿胀或水肿为阳性。应在距注射部位相当距离处，用等量生理盐水同法注射以作对照。

（四）治疗

对绵羊棘球蚴可用丙硫咪唑治疗，按每千克体重 90mg，连喂 2 次，对原头蚴的杀死率为 82%～100%。吡喹酮的疗效也较好，按每千克体重 25～30mg，口服。上述两种药物也可用于对犬的细粒棘球绦虫驱虫。对人的棘球蚴可用外科手术治疗，亦可用丙硫咪唑和吡喹酮治疗。

任务 2-3　人畜共患线虫病防治

一、旋毛虫病

案例介绍：2009 年 5 月，云南省某养殖户饲养了一头怀孕 2 个月的母猪，在喂食时发现其不能站立和走动，食欲下降。随后该病猪逐渐消瘦，眼睑和四肢水肿，由于担心受损失，畜主卖给屠宰商作肉用。该母猪屠宰后，在例行宰后检验时发现脾高度肿大，约为正常的 10 多倍，类似圆柱形、黑色、质易碎，切开多汁。肝脂肪变性、质硬，切开有少量胆汁流出，下颌淋巴结、肠系膜淋巴结、腹股沟浅淋巴结稍肿大，周边有少量针尖状出血点，肋间肌出血，两侧及腹下皮肤有许多出血斑点，胎儿未见肉眼病变。

采膈肌脚左右两侧各 20g、左右腰肌各 20g，撕去肌膜和脂肪，在阳光下观察，发现有几粒针尖状灰白色斑点，在此处剪 24 粒肉样在低倍镜下观察发现有 17 粒圆形和椭圆形的包囊。

问题：案例中猪感染了何种寄生虫？该病能否生前诊断？防制该病的关键措施是什么？

旋毛虫病是由毛尾目、毛形科、毛形属的旋毛虫寄生于多种动物和人所引起的一种人畜共患寄生虫病。成虫寄生于小肠，称肠旋毛虫；幼虫寄生于肌肉，称肌旋毛虫。该病是肉品卫生检验的重要项目之一，在公共卫生上意义十分重要。

（一）病原特征及生活史

1. 病原特征　旋毛虫属胎生。旋毛虫成虫细小，呈毛发状，虫体前细后粗，无色透明，雌雄异体。雄虫大小为（1.4～1.6）mm×（0.04～0.05）mm。雌虫为（3.0～4.0）mm×（0.05～0.06）mm。消化道为一简单管道，由口、食道、中肠、直肠及肛门组成。食道占整个体长的 1/3～1/2。雄虫尾端有直肠开口的泄殖孔，泄殖孔外侧具有 1 对呈耳状悬垂的交配叶，内侧有 2 对性乳突。雌虫肛门位于尾端，阴门开口于食道中部，卵巢位于虫体的后部，呈管状。卵巢之后连有一短而窄的输卵管，在输卵管和子宫之间为受精囊。在子宫内可以观察到早期的幼虫（图 2-19）。

成熟幼虫长约 1mm，尾端钝圆，头端较细，卷曲于梭形或近圆形的包囊之中，也称包囊幼虫。包囊多呈梭形，其纵轴与肌纤维平行（图 2-20）。

2. 生活史　旋毛虫的发育不需要在外界进行，成虫和幼虫寄生于同一宿主，其先为终末宿主后为中间宿主，但要延续生活史必须更换宿主。人、猪、犬、猫、鼠类、熊、狼等均可感染。

宿主因摄食了含有包囊幼虫的动物肌肉而感染，包囊在宿主胃蛋白酶作用下，肌组织及包囊被溶解，释放出幼虫。之后幼虫进入十二指肠和空肠的黏膜细胞内，在 48h 时内，经 4 次蜕皮即可发育为性成熟的肠旋毛虫。雌雄成虫交配后，雄虫大多死亡。雌虫受精后钻入肠腺或肠黏膜中继续发育，于感染后第 5～10 天，子宫内受精卵经过典型的胚胎发生期而发育为新生幼虫，并从阴门排出。雌虫的产幼虫期可持续 4～16 周。一条雌虫可以产

图 2-19 旋毛虫形态构造模式
A. 成虫 B. 雌虫 C. 幼虫

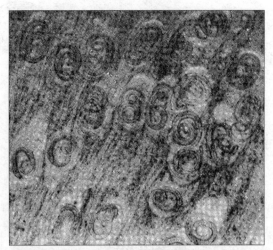

图 2-20 肌组织中的旋毛虫包囊幼虫
(朱兴全 . 2006. 小动物寄生虫病学)

1 000~2 000条新生幼虫，最多可达10 000条。雌虫的寿命一般为1~4 月。

少数新生幼虫可自肠黏膜表面或随脱落的黏膜排出体外。绝大多数产于黏膜内的幼虫侵入局部淋巴管或小静脉，随淋巴液和血液循环到达宿主各组织器官，但只有移行到横纹肌内的幼虫才能继续发育。幼虫在活动量较大、血液供应丰富的肋间肌、膈肌、舌肌和咀嚼肌中较多。进入肌肉内的幼虫随即穿破微血管，侵入肌细胞内迅速发育，并开始卷曲。由于幼虫的机械性刺激和代谢产物的刺激，使肌细胞受损，出现炎性细胞浸润和纤维组织增生，从而在虫体周围形成包囊。包囊呈梭形，其中一般含有 1 条幼虫，多的可达 2~7 条。幼虫在包囊内充分卷曲，只要宿主不死亡，含幼虫的包囊则可一直持续有感染性。即使在包囊钙化后，幼虫仍可存活数年，甚至长达 30 年。包囊幼虫若被另一宿主食入，则幼虫又可在新宿主体内发育为成虫，开始其新的生活史（图 2-21）。

（二）流行与预防

1. 流行 旋毛虫病分布于世界各地，宿主包括人、猪、鼠、犬、猫等 150 多种动物。我国已在 20 多个省、自治区、直辖市发现动物和人感染旋毛虫病，其中尤以黑龙江、西藏、云南、湖北、河南等省、自治区动物及人的旋毛虫病感染尤为严重。

一般认为猪感染旋毛虫主要是吞食了病死的老鼠。用生的废肉屑、洗肉水和含有生肉屑的垃圾喂猪都可以引起旋毛虫病流行。

人感染旋毛虫的主要途径是生食或食入未煮熟的各种肉类及其制品，或被旋毛虫幼虫污染的食品。

2. 预防 加强卫生宣传，改变饮食习惯，提倡各种肉品熟食，生熟分开，防止旋毛虫幼虫对食品及餐具的污染。在旋毛虫病流行严重的地区，猪只不可放牧饲养，不用生的废肉屑和泔水喂猪。同时做好灭鼠工作，防止饲料污染。

加大对各种肉品卫生检疫力度，对检出的旋毛虫肉品及内脏，严格按照《病害动物和病害动物产品生物安全处理规程》进行生物安全处理，即检疫中一经发现有旋毛虫包囊和钙化虫体者，头、胴体和心脏作工业用、干性化制或销毁。

（三）诊断

1. 临床症状 旋毛虫对猪和其他动物的致病力轻微，几乎无任何可见症状。重度感

77

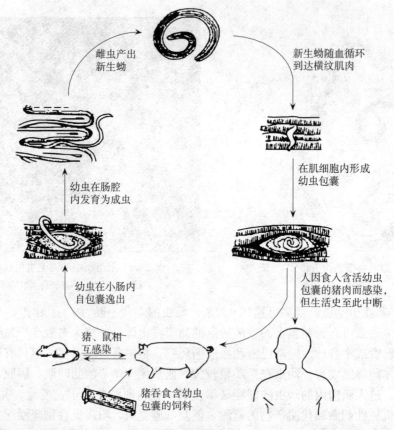

图 2-21　旋毛虫的生活史

染时，临床上有疼痛或麻痹，运动障碍，声音嘶哑，呼吸和咀嚼障碍及消瘦等症状。有时眼睑和四肢水肿。极少有死亡。

旋毛虫主要危害人，不仅可导致患者发热、肌肉酸痛、腹痛、腹泻，吞咽和咀嚼障碍，行走和呼吸困难，眼睑水肿，食欲不振，显著消瘦。严重感染时也导致死亡。

2. 病理变化　成虫感染时病猪出现急性卡他性肠炎，黏膜浮肿性增厚，被覆黏液和淤斑性出血，少见溃疡。幼虫大量侵入横纹肌后，引起肌细胞变形、肿胀、排列紊乱、横纹消失，虫体周围肌细胞坏死、崩解、肌间质水肿及炎性细胞浸润。

3. 实验室诊断

（1）生前诊断。旋毛虫病的生前诊断较为困难，实验室常采用免疫学方法如 IHA、ELISA、间接荧光抗体试验（IFA）、胶体金试纸条法等技术检验。这些免疫学方法具有敏感性高、特异性好、操作简便、快速等优点。目前国内用 ELISA 方法作为猪的生前诊断手段之一。

对人的旋毛虫病诊断可作皮内试验、环蚴沉淀试验、皂土絮状试验、IHA 或 ELISA 等。目前，以 ELISA 法较常用，对旋毛虫病诊断的阳性检出率可达 90％以上。

（2）宰后检疫。旋毛虫病是我国肉品卫生法定检验项目，宰后检验主要检查肌肉中的包囊幼虫，方法有目检法、压片镜检法与集样消化法等。目前，我国多采用目检法和镜检法，欧美等国家多用消化法。

①目检法。将新鲜膈肌脚撕去肌膜，肌肉纵向拉平，观察肌纤维表面，若发现顺肌纤

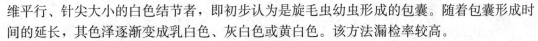

维平行、针尖大小的白色结节者，即初步认为是旋毛虫幼虫形成的包囊。随着包囊形成时间的延长，其色泽逐渐变成乳白色、灰白色或黄白色。该方法漏检率较高。

②压片镜检法。是检验肉品中有无旋毛虫的传统方法。方法是，猪肉取左、右膈肌脚（犬肉取腓肠肌）各一小块，先撕去肌膜作肉眼观察，沿肌纤维方向剪成燕麦粒大小的肉粒（10mm×3mm）12粒，两块共24粒，放于两玻片之间压薄，低倍显微镜下观察，若发现有梭形或椭圆形，内有呈螺旋状盘曲的包囊，即可确诊。当被检样本放置时间较久，包囊已不清晰，可用美蓝溶液染色，染色后肌纤维呈淡蓝色，包囊呈蓝色或淡蓝色，虫体不着色。在感染早期及轻度感染时压片镜检法的漏检率较高。

③集样消化法。每头猪取1个肉样（100g），再从每个肉样剪取1g小样，集中100个小样（个别旋毛虫病高发地区以15～20个小样为一组）进行检验。取肉样用搅拌机搅碎，每克加入60mL水、0.5g胃蛋白酶、0.7mL浓盐酸，混匀。在40～43℃下，加温搅拌30～60min。经过滤、沉淀、漂洗等步骤后，将带有沉淀物的凹面皿置于倒置显微镜或在80～100倍的普通显微镜下调节好光源，将凹面皿左右或来回晃动，镜下捕捉虫体、包囊等，发现虫体时再对这一样品采用分组消化法进一步复检（或压片镜检），直到确定病猪为止。

（四）治疗

丙硫咪唑是我国治疗人和动物旋毛虫病的首选药物。对猪旋毛虫病，按每千克体重15～30mg，拌料，连续喂10～15d；也有研究表明，大剂量的丙硫咪唑（按每千克体重300mg，拌料连用10d）治疗，疗效可靠。犬旋毛虫病，按每千克体重25～40mg，口服。

二、丝虫病

丝虫病是由线形动物门丝虫科和丝状科的各种虫体（通常称为丝虫）寄生于牛、马、羊、猪、犬等动物及人体的淋巴系统、皮下组织、体腔和心血管等引起的寄生性线虫病的统称。常见的丝虫病主要有以下几种。

（一）犬心丝虫病

案例介绍：2011年9月，某3岁龄德国牧羊犬，体重约30kg。一段时间，畜主发现该犬食欲不振，精神沉郁，走路摇摆不定，呼吸困难，并不时咳嗽，逐渐消瘦。用磺胺嘧啶及青霉素等药物治疗未见明显效果，随来就诊。询问畜主后可知，发病前饲养在环境卫生较差的舍内，蚊蝇较多，经常发现有大量蚊虫在该犬鼻镜部叮咬，致使该犬烦躁不安。听诊心音亢进有杂音，脉细而弱，结膜苍白，体温38.6℃。在股内侧皮肤上有结节状病灶，不时用趾抓挠，有的病灶已干枯成褐色结痂，耳郭基底部的皮肤也有奇痒的丘疹。夜晚采取犬体外周血液，置显微镜下观察，看到体细长无鞘的虫体。

问题：案例中犬感染了何种寄生虫？对该病的诊断，有无其他方法？该如何治疗？

犬心丝虫病是由双瓣科、恶丝属中的犬心丝虫，寄生于犬的右心室和肺动脉（少见于胸腔、支气管、皮下结缔组织）而引起循环障碍、呼吸困难及贫血等症状的一种丝虫病，又称犬恶丝虫病，在我国分布很广。免疫力低的人偶被感染，三期幼虫导致患者肺部和皮下出现结节，胸痛与咳嗽。

1. 病原特征与生活史

（1）病原特征。虫体呈微白色，细长粉丝状，口由 6 个不明显的乳突围绕。雄虫长 12～16cm，尾部短而钝圆，呈螺旋形弯曲，有窄的尾翼，有 2 根不等长的交合刺。雌虫长 25～30cm，尾部直。阴门开口于食道后端处。犬血液中的微丝蚴夜间出现较多，无鞘膜，胎生（图 2-22、图 2-23）。

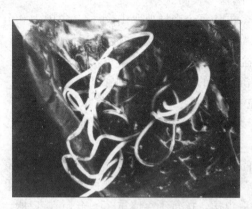

图 2-22　犬右心室中的犬心丝虫

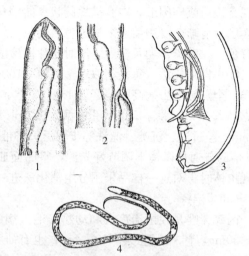

图 2-23　犬心丝虫

1. 虫体头部　2. 雌虫阴门部　3. 雄虫尾端　4. 微丝蚴
（赵辉元 . 1996. 家畜寄生虫病学）

（2）生活史。犬心丝虫的中间宿主是蚊。成虫寄生于犬的右心室和肺动脉，雌虫所产微丝蚴进入外周血，被中间宿主吞食之前不能进一步发育。当蚊吸血时摄入微丝蚴，约 2 周微丝蚴在蚊体内发育为感染性的幼虫。蚊再次吸血时将感染性幼虫注入犬的体内，然后进入静脉，移行到右心室及大血管内，6～7 个月后发育为成虫（图 2-24）。

2. 流行与预防

（1）流行。犬心丝虫病（恶丝虫病）在我国分布较广，各地犬的感染率很高。除犬外，猫和其他野生肉食动物亦可作为终末宿主。人偶被感染，在肺部及皮下形成结节，病人出现胸痛和咳嗽。患犬是重要的感染来源，中华按蚊、白纹伊蚊、淡色库蚊等蚊子均可作为传播媒介。感染季节一般为蚊最活跃的 6～10 月份，感染高峰期为 7～9 月份。犬的感染率与年龄成正比，年龄越大则感染率越高。

（2）预防。搞好犬舍的环境卫生，创造无蚊虫滋生的环境尤其重要。对流行区的犬，应定期进行血检，有微丝蚴的应及时治疗。药物预防可选用：①海群生。每年在蚊虫活动季节开始到蚊虫活动季节结束后 2 个月内用乙胺嗪（海群生），按每千克体重 2.5～3mg，每日或隔日给药。②左旋咪唑。按每千克体重 10mg，每天分 3 次口服，连用 5d 为一疗程。隔 2 个月重复用药 1 次。③伊维菌素。按每千克体重 0.06mg，在蚊虫出现季节，每月 1 次，皮下注射。

在蚊虫常年活动的地方要全年给药。如果某些犬不能耐受乙胺嗪（海群生），可用硫乙砷胺钠进行预防，一年用药 2 次，这样可以在临床症状出现前把心脏内虫体驱除。

3. 诊断

（1）临床症状。感染少量虫体时，一般不出现临床症状；重度感染犬主要表现为咳

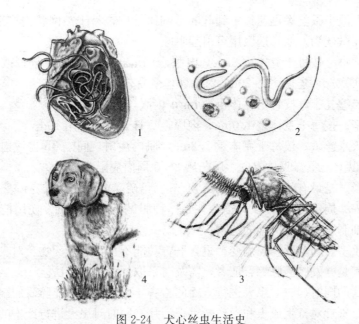

图 2-24　犬心丝虫生活史
1. 心脏内的成虫　2. 血液中的微丝蚴　3. 传播媒介——蚊　4. 终末宿主——犬

嗽，心悸，脉细而弱，心内有杂音，腹围增大，呼吸困难，运动后尤为显著，末期贫血明显，逐渐消瘦衰竭至死。患心丝虫病的犬常伴有结节性皮肤病，以瘙痒和倾向破溃的多发性结节为特征。皮肤结节显示血管中心的化脓性肉芽肿，在化脓性肉芽肿周围的血管内常见有微丝蚴，经治疗后，皮肤病变亦随之消失。由于虫体的寄生活动和分泌物刺激，患犬常出现心内膜炎和增生性动脉炎，死亡虫体还可引起肺动脉栓塞；另外，由于肺动脉压过高造成右心室肥大，导致充血性心力衰竭，伴发水肿和腹水增多，患犬精神倦怠、衰弱。

（2）病理变化。剖检病死犬可见心脏肥大、右心室扩张、瓣膜病变、心内膜肥厚。严重寄生时右心室和肺动脉可见纠缠成团的犬心丝虫成虫。肺贫血，扩张不全及肝变，肺动脉内膜炎和栓塞、脓肿及坏死等。肝有肝硬化及点状坏死灶。肾实质和间质均有炎症变化。后期为全身贫血，各器官发生萎缩。

（3）实验室诊断。检查外周血液中的微丝蚴。方法是采取犬体外周血液 1mL 加 7％醋酸溶液或 1％盐水溶液 5mL，混合均匀，离心 2～3min 后，倾去上清液，取沉渣 1 滴加 0.1％美蓝液 1 滴于载玻片上混匀，置显微镜下观察，见到作蛇行或环形运动并经常与血细胞相碰撞的微丝蚴即可确诊。

有条件的可进行血清学诊断，ELISA 试剂盒已经用于临床诊断。

4. 治疗　驱杀成虫及微丝蚴，可选用以下药物：

（1）左旋咪唑。按每千克体重 10mg，口服，1 次/d，连用 6～15d。

（2）伊维菌素。按每千克体重 0.2～0.3mg，一次皮下注射。

（3）硫乙胂胺钠。按每千克体重 2.2mg，缓慢静脉注射，1 次/d，连用 2～3d。主要驱杀成虫，用药后 2～3 周内限制运动。该药可引起肝、肾中毒，对患严重心丝虫病的犬应慎用。

（4）乙胺嗪（海群生）。按每千克体重 60～70mg，内服或配成 30％溶液一次皮下或肌内注射，连用 3～5 周，或以每千克体重 6mg，混入食物内，在感染期和以后 2 个月饲喂。本药能使血液中微丝蚴迅速集中到肝的毛细血管中，易于被网状内皮系统包围吞噬，但不能直接杀死微丝蚴。如长期服用可引起呕吐。

（5）二硫噻啉。按每千克体重 5mg，内服，1 次/d，连用 1～2 周；或按每千克体重 22mg，拌饲，1 次/d，连用 10～20d，对杀微丝蚴有效。

（6）碘化二噻扎宁。按每千克体重 20mg，内服，连用 5d。

（7）菲拉辛。按每千克体重 1.0mg，内服，每日 3 次，连用 10d。

（8）盐酸灭来丝敏。按每千克体重 2.2mg，肌内注射，间隔 3h 再注射 1 次即可，其杀虫率达 99％以上。主要驱杀成虫，用药后 2～3 周内应限制运动。

（9）倍硫磷。是最有效的杀微丝蚴药物。7％倍硫磷溶液按每千克体重 0.2mL，皮下注射，必要时隔 2 周重复 1～2 次。倍硫磷是一种胆碱酯酶抑制剂，使用前后不要用任何杀虫剂或具有抑制胆碱酯酶活性的药物。

对虫体寄生多，肺动脉内膜病变严重，肝肾功能不良，大量药物会对犬体产生毒性作用的病例，尤其是并发腔静脉综合征者，需及时采取外科手术疗法。

在确诊本病的同时，应对患犬进行全面的检查，对于心脏功能障碍的病犬应先给予对症治疗，然后分别针对寄生成虫和微丝蚴进行治疗，同时对患犬进行严格的监护。对症治疗时，除投给强心、利尿、镇咳、肾上腺皮质激素类、保肝等药物外，还可使用抗血小板药唑嘧胺，按每千克体重 5mg，口服。

（二）草食动物丝虫病

1. 病原特征

马丝状线虫：虫体呈乳白色，线状。口孔周围有角质环围绕，口环的边缘上，突出形成两个半圆形的侧唇，乳突状的背唇 2 个和腹唇 2 个。雄虫长 40～80mm，交合刺 2 根不等长。雌虫长 70～150mm，尾端呈圆锥状，阴门开口于食道前端。产出的微丝蚴长 19～25μm。寄生于马属动物的腹腔，有时可在胸腔、阴囊等处发现虫体。

鹿丝状线虫：又称唇乳突丝状线虫。口孔呈长圆形，角质环的两侧部向上突出成新月状，背、腹面突起的顶部中央有一凹陷，略似墙垛口。雄虫长 40～60mm，交合刺 2 根不等长。雌虫长 60～120mm，尾端为一球形的纽扣状膨大，表面有小刺。微丝蚴长 24～26μm。成虫寄生于牛、羚羊和鹿的腹腔。

指形丝状线虫：虫体形态和鹿丝状线虫相似，但口孔呈圆形，口环的侧突起为三角形，较鹿丝状线虫的大。雄虫长 40～50mm，交合刺 2 根不等长。雌虫长 60～90mm，尾末端为一小的球形膨大，其表面光滑或稍粗糙。微丝蚴长 25～40μm。寄生于黄牛、水牛或牦牛的腹腔。

2. 生活史 中间宿主为伊蚊、按蚊、鳌蝇等吸血昆虫。终末宿主为马、牛、羊、鹿等草食动物。

成虫寄生于终末宿主的腹腔，雌虫胎生，产出微丝蚴。微丝蚴进入宿主的血液循环，周期性地出现于外周血液中。当中间宿主蚊类等吸血昆虫刺吸血液时，微丝蚴进入蚊体，经 12～16d 发育为感染性幼虫，并移行至蚊口器内。然后此蚊再刺吸终末宿主的血液时，感染性的幼虫进入终末宿主体内，经 8～10 个月发育为成虫。

当携带有指形丝状线虫感染性幼虫的蚊刺吸非固有宿主马或羊的血液时，幼虫进入马或羊的体内，但由于宿主不适，它们常循淋巴或血液进入脑脊髓或眼前房，停留于童虫阶段，引起马或羊的脑脊髓丝虫病或马浑睛虫病。

3. 流行与预防

（1）流行。草食动物丝虫病在日本、以色列、印度、斯里兰卡和美国等许多国家都相继有过报道。在我国多发生于长江流域和华东沿海地区，东北和华北等地亦有病例发生。马、牛、羊等患病的草食动物为主要的感染来源，各种年龄均可发病。蚊等吸血昆虫作为传播媒介。本病有明显的季节性，多发于夏末秋初。其发病时间约比蚊虫出现时间晚 1 个月，一般为 7～9 月份，而以 8 月中旬发病率最高。凡低湿、沼泽、水网和稻田地区等适于蚊虫滋生的地区多发。

（2）预防。防止吸血昆虫叮咬畜体及扑灭吸血昆虫。在流行季节对马、牛可用乙胺嗪（海群生）预防驱虫，每月 1 次，连用 4 个月，是预防该病的关键。

4. 诊断

（1）临床症状和病理变化。寄生于马、牛腹腔等处的丝状线虫的成虫，对宿主的致病力不强，一般不显症状，感染严重的有时能引起睾丸的鞘膜积液，腹膜及肝包膜的纤维素性炎症，但在临床上一般不显症状。但其幼虫有较强的致病力。

①脑脊髓丝虫病：指形丝状线虫的幼虫可导致马、骡、羊患脑脊髓丝虫病（腰痿病）。主要表现为后躯神经的功能障碍。逐渐丧失使役能力，重病者多因长期卧地不起，发生褥疮，继发败血症致死。

②浑睛虫病：指形丝状线虫、鹿丝状线虫和马丝状线虫的童虫可导致马、骡的浑睛虫病。症状为角膜炎、虹膜炎和白内障。畏光、流泪，角膜和眼房液轻度混浊，瞳孔放大，视力减退，结膜和虹膜充血。病马摇头，摩擦患眼，严重时可失明。在光线下观察马或牛的患眼时，常可见眼前房中有虫体游动，时隐时现。

（2）实验室诊断。微丝蚴检查，其方法是取动物外周血液 1 滴滴于载玻片上，覆以盖玻片，在低倍显微镜下检查，检查到游动的微丝蚴即可确诊。也可采取 1 大滴血液作厚膜涂片，自然干燥后置水中溶血，而后用显微镜检查，此方法检出率较高。如血中幼虫量多，可推制血片，采用姬姆萨或瑞氏染色法染色后检查。

5. 治疗

（1）乙胺嗪（海群生）。按每千克体重 10mg，口服，1 次/d，连用 7d，可杀死微丝蚴，但对成虫无效。

（2）左旋咪唑。按每千克体重 8～10mg，连用 3d。

（3）伊维菌素。按每千克体重 0.3mg，皮下注射。

（三）猪浆膜丝虫病

1. 病原特征　虫体呈乳白色，丝状，头端稍微膨大。无唇，口孔周围有 4 个小乳突。雄虫长 12～27mm，尾部呈指状，向腹面卷曲。交合刺 1 对，短且不等长，形态相似。雌虫长 51～60mm，阴门位于食道腺体部分，不隆起。尾端两侧各有一个乳突。微丝蚴两端钝，有鞘，胎生。

2. 生活史　成虫寄生于猪的心脏、肝、胆囊、子宫和膈肌等处的浆膜淋巴管内。产出的微丝蚴进入血液，被中间宿主库蚊吸血时吸入。微丝蚴在库蚊体内发育成感染性幼虫，当这种库蚊再吸猪血时，感染性幼虫进入猪体内，发育为成虫。

3. 流行与预防

（1）流行。猪浆膜丝虫病在我国江西、山东、安徽、北京、河南、湖北、四川、福建、江苏等地均有发现。该病主要危害猪。病猪是主要的感染来源，库蚊作为传播媒介。

83

多发生于夏末秋初蚊虫活动频繁的季节。

（2）预防。除药物预防外，关键是防止吸血昆虫叮咬猪体和扑灭吸血昆虫。

4. 诊断

（1）临床症状。通常猪对浆膜丝虫有一定的抵抗力，临床症状不明显。猪群仅表现为食欲下降，生长缓慢，腹式呼吸，肌肉震颤等。

（2）病理变化。寄生于心外膜层淋巴管内的虫体，致使猪心脏表面呈现病变。在心纵沟附近或其他部位的心外膜表面形成稍微隆起的绿豆大的灰白色小泡状乳斑，或形成长短不一、质地坚实的迂曲的条索状物。陈旧病灶外观上为灰白色针头大钙化的小结节，呈砂粒状。通常在一个猪心脏上有 1～20 处病灶，散布于整个心外膜表面。

（3）实验室诊断。生前可自猪耳静脉采血，检查血液中的微丝蚴。死后剖检在心脏等处发现病灶并找到活虫，或将病灶压成薄片镜检发现虫体残骸即可确诊。

5. 治疗　在治疗上要根据虫体不同的发育阶段选择适当的药物，驱除成虫时，可选用伊维菌素和硫乙砷胺钠，效果显著。驱除微丝蚴时可选用乙胺嗪（海群生）和左旋咪唑。

任务 2-4　人畜共患原虫病防治

一、弓形虫病

案例介绍：2011 年 6 月，某养殖户从邻镇引进的 35 头 3 月龄肉猪突然发病。患猪体温升高到 41℃左右，呈稽留热型，精神沉郁，昏睡。眼结膜充血，眼角有脓性分泌物黏附。呼吸急促，呈腹式呼吸，流鼻涕，咳嗽。耳朵、四肢末端、腹下、股内侧、臀部等部位出现紫红色斑块，有的病猪在耳壳上形成痂皮，耳尖发生干性坏死。初期便秘，粪便干结呈颗粒状，后期出现腹泻，呈煤焦油状。消瘦，皮肤苍白，后肢无力，起立困难，行走摇晃，叫声嘶哑。期间用青霉素、黄芪多糖等药物进行治疗，连用 3d，仍不见好转，有 5 头肉猪死亡。病死猪腹腔内有淡黄色积液，腹股沟、肠系膜淋巴结充血、淤血和肿大，外观呈淡红色，切面呈酱红色花斑状。肺表面呈暗红色，充血、水肿，间质增宽，小叶明显，切面有较多半透明胶冻样物和泡沫状液体。肾呈黄褐色，有少量针尖大出血点。脾稍肿大，有出血点及灰白色坏死灶。胃底部和大肠黏膜均见点状出血，结肠和盲肠上散有很多黄豆大小溃疡灶。取发热病猪耳静脉血液抹片，用姬姆萨染色后镜检，可见呈半月状的，一端较尖，另一端较钝圆，胞浆呈淡蓝色，胞核呈紫红色多个散在的虫体。

问题：案例中猪群感染了何种寄生虫？该如何治疗？

弓形虫病又称弓形体病、弓浆虫病，是由龚地弓形虫寄生于动物和人的有核细胞引起的一种人畜共患原虫病。弓形虫病对人畜的危害极大，孕妇感染后导致早产、流产、胎儿发育畸形。动物普遍感染，多数呈隐性，但猪可大批发病，出现高热、呼吸困难、流产、神经症状和实质器官灶性坏死，间质性肺炎等，死亡率较高。

（一）病原特征及生活史

1. 病原特征　根据弓形虫的不同发育阶段，有 5 种不同形态，在中间宿主（家畜和人）体内有滋养体、包囊及假包囊；在终末宿主（猫科动物）有裂殖体、配子体和卵囊。

滋养体：亦称速殖子。虫体呈香蕉形或新月形，一端较尖，一端钝圆，大小为（4～7）$\mu m \times$（2～4）μm，经姬姆萨或瑞氏染色，胞浆呈淡蓝色，胞核呈紫红色，位于虫体中部稍后。速殖子主要见于急性病例的腹水和有核细胞的胞浆里。在组织内也常可见到，由数个至数十个速殖子形成的群落被宿主细胞膜包绕，因尚未形成真正的囊壁而称其为假包囊。

包囊：呈圆形或椭圆形，直径为 5～100 μm，具有一层富有弹性的坚韧囊壁，内含数百个缓殖子。缓殖子形态与速殖子相似，但个体较小，核稍偏后。包囊在某些情况下可破裂，缓殖子从包囊中逸出后进入新的细胞内繁殖，再度形成新的包囊。在宿主的眼、骨骼肌、心肌、脑、肺、肝等组织器官，包囊可寄生数月、数年、甚至伴宿主终生。

裂殖体：成熟的裂殖体呈圆形，直径为 12～15 μm，内含 4～20 个裂殖子。游离的裂殖子前端尖，后端钝圆，核呈卵圆形，常位于后端。裂殖体仅见终末宿主猫的小肠绒毛上皮细胞内。

配子体：寄生于猫的肠上皮细胞内。经过数代裂殖生殖后的裂殖子变为配子体，配子体有大小两种。大配子体形成 1 个大配子，小配子体形成若干小配子，大、小配子结合形成合子，由合子发育为卵囊。

卵囊：呈椭圆形，大小为（11～14）$\mu m \times$（7～11）μm。卵囊在猫的肠道上皮细胞中形成后随猫粪排出体外，经孢子化后每个卵囊内有 2 个孢子囊，每个孢子囊内有 4 个子孢子。子孢子一端尖，一端钝，其胞浆内含淡蓝色的核，靠近钝端（图 2-25）。

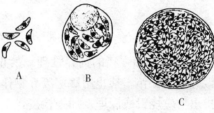

图 2-25　弓形虫
A. 速殖子　B. 假包囊　C. 包囊

2. 生活史　当终末宿主（猫）吞食了弓形虫的包囊、假包囊、滋养体或卵囊后，大部分缓殖子、速殖子或子孢子侵入小肠细胞内，进行多次裂殖生殖，最后释放出裂殖子发育成配子体，雌、雄配子结合成合子而完成有性繁殖，合子形成卵囊，并随粪便排出。排出到外界的卵囊在适宜的条件下，经 2～4d，经孢子增殖发育成孢子化卵囊，具有感染性。当猪、人等中间宿主食入或饮入污染有孢子化卵囊或包囊的食物和水，或速殖子通过口、呼吸道黏膜、皮肤伤口或胎盘等途径侵入体内后，子孢子、缓殖子和速殖子侵入肠壁，再经淋巴血液循环扩散至全身各组织器官，侵入有核细胞内进行内出芽或二分裂繁殖。经过一段时间的繁殖后，由于宿主产生免疫力，或者其他因素，使其繁殖变慢，一部分滋养体被消灭，一部分滋养体在宿主的脑和骨骼肌等组织器官内形成包囊（图 2-26）。

（二）流行与预防

1. 流行　弓形虫病呈世界性分布，易感动物包括人、畜禽、鸟类、爬行类等 200 多种哺乳动物。弓形虫病的感染来源很广，猫是弓形虫病的最重要的感染来源，猪及人等中间宿主也是本病的主要传染来源，在它们体内及排泄物（唾液、粪、尿、眼分泌物、乳汁）、肉、内脏淋巴结、腹水内带有大量的速殖子和假包囊。

虫体的不同阶段，如卵囊、速殖子和包囊均可引起感染。在畜禽中，猪对弓形虫最敏感，从哺乳仔猪到成年母猪均可感染发病，但对哺乳仔猪、保育猪和怀孕母猪危害最严重。猫、猪、牛、羊等哺乳动物及人除食入被卵囊、包囊污染的饲料、食物和饮水等感染外，也可发生胎内感染。弓形虫病的流行没有严格的季节性，但夏季多发，可能与温度有关。

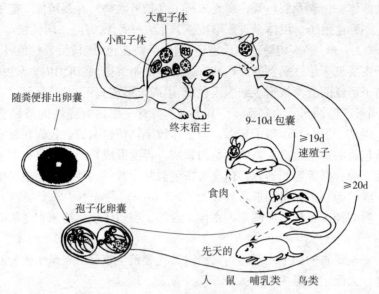

小配子体
大配子体
随粪便排出卵囊
终末宿主
9~10d 包囊
≥19d 速殖子
≥20d
食肉
孢子化卵囊
先天的
人　鼠　哺乳类　鸟类

图 2-26　弓形虫生活史
（张西臣，李建华．2010. 动物寄生虫病学）

2. 预防　加强猪的饲养管理。禁止在猪场内养猫，防止饲料、饮水被猫粪污染，同时做好灭鼠工作。禁止用屠宰废弃物作饲料。病死和可疑感染弓形虫的畜尸、流产的胎儿及排出物应烧毁或深埋。加强检疫，定期对猪群进行血清学检查，对检出阳性种猪隔离饲养或有计划淘汰。在流行地区，可采用磺胺类药物预防。

（三）诊断

1. 临床症状　猪对弓形虫极易感，尤其仔猪发病严重，其临床表现与猪瘟相似。表现高热（40～41℃）稽留。精神沉郁，食欲减退或废绝，下痢或便秘，仔猪以下痢多，成年猪则便秘。头、耳、下腹部有淤血斑或发绀。呼吸困难，有时咳嗽，有浆液性或脓性鼻液，呈腹式或犬坐式呼吸，甚至口流泡沫窒息死亡。后期出现后躯麻痹、癫痫样等神经症状。怀孕母猪流产。

人的弓形虫病主要危害儿童和免疫功能障碍的人，其症状分为先天性和后天性的。先天性的发生于妇女妊娠期间，除危害妇女本人外，还引起胎儿流产或死亡或通过胎盘等使婴儿出现弓形虫病。婴儿常见的症状有脑积水、无脑儿、小头畸形、癫痫、视网膜缺陷。后天性的症状有浅表淋巴结肿大、视力下降甚至失明，脑炎、脑膜脑炎、癫痫和精神异常等。有免疫损伤和免疫抑制的病人，弓形虫感染最为危险，常常是致死性的。

2. 病理变化　肺水肿是猪弓形虫病的特征性病变，肺色泽深呈暗红色，间质增宽，有针尖大的出血点和灰白色坏死灶，气管内有大量泡沫和黏液，胸腔有大量积液。急性病例全身淋巴结、肝、肾和心脏等器官肿大，并有许多出血点和坏死灶。胃肠黏膜肿胀、充血、出血。慢性病例可见各内脏器官水肿，并有散在的坏死灶。隐性感染主要是在中枢神经系统内见有包囊，有时可见有神经胶质增生性肉芽肿性脑炎。

3. 实验室诊断　弓形虫病临床症状、剖检变化与很多传染病相似，在临床上容易误诊。为了确诊需采用如下实验室诊断方法。

（1）病原学诊断。

①脏器涂片染色检查。急性弓形虫病可将病畜的肺、肝、淋巴组织、腹水等涂片或抹

片，用姬姆萨或瑞氏液染色后高倍镜下检查虫体。生前可取血液和腹水，涂片染色检查；或淋巴结穿刺液涂片检查。

②集虫法检查。取有病灶的肺、肺门淋巴结 1～2g 放乳钵中，剪碎后研磨，再加 10 倍生理盐水，然后 500r/min 离心 3min，取上清液 1 500r/min 离心 10min，取沉渣涂片，干燥，姬姆萨氏染色或瑞氏染色，镜检。

③动物接种。取病畜的肺、肝、淋巴结等组织研碎加 10 倍生理盐水，并于每毫升中加青霉素 1 000U 和链霉素 100mg，在室温下放置 1h，接种前振荡，待重颗粒沉底后，取上清液接种于小鼠的腹腔，每只接种 0.5～1.0mL。接种后观察 20d，若小鼠出现被毛粗乱、呼吸迫促的症状或死亡，取腹腔液或脏器作涂片染色镜检。初代接种的小鼠可能不发病，如未检查到虫体，可用被接种小鼠的肝、淋巴结等组织按上述方法制成乳剂盲传 3 代，并检查腹腔液中是否存在虫体。

（2）血清学诊断。

①染色试验。取自弓形虫阳性小鼠腹水或组织培养所得的游离的弓形虫，分别放在正常血清和待检血清中。经 1～2h 后，取出虫体各加美蓝染色。正常血清中的虫体染色良好，而待检血清中的虫体染色不良则为阳性。这是因为阳性血清中含有抗体，使虫体的胞浆性质有了改变，以致不着色。血清要倍比稀释至 1∶16 稀释度才认为有诊断意义。该法可用于早期诊断，因为在感染后 2 周就呈阳性反应，且持续多年。

②酶联免疫吸附试验（ELISA）。在国内外有多种 ELISA 诊断试剂盒出售，为当前诊断弓形虫感染应用最广而且备受欢迎的免疫学诊断方法之一。既可检测抗体（IgM，IgG），又可检测循环抗原（CAg），因而具有早期诊断价值。

③间接血凝试验（IHA）。曾是应用最广的免疫学诊断方法，优点是：简单、快速、敏感、特异，易于推广，适合大规模流行病学调查用。缺点是：对急性感染早期诊断缺乏敏感性。因为 IHA 只能检测抗体。由于动物和人感染弓形虫后，血液中最先出现的是循环抗原，之后为 IgM 抗体，IgG 抗体最迟出现，但维持时间长。因此抗体的存在只能说明患畜曾经感染过弓形虫，而不能作为现症的诊断依据。可以间隔 2～3 周采血，IgG 抗体滴度升高 4 倍以上表明感染处于活动期；IgG 抗体滴度不高表明有包囊型虫体存在或过去有感染。

此外，还有间接荧光抗体试验、直接凝集试验、补体结合反应、皮内反应、免疫金银染色法、中和试验、免疫磁性微球技术、碳粒凝集试验和双夹心酶联免疫吸附试验等都曾用于弓形虫的检测。但这些免疫学检测方法中，大多数方法用于抗体检测，而用于循环抗原检测的方法很少，而且这些方法因敏感度、特异性不够高、操作复杂、成本较高等原因尚未应用于兽医临床，还有待进一步改进。

近年来又将 PCR 及 DNA 探针技术应用于检测弓形虫感染，具有灵敏、特异、早期诊断的优点。

（四）治疗

目前，尚无特效药物。早期的急性病例用磺胺类药物有一定疗效。如果用药较晚，虽能减轻症状，但不能抑制虫体进入包囊，结果使动物成为带虫者。

常用磺胺类药物有磺胺-6-甲氧嘧啶（SMM）、磺胺嘧啶（SD）、磺胺甲氧吡嗪（SMPZ）等，首次加倍，并配合用 TMP。

1. 磺胺-6-嘧啶（SD） 按每千克体重 70mg，配合 TMP 或 DVD 每千克体重 14mg，口服，2 次/d，连用 3～5d。或增效磺胺嘧啶钠注射液，每千克体重 20mg，肌内注射，1 次/d。

2. 磺胺-6-甲氧嘧啶（SMM） 10％注射溶液，按每千克体重 60～100mg，肌内注射，每日 1 次，连用 3～5d。口服，首量按每千克体重 0.05～0.1mg，维持量每千克体重 0.025～0.05mg，2 次/d，连用 3～5d。

3. 磺胺对甲氧嘧啶（SMD） 每千克体重 2mg，肌内注射。

4. 对人弓形虫病的治疗 采用磺胺嘧啶（每千克体重 70mg）＋乙胺嘧啶（每千克体重 6mg），内服，2 次/d，首次倍量，连用 3～5d。治疗期间注意补充叶酸。

二、利什曼原虫病

是由利什曼原虫寄生在人和犬、野生动物、爬行类动物中的一种常见的人畜共患原虫病。该病能引起皮肤或内脏器官的严重损害甚至坏死。

（一）病原特征及生活史

1. 病原特征 病原为杜氏利什曼原虫，属锥体科。为椭圆形小体，长 2～4μm，宽 1.5～2μm。寄生于人和犬的单核巨噬细胞内（图 2-27）。经瑞氏染色后，虫体的胞质是淡蓝色，细胞核 1 个，圆形，染成深红色。动基体位于核旁，呈深紫色。在传播者白蛉体内，虫体则由圆形无鞭毛体演变成前鞭毛型，为一柳叶形虫体，动基体移至核前方，有 1 根鞭毛伸出体外，无波动膜。鞭毛型虫体借助鞭毛的摆动呈现活泼的运动状态。虫体多以鞭毛前端相聚并排列成菊花状。

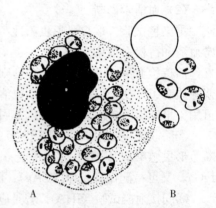

图 2-27 利什曼原虫
A. 巨噬细胞内的虫体 B. 细胞外的虫体
（张西臣，李建华．2010．动物寄生虫病学）

2. 生活史 杜氏利什曼原虫生活史需白蛉、人或哺乳动物两种宿主。前鞭毛型虫体寄生于白蛉的消化道内，无鞭毛体寄生于人或其他哺乳动物的单核巨噬细胞内。雌性白蛉是传播本病的媒介昆虫。

当雌性白蛉叮咬病人或受感染的动物时，宿主血液或皮肤内含无鞭毛体的巨噬细胞即被吸入白蛉的肠内，经 3～4d 发育为成熟的前鞭毛型虫体。1 周后大量成熟的前鞭毛型虫体向白蛉的前胃、食管和咽部运动并汇集至口腔及喙。此时，若白蛉叮刺健康人或动物，感染性前鞭毛型虫体即随白蛉的唾液进入人或动物体内。一部分被中性粒细胞吞噬并消灭，一部分则侵入巨噬细胞内，随后虫体逐渐变圆，失去游离在体外的鞭毛，开始向无鞭毛体期转化，在巨噬细胞内形成纳虫空泡。无鞭毛体不但可以在巨噬细胞的纳虫空泡内存活，而且还可进行分裂繁殖，最终造成巨噬细胞破裂，释放出无鞭毛体，再进入新的巨噬细胞内，如此重复上述增殖过程。

（二）流行与预防

1. 流行 本病主要在亚、非、欧以及中、南美洲的部分国家和地区流行。其中，在印度和地中海地区流行最盛。近几年，世界范围内利什曼病的发病率呈上升趋势。

利什曼原虫病又称黑热病，在新中国成立前和初期，本病在我国长江以北各省、市的流行十分广泛。自 20 世纪 50 年代以来，我国该病的防治取得了显著的成果，大部分地区已基本消灭。近年来，在新疆、甘肃、内蒙古、四川、陕西和山西等省、自治区有疫情报道。

感染来源为病人和病犬。我国犬利什曼原虫病分布与病人传播关系各地不一致，说明本病的传播与自然环境关系密切。

世界报道的利什曼原虫病传播媒介白蛉有10余种。我国已发现有4种白蛉可传播利什曼病，其中主要媒介是中华白蛉。

2. 预防 捕杀病犬，犬为山丘疫区的主要感染来源，捕杀病犬对这些地区利什曼原虫病的预防具有重要意义。防止白蛉的叮咬是预防本病的重要环节。针对白蛉的生态习性采取溴氰菊酯喷洒等措施，可达到对其杀灭的目的。

（三）诊断

1. 临床症状 犬利什曼原虫病的症状表现多样，幼犬有中度体温波动，并呈现渐进性贫血和消瘦。可自然康复，也可衰竭而死。有些因脾肿大出现腹水，淋巴结肿大和腹痛，后期在耳、鼻、眼的周围有脱毛，皮脂外溢，生有结节并出现溃疡。

人感染利什曼原虫病，患者主要表现食欲不振，体重减轻，周身不适，疲倦和衰弱，全身淋巴结肿大，头痛、不规则或间歇发热，伴有大汗，贫血。严重感染病人的面部、四肢及躯干皮肤出现结节，并可有某种程度的逐渐变黑。80%～90%有临床症状而未经治疗的病人因衰竭而死亡。

2. 病理变化 死后剖检可见淋巴结、肝、脾肿大。尤以脾肿大最为常见，出现率高达95%。

3. 实验室诊断

（1）病原检查。对骨髓、淋巴结或脾穿刺，取穿刺液涂片，用瑞氏或姬姆萨染色，镜检，查到无鞭毛体即可确诊。其中以骨髓穿刺最常用，淋巴结穿刺多选腹股沟、颈部或颌下等处肿大的淋巴结。将穿刺液接种于NNN培养基分离病原体（NNN培养基分固体部分和液体部分。固体部分：1.4g琼脂、0.6g氯化钠加入90mL双蒸水，加热溶解，每4mL或1.5mL分装入12mL或6mL培养管中，121℃ 15min灭菌，而后加入去纤维素的兔血至15%含量，混合并放成斜面，4℃保存。液体部分为少量的灭菌双蒸水，还可加入青霉素和链霉素）。也可取淋巴结做病理学检查确诊。

（2）血清学检查。可采用间接荧光抗体试验（IFA），间接血凝试验（IHA）或ELISA等。

（四）治疗

治疗药物为葡萄糖酸锑钠制剂。我国生产的斯锑黑克治疗效果良好，为首选药物。

 **岗位操作任务**

<h2 style="text-align:center">猪旋毛虫病诊断与防制</h2>

【学习任务描述】

猪肌旋毛虫的诊断与防制任务是根据动物疫病防治员、动物检疫检验员的工作要求和执业兽医的工作任务的需要安排而来的，通过对猪肌旋毛虫的诊断，为生猪旋毛虫病防治及屠宰检疫提供技术支持。

【学习目标和要求】

完成本学习任务后，你应当能够具备以下能力：

1. 专业能力

（1）能运用肌肉压片检查法和肌肉消化检查法来检查肌旋毛虫。

(2) 通过肌旋毛虫玻片标本的观察，掌握肌旋毛虫的形态特征。

(3) 能对猪场旋毛虫病进行调查，并根据猪场的具体情况制定出科学的防制措施。

2. 方法能力

(1) 能通过各种途径查找旋毛虫病诊断和防制所需信息。

(2) 能针对不同的动物和工作环境的变化，制订工作计划并解决问题。

(3) 具有在教师、技师或同学帮助下,主动参与评价自己及他人任务完成程度的能力。

3. 社会能力

(1) 具有主动参与小组活动，积极与他人沟通和交流，团队协作的能力。

(2) 能与养殖户和其他同学建立良好的、持久的合作关系。

【学习过程】

第一步　资讯

(1) 查找《中华人民共和国动物防疫法》《一、二、三类动物疫病病种名录》《国家动物疫病防治员职业标准》《猪旋毛虫病诊断技术》（GB/T 18642—2002）及相关的国家标准、行业标准、行业企业网站，获取完成工作任务所需要的信息。

(2) 查找常用的驱旋毛虫药物及其用途、用法、用量及注意事项等。

第二步　学习情境

某养殖户养殖情况案例、某规模化养猪场或生猪定点屠宰场。

学习子情境描述示例

2010 年 4 月，长春市郊区陈某饲养了 25 头体重约 50kg 的育肥猪。部分猪采食量下降，精神不振，体温高达 41℃，行走时四肢僵硬，左右摇摆，发声嘶哑，呼吸急促，死亡 5 头。剖检病死猪发现腰肌、肩胛肌、膈肌上有大量针尖大小的结节，局部肉变。全身水肿，淋巴结肿大。

请你诊断该养殖户饲养的猪可能感染何种寄生虫？根据猪群情况制定合理的防制措施。

第三步　材料准备和人员分工

1. 材料　显微镜、天平、载玻片、剪刀、镊子、托盘、孔径 216μm 铜网、漏斗、分液漏斗、凹面皿、组织捣碎机、温度计、加热磁力搅拌器、污物桶、数码相机、手提电脑、多媒体投影仪、驱旋毛虫药等。

2. 人员分工

序号	人员	数量	任务分工
1			
2			
3			
4			
5			

第四步　实施步骤

(1) 流行病学调查。在老师的指导下，学生分组对本猪场基本情况（包括规模、品种、年龄、饲养目的等）、本猪场和本地区常发的寄生虫病进行调查。

（2）临床检查。首先对猪场猪的营养状况、精神状态等进行群体观察，发现异常猪只进行个体检查，必要时进行剖检。

（3）剖检病死猪，采集膈肌进行实验室检查（具体方法参见任务 4-3）。

（4）根据以上调查和检查结果，确诊该猪群所患寄生虫病，选择高效的驱虫药并做好记录。

（5）根据本养猪场的具体情况，经小组讨论，制定防治措施，并组织实施。

案例猪场的防制措施（标明关键措施、难点）

第五步 评价

1. 教师点评 根据上述学习情况（包括过程和结果）进行检查，做好观察记录，并进行点评。

2. 学生相互和自评 每个同学根据评分要求和学习的情况，对小组内其他成员和自己进行评分。

通过互评、自评和教师（包括养殖场指导教师）评价来完成对每个同学的学习效果评价。评价成绩均采用 100 分制，考核评价表如表 2-1 所示。

表 2-1 考核评价表

班级＿＿＿＿＿＿＿＿ 学号＿＿＿＿＿＿＿＿ 学生姓名＿＿＿＿＿＿＿＿ 总分＿＿＿＿＿＿＿＿

评价能力维度		考核指标解释及分值	教师（技师）评价 40%	学生自评 30%	小组互评 30%	得分	备注
1	专业能力 50%	（1）能运用肌肉压片检查法和肌肉消化检查法来检查肌旋毛虫。（20 分） （2）通过肌旋毛虫玻片标本的观察，掌握肌旋毛虫的形态特征。（15 分） （3）能对猪场旋毛虫病进行调查，并根据猪场的具体情况制定出科学的防制措施。（15 分）					
2	方法能力 30%	（1）能通过各种途径查找旋毛虫病诊断和防制所需信息。（10 分） （2）能根据工作环境的变化，制订工作计划并解决问题。（10 分） （3）具有在教师、技师或同学帮助下，主动参与评价自己及他人任务完成程度的能力。（10 分）					
3	社会能力 20%	（1）具有主动参与小组活动，积极与他人沟通和交流，团队协作的能力。（10 分） （2）能与养殖户（其他同学）建立良好的、持久的合作关系。（10 分）					
得　分							
最终得分							

知识拓展

人畜共患寄生虫病的流行与防控

人畜共患寄生虫病是一类由能自然感染人和动物的共同寄生虫所引起的,在流行病学上有关联的疾病。根据其流行发生发展的特点,人畜共患寄生虫病又可分为食源性人畜共患寄生虫病及土源性人畜共患寄生虫病。人畜共患寄生虫病分布广泛,既危害人的健康和生命,具有重要的公共卫生意义,又可在家畜、家禽的范围内广泛流行,造成巨大的社会经济损失。近年来,随着人们生活水平的提高,旅游热和宠物热成为潮流,生态环境明显改变,人和各种动物接触机会越来越多,一些新的人畜共患寄生虫病不断发生,而已被控制的人畜共患寄生虫病又重新抬头。当前,世界各国都十分重视对人畜共患寄生虫病的研究,建立了一系列的检测、监测和预警措施来预防人畜共患寄生虫病,但我国对人畜共患寄生虫病的研究经费投入不足、基础设施薄弱、防治技术相对落后,造成我国的人畜共患寄生虫病还十分严重。

1. 人畜共患寄生虫病的流行现状 目前世界上报道的人畜共患寄生虫病共约100余种,其中许多种类不仅给养殖业造成巨大的经济损失,而且也严重危害人的生命和健康,例如血吸虫病、华支睾吸虫病、卫氏并殖吸虫病、包虫病、囊虫病、钩虫病、旋毛虫病、丝虫病、弓形虫病、利什曼原虫病、锥虫病、隐孢子虫病、贾第虫病等。例如,全球疟疾感染人数4亿~5亿,每年死亡220万~250万人,非洲每年死于疟疾的儿童约150万。血吸虫病在70多个国家流行,约2亿人受感染,主要分布于中国、日本、菲律宾及印度尼西亚等国家。钩虫感染几乎遍及全球,尤其在热带和亚热带地区,估计钩虫感染人数约8亿,有临床表现者约2 000万。贾第虫病是世界最常见的肠道腹泻病之一,流行遍布全世界,以热带和亚热带为最多,每年约2亿人受感染。弓形虫病呈世界性分布,人体感染十分普遍,估计全世界血清抗体阳性人群为10亿~15亿人,有的国家达80%以上。

我国人畜共患寄生虫病的流行现状仍十分严重,令人担忧。旧的人畜共患寄生虫病不但没有被消灭,反而出现了再肆虐,例如2006年夏天暴发的广州管圆线虫病。随着人们生活条件和饮食结构的不断改善,食源性人畜共患寄生虫病如华支睾吸虫病、卫氏并殖吸虫病在一些地区也呈明显上升趋势。而气候变暖和水资源的开发也使一些人畜共患寄生虫病如血吸虫病等流行范围不断扩大,而且新的人畜共患寄生虫病又不断涌现,例如肠微孢子虫病、环孢子虫病、异尖线虫病、东方次睾吸虫病、埃及棘口吸虫病、扇棘单睾吸虫病等。

2. 人畜共患寄生虫病的防控

首先,要加强对人畜共患寄生虫病的基础及应用科学研究工作,这是加强和改进人畜共患寄生虫病防控工作的重要保证。

第二,要大力加强人畜共患寄生虫病的流行病学调查,开展人畜共患寄生虫病的风险评估和经济学评估,从而为各级政府以及有关责任部门科学决策提供依据。

第三,建立人畜共患寄生虫病的监测、预警、预报系统,实现资源和信息的共享和及时反馈,以便及时把握人畜共患寄生虫病的流行及发展趋势,从而有效地防控人畜共患寄生虫病。

第四，加强食品卫生检疫，严格执行动物源性食品从生产、屠宰、加工到销售各环节的卫生检疫，严防"问题"食品上市。

第五，加强与联合国粮农组织（FAO）、世界卫生组织（WHO）、世界动物卫生组织（OIE）等有关国际组织及其他国家的交流与合作，防止人畜共患寄生虫病的传入与传出。

第六，要借助各种媒体，尤其是电视及广播渠道，加强宣传教育，普及人畜共患寄生虫病的科学知识，从而有效地保障人民的生命和健康，保障养殖业的健康可持续发展。

项目小结

病名	病原	宿主	寄生部位	诊断要点	防治方法
日本血吸虫病	日本分体吸虫	中间宿主：钉螺 终末宿主：人、牛、羊等	门静脉和肠系膜静脉内	1. 临诊：消瘦、贫血、腹水；剖检肝肿大、肠壁肥厚，上有虫卵结节，肠系膜和门静脉内可发现虫体 2. 实验室诊断：毛蚴孵化法检查粪便中虫卵	1. 定期驱虫，可用吡喹酮、硝硫氰胺 2. 消灭中间宿主钉螺 3. 搞好饮水卫生，做好粪便管理
肝片吸虫病	肝片吸虫	中间宿主：椎实螺 终末宿主：牛、羊、鹿等	肝、胆管	1. 临诊：消瘦、贫血、皮下水肿、消化不良；剖检可见肝肿大、出血，实质硬化、胆管炎，有虫体寄生 2. 实验室诊断：沉淀法检查粪便中虫卵	1. 定期驱虫，可用三氯苯唑、硝氯酚 2. 消灭中间宿主椎实螺 3. 合理放牧
猪囊尾蚴病	猪囊尾蚴	中间宿主：猪、人 终末宿主：人	横纹肌	1. 临诊：猪的症状不明显；人可见四肢无力、视力下降、癫痫发作等；剖检横纹肌可发现囊尾蚴 2. 实验室诊断：间接血凝试验，酶联免疫吸附试验，宰后检验咬肌等横纹肌发现囊尾蚴	抓好"查、驱、检、管、改"五个环节
棘球蚴病	棘球蚴	中间宿主：牛、羊、猪、人 终末宿主：犬、狼、狐狸	肝、肺	1. 临诊：消瘦、呼吸困难、体温升高；剖检可见肝、肺表面分布棘球蚴 2. 实验室诊断：酶联免疫吸附试验，皮内变态反应	1. 做好犬的定期驱虫 2. 加强牛、羊屠宰检验，患病内脏无害化处理 3. 搞好个人卫生
旋毛虫病	旋毛虫	中间宿主与终末宿主为同一种动物，主要为猪、犬等多种哺乳动物和人	幼虫寄生在肌肉，成虫寄生在肠道	1. 临诊：动物症状不明显，人可见肠炎、腹泻、行走和呼吸困难，眼睑、四肢水肿；剖检可见肠黏膜肿胀、出血，肌细胞变性，结缔组织增生 2. 实验室诊断：可用肌肉压片法和集样消化法检查幼虫	1. 加强宣传教育，改变不良食肉方法 2. 加强肉品检验，旋毛虫肉尸按规定处理
丝虫病	丝虫	中间宿主：蚊、蠫蝇等吸血昆虫 终末宿主：牛、马、羊、犬、猪及人	淋巴系统、体腔和心血管	1. 临诊：牛、羊、猪症状不明显，犬消瘦、贫血，心内杂音，呼吸困难，水肿；剖检可见犬右心室和肺动脉有丝虫 2. 实验室诊断：用血液检查法检查外周血液的微丝蚴	1. 搞好环境卫生，防止吸血昆虫叮咬及扑灭吸血昆虫 2. 定期驱虫，可用乙胺嗪、伊维菌素等

（续）

病名	病原	宿主	寄生部位	诊断要点	防治方法
弓形虫病	弓形虫	中间宿主：猪等多种动物及人 终末宿主：猫	有核细胞，小肠绒毛膜上皮细胞	1. 临诊：高热稽留、呼吸困难、孕畜流产或死胎；剖检可见淋巴结、多种实质器官肿大、出血，肺水肿 2. 实验室诊断：用血液涂片检查法检查外周血中的速殖子	1. 定期驱虫，可用磺胺类药物 2. 加强猫粪便管理，防止污染食物和饮水
利什曼原虫病	利什曼原虫	中间宿主：白蛉 终末宿主：人、犬、野生动物	皮肤、内脏	1. 临诊：消瘦、贫血、淋巴结肿大，耳、鼻、眼部脱毛、溃疡，面部、四肢皮肤出现结节并变黑 2. 实验室诊断：取骨髓、淋巴结等穿刺液做涂片检查无鞭毛体即可确诊	1. 定期驱虫，可用葡萄糖酸锑钠制剂 2. 消灭中间宿主白蛉 3. 扑杀患病犬

职业能力和职业资格测试

一、职业能力测试

（一）单项选择题

1. 猪屠宰检验时，旋毛虫的主要检验部位是（　　）。

　　A. 咬肌　　　　　　B. 膈肌　　　　　　C. 舌肌　　　　　　D. 心肌

2. 犬心丝虫感染后，最常见的临床症状是（　　）。

　　A. 呕吐　　　　　　B. 腹泻　　　　　　C. 咳嗽　　　　　　D. 血红蛋白尿

3. 猪囊尾蚴的成虫是猪带绦虫，又称（　　）。

　　A. 有钩绦虫　　　　B. 无钩绦虫　　　　C. 锯齿带绦虫　　　D. 瓜子绦虫

4. 日本血吸虫的中间宿主为（　　）。

　　A. 人赤豆螺　　　　B. 扁卷螺　　　　　C. 川卷螺　　　　　D. 钉螺

5～7题共用题干：检疫人员在屠宰场取某猪场送宰的猪膈肌，剪碎后压片，可在显微镜下观察到滴露状、半透明针尖大小的包囊。

5. 该猪肉中被检为阳性的寄生虫是（　　）。

　　A. 猪囊虫　　　　　B. 旋毛虫　　　　　C. 猪蛔虫

　　D. 猪球虫　　　　　E. 隐孢子虫

6. 被检出阳性的寄生虫成虫寄生于（　　）。

　　A. 肌肉中　　　　　B. 肠道中　　　　　C. 血液中　　　D. 肝　　　E. 肺

7. 此类寄生虫的生殖方式是（　　）。

　　A. 分裂生殖　　　　B. 卵生　　　　　　C. 出芽生殖

　　D. 胎生　　　　　　E. 卵胎生

（二）多项选择题

1. 弓形虫的中间宿主包括（　　）。

　　A. 哺乳类　　　　　B. 鸟类　　　　　　C. 爬行类　　　　　D. 人

2. 治疗日本血吸虫病的药物有（　　　）。

  A. 吡喹酮　　　　B. 硝硫氰胺　　　　C. 六氯对二甲苯　　　　D. 丙硫咪唑

3. 人感染猪囊尾蚴病是由于（　　　）。

  A. 生吃带有猪囊尾蚴的肉　　　　　　B. 食入猪带绦虫卵

  C. 误食感染性幼虫　　　　　　D. 绦虫病人因肠道的逆蠕动而自体感染

（三）判断题

1. 除了人以外，只有猪才能患猪囊尾蚴病。（　　　）
2. 旋毛虫的成虫寄生在宿主的肌肉组织。（　　　）
3. 猪吞食了含肌旋毛虫的肉而感染旋毛虫。（　　　）
4. 弓形虫可以通过胎盘传播。（　　　）
5. 利什曼原虫病又称黑热病，传播者是白蛉属的昆虫，病原是鞭毛虫类的寄生原虫。（　　　）

（四）实践操作题

1. 显微镜下辨识肝片吸虫虫卵、日本血吸虫虫卵。
2. 涂片染色法检查弓形虫。

二、职业资格测试

（一）理论知识测试

1. 细粒棘球蚴多寄生于家畜和人的（　　　）。

  A. 脑和眼球　　　　B. 胃和小肠　　　　C. 心脏和血管

  D. 肝和肺　　　　E. 肾和膀胱

2. 某猪群出现食欲废绝，高热稽留，呼吸困难，体表淋巴结肿大，皮肤发绀。孕猪出现流产、死胎。取病死猪肝、肺、淋巴结及腹水抹片染色镜检见香蕉形虫体，该寄生虫病可能是（　　　）。

  A. 球虫病　　　　B. 鞭虫病　　　　C. 蛔虫病

  D. 弓形虫病　　　　E. 旋毛虫病

3～5 题共用题干：我国南方某放牧牛群出现食欲减退，精神不振，腹泻，便血，严重贫血，衰竭死亡。剖检见肝肿大、有大量虫卵结节。

3. 该病的病原最可能是（　　　）。

  A. 肝片吸虫　　　　B. 大片形吸虫　　　　C. 腔阔盘吸虫

  D. 日本分体吸虫　　　　E. 矛形歧腔吸虫

4. 确诊该病常用的粪检方法是（　　　）。

  A. 虫卵漂浮法　　　　B. 毛蚴孵化法　　　　C. 直接涂片法

  D. 幼虫分离法　　　　E. 肉眼观察法

5. 死后剖检，最可能检出成虫的部位是（　　　）。

  A. 肺　　　　B. 肾　　　　C. 胰

  D. 颈静脉　　　　E. 肠系膜静脉

（二）技能操作测试

1. 毛蚴孵化法检查日本血吸虫。
2. 压片镜检法检查肌旋毛虫。

参考答案

一、职业能力测试

（一）单项选择题

1. B　2. C　3. A　4. D　5. B　6. B　7. D

（二）多项选择题

1. ABCD　2. ABC　3. ABD

（三）判断题

1. ×　2. ×　3. √　4. √　5. √

（四）实践操作题（略）

二、职业资格测试

（一）理论知识测试

1. D　2. D　3. D　4. B　5. E

（二）技能操作测试（略）

猪寄生虫病防治

【项目设置描述】

本项目根据初级动物疫病防治员的工作要求以及猪场执业兽医的工作任务需求，详细介绍了对养猪业危害严重的常见寄生虫病，为猪的安全、健康、生态养殖提供技术支持。

【学习目标】

完成本学习任务后，你应当能够：1. 熟练掌握猪常见寄生虫病的诊断和防治技术。2. 能为生猪生产提供合理、有效的寄生虫病防控措施。

任务 3-1　猪吸虫病和绦虫病防治

一、姜片吸虫病

案例介绍：2009 年 7 月，福建黄某和陈某先后从浙江购入仔猪 316 头，饲养至 9 月份时，有 175 头猪表现为食欲不振，下痢或腹泻与便秘交替发生，个别表现为腹胀、腹痛等症状，严重的出现贫血、消瘦，发育不良，死亡 2 头。两畜主的猪舍均建在池塘边，粪便直接排到池塘内喂鱼，池塘里还种植了大量的水葫芦等水生植物。据了解，畜主未对猪只进行驱虫，还经常打捞一些水葫芦生喂猪，以代替部分青绿饲料。用直接涂片法和水洗沉淀法对猪粪便进行检查，发现大量姜片吸虫虫卵。按每千克体重 100mg 硫双二氯酚拌入饲料中喂服，取得良好治疗效果。

问题：如何切断姜片吸虫的生活史？猪粪养鱼和水生植物喂猪与姜片吸虫病的发生有什么联系？姜片吸虫病会有怎样的病变特征？

姜片吸虫病是由布氏姜片吸虫寄生在猪小肠引起的吸虫病。可引起猪贫血、腹痛、腹泻等症状，甚至引起死亡。主要流行于以水生植物为饲料的亚洲温带和亚热带地区，我国南方和中部地区常见。该病是影响仔猪生长发育和儿童健康的一种重要人畜共患寄生虫病。偶见于犬和野兔。

（一）病原特征及生活史

病原为布氏姜片吸虫，属于扁形动物门，吸虫纲，复殖目，片形科，片形属。

1. 病原特征　新鲜成虫肉红色，虫体大而肥厚，呈长卵圆形，像一个斜切的厚姜片，故称姜片吸虫。虫体长 20～75mm，宽 8～20mm，体被小棘，易脱落。口吸盘位于虫体前端，腹吸盘大于口吸盘，与口吸盘相距较近。肠管呈波浪状弯曲，不分支，达体后端。雌雄同体，两个睾丸分支，前后排列，位于虫体后部中央。两条输出管合并为输精管，膨大为贮精囊。生殖孔开口在腹吸盘的前方。卵巢一个，分支，位于虫体中部而稍偏后方。卵模周围为梅氏腺。卵黄腺分布在虫体的两侧，无受精囊。子宫弯曲在虫体前半部，在睾丸前端，内含虫卵（图 3-1）。

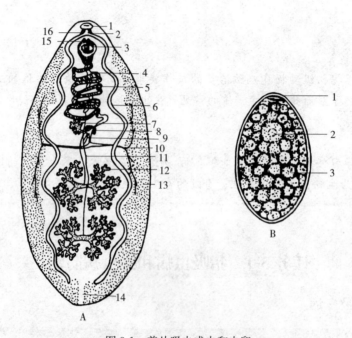

图 3-1　姜片吸虫成虫和虫卵

A. 姜片吸虫成虫　1. 口吸盘　2. 食道　3. 腹吸盘　4. 阴茎囊

5. 子宫　6. 肠支　7. 卵巢　8. 梅氏腺　9. 劳氏管　10. 卵黄管

11. 输出管　12. 睾丸　13. 卵黄腺　14. 排泄腔　15. 生殖孔　16. 咽

B. 姜片吸虫虫卵　1. 卵盖　2. 卵细胞　3. 卵黄细胞

（张西臣，李建华 . 2010. 动物寄生虫病学）

虫卵呈淡黄褐色，色较灰暗，长椭圆形或卵圆形，大小为（130～145）$\mu m \times$（85～100）μm。有卵盖，内含一个卵细胞，呈灰色，直径约为22.8μm。卵黄细胞有 30～50 个。

2. 生活史　姜片吸虫的中间宿主为扁卷螺，以水生植物为媒介完成发育史。水生植物包括水浮莲、水葫芦、菱角、荸荠、慈姑等。

虫卵随粪便排到体外，落入水中，在 26～36℃ 的适宜温度下，经 2～4 周，卵内生成毛蚴。毛蚴孵出，在水中遇到适宜的淡水螺钻入体内，在螺体内经历胞蚴、雷蚴、子雷蚴、尾蚴四个发育阶段。尾蚴离开螺体，遇到水生植物，在其茎叶上发育为囊蚴。

当囊蚴随水生植物被猪食入后，进入猪消化道。在肠道内，囊壁被溶解，童虫逸出。幼虫附着在小肠黏膜上，主要是十二指肠黏膜，发育为成虫。囊蚴对外界环境抵抗力强，在潮湿情况下可存活一年，遇干燥则易死亡。

由毛蚴发育为囊蚴平均需要 50d，囊蚴进入猪体内发育为成虫，一般需 90～103d。虫体在猪体内的寿命长达 9～13 个月，在人体内可达 4 年以上（图 3-2）。

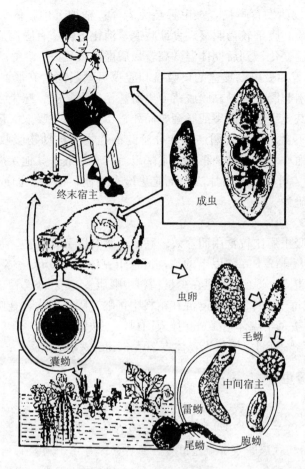

图 3-2 姜片吸虫生活史

（张西臣，李建华.2010.动物寄生虫病学）

（二）流行与预防

1. 流行 姜片吸虫病主要感染来源是病猪和人。该病往往呈地方性流行，主要发生在以水生植物为饲料喂猪的地区。人常因生食菱角等水生植物而感染。每年5～7月份开始流行，6～9月份是感染的最高峰，5～10月份是该病的流行季节。猪一般在秋季发病较多，也有延至冬季。本病主要危害幼猪，以5～8月龄感染率最高，之后随着年龄增长感染率下降。

2. 预防 根据姜片吸虫的生活史和本病的流行病学特点，采取综合性的防治措施。

（1）定期驱虫。每年温度到达26～36℃的季节是该病的感染季节，驱虫1～2次，可以选硫双二氯酚、吡喹酮、硝硫氰胺等多种药物交替使用。

（2）在流行区，人粪与猪粪应同样加以管理，粪便堆积发酵处理。

（3）不要采摘水生植物喂猪，流行地区的青饲料应加热或经青贮发酵后喂猪。

（4）消灭中间宿主扁卷螺。在每年秋末冬初比较干燥的季节，挖塘泥积肥，晒干塘泥，以杀灭螺蛳。低洼地区，塘水不易排净时，则以化学药品灭螺，如用0.0002%～0.001%浓度的硫酸铜、0.1‰的生石灰、0.01%茶籽饼等。

（5）防止病原传入。从外地买回的猪只应隔离检查，证明无虫或经驱虫后，再合群饲养。

（三）诊断

根据流行病学资料分析，临床表现以及病理变化，结合实验室检查，对该病进行诊断。

1. 临床症状 幼猪发育不良，被毛稀疏无光泽；精神沉郁，低头，流涎，眼黏膜苍白水肿，尤其以眼睑和腹部较为明显。食欲减退，消化不良。有腹泻症状，粪便稀薄，混有黏液。初期无体温变化，到后期体温微高，最后虚脱致死。

2. 病理变化 姜片吸虫以发达的口吸盘和腹吸盘紧紧固着在肠黏膜上，使固着部位发生机械性损伤，引起肠炎，肠黏膜脱落，出血甚至发生脓肿。感染强度高时可能对肠道造成机械性阻塞，甚至引起肠破裂或肠套叠而死亡。虫体大，吸取大量营养，使病畜呈现贫血、消瘦和营养不良。虫体代谢产物和分泌的毒性物质被动物吸收后，可引起过敏反应，使动物发生贫血和水肿。动物抵抗力下降以后，容易继发其他疾病而致死。

3. 实验室诊断 可用直接涂片法和沉淀法检查粪便，检获虫卵或虫体便可确诊。剖检时发现虫体也可确诊。

（四）治疗

目前治疗姜片吸虫病比较常用而疗效较高的药物有以下几种。

1. 硫双二氯酚 50～100kg 以下的猪，按每千克体重 100mg；体重 100～150kg 以上的猪，按每千克体重 50～60mg，混在少量精料中喂服，连喂 5～7d。本药安全、有效。

2. 吡喹酮 按每千克体重 50mg 混在精料中饲喂，隔日一次，连喂 3d，疗效显著。

3. 硝硫氰胺 按每千克体重 10mg 拌入饲料，一次喂服。

4. 硝硫氰醚 3% 油剂，按每千克体重 20～30mg，一次喂服。

二、华支睾吸虫病

案例介绍：广东某养猪户家两头 50kg 左右的猪发病。病猪表现为下痢、皮肤发黄，尿黄。病初被诊断为黄疸型肝炎，用肝泰乐等中、西药物治疗 1 周仍无明显疗效，黄疸、消瘦更加严重，最后猪死亡。剖检在猪的胆囊及胆管发现大量华支睾吸虫，粪便检查发现华支睾吸虫虫卵。

问题：华支睾吸虫病的诊断和治疗方法有哪些？如何做到早期诊断？

华支睾吸虫病又称肝吸虫病，是由华支睾吸虫寄生于人、犬、猫、猪及其他一些野生动物的肝胆管和胆囊内所引起的一种重要的人畜共患病。主要分布在东亚诸国。

（一）病原特征及生活史

华支睾吸虫属于吸虫纲，复殖目，后睾科，支睾属。

1. 病原特征 体形狭长，呈葵花籽状，背腹扁平，前端稍窄，后端钝圆，体表无棘。虫体大小为 （10～25） mm×（3～5） mm。口吸盘略大于腹吸盘，前者位于虫体前端，后者位于虫体前 1/5 处。消化器官包括位于口吸盘的中央的口，呈球形的咽，短的食道，其后为肠支。肠分为两支，沿虫体两侧直达后端，末端为盲端。睾丸两个，分支，前后排列于虫体后部 1/3。卵巢呈分叶状，位于睾丸之前。受精囊位于睾丸与卵巢之间，呈椭圆形。子宫从卵模开始，盘绕向前直至腹吸盘水平。劳氏管细长，开口于虫体背面。排泄囊呈 S 状，弯曲在虫体后部。卵黄腺呈颗粒状，分布于虫体中部两侧。

虫卵小，大小为 （27～35） μm×（12～20） μm，淡黄褐色，有卵盖，卵盖周围的卵壳增厚形成肩峰，后端有一小突起。卵内含成熟毛蚴（图 3-3）。

2. 生活史 华支睾吸虫的发育需要两个中间宿主，第一中间宿主为淡水螺，第二中

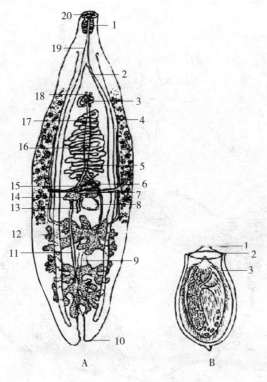

图 3-3 华支睾吸虫成虫和虫卵
A. 华支睾吸虫成虫构造模式 1. 咽 2. 肠 3. 腹吸盘 4. 卵黄腺
5. 输精管 6. 梅氏腺 7. 卵黄腺管 8. 受精囊 9. 排泄囊 10. 排
泄孔 11. 输出管 12. 睾丸 13. 劳氏管 14. 卵巢 15. 卵模
16. 子宫 17. 储精囊 18. 生殖孔 19. 食道 20. 口吸盘
B. 华支睾吸虫虫卵模式 1. 卵盖 2. 肩峰 3. 毛蚴

间宿主为淡水鱼、虾，终末宿主为人及肉食哺乳动物（猪、犬、猫等）。成虫寄生于人和肉食类哺乳动物的肝胆管内，数量多时虫体移居至大的胆管、胆总管或胆囊内，也偶见于胰腺管内。

成虫所产的虫卵随粪便排出，进入水中被第一中间宿主淡水螺吞食后，在螺类的消化道内孵出毛蚴，毛蚴穿过肠壁在螺的淋巴系统和肝发育为胞蚴、雷蚴和尾蚴，成熟的尾蚴从螺体逸出。这个过程需要 30～40d。尾蚴在水中遇到适宜的第二中间宿主淡水鱼、虾类，侵入其肌肉等组织，经 20～35d，发育成为囊蚴。囊蚴在淡水鱼体内几乎遍布全身，最多在肌肉，依次是鱼皮、鳃、鳞等部位。人、猪、猫、犬等吞食含有囊蚴的生鱼、生虾或者未煮熟的鱼或虾而被感染。囊蚴在终末宿主的十二指肠脱囊。一般认为，童虫循胆汁逆流而行，少部分幼虫在几小时内即可到达肝内胆管，在胆管发育为成虫。但也有动物实验表明，幼虫可经血管或穿过肠壁到达肝胆管内。囊蚴进入终末宿主体内发育至成虫产卵约需 1 个月（图 3-4）。

（二）流行与预防

1. 流行 华支睾吸虫病流行区广泛分布于东亚地区，包括中国、朝鲜、印度、越南、菲律宾等地，在我国大部分省市都有病例报道。人、猫、犬、猪和鼠类以及野生哺乳动物对该病易感。本病的流行与感染来源的多少，河流、池塘的分布，饲养环境，第一、第二

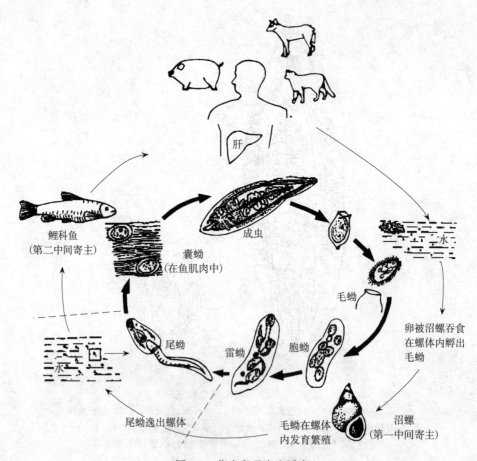

鲤科鱼
(第二中间寄主)

囊蚴
(在鱼肌肉中)

成虫

水

毛蚴

卵被沼螺吞食
在螺体内孵出
毛蚴

尾蚴

雷蚴

胞蚴

毛蚴在螺体
内发育繁殖

沼螺
(第一中间寄主)

水

尾蚴逸出螺体

肝

图3-4　华支睾吸虫生活史

中间宿主的分布和养殖情况、饲养管理方式，当地居民的饮食习惯等诸多因素密切相关。在流行地区，粪便污染水源是影响淡水螺感染率高低的重要因素，如广东地区，厕所多建在鱼塘上，用人畜粪在农田上施肥或将猪舍建在塘边，含大量虫卵的人畜粪便直接进入池塘内，使螺、鱼受到感染，更加促成本病的流行。

2. 预防

（1）禁止犬、猫进入猪舍，流行区人畜定期全面检查和驱虫。

（2）加强粪便管理，防止粪便污染水塘。鱼塘边禁盖猪舍和厕所；不用未处理的粪便喂鱼。

（3）在疫区禁止用生鱼、虾或未煮熟的鱼、虾喂犬、猫、猪。

（4）消灭第一中间宿主淡水螺。

（三）诊断

在流行区域，动物有生食或半生食淡水鱼史，临床表现符合，在粪便中检出虫卵即可确诊。

1. 临床症状　多数动物为隐性感染，临床症状不明显。严重感染时，主要表现为消化不良，食欲减退，下痢，贫血，水肿，消瘦，甚至腹水，肝区叩诊有痛感。病程多为慢性经过，往往因并发其他疾病而死亡。

2. 病理变化　猪的病变主要在肝和胆囊。胆管扩张，胆囊肿大，胆管变粗，胆汁浓稠，呈草绿色。肝表面及胆管周围有结缔组织增生。胆管和胆囊内可以见到大量虫体。寄生的虫体多时，可阻塞胆管和胆囊，甚至移行至胰腺，引起胆囊炎和胰腺炎。

3. 实验室诊断

（1）病原学检查法。粪检找到华支睾吸虫卵是确诊的依据，常用的方法有直接涂片法和漂浮法。但应注意：华支睾吸虫虫卵与异形吸虫和横川后殖吸虫卵大小相似，但后两种虫卵无肩峰，卵盖对侧的突起不明显或缺失。

另外，尸体剖检发现虫体也可确诊。

（2）免疫学方法。该病的血清学免疫诊断的研究虽然开展较早，但进展较慢。近年来在临床上应用间接血凝试验和酶联免疫吸附试验，作为辅助诊断。

（四）治疗

1. 吡喹酮 为治疗该病的首选药物，按每千克体重 20～50mg 混入饲料喂服，1 次/d，连用 2d。

2. 丙酸哌嗪 按每千克体重 50～60mg 混入饲料喂服，1 次/d，5d 为一疗程。

3. 丙硫苯咪唑 按每千克体重 30～50mg，一次口服。

4. 六氯对二甲苯（血防-846） 按每千克体重 50mg，口服，1 次/d，连用 10d，或按每千克体重 200mg，1 次/d，连用 5d。

三、细颈囊尾蚴病

该病是由带科带属的泡状带绦虫的幼虫寄生于猪、绵羊、山羊等多种动物的肝实质内及其他腹腔器官所引起的疾病。主要特征为幼虫移行时引起出血性肝炎，腹痛。该病流行广，对仔猪危害严重。其成虫泡状带绦虫寄生于犬、猫的小肠。

（一）病原特征及生活史

1. 病原特征 细颈囊尾蚴，又称水铃铛，呈乳白色，囊泡状，囊内充满液体。大小如鸡蛋或更大，肉眼可见囊壁上有一个向内生长具细长颈部的乳白色头节，故名细颈囊尾蚴。在肝、肺等脏器中的囊体，由宿主组织反应产生的厚膜包裹，故不透明，极易与棘球蚴混淆。

成虫：泡状带绦虫，呈乳白色或稍带黄色，长可达 5m。顶突上有 26～46 个小钩。孕卵节片内子宫侧支 5～16 对。

2. 生活史 孕卵节片随终末宿主犬、狼、狐狸等肉食动物的粪便排出体外，孕节破裂后虫卵逸出，污染牧草、饲料和饮水。被中间宿主猪、牛、羊、骆驼等吞食后，六钩蚴在消化道内逸出，钻入肠壁血管，随血流到肝实质或移行至肝的表面，发育为细颈囊尾蚴。有些虫体从肝表面落入腹腔而附着于网膜或肠系膜上，经 3 个月发育为成熟的细颈囊尾蚴。终末宿主吞食了含有细颈囊尾蚴的脏器后，在小肠内发育为成虫。在中间宿主体内六钩蚴发育为细颈囊尾蚴需 1～2 个月；在终末宿主体内的细颈囊尾蚴发育为成虫需 52～78d。

（二）流行与预防

1. 流行 该病呈世界性分布，我国各地普遍流行，凡养犬的地方，一般都会有牲畜感染细颈囊尾蚴。家畜感染细颈囊尾蚴一般以猪最普遍，感染率为 50% 左右，个别地区高达 70%，是猪的一种常见病。绵羊则以牧区感染较重，黄牛、水牛受感染的较少见，在四川有牦牛感染的记录。

流行原因主要是由于感染泡状带绦虫的犬、狼等动物的粪便中排出绦虫的节片或虫卵，污染了牧场、饲料和饮水而使猪等中间宿主遭受感染。

2. 预防　严禁犬类进入屠宰场，禁止将屠宰动物的带有细颈囊尾蚴脏器随地抛弃，或未经处理喂犬；可用吡喹酮和氯硝柳胺对犬定期驱虫；禁止犬入猪舍、羊舍，避免饲料、饮水被犬粪污染。

（三）诊断

1. 临床症状　该病多呈慢性经过，一般不表现症状。对仔猪、羔羊危害较严重。仔猪可能出现急性出血性肝炎和腹膜炎症状，体温升高，腹部因腹水或腹腔内出血而增大，可由于肝炎及腹膜炎，突然大叫后倒地死亡。多数幼畜表现为虚弱、流涎、不食、消瘦、腹痛和腹泻，偶见黄疸。

2. 病理变化　死于急性细颈囊尾蚴病时，肝肿大，肝表面有很多小结节和小出血点，肝叶往往变为黑红色或灰褐色，实质中能找到虫体移行的虫道。有时腹水混大量带血色的渗出液和幼虫。严重病例可在肺组织和胸腔等处见到囊体。慢性病程中可致肝局部组织褪色，呈萎缩现象，肝浆膜层发生纤维素性炎症，形成所谓"绒毛肝"。肠系膜和肝表面有大小不等的被包裹着的虫体，肝实质中或可找到虫体，有时可见腹腔脏器粘连。

3. 实验室诊断　生前诊断比较困难，可用血清学方法诊断；目前仍以死后剖检或宰后检查时发现虫体才能确诊。在肝中发现细颈囊尾蚴时，应与棘球蚴相区别，前者只有1个头节，壁薄而且透明，后者壁厚而不透明。

（四）治疗

吡喹酮，按每千克体重 50mg，与液体石蜡按 1：6 比例混合研磨均匀，分两次间隔 1h 深部肌内注射，可全部杀死虫体；或硫双二氯酚按每千克体重 0.1g 喂服。

任务 3-2　猪线虫病及棘头虫病防治

一、猪蛔虫病

案例介绍：2010 年 9 月，青海某养猪户饲养的 14 头架子猪有 4 头先后发病。病猪以咳嗽，消瘦，下痢为主，对症采取药物治疗，未见效果。之后病猪增多，症状加重，并死亡 1 头。剖检病死猪，胃内留有大量酸性液体，小肠内有大量蛔虫阻塞，肉眼可见虫体 39 条，距贲门 10cm 处有一穿孔。采集粪便用饱和盐水漂浮法检查，发现大量蛔虫卵。因此，确诊为猪蛔虫病。治疗：用丙硫咪唑按每千克体重 15mg 喂服，第 2 天排出大量虫体。并口服健胃药，以增强胃肠功能，增进食欲。

问题：猪蛔虫病如何诊断？如何预防？除了丙硫咪唑片外，是否还有其他治疗药物？

猪蛔虫病是由猪蛔虫寄生在猪的小肠引起的一种线虫病，在养猪场感染普遍，分布广泛，对养猪业危害极大。特别是在不卫生的猪场和营养不良的猪群中，感染率很高，一般都在 50％以上。

（一）病原特征及生活史

猪蛔虫病的病原为猪蛔虫，属于线形动物门，尾感器纲，蛔目，蛔科，蛔属，寄生在猪的小肠，是一种大型线虫。

1. 病原特性　新鲜虫体为淡红色或淡黄色，死后苍白色。虫体呈中间稍粗、两端较细的圆柱形。虫体表面角质膜较透明。体表具有厚的角质层。头端有 3 个唇片，呈品字形。唇之间为口腔，口腔后为大食道，呈圆柱形。雄虫长 15～25cm，宽约 0.3cm。尾端向腹面弯曲，形似鱼钩。泄殖腔开口距尾端较近，有一对等长的交合刺。雌虫长 20～40cm，宽约 0.5cm，尾端稍钝。生殖器官为双管型。阴门开口于虫体前 1/3 与中 1/3 交界处附近的腹面中线上。肛门距虫体末端较近（图 3-5）。

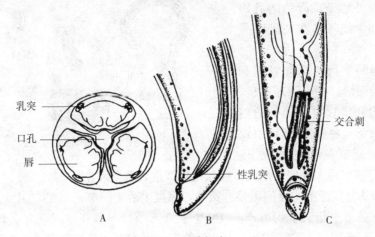

乳突
口孔
唇
交合刺
性乳突

A　　　　B　　　　C

图 3-5　猪蛔虫
A. 头部顶面　B. 雄虫的尾部侧面　C. 雄虫尾部腹面
（张宏伟，杨廷桂．2006．动物寄生虫病）

虫卵分为受精卵和未受精卵两种。受精卵为短椭圆形，大小为（50～75）μm×（40～80）μm，黄褐色，卵壳厚，由 4 层组成，由外向内依次为凹凸不平的蛋白质膜、卵黄膜、几丁质膜和脂膜。内含一个圆形卵细胞，卵细胞与卵壳间两端形成新月形空隙。未受精卵较狭长，平均大小为 90μm×40μm，卵壳薄，卵内充满大小不等的卵黄颗粒和空泡。多数没有蛋白质膜，或蛋白质膜薄，且不规则（图 3-6）。

2. 生活史　蛔虫发育不需要中间宿主。虫卵随粪便排出，在适宜的外界环境下，10d 左右即可在卵壳内发育成第一期幼虫，并经过一次蜕化变成第二期幼虫。第二期幼虫在外界经过 3～5 周的成熟过程，达到感染阶段，成为感染性虫卵。猪吞食含这种虫卵的饲料或饮水后被感染。虫卵在猪小肠中孵出幼虫，并进入肠壁的血管，随血流经门静脉到达肝。一般在感染后的 9～10h，最多 1～2d 内，幼虫即可到达肝。在感染后 4～5d，幼虫在肝进行第二次蜕化成第三期幼虫。第三期幼虫继续沿肝静脉，后腔静脉进入右心房、右心室和肺动脉而移行至肺。由肺毛细

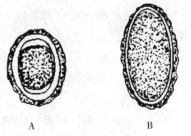

A　　　　　B

图 3-6　猪蛔虫卵
A. 受精卵　B. 未受精卵

血管进入肺泡，5～6d 后进行第三次蜕化变成第四期幼虫。凡不能到达肺而误入其他器官的幼虫都不能继续发育。第四期幼虫沿细支气管、支气管、气管上行，后随黏液进入咽部，经食道、胃，再入小肠。在感染后 21～29d 进行第四次即最后一次蜕化形成第五期幼虫，发育为成虫。从感染虫卵被吞食到发育为成虫，共需 2～2.5 个月。虫体以黏膜表层物质及肠内

容物为食。在猪体内寄生 7～10 个月后，即随粪便排出（图 3-7）。

（二）流行与预防

1. 流行　猪蛔虫病流行广泛，仔猪尤其易感，严重影响仔猪的生长发育。猪主要是采食了感染性虫卵污染的饲料和饮水而感染，放牧时也可以在野外感染。母猪的乳房容易沾染虫卵，使仔猪在哺乳时受到感染。

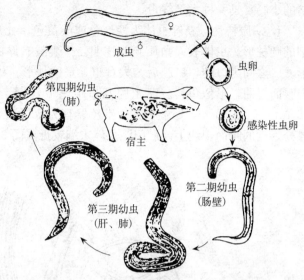

图 3-7　猪蛔虫生活史

猪蛔虫病的流行与饲养管理和环境卫生关系密切。饲养管理不良，卫生条件恶劣和猪只过于拥挤的猪场，在营养缺乏，特别是饲料中缺少维生素和必需矿物质的情况下，3～5 月龄的仔猪容易大批感染蛔虫，症状也较严重，且常发生死亡。

猪蛔虫病流行广泛的主要原因是：第一，蛔虫生活史简单；第二，蛔虫繁殖力强，产卵数量多，每条雌虫每天平均可产卵 10 万～20 万个。产卵旺盛时期每天可排 100 万～200 万个，每条雌虫一生可产卵 3 000 万个。第三，虫卵对各种外界环境的抵抗力强。在一般消毒药内均可正常发育。只有 10％克辽林、5％～10％石炭酸、2％～5％热（60℃）碱液及新鲜石灰乳等才能杀死虫卵。因为虫卵具有 4 层卵膜，可保护胚胎不受外界各种化学物质的侵蚀。因此，虫卵在外界环境中长期存活，大大增加了感染性幼虫在自然界的积累。有人报道，猪蛔虫能在疏松湿润的耕地或土壤中生存长达 3～5 年。虫卵还具有黏性，容易借助粪甲虫、鞋靴等传播。

温度对虫卵的发育影响较大。28～30℃时，只需 10d 左右即可发育成为第一期幼虫。高过 40℃ 或低于－2℃ 时，虫卵停止发育。45～50℃ 虫卵在 30min 内死亡；55℃时，15min 死亡；在低温环境中，如在－20～－27℃时，感染性虫卵须经 3 周才全部死亡。

干燥对虫卵的寿命影响较大。在热带砂土表层 3cm 范围内，在夏季阳光直射下，一至数日内死亡。氧为虫卵发育的必要因素，如在较深的水中经过一个月以上的培养，仍不能发育到感染期。但虫卵在缺氧环境可以保持存活，所以，粪堆深部虫卵以及污水中虫卵可以生存相当长的时间。

2. 预防

（1）定期驱虫。在规模化猪场，要对全群猪驱虫；公猪每年驱虫 2～3 次；母猪配种前、产仔前 1～2 周各驱虫 1 次；仔猪 2 月龄前驱虫 1 次；新引进的猪需驱虫后再和其他猪合群。产房和猪舍在进猪前应彻底清洗和消毒。母猪转入产房前要用肥皂清洗全身。

在散养的育肥猪场，对断奶仔猪进行第一次驱虫，4～6 周后再驱一次虫。在农村散养的猪群，建议在 3 月龄和 5 月龄各驱虫一次。

（2）保持猪舍、运动场的清洁卫生，及时清除粪便，保持饲料和饮水清洁，避免虫卵污染。对饲槽、用具及圈舍定期（每日 1 次）用 20％～30％热草木灰水或 3％～5％热碱水进行杀灭虫卵。

（3）猪粪和垫草应在固定地点堆积发酵，利用发酵的温度杀灭虫卵。

（4）加强饲养管理。供给富含蛋白质、维生素、矿物质等的全价饲料，增强仔猪抵抗力。

（三）诊断

1. 临床症状 一般3～6月龄的仔猪临床症状比较严重，成年猪往往具有较强的免疫力，而不呈现明显症状。仔猪生长发育不良，增重情况往往比同样管理条件下的健康猪降低30%。严重者发育停滞，甚至造成死亡。临诊表现为咳嗽、呼吸加快、体温升高、食欲减退和精神沉郁。病猪伏卧在地，不愿走动。有的病猪生长发育长期受阻，变成僵猪。感染严重时，呼吸困难，常伴发声音沉重而粗砺的咳嗽，并有呕吐、流涎和腹泻等症状。可能经过1～2周好转，或渐渐虚弱，趋于死亡。

蛔虫过多会阻塞肠道，病猪表现疝痛，有的可能发生肠破裂而死亡。胆道蛔虫症也经常发生，开始时腹泻，体温升高，食欲废绝，腹部剧痛，多经6～8d死亡。6月龄以上的猪，如寄生数量不多，营养良好，可不引起明显症状。但大多数因胃肠机能遭受破坏，常有食欲不振，磨牙和生长缓慢等现象。

2. 病理变化 幼虫移行至肝时，引起肝组织出血、变性和坏死，形成云雾状的蛔虫斑，直径约1cm，又称乳斑肝。移行至肺时，由肺毛细血管进入肺泡时，使血管破裂，造成大量的小点状出血和水肿，引起蛔虫性肺炎。

成虫大量寄生在小肠时可引起卡他性炎症、出血和溃疡。蛔虫数量多时常聚集成团，堵塞肠道，导致肠破裂。有时蛔虫可进入胆管，造成胆管堵塞，引起黄疸等症状。病程较长的，有化脓性胆管炎或胆管破裂，肝黄染和变硬等病变。

3. 实验室诊断 死后剖检在小肠发现虫体和结节性病灶即可确诊。但蛔虫是否为直接的致死原因，必须根据虫体的数量、病变程度、生前症状和流行病学资料以及有否其他原发或继发的疾病做综合判断。

（1）粪便检查。生前诊断主要靠饱和盐水漂浮法和直接涂片法检查粪便中虫卵。1g粪便中虫卵数达1 000个时，可以诊断为蛔虫病。

（2）幼虫分离法。哺乳仔猪（两个月龄内）患蛔虫病时，其小肠内通常没有发育至性成熟的蛔虫，故不能用粪便检查法做生前诊断，而应仔细观察其呼吸系统的症状和病变。剖检时，在肺部见有大量出血点时，将肺或者肝绞碎，用贝尔曼氏幼虫分离法查到大量的蛔虫幼虫可确诊。有时也在小肠内可检出数量不定的蛔虫童虫。

（3）免疫学诊断法。用蛔虫抗原注射于仔猪耳背皮内，若局部皮肤出现红—紫—红色晕环、肿胀者可判为阳性。

（四）治疗

使用下列药物驱虫，均可取得很好的治疗效果。

1. 甲苯咪唑 按每千克体重10～20mg，混在饲料中喂服。对成虫有效。

2. 氟苯咪唑 按每千克体重30mg，混在饲料中喂服，连用5d。

3. 左旋咪唑 按每千克体重10mg，混在饲料或饮水中一次喂服，也可配成5%溶液进行皮下或肌内注射。对成虫和幼虫均有效。

4. 噻嘧啶 按每千克体重20～30mg，混在饲料中一次喂服，也可按每千克体重50～100mg混水灌服。不仅对成虫有效，而且对移行期幼虫也有效果。

5. 丙硫咪唑 按每千克体重10～20mg，混成悬浮液口服或者混在饲料中喂服。连用3d。对成虫和幼虫均有效。

6. 阿维菌素 按每千克体重 0.3mg，一次皮下注射或拌料饲喂。

7. 伊维菌素 按每千克体重 0.3mg，一次皮下注射，7d 后再使用一次。或者每千克体重 0.1mg 拌料饲喂，连用 7d。

8. 多拉菌素 按每千克体重 0.3mg，皮下或肌内注射。

二、猪食道口线虫病

> **案例介绍：** 江西某养殖场 60 日龄的育肥猪消瘦，腹泻，粪便有黏液，无其他症状，发病猪 30 头。粪便检查法找到虫卵，初步判定为食道口线虫。采用左旋咪唑每千克体重 15mg 驱虫治疗，在粪便中找到大量虫体。驱虫后粪检，虫卵转阴率 100％。确诊为食道口线虫病。
>
> **问题：** 猪食道口线虫粪便检查虫卵，形态学鉴定比较困难，有无其他方法做鉴定？

猪食道口线虫病是由食道口属的多种线虫寄生于猪的结肠引起的一种线虫病。虫体的致病力较轻微，严重感染时可引起结肠炎。有些种的幼虫在肠壁内形成结节，故又称结节虫。目前该病在我国猪、牛、羊中普遍存在，国外也有人感染的报道。

（一）病原特征及生活史

该病病原为线形动物门，尾感器纲，圆线目，食道口科，食道口属的多种线虫。

1. 病原特征 雄虫有膜质，交合伞发达，背肋中部分两支，每支再分小支，雌虫具有排卵器。在猪体内常见的食道口线虫有：有齿食道口线虫、长尾食道口线虫和短尾食道口线虫，主要根据雌虫的尾长及雄虫的交合刺长度等特点分类。虫卵卵圆形，较大。

（1）有齿食道口线虫。寄生于猪结肠。虫体乳白色，雄虫长 8～9mm，交合刺长 1.15～1.30mm；雌虫长 8.0～11.3mm；尾长 350μm。口囊浅，头泡膨大（图 3-8）。

（2）长尾食道口线虫。寄生于盲肠和结肠。虫体呈灰白色。雄虫长 6.5～8.5mm，交合刺长 0.9～0.95mm；雌虫长 8.2～9.4mm，尾长 400～460μm。口领膨大，口囊壁的下部向外倾斜。

（3）短尾食道口线虫。寄生于结肠。雄虫长 6.2～6.8mm，交合刺长 1.05～1.23mm；雌虫长 6.4～8.5mm，尾长仅 81～120μm。

2. 生活史 虫卵在外界适宜条件下，1～2d 孵出幼虫，3～6d 内蜕皮两次，发育为带鞘的感染性幼虫。感染性幼虫被猪吞食后，在猪小肠内蜕鞘，后移行至大肠，大部分幼虫在大肠黏膜下形成大小 1～6mm 的结节。感染后 6～10d，幼虫在结节内第三次蜕皮，成为第四期幼虫。之后返回大肠肠腔，经历第四次蜕皮成为第五期幼虫。感染后 38d（幼猪）或 50d（成年猪）发育为成虫。成虫在体内的寿命为 8～10 个月。

（二）流行与预防

1. 流行 感染性幼虫可以越冬。虫卵在 60℃ 高温下迅速死亡。但在室温 22～24℃ 的湿润状态下可存活 10 个月，在 −19～−20℃ 可生存 1 个月。干燥可使虫

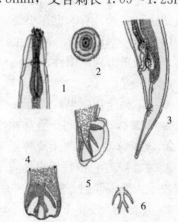

图 3-8 有齿食道口线虫
1. 前端 2. 头顶端 3. 雌虫尾端
4. 交合伞背面 5. 交合伞侧面 6. 背肋

卵和幼虫致死。成年猪被寄生的较多。在清晨、雨后和多雾时放牧猪易遭感染。潮湿和不勤换垫草的猪舍中感染也较多。

2. 预防

（1）搞好猪舍和运动场的清洁卫生，保持干燥，保持饲料和饮水的清洁，避免虫卵及幼虫污染。

（2）及时清除粪便，猪粪应堆积发酵处理，消灭虫卵。

（3）每年春、秋两季各作一次预防性驱虫，每吨饲料中加入 0.12% 的潮霉素 B，连喂 5 周，有抑制虫卵产生和驱除虫体的作用。

（三）诊断

结合流行病学、症状和病变特征，用粪便检查法发现虫卵一般可确诊。

1. 临床症状　患病猪表现腹痛、不食、腹泻或下痢、高度消瘦、发育障碍，粪便中带有脱落的黏膜。猪严重感染时，继发细菌感染，则发生化脓性结节性大肠炎。也有引起仔猪死亡的报道。

2. 病理变化　幼虫对大肠壁的机械刺激和毒素作用，可使肠壁上形成粟粒状的结节。初次感染很少发生结节，但经 3～4 次感染后，由于宿主产生了组织抵抗力，肠壁上可产生大量结节。结节破裂后形成溃疡，引起顽固性肠炎。在黏膜面破裂则可形成溃疡，继发细菌感染时可导致弥漫性大肠炎。

3. 实验室诊断　粪便检查采用饱和盐水漂浮法。注意查看粪便中是否有自然排出的虫体。虫卵呈椭圆形，卵壳薄，内有胚细胞，在某些地区应注意与红色猪圆线虫卵相区别。虫卵不易鉴别时，可培养检查幼虫。幼虫长 500～530μm，宽约 26μm，尾部呈圆锥形。剖检时发现虫体和结节性病灶也可确诊。

（四）治疗

参见猪蛔虫病。

三、猪毛首线虫病

案例介绍：2008 年 4 月 12 日，广西某规模化养猪场从外地购入体重 10～12.5kg 的仔猪 340 头，分 32 栏饲养于一幢旧猪舍内。5 月 5 日，发现各栏的仔猪中，均有不同程度的腹泻，消瘦，贫血。先后用氟苯尼考、林可霉素、强力霉素、恩诺沙星、磺胺间甲氧嘧啶等药物治疗效果均不明显。仔猪病情加重，病程 23d 后死亡 56 头。剖检 3 头病死猪，病理变化基本相同。盲肠、结肠内有大量乳白色宛如鞭子样的虫体，经计数，3 头猪分别感染 285、383、418 条。实验室显微镜下观察判断为毛首线虫。取病猪粪便少许，用漂浮法检查，见有大量棕黄色，腰鼓形虫卵，两端各有 1 个栓塞，判定为毛首线虫卵。治疗：采用阿维菌素治疗，对食欲较好的用阿维菌素粉拌料，对病情较重的肌内注射 1% 阿维菌素注射液。同时清除猪舍积粪，保持猪舍的清洁、干燥。5d 后猪群痊愈，15d 后回访，未见复发。

问题：如何快速准确诊断猪毛首线虫病以减少养殖户损失？有没有其他特效药？

猪毛首线虫病是由猪毛首线虫寄生于猪的大肠（主要是盲肠）引起的一种寄生虫病。主要危害仔猪，严重感染时可导致死亡。世界性分布，我国各地均有报道。野猪、猴、鹿和人也能寄生。

（一）病原特征及生活史

本病的病原为毛首线虫，属于毛首目，毛首科，毛首属。由于毛首线虫虫体前部细，后部粗，像鞭子，所以又称鞭虫。

1. 病原特征 虫体呈白色。虫体前端为单细胞的食道，食道部占虫体长 2/5。后端粗短像鞭杆，内为肠管及生殖器官。雄虫长 20～52mm，后部弯曲，泄殖腔在虫体末端，交合刺一根，包在交合刺鞘内。雌虫长 39～53mm，后部钝圆，不弯曲，阴门位于虫体粗细部交界处。

虫卵腰鼓形，棕黄色，卵壳厚，两端有卵塞，刚排出时含一个卵细胞。虫卵大小为 (52～61) μm×（27～30）μm（图 3-9）。

2. 生活史 毛首线虫直接发育，不需要中间宿主。虫卵随粪便排至外界后，在外界适宜的温度和湿度条件（30℃以上）下，约经一个月发育为含第一期幼虫的感染性虫卵。猪吞食感染性虫卵之后，经口至小肠后部，第一期幼虫孵出，在肠绒毛间发育到第 8 天，移行到盲肠和结肠内，钻入肠腺内，在其中进行 4 次蜕皮，发育为童虫。感染后 30～40d 发育为成虫。成虫寄生在肠腔，以头部固着于肠黏膜上。成虫的寿命为 4～5 个月（图 3-10）。

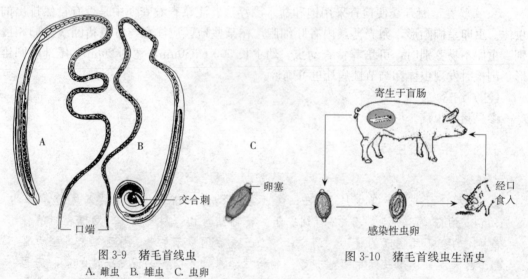

图 3-9 猪毛首线虫
A. 雌虫 B. 雄虫 C. 虫卵

图 3-10 猪毛首线虫生活史

（二）流行与预防

1. 流行 本病多为夏季感染，秋、冬季出现临床症状；本病常发于不卫生的猪场，一年四季均能感染，但以夏季的感染率最高。猪毛首线虫主要感染仔猪，而成年猪很少发生感染。消化道是主要传播途径，病猪是重要的传染来源。据报道，在本病流行的地区，生后一个半月的仔猪即可检出虫卵。4 个月的仔猪，虫卵数和感染率均急剧增高，以后逐渐减少。14 月龄的猪极少感染。由于卵壳厚，抵抗力强，故感染性虫卵可在土壤中存活 5 年。近年来研究者多认为人鞭虫和猪鞭虫为同种，故有一定的公共卫生方面的重要性。

2. 预防

（1）注意保持环境卫生。猪舍定期消毒，更换垫草，减少虫卵污染的机会。

（2）粪便要及时清扫并发酵，进行生物安全处理，借以杀灭虫卵。

（3）对本病常发地区，每年春秋应给猪群两次驱虫，并对猪舍周围的表层土进行换新或用生石灰进行彻底消毒。

（4）从外地引进猪时，应进行本病虫卵的检查，确定无本病时方可放入猪舍。

（5）加强饲养管理，提高猪体的抵抗力也是预防本病的重要措施。

（三）诊断

1. 临床症状　轻度感染不显症状，有时有间歇性腹泻。严重感染时，虫体布满盲肠黏膜，引起消瘦和贫血。虫体吸血而损伤肠黏膜，使粪便带血和肠黏膜脱落，出现顽固性下痢。

2. 病理变化　毛首线虫的成虫主要损害盲肠，其次为结肠。可引起盲肠、结肠黏膜卡他性炎症。眼观肠黏膜充血、肿胀，表面覆有大量灰黄色黏液，大量乳白色毛首线虫混在黏液中或叮于肠黏膜。严重感染时可引起肠黏膜出血、水肿及坏死。感染后期发现有溃疡，并产生大量结节。

3. 诊断　生前用漂浮法检查发现虫卵，虫卵形态具有特征性，容易辨识。死后剖检在盲肠或结肠上发现病变或虫体也可确诊。

（四）治疗

用于本病的治疗药物较多，其中羟嘧啶为治疗毛首线虫的特效药，按照每千克体重 2mg 口服或拌料喂服。其他的治疗药物可参考猪蛔虫病。

四、猪后圆线虫病

案例介绍：2008 年 4 月 11 日湖南省某猪场外地购进 120 头 8～12kg 的仔猪，6 月中旬，猪群中 38 头仔猪表现为日渐消瘦，剧烈咳嗽，呼吸困难，病程发展后期迅速消瘦，死亡 1 头。曾用山楂、健曲、干酵母片等进行开胃健脾和内服一次泰灭净进行治疗，但均未获明显效果。对死亡病猪剖检，在细支气管断面发现大量泡沫样液体及乳白色线状虫体。实验室镜检确定为后圆线虫。治疗：用伊维菌素注射液，按每千克体重 8mg，肌内注射，2d 后重复用药 1 次。同时用青霉素 G 按每千克体重 2 万 U 和硫酸链霉素 10mg，混合肌内注射，连用 3d，用大黄苏打 0.5g×12 片灌服，1 次/d，连用 5d。7d 后，病猪食欲均恢复正常，咳嗽、气喘症状消失。

问题：有无其他方法对猪后圆线虫病进行诊断和治疗？

猪后圆线虫病是由后圆线虫寄生于猪的支气管和细支气管引起的一种呼吸系统寄生虫病，又称猪肺线虫病。严重感染时，可引起肺炎（尤以肺膈叶多见），而且能加重肺部细菌性和病毒性疾病的危害。本病呈全球性分布，遍布我国各地，往往呈地方性流行，对幼猪的危害很大。

（一）病原特征及生活史

猪后圆线虫属于尾感器纲，圆线目，后圆科，后圆属，寄生于支气管，但通常多在细支气管第 2 次分支的远端部分。我国常见的种为野猪后圆线虫；复阴后圆线虫和萨氏后圆线虫很少见。

1. 病原特征　虫体呈乳白色或灰色，雄虫长 4～18mm，宽 0.225～0.45mm。雌虫长 16～50mm，宽 0.32～0.45mm。口囊小，口缘具有 1 对分三叶的侧唇。食道呈棍棒状。

交合伞有一定的退化，背叶小，肋有某种程度的融合。交合刺1对，细小，末端有单钩或者双钩。雌虫两条子宫并列，阴门紧靠肛门，前方覆有一角质盖。卵胎生。

虫卵椭圆形，棕黄色，大小为（51～63）μm×（33～42）μm。表面有细小的乳突状突起，内含幼虫（图3-11）。

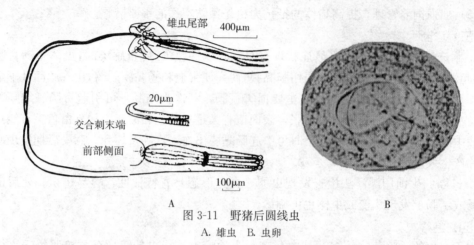

图 3-11　野猪后圆线虫
A. 雄虫　B. 虫卵

2. 生活史　猪后圆线虫中间宿主是蚯蚓。成虫产卵后，虫卵随气管中的分泌物从咽部进入消化道，随粪便排到外界。卵在潮湿的土壤中孵化出第一期幼虫。蚯蚓吞食了第一期幼虫或虫卵而被感染。第一期幼虫多数寄生在蚯蚓的胃壁和食道壁，随后聚集在血管和心脏。约10d在心脏二次蜕皮，发育为第三期感染性幼虫。经消化道随粪便排至土壤中。猪在采食或拱土时，吃入感染性幼虫或者含感染性幼虫的蚯蚓而受感染。感染性幼虫在小肠内被释放出来，钻入肠淋巴结中，在此处蜕皮发育为第四期幼虫。然后经肠壁淋巴管、肠系膜淋巴结、腔静脉和心脏，随血流进入肺，再到细支气管和支气管发育为成虫。从幼虫感染到成虫排卵为23～35d，感染后5～9周产卵最多。

（二）流行与预防

1. 流行

（1）野猪后圆线虫是猪肺线虫病的主要病原体，除寄生于猪和野猪之外，偶见于人、羊、鹿、牛和其他反刍兽。

（2）后圆线虫的虫卵和第一期幼虫的存活能力强，存活时间长，在运动场上粪便中的虫卵可存活6～8个月；秋季牧场上的虫卵可以越冬，生存5个月以上。感染性幼虫在蚯蚓体内及外界能长期存活，其保持感染性的时间可能与蚯蚓的寿命一样长。由于上述几方面原因，后圆线虫的感染和流行相当普遍。

（3）蚯蚓的生活习性是夏季最活跃，冬春不活动，因此，猪在夏秋季摄食蚯蚓的机会较多，受感染的机会也最多。6～12月龄的猪对后圆线虫的易感性强。

（4）被猪后圆线虫虫卵污染及含蚯蚓的牧场、运动场、种植场及水源是猪后圆线虫病的感染来源，猪经口感染。

2. 预防

（1）防止蚯蚓潜入猪场，尤其是运动场。猪舍应建在地势高燥的地方，圈舍地面尽量采用水泥地面，以减少蚯蚓的滋生。对放牧的猪应尽量避免去蚯蚓密集的潮湿地区放牧。

（2）有本病流行的猪场，应有计划地进行驱虫。发现病猪及时治疗。

（3）加强粪便管理，猪粪应集中进行堆积发酵后利用。

（三）诊断

1. 临床症状 轻度感染时症状不明显，但影响生长发育。严重感染时，表现强有力的阵咳，呼吸困难，气喘，并出现呕吐，鼻流出黄色或淡黄色浓稠的黏性液体。特别在运动或采食后咳嗽更加剧烈，肺部有啰音，有明显的支气管肺炎和肺炎症状。初期猪还有食欲，之后食欲减退甚至废绝，贫血，即使病愈，生长仍缓慢。

2. 病理变化 病变主要集中在肺。剖检时，肉眼病变常不甚显著。隔叶腹面边缘有楔状肺气肿区，支气管增厚，扩张，在肺的隔叶后缘，可见到界限清晰的灰白色微突起的病灶。支气管内有虫体和黏液。幼虫移行对肠壁及淋巴结的损害是轻微的，主要损害肺，呈支气管肺炎的病理变化。肺线虫感染还可为其他细菌或病毒侵入创造有利条件，从而加重病情。

3. 实验室诊断 对有上述临床表现的猪，可进行粪便检查，找到虫卵或者剖检病尸发现虫体即可确诊。

（1）粪便检查法。因虫卵相对密度较大，用饱和硫酸镁溶液漂浮法为佳。

（2）变态反应诊断法。抗原来自患病猪气管黏液，以抗原0.2mL注射于猪耳背面皮内。在5～15min内，注射部位肿胀超过1cm者为阳性。

（四）治疗

参见猪蛔虫病。

五、猪冠尾线虫病

案例介绍：2004年8月上旬，辽宁省某养猪户饲养的126头育肥猪有3头猪发病，皮肤出现红色小结节，后肢僵硬，走路摇摆，尿液中有白色絮状物，严重者后躯麻痹。2周后有1头重症猪因衰竭而死亡，随后又有4头猪出现相同症状。剖检1头病重猪，发现两侧肾肿大，肾盂有脓肿，有大量包囊，切开包囊有虫体存在。肝、胸膜腔和肺表面都发现有虫体结节。用试管采集适量发病猪尿液静置后，于黑色背景下观察，发现在试管底部有多量白色絮状物，取絮状物涂片镜检，查到虫卵，诊断为猪冠尾线虫病。治疗：对病猪按每千克体重0.3mg肌内注射伊力佳针剂（伊维菌素），1次/d，连用3～5d。对全群猪用伊力佳粉剂按每千克体重0.3mg拌料进行预防，连用2次。治疗之后，除1头病重猪死亡外，其余发病猪全部治愈。

问题：除了肾，其他器官的病变有何特征？如何预防该病？

猪冠尾线虫病又称肾虫病，由有齿冠尾线虫寄生于猪的肾盂、肾周围脂肪和输尿管而引起的寄生虫病。有齿冠尾线虫偶尔也寄生于肺、肝、腹腔及膀胱等处。患病仔猪生长迟缓，母猪不孕或流产，甚至造成大批死亡，严重影响养猪业的发展，尤其对种猪场危害极大，常常呈地方性流行，是热带和亚热带地区猪主要的寄生虫病。

（一）病原特征及生活史

病原是有齿冠尾线虫，属于圆线目，冠尾科，冠尾属。

1. 病原特征 虫体粗壮，形似火柴杆。新鲜虫体呈灰褐色，体壁较透明，内部器官隐约可见。口囊呈杯状。雄虫长20～30mm，宽1.2～1.3mm，交合伞小，交合刺2根，有引器和副引器。雌虫长 30～45mm，宽 1.5～2.2mm，阴门靠近肛门。

虫卵呈长椭圆形，两端钝圆，灰白色，壳薄，大小为 (90～125) μm×（56～63）μm，内含 32～64 个深灰色胚细胞。胚与卵壳之间存在较大的空隙（图 3-12）。

2. 生活史　虫卵随猪尿排出体外，在适宜的温度和湿度下，经两次蜕皮发育为具有感染性的第三期幼虫。感染性幼虫通过口或皮肤感染猪。经皮肤感染时，幼虫移行到腹肌，沿淋巴系统流入心脏，再随血流到达肝。经口感染时，则在胃内侵入胃壁，再脱去鞘膜，经 3d 后进行第三次蜕皮变成第四期幼虫，经门脉系统进入肝。幼虫在肝停留 3 个月或更长时间。第四次蜕皮后，经过肝包膜进入腹腔，移行到肾或输尿管组织中形成包囊，并发育为成虫。从感染性幼虫侵入猪体内到发育为成虫，需 6～12 个月。少数幼虫移行中进入其他器官，如脾、腰肌和脊髓等，均不能发育为成虫而死亡。

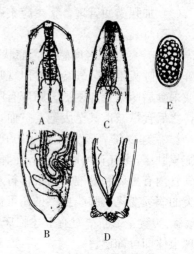

图 3-12　有齿冠尾线虫雌虫、雄虫和虫卵

A. 雌虫头部　B. 雌虫尾部
C. 雄虫头部　D. 雄虫尾部　E. 虫卵

（二）流行与预防

1. 流行

（1）病猪和带虫猪是主要的感染来源，其粪便中含有虫卵污染猪场并引发该病流行。传染途径包括经口感染或经皮肤感染。除猪外，冠尾线虫还能寄生于黄牛、马、驴和豚鼠等动物。

（2）成虫的繁殖能力强，生活史简单，虫卵和幼虫对干燥和直射阳光的抵抗力弱，对化学药物的抵抗力很强。因此本病流行广泛。

（3）猪肾虫病常呈地方性流行，是热带、亚热带地区猪的常见寄生虫病。其发病的严重程度随各地气候条件的不同而异。一般温暖多雨的季节适宜幼虫发育，感染的机会也较多；而炎热干旱季节不适宜幼虫发育，感染机会也随之减少。在我国南方各省流行较为严重，多发于 3～5 月份和 9～11 月份。近年来我国北方也有病例报道。

（4）猪舍设备简陋、饲养管理粗放、密度过高的猪场流行严重，而空气流通、阳光充足、清洁干燥、设备条件好、精心饲养的猪场很少发生。集约化猪场流行严重，而散养猪则较轻。

2. 预防

（1）猪舍的修建应选择干燥及阳光充足的位置，要便于排水和排尿，不使尿液积留在圈内，调教猪只在固定地点排尿。

（2）经常保持圈内外清洁、干燥，墙根、墙脚大小便的地方，每隔 3～4d 可用沸水冲洗，或用 1% 漂白粉（或 1% 烧碱液）或 10% 新鲜石灰乳进行消毒。

（3）对猪群进行全面普查，5 月龄以后的猪要经常尿检，如发现阳性猪，应立即隔离治疗，药物可采用左旋咪唑、丙硫咪唑、氟苯咪唑和伊维菌素等。病猪舍要彻底消毒，淘汰严重病猪。

（4）新购入的猪只或外运猪只应进行检疫，防止本病的传播。

（三）诊断

1. 临床症状　患病猪初期均表现为皮肤炎症，有丘疹和红色小结节，体表局部淋巴结肿大。食欲不振，精神萎靡，逐渐消瘦，贫血，被毛粗乱。随着病程的发展，病猪出现后肢无力，跛行，走路时后躯左右摇摆；尿液中常有白色黏稠的絮状物或脓液；有时可继发后躯麻痹或后肢僵硬，不能站立，拖地爬行。仔猪发育停滞，母猪不孕或流产，公猪性欲减低或失去交配能力。严重的病猪多因极度衰弱而死。

2. 病理变化　病理变化主要见于肝、肾和肾周围的脂肪组织。肝内有包囊和脓肿，肝肿大变硬，结缔组织增生，切面上可以看到幼虫钙化的结节。肝门静脉中有血栓，内含幼虫。肾盂有脓肿，结缔组织增生。输尿管壁增厚，常有数量较多的包囊，内含有脓液和1～5条不等的虫体，并伴有大量虫卵。有时膀胱外围也有类似的包囊。腹腔内腹水较多，并可见到成虫。在胸膜和肺中也可发现结节和脓肿，脓液中可找到幼虫。在后肢瘫痪的病猪可见幼虫压迫脊髓。

3. 实验室诊断

（1）尿液检查。取清晨第一次排出的尿液自然沉淀，收集于小烧杯中，采用自然沉淀法或离心沉淀法检查，肉眼检查即可见杯底或离心管底粘有白色虫卵颗粒。

（2）死后剖检。从肾、输尿管壁等处检出虫体。5月龄以下的仔猪，只能依靠在剖检时，在肝、脾、肺等处发现虫体而确诊。

（3）免疫学检查。有学者研究用新鲜虫体制成抗原耳后注射，注后5～15min，注射部位肿胀直径大于1.5cm为阳性反应，直径1.2～1.4cm为可疑反应，直径不超过1.2cm者为阴性。皮内变态反应具有早期诊断价值。

（四）治疗

可参考猪蛔虫病。

六、猪棘头虫病

案例介绍：河南省某养猪户，饲养肉猪23头，体重均为30～40kg。猪群近月发病，表现为食欲日渐减少，精神不振，消化不良，生长发育缓慢，有的病猪腹痛，不愿活动，喜卧，下痢或便血。经过数日抗炎、止痛、健胃等中、西药物治疗不见明显好转。后期使用敌百虫驱虫也不见好转。粪便虫卵检查发现许多长椭圆形、黑褐色虫卵，卵内含有带小刺的棘头蚴，故确诊为巨吻棘头虫病。治疗：采用驱虫净（四咪唑），按每千克体重30mg，内服，对成虫有一定驱除效果，但对幼虫无效。左旋咪唑，按每千克体重20mg，内服，也有一定疗效。

问题：寄生在猪小肠内的棘头虫有没有特效的驱虫药？普通驱线虫药为何没有效果？猪群如何预防该病？

猪棘头虫病是由蛭形巨吻棘头虫寄生于猪的小肠内引起的寄生虫病，多寄生在空肠。也感染野猪、犬和猫，偶见于人。我国各地普遍流行，有些地区本病的危害甚至大于猪蛔虫病。

（一）病原特征及生活史

病原是蛭形巨吻棘头虫，属棘头动物门，后棘头虫纲，原棘头虫目，少棘科，巨吻虫属。

1. 病原特征　成虫虫体大,长圆柱形,呈乳白色或淡红色。前段较粗,向后逐渐变细。体表有明显的横皱纹。整个虫体分吻突、颈部和躯干三部分。吻突小,不弯曲,呈类球形,可伸缩,其周围有5～6行小棘。该虫无真正体腔而称为原体腔。雌雄虫大小差别大,雄虫体长7～15cm,尾端有一钟形交合伞;雌虫长30～68cm,尾端钝圆(图3-13、图3-14)。

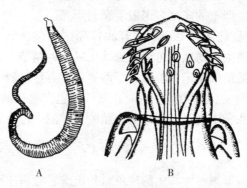

图3-13　蛭形巨吻棘头虫
A. 雌虫全形　B. 吻突

虫卵呈椭圆形,棕褐色,大小为(67～110)μm×(40～65)μm。卵壳厚,有四层。成熟卵内含1个具有小钩的幼虫(棘头蚴)(图3-14)。

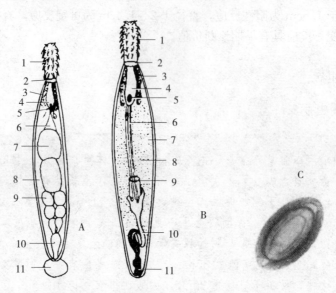

图3-14　猪巨吻棘头虫
A. 雄虫　1. 吻突　2. 颈　3. 垂棒　4. 吻鞘　5. 神经节　6. 韧带
7. 睾丸　8. 假体腔　9. 黏液腺　10. 生殖器鞘　11. 交合伞
B. 雌虫　1. 吻突　2. 颈　3. 垂棒　4. 吻鞘　5. 神经节　6. 韧带
7. 假体腔　8. 虫卵　9. 子宫钟　10. 子宫　11. 阴道
C. 虫卵

2. 生活史　猪巨吻棘头虫的中间宿主为金龟子及其他甲虫。雌虫在小肠产卵,随粪便排出体外。虫卵被甲虫幼虫吞食,棘头蚴在中间宿主肠内孵出,并借小钩的活动穿过肠壁进入甲虫体腔,发育为棘头体,经3～5个月后,形成具有感染力的棘头囊。棘头囊长为 3.6～4.4mm，体扁，白色，吻突常常缩入吻囊。猪吞食含感染性棘头囊的甲虫幼虫、蛹或其成虫而受到感染。棘头囊在消化道内脱囊，以吻突固着于肠壁上，经 3～4 个月发育为成虫。在猪体内可以寄生 10～24 个月（图 3-15）。

（二）流行与预防

1. 流行

（1）雌虫的繁殖力很强，一条雌虫每天产卵 25 000 个以上，持续时间可达 10 个月。

（2）卵壳很厚，虫卵对外界环境的抵抗力很强，在高温、低温以及干燥或潮湿的气候下均可长时间存活。

（3）本病呈地方性流行，有明显的季节性，与中间宿主出现的季节一致，一般在春夏季感染。金龟子一类甲虫是本病的感染来源。

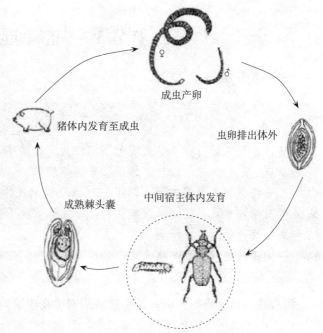

图 3-15　猪巨吻棘头虫生活史

（4）放牧猪比舍饲猪感染率高。后备猪比仔猪感染率高。猪的感染率和感染强度与地理、气候条件、饲养管理方式等都有密切关系。

2. 预防

（1）消灭感染来源。在普查的基础上，对病猪进行驱虫，对平时和驱虫后排出的粪便进行堆积发酵处理。

（2）消灭环境中的金龟子。在甲虫活动季节 5～7 月份，猪场内不宜整夜用灯光照明，避免招引甲虫。

（3）改进饲养管理，改放牧为舍饲。

（三）诊断

1. 临床症状　临床表现随感染强度而不同。若猪感染虫体数量不多，症状不明显。若感染较多时，可见食欲减退，可视黏膜苍白，腹泻，粪内混有血液。严重感染可导致肠壁因溃疡而穿孔引起腹膜炎，表现为体温升高至 41～41.5℃，腹部紧张，疼痛，不食，起卧抽搐，多以死亡而告终。

2. 病理变化　剖检时，病变集中在小肠。在空肠和回肠的浆膜面可见灰黄色或暗红色的小结节。肠黏膜发炎，肠壁增厚，有溃疡病灶。肠腔内可见虫体。严重的可见肠壁穿孔，吻突穿过肠壁吸着在附近浆膜上，形成粘连。肠壁增厚，有溃疡病灶。严重感染时，肠道塞满虫体，有时因肠破裂而致死。

3. 实验室诊断　结合流行病学和症状，以直接涂片法和沉淀法检查到粪便中的虫卵即可确诊。

（四）治疗

本病尚无特效药，可试用左旋咪唑和丙硫苯咪唑。用量参见猪蛔虫病。

117

任务 3-3　猪螨病防治

一、猪疥螨病

案例介绍：湖南省某猪场饲养 70 头母猪，猪舍 20 世纪 80 年代修建。母猪均患有严重的皮肤病，具体表现如下：皮肤发炎瘙痒，食欲减退，躁动不安，生长缓慢，皮肤上有红点、脓包、结痂、龟裂等病变。采集病料镜检，发现大量疥螨。治疗：先将病猪体表痂皮剥去，用肥皂水及清水洗净后，用 0.5％～1％敌百虫水溶液直接涂擦患处，然后用阿维菌素每千克体重皮下注射 0.3mg，间隔 5～7d 后重复使用一次，疾病很快得到缓解。

问题：进行猪疥螨病诊断，如何采集病料？诊断方法还包括哪些？

猪疥螨病俗称疥癣、癞，是由猪疥螨寄生在皮肤内而引起的一种外寄生虫病。疥螨病多发生于山羊和猪。猪疥螨病分布很广，呈世界性流行，对猪危害极大。人也可以受到家畜疥螨病的侵害，如饲养人员，屠宰人员等常可因接触疥螨病患畜而感染。国外有不少犬疥螨感染人的报道。

（一）病原特征及生活史

虽然各种动物体上的疥螨形态都相似，但在交叉感染时，包括转移到人体时，它们寄生时间较短暂，危害也较轻，故生理上是不同的。因而根据其宿主的不同而定为不同的变种，如牛疥螨、山羊疥螨、绵羊疥螨、猪疥螨等。猪疥螨病病原为疥螨科，疥螨属的猪疥螨。寄生于由虫体在猪的表皮挖凿的隧道内。

1. 病原特征　虫体呈圆形或龟状，淡黄色。雌螨（0.25～0.5）mm×（0.24～0.39）mm，雄螨（0.26～0.34）mm×（0.17～0.24）mm。虫体背腹扁平，背面有细横纹、锥突、圆锥形鳞片和刚毛（图 3-16）。腹面有 4 对短粗的圆锥形足，每对足上均有角质化的支条。雄虫第 1、2、4 对足，雌螨第 1、2 对足跗节末端有一长柄的膜质的钟形吸盘，其余各足末端为一根长刚毛。雄螨

图 3-16　疥螨电镜扫描图

生殖孔在第 4 对足之间，围在一根角质化的倒 V 形的构造中。雌螨腹面有两个生殖孔：一个为横裂，位于后两对肢前方中央，为产卵孔；另一个为纵裂，位于体末端，为阴道。肛门位于体后缘正中。幼虫有三对足，若虫和成虫相似。

虫卵呈椭圆形，两端钝圆，透明，灰白色，约 150μm×100μm，内含卵胚或幼虫（图 3-17）。

2. 生活史　疥螨的发育属于不完全变态，经历卵、幼螨、若螨和成螨 4 个阶段。雄螨有 1 个若螨期，雌螨有两个若螨期。猪疥螨全部发育过程都在猪体上完成。疥螨成虫在猪皮肤内挖掘隧道（图 3-18），以猪皮肤组织和渗出淋巴液为营养。雌雄交配后，雄虫不久就死亡，雌虫在皮肤表皮层挖掘隧道，并在其中产卵。一条雌虫一生可产 40～50 个虫

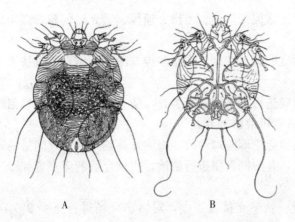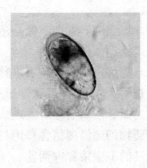

图 3-17　猪疥螨
A. 雌虫　B. 雄虫　C. 虫卵

卵，每天产卵 1～2 个。虫卵经过 3～10d 孵化成幼螨，幼螨爬出母螨的虫道，在表皮层挖掘新隧道，经 3～4d 发育蜕皮成若螨。若螨继续在表皮层挖掘新隧道，经过 3～5d 才能发育蜕皮成为成螨。整个周期 8～22d，平均为 15d。

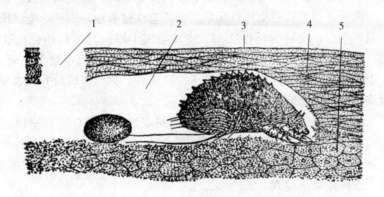

图 3-18　疥螨在皮肤内挖凿隧道
1. 隧道口　2. 隧道　3. 皮肤表层　4. 角质层　5. 细胞层

（二）流行与预防

1. 流行

（1）本病呈世界性分布，在我国猪疥螨感染严重，各种年龄、品种的猪均可感染。仔猪多发，且危害严重。

（2）传播途径主要是病猪与健康猪的直接接触，或通过被螨及虫卵污染的圈舍、垫草和饲养管理用具间接接触等传播。

（3）疥螨在宿主体外的生存时间的长短，随温度、湿度和阳光照射强度等多种因素而有显著差异，一般仅能存活 3 周左右。

（4）猪舍阴暗、潮湿、环境不卫生及营养不良等均可诱发本病。秋冬季节，特别是阴雨天气，该病蔓延最快。

（5）猪对该病免疫力的强弱，取决于猪的营养、健康状况以及有无其他疾病等因素。

119

2. 预防

（1）搞好环境卫生。猪舍要经常保持清洁、干燥、通风、透光，饲养管理用具也要定期消毒。

（2）加强饲养管理，保持适宜的饲养密度。注意防控与净化相结合，重视杀灭环境中的螨虫，定期杀虫。

（3）把好进场关，新引进猪应进行严格的临床检查，防止引进有螨病的病猪，进场后应隔离观察 2～4 周，确认健康后方可混群饲养。

（4）做好隔离治疗，发现病猪应立即隔离治疗，以防止蔓延。在治疗病猪的同时，应用杀螨药物彻底消毒猪舍和用具，并对同群猪进行防治，将治疗后的猪安置到经过消毒杀虫处理过的卫生猪舍内饲养。

（5）定期驱虫。每年在春夏、秋冬交接过程中，对猪场全场进行至少 2 次以上的体内、体外的彻底驱虫工作，每次驱虫时间必须连续 5～7d。大环内酯类杀螨药物是目前临床上应用较理想的抗体内外寄生虫药。

（三）诊断

1. 临床症状与病理变化 该病呈现一种慢性、消耗性的过程，不会造成明显的大批猪死亡。主要表现种猪消瘦，商品猪生长缓慢，饲料转化率降低，逐渐消瘦，甚至死亡。猪疥螨病的皮损不规则，首先从眼周、颊部和耳根开始发病，渐次向背腹、四肢蔓延，甚至染遍全身。临床上，幼年猪感染猪疥螨常表现为急性过敏症，皮肤产生红斑及丘疹而且剧痒，在经历急性期后，会转为慢性状态。皮肤形成干厚的过度角质化皮肤，多发两耳间、踝关节处、四肢末梢及尾尖等部位，经产母猪、种公猪和成年猪常表现为这种症状。集约化猪场，因时常采用一些药物治疗或用水冲洗猪只，猪感疥螨后并不表现典型的临床症状，但栏舍墙壁因猪蹭痒摩擦而变光滑。

2. 实验室诊断 一般根据临床观察即可作出初步诊断，结合实验室检查，发现虫体即可确诊。实验室诊断应刮取皮屑，于显微镜下，寻找虫体。对猪疥螨的检查多刮取耳内侧皮肤检查。选择患病皮肤与健康皮肤交界处采集病料。可用透明皮屑法或加热法检查，虫体少时，可用虫体浓集法检查。

另外，钱癣、湿疹、过敏性皮炎等皮肤病以及虱与毛虱寄生时也都有皮炎、脱毛、落屑、发痒等症状，应注意鉴别。

（1）钱癣（秃毛癣）。由真菌引起，在头、颈、肩等部位出现椭圆形、圆形界限明显的患部，上面覆盖着浅灰色疏松的干痂，容易剥脱，创面干燥，痒觉不明显，被毛常在近根部折断。在患部与健康部交界处拔取毛根或刮取痂皮，用 10％苛性钾处理后，镜检可发现真菌。

（2）虱。发痒、脱毛和营养障碍同螨病相类似，但皮肤病变不如疥螨病严重，而且容易发现虫体及虱卵。

（3）湿疹。无传染性。痒觉不剧烈，即便在温暖场所也不加剧。

（4）过敏性皮炎。无传染性，病变从丘疹开始，以后形成散在的小干痂和圆形秃毛斑。只有在剧烈摩擦后，才形成大片糜烂创面。镜检病料找不到螨。

（四）治疗

1. 体外用药 一般采用涂药、喷淋、药浴疗法。为了使药物能充分接触虫体，最好用肥皂水或煤酚溶液彻底洗刷患部，消除硬痂和污物后再用药。常用药物及用法，敌百虫，配成 1%～3% 浓度的药液喷洒或局部涂布；0.025%～0.05% 蝇毒磷、0.025% 二嗪农（螨净）、0.05% 双甲脒（特敌克）、0.05% 溴氰菊酯（倍特）等药液喷洒或药浴。因为药物无杀灭虫卵作用，根据疥螨的生活史，在第 1 次用药后 7～10d，用相同的方法进行第 2 次治疗，以消灭孵化出的螨虫。临床上一般需治疗 2～3 次，每次间隔 7～10d，严重的还需更多次。

2. 注射或口服用药

（1）阿维菌素或伊维菌素。每千克体重皮下注射 0.3mg，间隔 5～7d 后重复使用一次；或每天每千克体重 0.1mg 拌料饲喂，连用 7d。

（2）多拉菌素注射液（通灭）。按每千克体重 0.3mg，1 次肌内注射，间隔 5～7d 后重复使用一次或多次。

二、猪蠕形螨病

案例介绍：河北某县待屠宰的 215 头猪中，发现 5 头患有体外寄生虫的病猪。触摸患猪可见躲闪或喜摩擦，说明有轻微的痒。全身被毛粗乱，长短疏密不一，分泌物增多，皮肤多皱襞，狐臭无比。打毛后患猪全身皮肤颜色灰暗不洁，鲶鱼皮状，猪皮比正常猪增厚 0.5 倍。初步判定为猪蠕形螨病。划破皮脂腺、毛囊或皮下结缔组织的结节及脓疱涂片镜检，发现如蠕动的蠕形螨虫体，确诊为猪蠕形螨病。

问题：猪蠕形螨的临床症状有哪些？和猪疥螨病有什么不同？

猪蠕形螨病又称毛囊虫病或脂螨病，是由猪蠕形螨寄生于毛囊或皮脂腺而引起的寄生虫病。本病分布广泛，其他家畜也有其固有的蠕形螨寄生，但彼此互不感染。

（一）病原特征及生活史

本病病原是猪蠕形螨，属于蛛形纲，蜱螨亚纲，真螨目，辐螨亚目，蠕形螨科，蠕形螨属。

1. 病原特征　虫体细长呈蠕虫样，半透明乳白色，一般体长 0.17～0.44mm，宽 0.045～0.065mm。虫体分为颚体、足体和末体三个部分。颚体（假头）呈不规则四边形，包括一对细针状的螯肢，一对分三节的须肢及一个延伸为膜状构造的口下板，口器为短喙状的刺吸式。足体（胸）有 4 对短粗的足。末体（腹）长，占体长 2/3 以上，表面具有明显的环形皮纹（图 3-19）。卵无色透明，呈蘑菇状，长 0.07～0.09mm。

2. 生活史　猪蠕形螨的全部发育过程均在宿主的毛囊或皮脂腺内进行。包括卵、幼虫、两期若虫和成虫。雌虫在毛囊内产卵，卵在适宜温度下，一般经 2～3d 孵出 3 对足的幼虫，以皮脂为食。幼虫经 1～2d 蜕化为 4 对足的若虫。经 1 个或多个若虫期蜕皮变为成虫。完成一个生活周期大概需要 18～24d，雌虫一生可产卵 20～24 枚。成螨在体内可存活 4 个月以上。

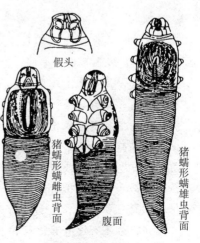

假头

猪蠕形螨雌虫背面

腹面

猪蠕形螨雄虫背面

图 3-19　猪蠕形螨

121

（二）流行与预防

1. 流行 该病的流行范围广，我国北京，广东和福建等地均有发现。虫体具有很强的抵抗力，离开宿主后，在潮湿环境中可以生活数日。

2. 预防 平时注意猪舍的清洁卫生，发现病猪，隔离治疗，彻底消毒污染场地和用具。

（三）诊断

1. 临床症状和病理变化 该病一般先发生于猪的头部颜面、鼻部和耳基部颈侧等处的毛囊和皮脂腺，然后逐步向其他部位蔓延。

本病痛痒轻微或没有痛痒，脱皮不严重。病变部皮肤无光泽、粗糙，毛根部有针尖、米粒以至胡桃大小的白色囊泡，囊内有很多蠕形螨、表皮碎屑及脓细胞。有的病猪皮肤增厚、凹凸不平而盖以皮屑，并发生皲裂。

猪蠕形螨感染时应与疥螨感染相区别，猪蠕形螨病毛根处皮肤肿起，皮表不红肿，皮下组织不增厚，脱毛不严重，银白色皮屑具黏性，痒觉不严重。疥螨病时，毛根处皮肤不肿起，脱毛严重，皮表红而有疹状突起，皮下组织不增厚，无白鳞皮屑，但有小黄痂，奇痒。

2. 实验室诊断 用力挤压病变部位，或用外科刀将皮肤上的结节处划破，将挤出物涂于玻片上供检查。显微镜下发现大量虫体即可确诊。

（四）治疗

伊维菌素或阿维菌素每千克体重 0.3mL 皮下注射一次，隔 7～10d 后重复一次。也可每吨饲料 3kg 拌服，连用 7d。5% 福尔马林浸润 5min，隔 3d 一次，共 5～6 次。25% 或 50% 苯甲酸苄酯乳剂，涂擦患部。14% 碘酊，涂擦患部 6～8 次。

对脓疱型重症病例还应同时选用高效抗菌药物；对体质虚弱患猪应补给营养，以增强体质及抵抗力。

任务 3-4　猪原虫病防治

一、猪结肠小袋纤毛虫病

案例介绍：2007 年 11 月江苏省 3 个猪场的猪先后发病。3 个猪场存栏生猪 591 头，发病 368 头，发病率达 62.3%。病猪最大的 109 日龄，最小 61 日龄。病猪的食欲、体温都比较正常；先排糊状稀粪后水泻，粪便无明显恶臭味。病后期因脱水严重、体力衰竭而死亡。养殖户采用多种止痢药治疗均不见好转，死亡 4 头。病死猪的主要剖检变化为：结肠和盲肠壁变薄，黏膜上有淤血斑和少量溃疡灶。取少量新鲜粪便涂布于载玻片上，加一滴生理盐水覆以盖玻片，在显微镜下可发现活动期的纤毛虫虫体或包囊。诊断为小袋纤毛虫病。治疗：猪场内所有猪服用氯苯胍，按每千克体重 15mg 拌料，连用 1 周。对脱水严重的病猪可静脉注射葡萄糖氯化钠 500～1 000mL。经过治疗后未见死猪，服药 2d 后所有病猪粪便恢复正常。

问题：还有没有其他药物能治疗该病？

　　猪结肠小袋纤毛虫病是由结肠小袋纤毛虫寄生于猪和人的大肠内所引起的一种人畜共患的原虫病。多见于仔猪，呈现下痢、衰弱、消瘦等症状；严重者可导致死亡。有时也感染牛和羊以及鼠类。本病呈世界性分布，尤其多发于热带和亚热带地区。我国大部分地区均有报道。

（一）病原特征及生活史

病原是纤毛虫纲，毛口目，小袋虫科，小袋虫属的结肠小袋纤毛虫。

1. 病原特征 虫体在发育过程中具有滋养体和包囊两个阶段。

滋养体能运动，一般呈不对称的卵圆形或梨形，大小为 $(30\sim180)\mu m\times(25\sim120)\mu m$，虫体前端略尖，后端略钝圆。腹面前端有一个胞口，后端有一个不甚明显的胞肛。体中部有一大的腊肠样主核，主核附近有一小核。体表覆盖纤毛，胞口附近的纤毛较长。

包囊不能运动，呈球形或卵圆形，直径为 $40\sim60\mu m$，呈淡黄色或浅绿色。囊壁厚而透明，有 2 层囊膜，囊内包藏着 1 个虫体。有时有 2 个处于接合过程中的虫体(图 3-20)。

2. 生活史 猪吞食了被包囊污染的食物和饮水而感染。囊壁在肠内经消化液作用，虫体逸出变为滋养体，在大肠寄生。以肠壁细胞、淀粉、细菌、粪便中的碳水化合物、红细胞和白细胞等为营养。以横二分

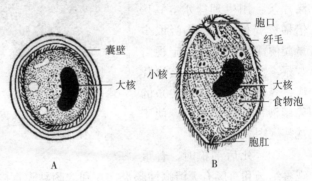

图 3-20　结肠小袋纤毛虫
A. 包囊　B. 滋养体

裂法进行繁殖，即小核先分裂，继而大核分裂，然后胞质分开，形成两个新个体。经过一定时期的无性繁殖后，虫体进行有性接合生殖，然后再进行横二分裂法繁殖。在不利环境或因素刺激下，滋养体形成包囊。包囊随宿主粪便排出体外。结肠小袋虫的包囊期没有包囊内生殖，因此一个包囊将来只能发育为一个滋养体。宿主的粪便中常有许多滋养体和包囊，宿主吞食了散播在外界环境中的包囊而遭受感染。

（二）流行与预防

1. 流行 该病呈世界性分布，主要流行于热带或亚热带地区。目前已知有 33 种动物可以感染结肠小袋纤毛虫，其中猪的感染最为普遍，而且感染率极高，可达 $20\%\sim100\%$。我国许多省、自治区、直辖市都有该病报道。人的感染主要是吞食被包囊污染的食物和水引起的。

包囊对外界环境有较强的抵抗力，在室温下至少可保持活力 2 周，在潮湿的环境下能存活 2 个月，在直射阳光下经 3h 才死亡。在 10% 的福尔马林溶液中能存活 4h。

2. 预防 预防主要着重于搞好猪场的环境卫生和消毒工作，粪便的无害化处理，保持饲料饮水的清洁卫生。饲养人员应注意个人卫生和饮食清洁，尤其应注意手的清洁和消毒，以免遭受感染。

（三）诊断

1. 临床症状 病程有急性和慢性两种类型，急性型多突然发病，$2\sim3d$ 发病死亡。仔猪多发，特别是刚断奶的仔猪。主要表现为水样腹泻，混有血液。慢性型可持续数周至数月，多由急性型转化而来。患猪表现精神沉郁，食欲减退或废绝，消瘦，脱水。重症病猪

123

可发生死亡。

2. 病理变化 感染的部位主要在猪的结肠，其次是直肠和盲肠。轻度感染不显症状，但当宿主的消化功能紊乱，特别是并发有猪沙门氏菌感染时，虫体可乘机侵入，破坏组织，造成溃疡性肠炎。

3. 实验室诊断 生前诊断可根据临床症状和在粪便中找到滋养体和包囊而确诊。

（1）粪便检查法可采用直接检查法和饱和溶液漂浮法。直接检查法包括生理盐水直接涂片法和碘液染色直接涂片法。①生理盐水直接涂片法：用生理盐水 5～10 倍稀释粪便，过滤，吸取少量粪便涂片于低倍镜暗视野观察。②碘液染色直接涂片法：粪便中加入 1∶1 000 的稀碘液，使虫体着色，便于观察（图 3-21）。

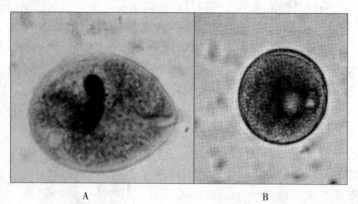

A   B

图 3-21　粪便中的滋养体和包囊
A. 滋养体　B. 包囊

（2）死后剖检时，着重观察结肠和直肠有无溃疡性肠炎，并刮取肠黏膜直接涂片检查到虫体。肠黏膜的虫体要比肠内容物中为多。

（四）治疗

氯苯胍，按每千克体重 15mg 拌料饲喂，连用 1 周。土霉素、四环素、金霉素或灭滴灵等药物治疗，均有良好的效果。

二、猪肉孢子虫病

案例介绍：2004 年，甘肃两个县抽检群众自食的土猪 372 头，每头猪取肉样一份，包括心肌、膈肌各 10 片，每片 0.1g。采用肉眼观察和压片镜检法进行检查，检查猪肉孢子虫的感染率、感染强度和强度范围。结果显示这两个县的猪肉孢子虫感染率为 88.1%，感染最严重的在 0.1g 心肌中寄生猪肉孢子虫 2 万余只。

问题：如何预防和治疗猪肉孢子虫病？

猪肉孢子虫病是由肉孢子虫属的一些原虫寄生于猪及人体的肌肉所引起的以肌肉病变为主的一种寄生虫病。1865 年 Kuhn 氏首次在猪的舌肌和心肌中发现猪肉孢子虫。猪肉孢子虫病在猪体内感染比较严重，胴体大量虫体寄生导致肌肉变性、变色不能食用。

（一）病原特征及生活史

猪肉孢子虫属于孢子虫纲，真球虫目，肉孢子虫科，肉孢子虫属。寄生于猪的肉孢子虫有 3 种：米氏肉孢子虫、猪人肉孢子虫和猪猫肉孢子虫。

1. 病原形态 猪肉孢子虫虫体很小，寄生于宿主的肌肉，形成与肌肉纤维平行的包囊。包囊呈纺锤形、椭圆形或卵圆形，灰白至乳白色。小的包囊肉眼很难看到，只有几毫米，甚至不足 1mm，大的可达数厘米。囊壁由 2 层组成，内壁向囊内延伸，构成许多中隔，将囊腔分成若干小室。小室中充满许多肾形或香蕉形的慢殖子，又称为南雷氏小体或囊殖子，其大小为（10～12）μm×（4～9）μm，一端稍尖，一端偏钝（图 3-22）。

图 3-22　猪肉孢子虫包囊

2. 生活史　寄生于猪的 3 种肉孢子虫的中间宿主是猪或野猪；其终末宿主分别是人、犬、猫等。

卵囊随终末宿主的粪便排出体外，在体外发育成含子孢子的孢子囊，每个孢子囊内有 4 个香蕉形的子孢子。猪吞食这种卵囊或孢子囊或子孢子后被感染。子孢子经血液循环到达各脏器，在脏器血管的内皮细胞内进行两代裂殖生殖，产生大量裂殖子。裂殖子在血液或单核细胞内进行第三次裂殖生殖，最后裂殖子进入心肌或骨骼肌细胞内发育为包囊。再经 1 个月或数月发育成熟。

终末宿主吞食了肌肉中的成熟包囊之后，囊壁被消化，释放出慢殖子。慢殖子进入小肠黏膜的上皮细胞或固有层，发育为大配子体和小配子体。大、小配子结合形成卵囊。卵囊第 5 天左右开始孢子化，8～12d 发育成熟。成熟卵囊随粪便排出。

（二）流行与预防

1. 流行

（1）猪肉孢子虫病流行于世界各地。各种年龄和品种的猪均可感染。

（2）感染来源是终末宿主粪便中的孢子囊和卵囊。

（3）猪肉孢子虫感染情况与人们的生活方式和动物的饲养管理模式有关。另外，感染率也随年龄增长而有增高的趋势，成年动物的感染率明显高于幼龄动物。

（4）孢子囊和卵囊对外界环境的抵抗力极强，在 4℃下可存活 1 年以上，−18℃可存活 8 周。包囊内的慢殖子在适宜的温度下可存活一个月以上，但对高温和冷冻敏感，60～70℃，10min；−20℃存放 3d 即可灭活。

2. 预防　预防的关键是切断猪肉孢子虫的传播途径。

（1）各屠宰场和兽医卫生监督所均应做好肉品的卫生检验工作，对带虫肉品必须进行无害化处理。

（2）防止终末宿主感染。严禁用生肉喂犬、猫等终末宿主；因人也可能感染猪肉孢子虫病，应注意个人的饮食卫生，不吃生的或未煮熟的肉品。

（3）严禁犬、猫及其他肉食兽接近猪场，避免其粪便污染饲料和水源。

（三）诊断

1. 临床症状　临床症状不明显。由猪猫肉孢子虫引起的，可发生腹泻、肌炎、跛行、衰弱等。由米氏和猪人肉孢子虫引起的，则出现急性症状，高热、贫血、全身出血、母猪流产等。

2. 病理变化　肉眼观察肾褪色，胃肠黏膜充血、肌肉除呈水肿样、褪色、小斑点外，陈旧病灶出现钙化。病理组织学检查，在肌纤维间发现包囊体，伴有轻度的细胞浸润。肺充血、胸水、腹水增多，肌纤维间可发现猪肉孢子虫。

3. 实验室诊断　生前诊断比较困难，须通过临床症状、流行病学资料，结合免疫学方法进行确诊。死后则主要靠剖检发现肌肉组织存在猪肉孢子虫包囊而作出确诊。

（1）肉眼观察。适用于长度大于 1mm 的包囊。呈灰色柳叶形或半月形，无包囊，明

125

显地位于肌纤维内。

（2）压片镜检法。可以参照旋毛虫检查。

（3）蛋白酶消化法。消化液配方：胃蛋白酶（3 000IU）10g，盐酸（相对密度1.19）10mL 加蒸馏水至1 000mL，加温 40℃ 搅拌溶解，现用现配。将已绞碎的肉样放入置有消化液的烧杯中，肉样与消化液的比例为 1∶20，40℃ 下作用 1.5～2.5h，过滤，静置 30min。倾去上清液，吸沉渣约 0.3mL，镜检。

显微镜下应注意旋毛虫与猪肉孢子虫的区别。猪肉孢子虫寄生在膈肌等肌肉中，白色带包囊。制作涂片时可取病变组织压碎，在显微镜下检查香蕉状的慢殖子，也可用姬姆萨染色后观察。

（4）生前诊断主要采用免疫学方法，但诊断比较困难。以包囊或慢殖子作抗原，检测血清抗体。目前血清学诊断方法有间接血凝试验、酶联免疫吸附试验等。

（四）治疗

目前本病的治疗尚无特效药。猪可以采用氯苯胍、盐霉素等抗球虫药物进行治疗。

 **岗位操作任务**

养猪场猪蠕虫病防制方案的制订和实施

【学习任务描述】

养猪场蠕虫病的防制任务是根据动物疫病防治员的工作要求和猪场兽医的工作任务的需要安排而来的，通过对猪蠕虫病的防制，为生猪的安全、健康、生态养殖提供技术支持。

【学习目标和要求】

完成本学习任务后，你应当能够具备以下能力：

1. 专业能力

（1）应能够对养殖场常见寄生性蠕虫进行调查和诊断。

（2）熟悉大群动物驱虫的准备和组织工作，掌握驱虫技术及驱虫效果的评定方法。

（3）能根据养殖场的具体情况制定出科学的防制措施。

2. 方法能力

（1）应能通过各种途径查找防制养猪场蠕虫病及其他寄生虫病相关信息能力。

（2）应能根据养猪场工作环境的变化，制订工作计划并解决问题的能力。

（3）具有在教师、技师或同学帮助下，主动参与评价自己及他人任务完成程度的能力。

3. 社会能力

（1）应具有主动参与小组活动，积极与他人沟通和交流，团队协作的能力。

（2）能与养殖户和其他同学建立良好的、持久的合作关系。

【学习过程】

第一步　资讯

（1）查找《中华人民共和国动物防疫法》《一、二、三类动物疫病病种名录》《国家动物疫病防治员职业标准》及相关的国家标准、行业标准、行业企业网站，获取完成工作任务所需的信息。

（2）查找常用的抗蠕虫药及其用途、用法、用量及注意事项等。

（3）熟悉驱虫技术（参照任务 1-4）。

第二步 学习情境

某规模化猪场养殖情况案例或某规模化养猪场。

学习子情境描述示例

　　某猪场现存栏种母猪1 200头，种公猪20头，仔猪2 400头，保育猪2 000头，育肥猪4 500头，主要品种有：大白猪、长白猪和杜洛克。饲养方式：以某饲料公司全价饲料为主。场地内建有沼气池1个，所有猪粪尿全部通过沼气池发酵，沼液灌溉果树，沼气用于取暖和发电。从2011年7月份开始，饲养员在清洁卫生时经常发现猪粪便中带有呈粉红色并稍带黄白色，体表光滑，形似蚯蚓，中间稍粗，两端稍尖的圆柱状虫体；同时发现育成猪群中消瘦贫血、被毛粗糙、粪便带血、生长发育受阻的僵猪比例上升了2倍多，晚上和中午安静时段，猪舍值班人员经常听到育成猪舍猪磨牙的声音，该场兽医曾经使用过左旋咪唑对种猪群进行驱虫，但效果不理想。

　　请你诊断该猪场猪可能感染何种寄生虫？并给该猪场制定预防猪蛔虫病的方案。

第三步 材料准备和人员分工

1. 材料 显微镜、天平、粪盒（或塑料袋）、孔径 $300\mu m$ 金属筛、孔径 $59\mu m$ 尼龙筛、玻璃棒、塑料杯、烧杯、离心管、漏斗、离心机、试管、试管架、胶头滴管、载玻片、盖玻片、污物桶、纱布、数码相机、手提电脑；多媒体投影仪、饱和食盐水、常用驱虫药等。

2. 人员分工

序号	人员	数量	任务分工
1			
2			
3			
4			
5			

第四步 实施步骤

（1）流行病学调查。在老师的指导下，学生分组对本猪场基本情况（包括规模、品种、年龄、饲养目的等）和本地区常发的寄生虫病进行调查。

（2）临床检查。首先对猪场所有猪的营养状况、精神状态、排便、排尿情况等进行群体观察，发现异常猪只进行个体检查，必要时进行剖检。

（3）随机采取各年龄段猪的粪便，进行实验室检查（具体方法参见任务 1-5），以调查该养殖场猪主要感染的寄生虫种类。

（4）根据以上调查和检查结果，确定驱虫的寄生虫的种类，并选择高效的驱虫药，做好记录。

（5）根据本养猪场的具体情况，经小组讨论，制定驱虫措施及其他防制措施，实施驱虫（具体方法参见任务 1-4）。

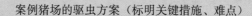

案例猪场的驱虫方案（标明关键措施、难点）

（6）针对本养殖场的情况和不同年龄猪消化道蠕虫病的发病规律和特点，编制如下猪群的防制方案。

哺乳仔猪	保育猪	育肥猪	种公猪	种母猪
防制方案	防制方案	防制方案	防制方案	防制方案

第五步　评价

1. 教师点评　根据上述学习情况（包括过程和结果）进行检查，做好观察记录，并进行点评。

2. 学生互评和自评　每个同学根据评分要求和学习的情况，对小组内其他成员和自己进行评分。

通过互评、自评和教师（包括养殖场指导教师）评价来完成对每个同学的学习效果评价。评价成绩均采用 100 分制，考核评价如表 3-1 所示。

表 3-1　考核评价表

班级＿＿＿＿＿＿＿＿　学号＿＿＿＿＿＿＿＿　学生姓名＿＿＿＿＿＿＿＿　总分＿＿＿＿＿＿＿＿

评价能力维度		考核指标解释及分值	教师（技师）评价 40%	学生自评 30%	小组互评 30%	得分	备注
1	专业能力 50%	（1）应能够对养殖场常见寄生性蠕虫进行调查和诊断。（15 分） （2）熟悉大群动物驱虫的准备和组织工作，掌握驱虫技术及驱虫效果的评定方法。（15 分） （3）能根据养殖场的具体情况制定出科学的防制措施。（20 分）					
2	方法能力 30%	（1）具备通过各种途径查找防制养猪场蠕虫病及其他寄生虫病相关信息能力。（10 分） （2）具备根据养猪场工作环境的变化，制订工作计划并解决问题的能力。（10 分） （3）具有在教师、技师或同学帮助下，主动参与评价自己及他人任务完成程度的能力。（10 分）					
3	社会能力 20%	（1）具有主动参与小组活动，积极与他人沟通和交流，团队协作的能力。（10 分） （2）能与养殖户和其他同学建立良好的、持久的合作关系。（10 分）					
得　　分							
最终得分							

知识拓展

一、醛醚离心沉淀法检查华支睾吸虫

华支睾吸虫是一种人畜共患病，WHO推荐使用改良加藤厚涂片法和醛醚离心沉淀法检查虫体。

醛醚离心沉淀法：在小容器内放入粪便1~2g，加水15mL调匀，用孔径172μm铜筛或2层纱布过滤至离心管中，2 000r/min离心1~2min，倾去上清液再加水调匀，再离心，如此重复2次~3次。弃去上清液，加10%甲醛10mL搅匀，静置5min后加乙醚3mL，用力摇动离心管，充分混合，1 000r/min离心5min，离心管内液体分为4层，倒去上面3层，吸取最下层镜检。

二、寄生于肌肉中的几种寄生虫鉴别方法

(一) 囊尾蚴

1. 寄生部位　主要寄生于咬肌、膈肌、舌肌、臀肌、肩胛肌和腰肌。

2. 肉眼观察　虫体较大，易看到，长径6~10mm，短径约5mm，明显位于肌纤维间，外观椭圆形囊状，半透明，囊内充满液体，囊壁为单层薄膜，壁上有一个小米粒大的乳白色头节。

3. 压片镜检（50倍）　可看到虫体头节上有4个圆形吸盘，最前端的顶突上带有许多角质小钩。钙化的囊虫包囊内形成黑色团块，滴加10%稀盐酸溶解后，可见崩解的虫体团块和特征的角质小钩，包囊周围形成厚的结缔组织膜。

(二) 旋毛虫

1. 寄生部位　幼虫多以包囊形式寄生于膈肌、咬肌。成虫寄生于小肠。

2. 肉眼观察　成虫较小，雄虫 (1.4~1.6) mm×(0.04~0.05) mm，雌虫 (3~4) mm×0.06mm，很难辨识。幼虫包囊在肌纤维表面看到稍凸出的卵圆形、灰白色、针头大小或灰白色、浅白色的小白点，大小(0.4~0.7) mm×(0.25~0.3) mm，即为可疑。

3. 压片镜检（50倍）　旋毛虫包囊是卵圆形或橄榄形，壁为双层，外层薄，具有大量结缔组织，内层透明。包囊多在肌纤维之间，内含一条略弯曲似螺旋体的幼虫，蜷曲于折光性强的透明液中。钙化的旋毛虫包囊体积小，滴加10%稀盐酸溶解后，可见到虫体或其痕迹，与包囊毗邻的肌纤维变性，横纹消失。

4. 染色镜检　将所检肉粒压片置于5%氢氧化钠溶液配制的1%红色磺胺药溶液中1~2min，然后将压片移入80%醋酸溶液配制的15%甲基蓝溶液中再浸染1~2min，用80~90℃热水仔细冲净后置于50~70倍显微镜下观察。可见肌纤维呈浅黄色，旋毛虫包囊呈鲜绿色，而旋毛虫幼虫则呈深蓝色。

(三) 肉孢子虫

1. 寄生部位　主要寄生于舌肌、膈肌、肋间肌和咽喉肌。

2. 肉眼观察　虫体较大，易发现，大小为 (2~3) mm×(0.1~0.3) mm，呈灰色柳叶形或半月形，无包囊，明显地位于肌纤维内。

3. 压片镜检（50倍）　肉孢子虫是孢子囊，囊内有许多滋养体。钙化多从虫体中部

开始，滴加 10％稀盐酸溶解后不见虫体，钙化的虫体周围不形成结缔组织包膜，与其毗邻的肌纤维横纹不消失。

项目小结

病名	病原	宿主	寄生部位	诊断要点	防治方法
姜片吸虫病	布氏姜片吸虫	中间宿主：扁卷螺 终末宿主：猪、人	小肠	1. 临诊：腹泻、消瘦；剖检小肠部发现虫体 2. 实验室诊断：直接涂片法、沉淀法检查粪便中虫卵	1. 粪便管理 2. 饲养卫生，水生植物处理后饲喂 3. 定期驱虫，可用吡喹酮、硫双二氯酚等 4. 消灭中间宿主扁卷螺
华支睾吸虫病	华支睾吸虫	第一中间宿主：淡水螺 第二中间宿主：淡水鱼、虾 终末宿主：猪、人、犬、猫	肝、胆管、胆囊	1. 临诊：症状不明显，严重者消化不良，腹水。剖检可见肝肿大，胆管炎和胆囊炎，有虫体寄生 2. 实验室诊断：同姜片吸虫病	1. 消灭中间宿主淡水螺类 2. 定期驱虫，可用吡喹酮、丙酸哌嗪、丙硫咪唑 3. 不食不熟淡水鱼、虾 4. 粪便管理
细颈囊尾蚴病	细颈囊尾蚴	中间宿主：猪、牛、羊等 终末宿主：犬科动物	肝、腹腔	1. 临诊：严重时，出现急性出血性肝炎和腹膜炎症状；剖检可见肝上有虫道，腹腔脏器上有囊泡 2. 生前血清学诊断，死后剖检发现细颈囊尾蚴可确诊	1. 禁止将带有细颈囊尾蚴脏器喂犬 2. 禁止犬入猪舍、羊舍 3. 可用吡喹酮和氯硝柳胺对犬定期驱虫
猪蛔虫病	猪蛔虫	猪	小肠	1. 临诊：消化障碍，消瘦，肠炎，剖检有"乳斑肝"，肺有出血点，肠管中可发现虫体 2. 实验室诊断：用直接涂片法和饱和盐水漂浮法检查粪便中虫卵，幼虫分离法检查肝、肺中幼虫	1. 粪便管理 2. 饲养卫生 3. 定期驱虫，可用甲苯咪唑、伊维菌素、阿维菌素、丙硫咪唑、枸橼酸哌嗪等
食道口线虫病	有齿食道口线虫、长尾食道口线虫和短尾食道口线虫	猪	大肠（结肠）	1. 临诊：肠炎，腹痛，消瘦；剖检可见肠壁结节和虫体 2. 实验室诊断：用漂浮法检查粪便中虫卵	参考猪蛔虫病
毛首线虫病	猪毛首线虫	猪	大肠（盲肠）	1. 临诊：肠炎，消瘦，贫血、顽固性腹泻，甚至带血；剖检可见盲肠和结肠出血、肿胀、结节，可见虫体 2. 实验室诊断：用漂浮法检查粪便中虫卵	治疗可用羟嘧啶；其他防治方法参考猪蛔虫病

（续）

病名	病原	宿主	寄生部位	诊断要点	防治方法
猪后圆线虫病	野猪后圆线虫、复阴后圆线虫、萨氏后圆线虫	中间宿主：蚯蚓 终末宿主：猪	肺（支气管和细支气管）	1. 临诊：气管炎，支气管炎，咳嗽，呼吸困难；剖检可见肺呈肌肉样硬变，气管、支气管分泌物增多，可见虫体 2. 实验室诊断：用饱和硫酸镁溶液漂浮法检查粪便中虫卵	参考猪蛔虫病
猪冠尾线虫病	有齿冠尾线虫	猪	肾、输尿管	1. 临诊：尿混浊，有白色絮状物，皮炎，后躯麻痹，剖检肝肾有包囊和脓肿；可见到虫体 2. 实验室诊断：用沉淀法检查尿液中虫卵	参考猪蛔虫病
猪棘头虫病	蛭形巨吻棘头虫	中间宿主：蛴螬及其他甲虫 终末宿主：猪	小肠	1. 临诊：类似猪蛔虫肠炎症状和病变特征 2. 实验室诊断：直接涂片法、沉淀法检查粪便中虫卵	1. 消灭中间宿主 2. 治疗无特效药，可试用左旋咪唑、丙硫苯咪唑等 3. 其他参考猪蛔虫病
猪疥螨病	猪疥螨	猪	皮肤（表皮内）	1. 临诊：剧痒、皮炎，生长缓慢 2. 实验室诊断：采集病健交界处皮肤表皮，用直接检查法、加热法或螨虫浓集法等检查虫体	1. 加强管理：圈舍通风干燥 2. 隔离：引进动物时和动物发病时需隔离 3. 定期用药物进行消毒 4. 治疗可用阿维菌素、伊维菌素、二嗪农（螨净）、溴氰菊酯等
猪蠕形螨病	猪蠕形螨	猪	毛囊或皮脂腺	1. 临诊：痛痒轻微，毛囊炎、有脓包。其他似疥螨病 2. 实验室诊断：切破皮肤结节或脓包，取其内容物显微镜检查，其他方法同疥螨病	有脓肿的可用青霉素等抗菌药治疗；其他药物和防治方法同疥螨病
猪结肠小袋纤毛虫病	结肠小袋纤毛虫	猪	大肠（结肠）	1. 临诊：消化障碍，腹泻、贫血、脱水，肠黏膜脱落、溃疡 2. 直接涂片法检查粪便中滋养体和包囊；肠黏膜涂片法检查虫体	治疗可用氯苯胍、土霉素、四环素、金霉素等；其他防治方法参考猪蛔虫病
猪肉孢子虫病	米氏肉孢子虫、猪人肉孢子虫和猪猫肉孢子虫	中间宿主：猪和野猪 终末宿主：人、犬和猫	肌肉	生前诊断困难，死后可取肌肉检查包囊	无特效药物，可试用抗球虫药

131

职业能力和职业资格测试

一、职业能力测试

(一) 单项选择题

1. 某屠宰场在屠宰一批生猪后发现：有部分猪肝被膜上有黄豆大、鸡蛋大、大小不等的囊泡。检疫人员采囊泡发现：囊壁乳白色，囊内含有透明的液体和一个白色头节。据此可判断该群猪可能感染有（   ）。

    A. 猪囊虫病   B. 猪旋毛虫病

    C. 猪球虫病   D. 猪细颈囊尾蚴病

    E. 猪华支睾吸虫病

2. 猪以咳嗽为症状的蠕虫性肺炎是由（   ）引起的。

    A. 有齿冠尾线虫和猪蛔虫   B. 猪蛔虫和后圆线虫

    C. 后圆线虫和毛首线虫   D. 有齿冠尾线虫和后圆线虫

3. 猪疥螨的寄生部位是（   ）。

    A. 体毛   B. 表皮   C. 血液   D. 脂肪

4. 华支睾吸虫成虫寄生于犬、猫的（   ）。

    A. 血管   B. 气管   C. 胆管   D. 小肠

5. 姜片吸虫的中间宿主是（   ）。

    A. 扁卷螺   B. 犬   C. 淡水鱼   D. 虾

6. 蚯蚓是哪种猪寄生虫的中间宿主（   ）。

    A. 猪蛔虫   B. 毛细线虫

    C. 姜片吸虫   D. 后圆线虫

7. 下列哪种寄生虫寄生在肾盂和输尿管？（   ）

    A. 猪蛔虫   B. 猪冠尾线虫

    C. 姜片吸虫   D. 后圆线虫

8. 猪是米氏猪肉孢子虫的（   ）。

    A. 中间宿主   B. 终末宿主

    C. 媒介物   D. 保虫宿主

9. 华支睾吸虫的感染性阶段是（   ）。

    A. 尾蚴   B. 胞蚴

    C. 囊蚴   D. 雷蚴

    E. 毛蚴

10. 猪蛔虫的感染性阶段为（   ）。

    A. 第 4 期幼虫   B. 第 5 期幼虫

    C. 感染性幼虫   D. 感染性虫卵

    E. 虫卵

11. 检查肝片吸虫一般采用（   ）。

    A. 凝集法   B. 沉淀法

C. 补体法

D. 漂浮法

12. 小袋纤毛虫寄生在猪（　　　）。

A. 肝

B. 小肠

C. 大肠

D. 横纹肌

（二）多项选择题

1. 下列哪种寄生虫可以寄生在猪肌肉？（　　　）

A. 猪蛔虫

B. 猪囊尾蚴

C. 旋毛虫

D. 猪肉孢子虫

E. 毛细线虫

2. 猪肉孢子虫可以在下面哪些动物寄生？（　　　）

A. 猪

B. 犬

C. 猫

D. 狐

3. 猪蛔虫病可用（　　　）作为诊断方法。

A. 粪便直接涂片法

B. 粪便漂浮法

C. 幼虫分离法

D. 毛蚴孵化法

4. 下面哪些药物可以治疗华支睾吸虫病？（　　　）

A. 吡喹酮

B. 阿苯达唑

C. 丙酸哌嗪

D. 贝尼尔

5. 下面哪些阶段属于猪疥螨的发育阶段？（　　　）

A. 卵

B. 幼螨

C. 若螨

D. 成螨

（三）判断题

1. 华支睾吸虫口吸盘大于腹吸盘。（　　　）

2. 毛首线虫雄虫有一根交合刺。（　　　）

3. 蠕形螨的四对腿均较长，均超出体缘。（　　　）

4. 结肠小袋纤毛虫以纵二分裂法进行繁殖。（　　　）

5. 姜片吸虫病是一种人畜共患病。（　　　）

6. 治疗猪线虫病可选用阿苯达唑、甲苯咪唑、伊维菌素等。（　　　）

7. 猪蛔虫雄虫有二根不等长、不同形的交合刺。（　　　）

（四）实践操作题

1. 显微镜下辨识猪蛔虫受精卵、毛首线虫虫卵。

2. 使用饱和盐水漂浮法检查猪蛔虫虫卵。

二、职业资格测试

（一）理论知识测试

1. 检疫人员进行生猪宰后检疫时，肉眼发现某屠宰猪肉膈肌中有针尖大小的白色小点，低倍镜检查见梭形包囊，囊内有卷曲的虫体。该虫体最可能是（　　　）。

A. 旋毛虫

B. 弓形虫

C. 棘球蚴

D. 猪囊尾蚴

E. 肉孢子虫

2～4题共用题干：池塘边自由采食水葫芦、菱角的散养猪中，部分猪发病，主要表现为腹胀、腹痛、下痢、消瘦、贫血。

2. 根据以上描述，最有可能感染的寄生虫是（　　　）。

A. 华支睾吸虫

B. 日本血吸虫

C. 卫氏并殖吸虫   D. 布氏姜片吸虫

E. 程氏东毕吸虫

3. 如做病原诊断，最有效的检查方法是（   ）。

A. 血液涂片检查   B. 粪便直接涂片法

C. 粪便毛蚴孵化法   D. 粪便水洗沉淀法

E. 粪便饱和盐水漂浮法

4. 如对病猪进行治疗，可选择的药物是（   ）。

A. 四环素   B. 土霉素   C. 吡喹酮   D. 伊维菌素

5～6题共用题干：在冬季，某40日龄商品猪群出现剧痒、皮肤增厚、结痂、脱毛等症状的皮肤病；病初发生于眼周、颊部和耳根，以后蔓延至背部、体侧和后肢内侧；病猪贫血，日渐消瘦。

5. 根据以上描述，最可能诊断的寄生虫病是（   ）。

A. 疥螨病   B. 蠕形螨病   C. 血虱病   D. 痒螨病

E. 皮刺螨病

6. 如要进一步确诊，最必要的检查内容是（   ）。

A. 粪便检查   B. 尿液检查

C. 血常规检查   D. 体表淋巴结穿刺物检查

E. 刮去皮屑检查

（二）技能操作测试

1. 识别旋毛虫、弓形虫、片形吸虫、猪肉孢子虫。

2. 皮屑溶解法检查疥螨。

参考答案

一、职业能力测试

（一）单项选择题

1. D   2. B   3. B   4. C   5. A   6. D   7. B   8. A   9. C   10. D   11. B 12. C

（二）多项选择题

1. BCD   2. ABCD   3. ABC   4. AB   5. ABCD

（三）判断题

1. ×   2. √   3. ×   4. ×   5. √   6. √   7. ×

（四）实践操作题（略）

二、职业资格测试

（一）理论知识测试

1. A   2. D   3. D   4. C   5. A   6. E

（二）技能操作测试（略）

牛寄生虫病防治

【项目设置描述】

牛寄生虫病防治项目是根据动物疫病防治员、动物疫病检疫检验员等的工作要求和养牛场执业兽医典型工作任务的需要而安排，通过学习阔盘吸虫病、牛囊尾蚴病、阔盘吸虫病、犊新蛔虫病、网尾线虫病、吸吮线虫病、皮蝇蛆病、巴贝斯虫病、梨形虫病、毛滴虫病、隐孢子虫病等牛常见寄生虫病的病原体特征、生活史、流行与预防、诊断、治疗的基本知识和技能，使学生具有进行牛常见寄生虫病调查和分析，并能对主要寄生虫病制定防制措施的能力，从而为牛的安全、健康、生态饲养提供技术支持。

【学习目标】

掌握常见牛寄生虫病的诊断和防治方法，重点掌握牛血液原虫病的实验室诊断过程。使学生具备调查和分析牛常见寄生虫病，并制定防制措施的能力。

任务 4-1　牛吸虫病和绦虫病防治

一、阔盘吸虫病

案例介绍：某养牛场 2009 年 3 月下旬从隆林县引进一批 9 月龄至 1.5 岁的牛，共 43 头，饲养 1 个月后不见长膘，大部分牛出现腹泻，粪便含有黏液且恶臭。体温不见升高，使用抗生素治疗不见好转，1 周内陆续死亡 6 头。剖检最明显的病理变化是胰肿大，表面凹凸不平，有多量出血点且可见胰管扩张增粗，发炎增厚，管腔黏膜不平呈乳头状小结节突起，有出血斑，内含大量虫体。

问题：请诊断该牛场发生了什么疾病，如何进行实验室诊断？

阔盘吸虫病是由双腔科阔盘属的胰阔盘吸虫、腔阔盘吸虫、支睾阔盘吸虫等寄生于牛、羊等反刍动物胰管引起的疾病。偶尔寄生于胆管和十二指肠。主要特征为严重感染时表现营养障碍、腹泻、消瘦、贫血、水肿。

（一）病原特征及生活史

1. 病原特征　胰阔盘吸虫虫体扁平，呈长卵圆形，活体呈棕红色。长 8～16mm，宽

5～5.8mm。口吸盘明显大于腹吸盘。咽小，食道短，两条肠支简单。睾丸2个，圆形或略分叶，左右排列于腹吸盘稍后方。雄茎囊呈长管状，位于腹吸盘和肠支分叉之间。卵巢分3～6个叶瓣，位于睾丸之后。受精囊呈圆形，靠近卵巢。子宫有许多弯曲，位于虫体后半部，内充满棕色虫卵。卵黄腺呈颗粒状，位于虫体中部两侧（图4-1）。虫卵为黄棕色或棕褐色，椭圆形。两侧稍不对称，有卵盖，内含1个椭圆形的毛蚴。

腔阔盘吸虫呈短椭圆形，体后端具有1个明显的尾突，口、腹吸盘大小相近，卵巢圆形，多数边缘完整，少数分叶。

支睾阔盘吸虫，此种少见。虫体呈前端尖、后端钝的瓜子形，腹吸盘略大于口吸盘，睾丸呈分支状。

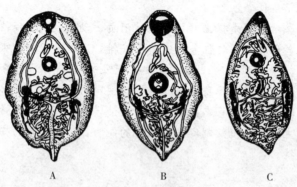

图 4-1　阔盘吸虫成虫
A. 腔阔盘吸虫　B. 胰阔盘吸虫　C. 支睾阔盘吸虫
（张西臣，李建华. 2010. 动物寄生虫病学）

2. 生活史　3种阔盘吸虫的生活史相似。中间宿主为陆地螺，在我国主要有条纹蜗牛、枝小丽螺、中华灰蜗牛等。胰阔盘吸虫和腔阔盘吸虫的补充宿主为草螽，支睾阔盘吸虫为针蟋。终末宿主主要为牛、羊、鹿和骆驼等反刍动物，还可感染兔、猪，人亦可感染。成虫在终末宿主胰管内产卵，虫卵随胰液进入肠道，再随粪便排出体外。被中间宿主吞食后，经5～6个月孵出毛蚴、母胞蚴、子胞蚴。成熟的子胞蚴体内含有许多尾蚴，子胞蚴逸出螺体，被补充宿主吞食，经23～30d发育为囊蚴。终末宿主吞食补充宿主而感染，囊蚴在十二指肠内脱囊，由胰管开口进入胰管内，经80～100d发育为成虫。整个发育期为10～16个月。

（二）流行与预防

1. 流行　感染来源为患病或带虫牛、羊等反刍动物。以胰阔盘吸虫和腔阔盘吸虫流行最广，与陆地螺和草螽的分布广泛有关。7～10月份草螽最为活跃，被感染后活动能力降低，故很容易被放牧牛、羊随草一起吞食。多在冬、春季节发病。

2. 预防　应根据当地情况采取综合措施。定期驱虫、消灭病原体；消灭中间宿主，切断其生活史；有条件的地方，实行划地轮牧，以净化草场；加强饲养管理，防止牛、羊感染等。

（三）诊断

1. 临床症状　阔盘吸虫病的症状取决于虫体寄生的数量和动物的体质。寄生数量少时，不表现临床症状。严重感染的牛羊，常发生代谢失调和营养障碍，表现为消化不良、精神沉郁、消瘦、贫血、颌下及胸前水肿、腹泻、粪便中带有黏液，最终可因恶病质而死亡。

2. 病理变化 剖检可见胰肿大，粉红色胰内有紫色斑块或条索，切开胰，可见多量红色虫体。胰管增厚，呈现增生性炎症，管腔黏膜有乳头状小结节，有时管腔闭塞。有弥漫性或局限性的淋巴细胞、嗜酸性粒细胞和巨噬细胞浸润。

3. 实验室诊断 患阔盘吸虫病的牛羊，临床上虽有症状，但缺乏特异性。应用水洗沉淀法检查粪便中的虫卵，或剖检时发现大量虫体可以确诊。

（四）治疗

1. 吡喹酮 牛按每千克体重 35～45mg，羊按每千克体重 90～100mg，一次口服；或牛、羊均按每千克体重 30～50mg，用液体石蜡或植物油配成灭菌油剂，腹腔注射。驱虫率均在 95% 以上。

2. 六氯对二甲苯 牛按每千克体重 300mg，羊按每千克体重 400～600mg，口服，隔天 1 次，3 次为 1 个疗程。疗效较好。

二、牛囊尾蚴病

案例介绍：病牛系青海省玉树藏族自治州曲麻莱县刘某的自养母牛，约 5 岁，于 2011 年 7 月 9 日屠宰后发现在该牛颈侧肌、肩胛部肌、臀肌等多处有椭圆形的白色囊泡、囊内充满透明液体，据刘某介绍该母牛生前无明显症状。

问题：请结合所学知识，诊断该牛患上什么疾病，白色囊泡是什么？如何防止该病的发生？

牛囊尾蚴病是由带科带吻属的牛带绦虫的幼虫寄生于牛肌肉中引起的疾病，又称为牛囊虫病，主要特征为幼虫移行时体温升高，虚弱，腹泻，反刍减弱或消失；幼虫定居后症状不明显。成虫寄生于人的小肠，是重要的人兽共患寄生虫病。

（一）病原特征及生活史

1. 病原特征 牛囊尾蚴，呈椭圆形半透明的囊泡，大小为（5～9）mm×（3～6）mm，灰白色，囊内充满液体，囊内有 1 个乳白色的头节，头节上无顶突和小钩（图 4-2）。

成虫为牛带绦虫，又称为牛带吻绦虫、肥胖带绦虫、无钩绦虫。虫体呈乳白色，扁平带状。长 5～10m。由 1 000～2 000 个节片组成。头节上有 4 个吸盘，无顶突和小钩。成熟节片近方形，睾丸 300～400 个。孕卵节片窄而长，其内子宫侧支 15～30 对。虫卵呈椭圆形，胚膜厚，具辐射状，内含六钩蚴（图 4-3）。

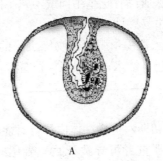

图 4-2 牛囊尾蚴
A. 牛囊尾蚴的构造 B. 翻出头节后的牛囊尾蚴

2. 生活史 与猪带绦虫相似，区别在于人不能作为其中间宿主，中间宿主为黄牛、

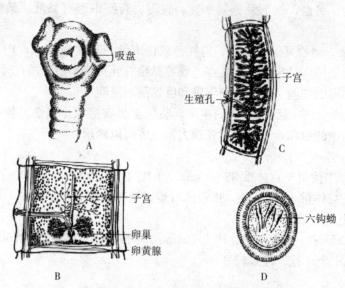

图 4-3　牛带绦虫成虫和虫卵
A. 头节　B. 成熟节片　C. 孕卵节片　D. 虫卵

水牛、牦牛等。终末宿主为人。孕卵节片随粪便排出体外，污染饲料、饲草或饮水，牛吞食后，六钩蚴逸出进入肠壁血管中，随血液循环到达全身肌肉，经 10~12 周发育为牛囊尾蚴。主要分布在心肌、舌肌、咬肌等运动性强的肌肉中。人食入含有牛囊尾蚴的肌肉而感染，包囊被消化，头节吸附于小肠黏膜上，经 2~3 个月发育为成虫，其寿命可达 25 年以上。

（二）流行与预防

1. 流行　感染来源为患病或带虫的人。每个孕卵节片含虫卵 10 万个以上，平均每日排卵可达 70 余万个。虫卵在水中可存活 4~5 周，在湿润粪便中存活 10 周，在干燥牧场上可存活 8~10 周，在低湿牧场可存活 20 周。

该病呈世界性分布，无严格地区性，其流行主要取决于食肉习惯、人粪便管理及牛的饲养方式。有些地区居民有吃生牛肉或不熟牛肉的习惯，而呈地方性流行，其他地区多为散发。犊牛比成年牛易感性高。

2. 预防　做好人群中牛肥胖带吻绦虫病的普查和驱虫工作；加强人粪便管理，避免污染牛的饲料、草场、饮水；加强卫生监督工作，病肉无害化处理；加强宣传工作，改变生食牛肉的习惯。

（三）诊断

1. 临床症状　初期六钩蚴在体内移行时症状明显，主要表现体温升高，虚弱，腹泻，反刍减弱或消失，严重者可导致死亡。囊尾蚴在肌肉中发育成熟后，则不表现明显的症状。

2. 病理变化　多寄生于咬肌、舌肌、心肌、肩胛肌、颈肌、臀肌等处，有时也可寄生于肺、肝、肾及脂肪等处。在组织内的囊尾蚴，6 个月后即多已钙化。

3. 实验室诊断　同猪囊尾蚴病。

（四）治疗

同猪囊尾蚴病。

任务 4-2　牛线虫病防治

一、牛犊新蛔虫病

案例介绍：某奶牛场 2 月龄犊牛表现为食欲不振，吮奶量减少，逐渐被毛变粗乱，眼结膜苍白或黄白，牛体消瘦无力、精神沉郁、喜卧，有的腹胀，继而腹泻，稀粪中混有血丝，肛门、尾根粘有稀粪；严重的食欲废绝，最终发生死亡。剖检后，在小肠中发现虫体，两端尖细，呈圆柱状，体表光滑，淡黄白色。

问题：请结合所学知识诊断该牛场发生了什么疾病，如何生前诊断？如何治疗？

牛犊新蛔虫病是由弓首科新蛔属的牛新蛔虫寄生于犊牛小肠引起的疾病。主要特征为肠炎、腹泻、腹部膨大和腹痛。初生犊牛大量感染时可引起死亡。

（一）病原特征及生活史

1. 病原特征　牛新蛔虫，又称牛弓首蛔虫。虫体粗大，活体呈淡黄色，外形与猪蛔虫相似，但虫体表皮较薄，柔软，半透明且易破裂。雄虫长 11～26cm，尾部有一个小锥突，弯向腹面，交合刺 1 对，等长或稍不等长。雌虫长 14～30cm，尾直。虫卵近似圆形，淡黄色，卵壳厚，外层呈蜂窝状，内含 1 个胚细胞（图 4-4）。

2. 生活史　成虫寄生于 4～5 月龄犊牛小肠内，雌虫产出的虫卵随粪便排出体外，在适宜的条件下经 20～30d（27℃）发育为感染性虫卵，母牛吞食后在小肠内孵出幼虫，幼虫穿过肠黏膜

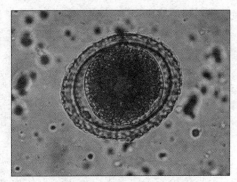

图 4-4　牛新蛔虫卵

移行至母牛的生殖系统组织中。母牛怀孕后，幼虫通过胎盘进入胎儿体内。犊牛出生后，幼虫在小肠约需 1 个月发育为成虫。

幼虫在母牛体内移行时，有一部分可经血液循环到达乳腺，使哺乳犊牛吸吮乳汁而感染。犊牛在外界吞食感染性虫卵后，发育的幼虫随血液循环在肝、肺等移行后，经支气管、气管、口腔，咽入消化道后随粪便排出体外，不能发育为成虫。成虫在犊牛小肠内可寄生 2～5 个月。

（二）流行与预防

1. 流行　感染来源为患病或带虫犊牛。虫卵对消毒剂抵抗力强，在 2% 福尔马林中仍可正常发育；地表面阳光直射 4h 全部死亡，干燥环境中 48～72h 死亡。感染期虫卵需80% 的相对湿度才能存活，故南方多见。主要发生于 5 月龄以内的犊牛，成年牛只在器官组织中有移行阶段的幼虫，而无成虫寄生。

2. 预防　对 15～30 日龄的犊牛进行驱虫，不仅可以及时治愈病牛，还能减少虫卵对外界环境的污染；加强饲养管理，注意保持犊牛舍及运动场的环境卫生，及时清理粪便并进行发酵处理。

139

（三）诊断

1. 临床症状 犊牛一般在出生2周后症状明显，精神沉郁，食欲不振，吮乳无力，贫血。虫体损伤引起小肠黏膜出血和溃疡，继发细菌感染而导致肠炎、腹泻、腹痛、便中带血或黏液、腹部膨胀、站立不稳。虫体毒素作用可引起过敏、阵发性痉挛等。成虫寄生数量多时，可致肠阻塞或肠破裂引起死亡。犊牛出生后在外界感染，由于幼虫移行损伤肺，而出现咳嗽、呼吸困难等，但可自愈。

2. 病理变化 小肠黏膜出血、溃疡，大量寄生时可引起肠阻塞或肠穿孔。犊牛出生后感染，可见肠壁、肝、肺等有点状出血、炎症。血液中嗜酸性粒细胞明显增多。

3. 实验室诊断 用漂浮法进行粪便检查发现虫卵，或剖检发现虫体可确诊。

（四）治疗

枸橼酸哌嗪（驱蛔灵），每千克体重250mg；丙硫咪唑，每千克体重10mg；左旋咪唑，每千克体重8mg；均一次口服。伊维菌素、阿维菌素，每千克体重0.2mg，皮下注射或口服。

二、网尾线虫病

案例介绍：某年5月中旬，贵州省某县泥高镇金锋村某牛场3头牛发病，当地兽医检查发现：病牛稍瘦，精神沉郁，腹泻，听诊肺有啰音，结膜苍白。一头牛在圈外呈前低后高，前肢叉开站立，头颈部向前伸，呼吸困难，呈腹式呼吸。另一头在圈内左侧卧地，口吐白沫。两头牛体温下降至35.5℃和35.2℃。还有一头精神稍好，体温40.5℃。1h后两头重牛死亡。经病史调查，3头牛均在14月龄左右，发病前体况、膘情良好，使用过驱虫药。4月中旬发病，开始时有点咳嗽，食欲减退，后逐渐加重，体况迅速消瘦。曾用过抗生素药，一直效果不佳。剖检病死牛发现胸腔积水。肺肿大，表面有大小不一的块状肝变，大小支气管为黄褐色，切开支气管和小支气管内见大量黄白色细长线状虫体，并成股或成团在支气管内蠕动。用贝尔曼氏法检查粪便发现有幼虫，虫体内细胞呈暗黑色，头端有半圆形突起。

问题：请诊断该牛场发生了什么疾病，并为该牛场提出防制该病的措施。

网尾线虫病是由网尾科网尾属的线虫寄生于牛、羊等反刍动物的支气管和气管引起的疾病，亦称肺线虫病。主要特征为群发性咳嗽，咳出的黏液团块中含有虫卵和幼虫，体温一般正常。

（一）病原特征及生活史

1. 病原特征 病原为胎生网尾线虫，寄生于牛、骆驼和多种野生反刍动物的支气管和气管内，多见于牛。虫体呈丝状，黄白色。雄虫长40～50mm，交合伞的中侧肋与后侧肋完全融合；两根交合刺呈黄褐色，为多孔性结构；引器为椭圆形，为多泡性结构。雌虫长60～80mm，阴门位于虫体中央部，其表面略突起呈唇瓣状。虫卵内含第1期幼虫。

2. 生活史 网尾线虫为直接发育型。成虫寄生于宿主的支气管内，雌虫产出的虫卵随咳嗽进入口腔后被咽下，在消化道中孵出第1期幼虫，随粪便排出体外，在适宜的条件下，经5～7d（20℃）蜕皮2次发育为感染性幼虫。宿主吃草或饮水时吞食感染性幼虫后感染，幼虫钻入肠壁，在肠淋巴结内蜕皮变为第4期幼虫，经淋巴循环到右心，再随血液循环到达肺，约需18d发育为成虫。成虫在牛体内的寿命与其营养状态和年龄有关。

（二）流行与预防

1. 流行　感染来源为患病或带虫牛等反刍动物。幼虫对热和干燥敏感，炎热季节不利于生存，干燥和直射阳光下可迅速死亡；但耐低温，4～5℃就可以发育，并可以保持活力 100d 之久。多见于潮湿地区，常呈地方性流行。胎生网尾线虫在西北、西南许多地区广泛流行，是放牧牛群，尤其是牦牛春季死亡的重要原因之一。主要危害幼龄动物，且症状明显，死亡率高。

2. 预防　由放牧转舍饲前进行 1 次驱虫，使牛安全越冬，2 月初再进行 1 次驱虫，以免"春乏"死亡，驱虫后 3～5d 内，对圈养牛，集中粪便发酵；实行划地轮牧。成年牛与幼龄牛分群放牧，保护幼龄牛不受感染；疏通牧场积水，注意饮水卫生。

（三）诊断

1. 临床症状　感染初期，幼虫移行引起肠黏膜和肺组织损伤，继发细菌感染时引起广泛性肺炎。成虫寄生时引起细支气管、支气管炎症，严重时使其阻塞。最明显的症状为咳嗽，由干咳转为湿咳，常具有群发性，特别是牛被驱赶或夜间时明显，常咳出黏液团块，镜检可检出虫卵或幼虫。常从鼻孔排出黏液分泌物，在鼻孔周围形成结痂，经常打喷嚏，逐渐消瘦，后期严重贫血。体温一般不升高。幼龄牛症状较严重，可引起死亡；成年牛症状较轻。

2. 病理变化　剖检时有虫体及黏液、脓汁、分泌物、血丝等阻塞细支气管，肺有不同程度的膨胀不全、气肿。虫体寄生部位的肺表面隆起，呈灰白色，触诊有坚硬感，切开后常可发现虫体。支气管黏膜肿胀、充血、出血。

3. 实验室诊断　粪便检查用幼虫分离法，检出第 1 期幼虫即可确诊。第 1 期幼虫头端钝圆，有一扣状结节，尾端细而钝，体内有黑色颗粒。剖检发现虫体和相应病变也可确诊。

（四）治疗

1. 左旋咪唑　按每千克体重 8～10mg，一次口服。

2. 丙硫咪唑　按每千克体重 10～15mg，一次口服。

3. 伊维菌素或阿维菌素　按每千克体重 0.2mg，口服或皮下注射。

三、牛吸吮线虫病

案例介绍：王某从牛圩上买回 1 头 1.5 岁左右的小黄牛，发现眼睛不断流泪，使眼眶下皮毛湿漉漉的。起初认为是眼结膜炎或角膜炎，用金霉素、四环素和红霉素眼膏点眼，7d 以后仍未见效。后借用放大镜对眼睛认真仔细地检查，发现眼球表面的眼结合膜囊和第三眼睑下有白色丝状活泼游动的虫体。

问题：请结合所学知识鉴定该游动的虫体是什么虫体，如何治疗？

牛吸吮线虫病是由吸吮科吸吮属的多种线虫寄生于牛的结膜囊、第三眼睑和泪管中引起的疾病，又称为牛眼虫病。主要特征为眼结膜角膜炎，常继发细菌感染而致角膜糜烂和溃疡。

（一）病原特征及生活史

1. 病原特征　吸吮线虫，体表有明显的横纹，口囊小，无唇，边缘上有内外两圈乳突。雄虫有众多的泄殖孔前乳突。雌虫阴门位于虫体前部。罗氏吸吮线虫最常见，还有大

141

口吸吮线虫、斯氏吸吮线虫。

（1）罗氏吸吮线虫。虫体呈乳白色，口囊呈长方形。雄虫长 9～13mm，尾部弯曲，两根交合刺不等长。雌虫长 14～18mm，尾端钝圆，尾尖侧面有一个小突起，阴门开口于虫体前部。胎生。

（2）大口吸吮线虫。体表横纹不明显，口囊呈碗状。雄虫长 6～9mm；雌虫长 11～14mm，阴门开口于食道的末端处。

（3）斯氏吸吮线虫。体表无横纹。雄虫长 5～9mm，交合刺短，近于等长。雌虫长 11～19mm。

2. 生活史　中间宿主为蝇。终末宿主为黄牛、水牛。雌虫在结膜囊内产出幼虫，中间宿主在舔食牛眼分泌物时吞入，约需 1 个月发育为感染性幼虫，幼虫移行至蝇的口器，当其舔食健康牛眼分泌物时引起牛感染，进入牛眼内约需 20d 发育为成虫。

（二）流行与预防

1. 流行　感染来源为患病或带虫黄牛和水牛。温暖地区蝇类常年活动，因此常年流行，但夏、秋季多发。北方一般在蝇类活跃季节发病。

2. 预防　在疫区每年秋、冬季节，结合牛体内的其他寄生虫，进行有计划驱虫，一般在蝇类大量出现之前还要进行 1 次驱虫，以减少病原体传播；搞好环境卫生，搞好灭蝇、灭蛆和灭蛹工作。

（三）诊断

1. 临床症状及病理变化　虫体机械性地损伤结膜和角膜，引起结膜炎、角膜炎，如继发细菌感染，最终可导致失明。病牛表现烦躁不安，磨蹭眼部，摇头，食欲不振、瘦弱，畏光、流泪，角膜混浊，结膜肿胀，严重影响采食和休息，导致生长发育缓慢、生产力下降。炎性过程加剧时，常有脓性分泌物流出，使上下眼睑黏合，严重时角膜穿孔，最后导致失明。混浊的角膜发生崩解和脱落时，一般能缓慢愈合，但在患处留下永久性白斑，影响视觉。结合临床资料，仔细检查病牛眼部，可见虫体在眼球上呈蛇样运动。

2. 实验室诊断　用吸耳球吸取 3％硼酸溶液，向第三眼睑和结膜囊内猛力冲洗，同时用弧形盘接取冲洗液，在其中发现虫体可确诊。检查眼部，发现虫体也可确诊。

（四）治疗

1. 四咪唑　按每千克体重 15mg，配成 2％水溶液，一次口服。

2. 左旋咪唑　按每千克体重 8mg，口服，1 次/d，连用 2d。

3. 伊维菌素或阿维菌素　按每千克体重 0.2mg，口服或皮下注射。

另外，用 1％敌百虫水溶液，点眼。3％硼酸溶液、1/1 500 碘溶液、2％海群生、0.5％来苏儿，强力冲洗眼结膜囊和第三眼睑，可杀死或冲出虫体。当并发结膜炎或角膜炎时，可应用青霉素软膏或磺胺类药物配合治疗。

任务 4-3　牛皮蝇蛆病防治

案例介绍：广安市广安区某村先后 4 次从外地购进青年黄牛 116 头，体重 100～150kg，从当年 6 月份起部分牛开始发病，7 月份达到高峰。经调查，这次发病绝大部分为购进牛，全村 319 头牛中，发病 120 头，并先后死亡 12 头，死亡率达 10%。检查发现，病牛体温正常，体况消瘦，被毛粗乱，精神沉郁，食欲下降，严重者呼吸困难，脉搏细弱，卧地不起。多数病牛脊柱两侧、臀部、下颌部、颈部和耳后部皮肤隆起，散布拇指大圆形硬结，个别硬结中央形成皮孔。从皮孔中取出虫体观察，虫体粗壮肥硕似大花生米，棕褐色。

问题：请鉴定该虫体是何寄生虫？该病有何危害？

牛皮蝇蛆病是由皮蝇科皮蝇属的幼虫寄生于牛的背部皮下组织引起的疾病，又称为牛皮蝇蚴病。主要特征为引起患牛消瘦，生产能力下降，幼畜发育不良，尤其是引起皮革质量下降。有时也可感染马、驴及野生动物，人也有被感染的报道。

（一）病原特征及生活史

1. 病原特征

（1）牛皮蝇蛆。牛皮蝇蛆最多见。第 3 期幼虫虫体粗壮，颜色随虫体的成熟程度而呈现淡黄、黄褐及棕褐色，长可达 28mm，最后 2 节背、腹均无刺，背面较平，腹面凸而且有很多结节，有两个后气孔，气门板呈漏斗状。成蝇外形似蜂，全身被有绒毛，口器退化（图 4-5）。虫卵为橙黄色，长圆形。

（2）纹皮蝇蛆。成蝇、虫卵及各个时期幼虫的形态与牛皮蝇基本相似。第 3 期幼虫体长约 26mm，最后 1 节无刺。

2. 生活史　两种蝇的生活史相似，属于完全变态，经卵、幼虫、蛹和成蝇 4 个阶段。成蝇多在夏季出现，雌、雄蝇交配后，雄蝇死亡。雌蝇在牛体产卵，产卵后死亡。虫卵经 4～7d 孵出第 1 期幼虫，经毛囊钻入皮下，移行至椎管硬膜的脂肪组织中，蜕皮变成第 2 期幼虫，然后从椎间孔钻出移行至背部皮下组织，蜕皮发育为第 3 期幼虫，在皮下形成指头大瘤状突起，皮肤有小孔与外界相通，成熟后落地化蛹，最后羽化为成蝇。

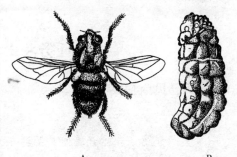

图 4-5　牛皮蝇

A. 成蝇　B. 第 3 期幼虫

（张西臣，李建华．2010. 动物寄生虫病学）

第 1 期幼虫到达椎管或食道的移行期约 2.5 个月，在此停留约 5 个月；在背部皮下寄生 2～3 个月，一般在第 2 年春天离开牛体；蛹期为 1～2 个月。幼虫在牛体内全部寄生时间为 10～12 个月。成蝇在外界只存活 5～6d。

（二）流行与预防

1. 流行　感染来源为牛皮蝇和纹皮蝇。主要流行于我国西北、东北及内蒙古地区。多在夏季发生感染。1 条雌蝇一生可产卵 400～800 枚。牛皮蝇产卵主要在牛的四肢上部、腹部及体侧被毛上，一般每根毛上黏附 1 枚。纹皮蝇产卵于后肢球节附近和前胸及前腿部，每根毛上可黏附数枚至十几枚。

2. 预防　消灭牛体内幼虫，不仅有重要的预防作用，也有治疗作用。在流行区感染季节可用 2% 的敌百虫溶液等在牛背部皮肤上涂擦或泼淋，以杀死幼虫。在流行区皮蝇飞翔季节，可用敌百虫、蝇毒灵等喷洒牛体，每隔 10d 用药 1 次，防止成蝇产卵或杀死第 1

143

期幼虫。

（三）诊断

1. 临床症状 成蝇虽然不叮咬牛，但在夏季繁殖季节，成群围绕牛飞翔，尤其是雌蝇产卵时引起牛惊恐不安、奔跑，影响采食和休息，引起消瘦，易造成外伤和流产，生产能力下降等。幼虫寄生皮下时，引起局部痛痒，牛表现不安。有时因幼虫移行伤及延脑或大脑可引起神经症状，严重者可引起死亡。

2. 病理变化 幼虫在体内移行时，造成移行各处组织损伤，在背部皮下寄生时，引起局部结缔组织增生和发炎，背部两侧皮肤上有多个结节隆起。当继发细菌感染时，可形成化脓性瘘管，幼虫钻出后，瘘管逐渐愈合并形成瘢痕，严重影响皮革质量。幼虫分泌的毒素损害血液和血管，引起贫血。

3. 实验室诊断 幼虫寄生于背部皮下时容易确诊。初期触诊有皮下结节，后期眼观可见隆起，可挤出幼虫，但注意勿将虫体挤破，以免发生变态反应。夏季在牛被毛上发现单个或成排的虫卵可为诊断提供参考。

（四）治疗

1. 伊维菌素或阿维菌素 按每千克体重0.2mg，皮下注射。

2. 蝇毒灵 按每千克体重10mg，肌内注射，对皮蝇蛆有良好的杀灭效果。

当幼虫成熟而且皮肤隆起处出现小孔时，可将幼虫挤出，虫体集中焚烧。其他治疗方法参见预防。

任务 4-4　牛原虫病防治

一、巴贝斯虫病

案例介绍：吉林省通榆县某养牛户饲养黑白花母牛9头，其中4头突然发病，1头死亡，病牛食欲减退，反刍停止，体温40℃以上，呈稽留热，脉搏呼吸加快，可视黏膜黄染，腹泻，尿呈红色。血液稀薄，淡红色，不凝固。采耳尖静脉血涂片，用姬姆萨染色法、镜检，发现长度大于红细胞半径的虫体，其尖端相连成锐角。

问题：请鉴定该牛患上了什么寄生虫病？该病如何防治？

牛巴贝斯虫病是由巴贝斯属的双芽巴贝斯虫和牛巴贝斯虫等寄生于牛的红细胞内所引起的血液原虫病。该病经蜱传播，故又称为蜱热。临床上常出现血红蛋白尿，又称红尿热。主要特征为高热、贫血、黄疸、血红蛋白尿。该病对牛的危害很大，各种牛均易感染，尤其是从非疫区引入的易感牛，如果得不到及时治疗，死亡率很高。

（一）病原特征及生活史

1. 病原特征 巴贝斯虫，种类很多，我国已报道牛有3种。

(1) 双芽巴贝斯虫。虫体长2.8～6μm，为大型虫体。每个红细胞内多为1～2个虫体，多位于红细胞中央。经姬姆萨染色后，胞浆呈淡蓝色；核呈紫红色，往往位于虫体边缘，染色质2团。典型虫体为成双的梨籽形以尖端相连成锐角（图4-6）。

(2) 牛巴贝斯虫。虫体长1～2.4μm，为小型虫体，有1团染色质块。每个红细胞内多为 1～3 个虫体，多位于红细胞边缘。典型虫体为成双的梨籽形以尖端相连成钝角，甚至呈"一"字形（图4-7）。

（3）卵形巴贝斯虫。卵形巴贝斯虫为大型虫体，虫体多为卵形，中央往往不着色，形成空泡。虫体多数位于红细胞中央。典型虫体为双梨籽形，较宽大，两尖端成锐角相连或不相连。

虫体大小、排列方式、在红细胞中的位置、染色质团块数与位置及典型虫体的形态等，都是鉴定虫种的依据。典型虫体的形态具有诊断意义。

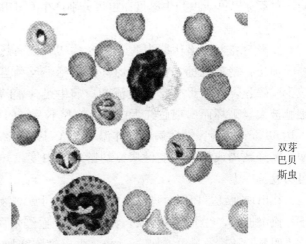

图 4-6　红细胞中的双芽巴贝斯虫

2. 生活史　巴贝斯虫的发育过程基本相似，需要 2 个宿主才能完成其发育，中间宿主为牛，终末宿主是一定种属的蜱。现以牛双芽巴贝斯虫为例介绍：带有子孢子的蜱吸食牛血液时，子孢子进入红细胞中使其感染，以裂殖生殖的方式繁殖，产生裂殖子。当红细胞破裂后，释放出的虫体再侵入新的红细胞，重复上述发育，最后形成配子体。当蜱吸食带虫牛或病牛血液后，在蜱的肠内进行配

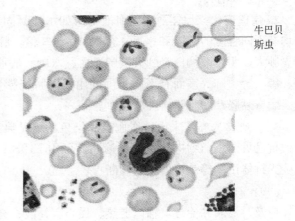

图 4-7　红细胞中的牛巴贝斯虫

子生殖，然后在蜱的唾液腺等处进行孢子生殖，产生许多子孢子。蜱吸食牛血液时注入牛体内，再侵入其他牛红细胞。

（二）流行与预防

1. 流行　感染来源为患病或带虫牛，虫体存在于血液中。经皮肤感染。双芽巴贝斯虫可经胎盘传播给胎儿。传播蜱主要为微小牛蜱。

凡有传播蜱存在的地区均有本病流行。由于传播蜱的分布具有地区性，活动具有季节性，因此，本病的发生与流行也具有明显的地区性和季节性，每年春末至秋季均可发病。由于主要传播蜱在野外发育繁殖，所以本病多发生于放牧时期，舍饲牛则发病较少。

两岁以内的犊牛发病率高，但症状较轻，死亡率低。成年牛发病率低，但症状较重，死亡率高，尤其是老、弱及使役过度的牛发病更加严重。纯种牛及外地引进牛易发病，发病较重且死亡率高，而当地牛具有一定的抵抗力。

2. 预防　做好灭蜱工作，实行科学轮牧。在蜱流行季节，牛尽量不到蜱大量滋生的草场放牧，必要时可改为舍饲；加强检疫，对外地调进的牛，特别是从疫区调进时，一定要检疫后隔离观察，患病或带虫者应进行隔离治疗；在发病季节，可用咪唑苯脲进行预

标注：双芽巴贝斯虫

标注：牛巴贝斯虫

防，对双芽巴贝斯虫和牛巴贝斯虫可分别产生 60d 和 21d 的保护作用。

（三）诊断

1. 临床症状　潜伏期为 8～15d。病初表现高热稽留，体温可达 40～42℃，脉搏和呼吸加快，精神沉郁，食欲减退甚至废绝，反刍迟缓或停止，便秘或腹泻，乳牛泌乳减少或停止，妊娠母牛常发生流产。病牛迅速消瘦，贫血，黏膜苍白或黄染。由于红细胞被大量破坏而出现血红蛋白尿。治疗不及时的重症病牛可在 4～8d 内死亡，死亡率可达 50%～80%。慢性病例，体温在 40℃ 上下持续数周，食欲减退，渐进性贫血和消瘦，需经数周或数月才能健康。幼龄病牛中度发热仅数日，轻度贫血或黄染，退热后可康复。

在出现血红蛋白尿时进行实验室检查，可见血液稀薄，红细胞数降至 200 万/mm³ 以下，血沉加快，红细胞着色淡，大小不均，血红蛋白减少到 25% 左右。白细胞在病初变化不明显，随后数量可增加 3～4 倍，淋巴细胞增加，中性粒细胞减少，嗜酸性粒细胞降至 1% 以下或消失。

2. 病理变化　尸体消瘦，血液稀薄如水，凝固不良。皮下组织、肌间结缔组织及脂肪均有不同程度的黄染和水肿。脾肿大 2～3 倍，脾髓软化呈暗红色。肝肿大呈黄褐色，胆囊肿大，胆汁浓稠。肾肿大。肺淤血、水肿。心肌松软，心脏内膜及外膜、心冠脂肪、肝、脾、肾、肺等表面有不同程度的出血。膀胱膨大，黏膜有出血点，内有多量红色尿液。皱胃黏膜和肠黏膜水肿、出血。

3. 实验室诊断　采血，作血涂片染色，可见典型巴贝斯虫虫体，即可确诊。还可用特效抗巴贝斯虫药物进行治疗性诊断。可用 ELISA、间接血凝试验、补体结合反应、间接荧光抗体试验等免疫学方法诊断。

（四）治疗

应及时诊断和治疗，辅以退热、强心、补液、健胃等对症、支持疗法。常用以下药物治疗。

1. 咪唑苯脲　对各种巴贝斯虫均有较好的治疗效果。治疗剂量每千克体重 1～3mg，配成 10% 的水溶液肌内注射。该药安全性较好，增大剂量至每千克体重 8mg，仅出现一过性的呼吸困难，流涎，肌肉颤抖，腹痛和排出稀便等副反应，约经 30min 后消失。该药在体内不进行降解代谢并排泄缓慢，易残留，一些国家不允许该药用于肉食动物和乳用奶牛、或规定动物用药后 28d 内不可屠宰供食用。

2. 三氮脒（贝尼尔）　按每千克体重 3.5～3.8mg，配成 5%～7% 溶液深部肌内注射。黄牛偶尔出现起卧不安，肌肉震颤等不良反应，但很快消失。水牛对本药较敏感，一般用药一次较安全，连续使用易出现毒性反应，甚至死亡。妊娠牛慎用。休药期为 28～35d。

3. 锥黄素（吖啶黄）　按每千克体重 3～4mg，配成 0.5%～1% 水溶液，静脉注射，若症状未减轻，24h 后再注射 1 次。病牛在治疗后数日内避免烈日照射。

4. 硫酸喹啉脲（阿卡普林）　按每千克体重 0.6～1mg，配成 5% 水溶液皮下注射。有时注射后数分钟出现起卧不安，肌肉震颤，流涎，出汗，呼吸困难等不良反应。一般于 1～4h 后自行消失，严重者可按每千克体重 10mg 皮下注射阿托品解救。有时导致妊娠牛流产。

二、泰勒虫病

案例介绍：河南省鹤壁市某乡数头耕牛一直发热，用解热消炎剂等治疗 4d 不降温，口色发白，食欲废绝，临床检查发现体温 40.5～41.8℃，呈稽留热，肩前、腹股沟巴结肿大，有痛感，牛角很热，呼吸 80～110 次/min，心跳 80～120 次/min。眼结膜潮红；病情较重者，精神萎靡，低头耷耳，眼下陷，拱腰缩腹，静处一隅，卧时头弯向一侧；先便秘后腹泻或交替发生，粪带黏液和血液，尿频、量少、色深黄，但无血尿。可视黏膜苍白、贫血、有轻度黄疸，喜吃土、磨牙、呻吟、不食少饮，迅速消瘦，体表皮肤上发现多量蜱虫。

问题：请诊断该乡耕牛发生了什么疾病？应采取什么措施防治该病？

泰勒虫病是由泰勒科泰勒属的原虫寄生于牛、羊等动物的巨噬细胞、淋巴细胞和红细胞内引起的疾病。主要特征为高热稽留、贫血、黄染、体表淋巴结肿大，发病率和死亡率都很高。

（一）病原特征及生活史

1. 病原特征　我国已报道的牛羊泰勒虫主要有 3 种。寄生于牛的有环形泰勒虫和瑟氏泰勒虫。前者在我国北方广泛流行，危害较大。瑟氏泰勒虫病发病较少，其症状与环形泰勒虫病相似，但症状和缓，病程较长，死亡率较低。

（1）环形泰勒虫。环形泰勒虫寄生于红细胞内的虫体以环形和卵圆形为主，还有杆形、圆形、梨籽形、逗点形、十字形和三叶形等多种形态（图 4-8）。小型虫体，有一团染色质，多数位于虫体一侧边缘，经姬姆萨染色，原生质呈淡蓝色，染色质呈红色。裂殖体出现于单核巨噬系统的细胞内，如巨噬细胞、淋巴细胞等，或游离于细胞外，称为柯赫氏体、石榴体，虫体圆形，内含许多小的裂殖子或染色质颗粒（图 4-9）。

（2）瑟氏泰勒虫。瑟氏泰勒虫寄生于红细胞内的虫体以杆形和梨籽形为主。细胞内裂殖体较

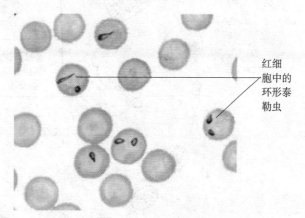

红细胞中的环形泰勒虫

图 4-8　环形泰勒虫

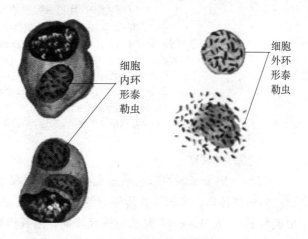

细胞内环形泰勒虫

细胞外环形泰勒虫

图 4-9　环形泰勒虫裂殖体

147

少，多为游离的胞外裂殖体。

2. 生活史 寄生于牛、羊体内各种泰勒虫的发育过程基本相似。带有子孢子的蜱吸食牛、羊血液时，子孢子随蜱唾液进入其体内，首先侵入局部单核巨噬系统的细胞内进行裂殖生殖，形成大裂殖体和大裂殖子。大裂殖子又侵入其他巨噬细胞和淋巴细胞内重复上述裂殖生殖过程。与此同时，部分大裂殖子随淋巴和血液循环扩散到全身，侵入其他脏器的巨噬细胞和淋巴细胞再进行裂殖生殖，经若干世代后，形成小裂殖体和小裂殖子，进入红细胞中发育为配子体。幼蜱或若蜱吸食病牛或带虫牛血液时，将含有配子体的红细胞吸入体内，配子体由红细胞逸出，变为大配子和小配子，结合形成合子，继续发育为动合子。当蜱完成蜕化时，动合子进入蜱的唾腺变为合孢体开始孢子生殖，分裂产生许多子孢子。蜱吸食牛、羊血液时，子孢子进入其体内，重复上述发育过程（图 4-10）。

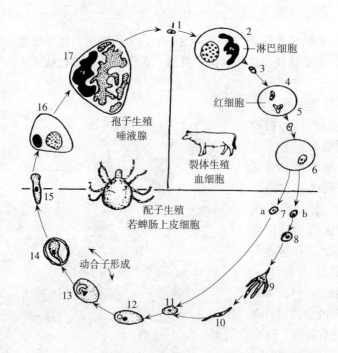

图 4-10　环形泰勒虫的生活史

1. 子孢子　2. 在淋巴细胞内裂体生殖　3. 裂殖子

4、5. 红细胞内裂殖子的双芽增殖分裂　6. 红细胞内裂殖子变成球形的配子体

7. 在蜱肠内的大配子（a）和早期小配子（b）　8. 发育着的小配子

9. 成熟的小配子体　10. 小配子　11. 受精　12. 合子

13. 动合子形成开始　14. 动合子形成接近完成　15. 动合子

16、17. 在蜱唾液细胞内形成的大的母孢子，内含无数子孢子

（张西臣，李建华 . 2010. 动物寄生虫学）

（二）流行与预防

1. 流行 感染来源为患病或带虫牛，虫体存在于血液中。经皮肤感染。一种泰勒虫可以由多种蜱传播。本病随着传播蜱的季节性消长而呈明显的季节性变化。环形泰勒虫病主要流行于 5～8 月，6～7 月为发病高峰期，因其传播蜱（璃眼蜱）为圈舍蜱，故多发生于舍饲牛。瑟氏泰勒虫病主要流行于 5～10 月，6～7 月为发病高峰期，传播蜱（血蜱）

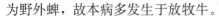

为野外蜱，故本病多发生于放牧牛。

2. 预防　我国已成功研制出环形泰勒虫裂殖体胶冻细胞苗，接种 20d 后产生免疫力，免疫期在 1 年以上，但对瑟氏泰勒虫和羊泰勒虫无交叉免疫保护作用。在流行区内，根据发病季节，在发病前使用磷酸伯氨喹啉或三氮脒，预防期约 1 个月，亦有较好的效果。注意圈舍灭蜱，可向墙缝喷洒药物。在发病季节应尽量避开山地、次生林地等蜱滋生地放牧；在引进牛时，应进行体表蜱及血液寄生虫学检查。

（三）诊断

1. 临床症状　潜伏期 14～20d，多呈现急性经过。病初表现高热稽留，体温高达40～42℃，体表淋巴结（肩前、腹股沟浅淋巴结）肿大，有痛感，眼结膜初充血、肿胀，后贫血黄染；心跳加快，呼吸增数；食欲大减或废绝，有的出现啃土等异嗜现象，个别出现磨牙；颌下、胸腹下水肿。中后期在可视黏膜、肛门、阴门、尾根及阴囊等处出现出血点或出血斑；病牛迅速消瘦，严重贫血，红细胞数减少至 300 万/mm³ 以下，血红蛋白降至20%--30%，血沉加快；肌肉震颤，卧地不起。多在发病后 1～2 周内死亡。濒死前体温降至常温以下。耐过病牛成为带虫者。

2. 病理变化　全身皮下、肌间、黏膜和浆膜上均有大量出血点或出血斑。全身淋巴结肿大，切面多汁，有暗红色和灰白色大小不一的结节。皱胃黏膜肿胀，有许多针头至黄豆大暗红色或黄白色结节，有的结节坏死、糜烂后形成边缘不整且稍微隆起的溃疡灶，胃黏膜易脱落。小肠和膀胱黏膜有时也可见到结节和溃疡。脾肿大明显，被膜有出血点，脾髓质软呈紫黑色泥糊状。肾肿大、质软，表面有粟粒大暗红色病灶，外膜易剥离。肝肿大、质脆，呈棕黄色，表面有出血点，并有灰白或暗红色病灶。胆囊扩张，胆汁浓稠。肺有水肿或气肿，表面有多量出血点。

3. 实验室诊断　泰勒原虫病的病畜，常呈现局部的体表淋巴结肿大，早期采取淋巴结穿刺液作涂片，检查有无石榴体（柯赫氏蓝体），以便做出早期诊断。操作方法：首先将病畜保定，用右手将肿大的淋巴结（通常采用肩前淋巴结）稍向上方推移，并用左手固定淋巴结，穿刺部位剪毛、消毒，局部麻醉，以 10mL 注射器和较粗的针头，刺入淋巴结，抽取淋巴组织和淋巴液，拔出针头，将针头内容物推挤到载玻片上，涂上抹片，固定，染色（与血片染色法同），镜检有无石榴体。

后期耳静脉采血涂片镜检，可在红细胞内找到虫体也可以确诊。

根据实验室检查结果，结合流行病学、症状、剖检变化进行综合诊断。流行病学主要考虑发病季节、传播媒介及是否为外地引进牛等。症状和病理变化主要注意高热稽留、贫血、黄疸、全身性出血、全身淋巴结肿大、真胃黏膜有溃疡灶等。

（四）治疗

由于目前尚无治疗该病的特效药，因此，精心护理，对症治疗和支持疗法就显得比较重要。要做到早期诊断、早期治疗，同时还要采取退热、强心、补液及输血等对症、支持疗法，才能提高治疗效果。为控制并发或继发感染，还应配合应用抗菌消炎药。常用以下药物进行治疗。

1. 磷酸伯氨喹啉（PMQ）　每千克体重按 0.75～1.5mg，口服或肌内注射，3～5d 为 1 个疗程。该药对环形泰勒虫的配子体有较好的杀灭作用，在疗程结束后 2～3d，可使红细胞染虫率明显下降。

2. 三氮脒（贝尼尔）　每千克体重 7mg，配成 7% 水溶液，肌内注射，1 次/d，3～

5d 为 1 个疗程。

3. 新鲜黄花青蒿 每日每牛用 2～3kg，分 2 次口服。用法：将青蒿切碎，用冷水浸泡 1～2h，然后连渣灌服。2～3d 后，染虫率可明显下降。

国外有用长效土霉素和常山酮治疗的报道。

三、牛胎儿毛滴虫病

案例介绍：河北藁城市某奶牛场一奶牛于 2001 年 3 月份流产，之后长期不孕，曾按子宫内膜炎用青霉素、链霉素、激素等药物治疗，用生理盐水、高锰酸钾溶液冲洗无效，因此前往当地兽医站求诊。兽医人员诊治时发现奶牛阴道内有灰白色絮状物排出，阴道黏膜上有小疹样结节。探诊阴道内感觉黏膜粗糙，如同触及砂纸一般，阴门有"放屁"现象。取少量阴道黏液，用生理盐水稀释，取沉淀物于载玻片上，在显微镜下观察，发现长度略大于一般白细胞的虫体，波动膜及鞭毛清晰可见。

问题：请结合所学知识鉴定是什么虫体？该牛患上何种疾病？如何防制？

本病是由毛滴虫科三毛滴虫属的毛滴虫寄生于牛的生殖器官引起的疾病，主要特征为生殖器官炎症、机能减退、孕牛流产等。

（一）病原特征及生活史

1. 病原特征 胎儿三毛滴虫，呈纺锤形、梨形，前半部有核，有波动膜，前鞭毛 3 根，后鞭毛 1 根，中部有一个轴柱，贯穿虫体前后，并突于虫体尾端（图 4-11）。悬滴标本中可见其运动性。

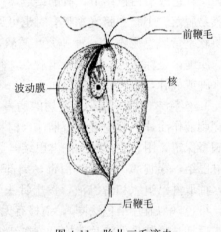

图 4-11 胎儿三毛滴虫

（前鞭毛、核、后鞭毛、波动膜）

2. 生活史 牛胎儿三毛滴虫主要寄生于母牛阴道和子宫内，公牛包皮鞘、阴茎黏膜和输精管等处。母牛怀孕后虫体可寄生在胎儿的皱胃、体腔以及胎盘和胎液中。虫体以纵二分裂方式进行繁殖。

（二）流行与预防

1. 流行 感染来源为患病或带虫牛。主要通过交配感染，人工授精时带虫的精液和器械亦可传播。多发生于配种季节。虫体对外界抵抗力较弱，对热敏感，对冷有较强耐受性；对化学消毒药敏感，大部分消毒剂可杀死。

2. 预防 引进种公牛时要做好检疫，一般种公牛感染应淘汰，价值较高的种公牛可以治疗，但在判断是否治愈时应慎重。人工授精器械及授精员手臂要严格消毒。

（三）诊断

1. 临床症状及病理变化 公牛感染后发生黏液脓性包皮炎，出现粟粒大小的结节，有痛感，不愿交配。随着病情发展，由急性转为慢性，症状消失，但仍带虫，为重要的感染来源。母牛感染后 1～3d，出现阴道红肿，黏膜可见粟粒大结节，排出黏液性或黏液脓性分泌物。怀孕后 1～3 个月多发生流产、死胎。可导致子宫内膜炎、子宫蓄脓、发情期延长或不孕。

2. 实验室诊断 采集生殖道分泌物或冲洗液、胎液、流产胎儿皱胃内容物镜检，发现虫体后确诊。

（四）治疗

（1）可用0.2%碘液、1%钾肥皂、0.1%黄色素、0.1%三氮脒、8%鱼石脂甘油溶液，2%红汞液等冲洗生殖道，在30min内，可使脓液中的牛胎毛滴虫死亡，1次/d，连用数天。

（2）用10%灭滴灵水溶液局部冲洗，隔日1次，连用3次。甲硝达唑（灭滴灵），每千克体重10mg，配成5%的水溶液静脉注射，1次/d，连用3d。

此外，1%大蒜乙醇浸液，0.5%硝酸银溶液也很有效。治疗公牛，要设法使药液停留在包皮腔内相当时间，并按摩包皮数分钟。隔日冲洗1次，整个疗程为2～3周。在治疗期间禁止交配，以免影响效果及传播该病。

四、隐孢子虫病

案例介绍： 烟台某奶牛场犊牛出现体温升高、厌食、腹泻，粪便带有血液和黏液，剖检发现犊牛皱胃内有大量的凝乳块，小肠黏膜充血，肠系膜淋巴结肿胀，采集病料用改良的酸性染色法染色后镜检，发现有寄生虫卵囊且被染成红色。

问题： 请诊断该牛患上何种疾病？有无可靠的治疗方法？

隐孢子虫病是由隐孢子虫科隐孢子虫属的隐孢子虫寄生于牛、羊和人胃肠黏膜上皮细胞内引起的疾病。本病在艾滋病人群中感染率很高，是重要的致死原因之一，是重要的人畜共患病。主要特征为严重腹泻。

（一）病原特征及生活史

1. 病原特征 隐孢子虫的卵囊呈圆形或椭圆形、卵囊壁光滑、无色，囊壁上有裂缝，无微孔、极粒和孢子囊。每个卵囊内有4个裸露的香蕉形的子孢子和1个残体，残体由1个折光体和一些颗粒组成（图4-12）。寄生于牛的隐孢子虫主要有安氏隐孢子虫、微小隐孢子虫和牛隐孢子虫。

2. 生活史 隐孢子虫的发育过程与球虫相似，有裂殖生殖、配子生殖和孢子生殖阶段。

（1）裂殖生殖。牛、羊等吞食孢子化卵囊而感染，子孢子进入胃肠上皮细胞绒毛层内进行裂殖生殖，产生3代裂殖体，其中第1、3代裂殖体含8个裂殖子，第2代裂殖体含4个裂殖子。

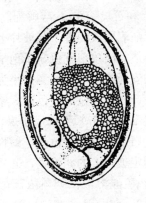

图4-12 隐孢子虫卵囊构造模式

（2）配子生殖。第3代裂殖子中的一部分发育为大配子体、大配子（雌性），另一部分发育为小配子体、小配子（雄性），大、小配子结合形成合子，外层形成囊壁后发育为卵囊。

（3）孢子生殖。配子生殖形成的合子，可分化为两种类型的卵囊，即薄壁型卵囊（占

20%）和厚壁型卵囊（占80%）。薄壁型卵囊可在宿主体内脱囊，造成宿主的自体循环感染；厚壁型卵囊发育为孢子化卵囊后，随粪便排出体外，牛、羊等吞食后重复上述发育过程。与球虫发育过程不同的是卵囊的孢子化过程是在宿主体内完成，排出的卵囊即已经孢子化。

（二）流行与预防

1. 流行 感染来源为患病或带虫牛、羊和人，卵囊存在于粪便中。隐孢子虫不具有明显的宿主特异性，多数可交叉感染。人的感染主要来源于牛，人群中也可以互相感染。经口感染，也可通过自体感染。还可以感染马、猪、犬、猫、鹿、猴、兔、鼠类等。哺乳动物的隐孢子虫病均有其各自的病原体。本病在艾滋病人群中感染率很高，是重要的致死原因之一；卵囊对外界环境抵抗力很强，在潮湿环境中可存活数月，对大多数化学消毒剂有很强的抵抗力，50%氨水，30%福尔马林作用30min才能杀死。

犊牛和羔羊多发，而且发病严重。人群中以1岁以下婴儿感染比较普遍。呈世界性分布，已有70多个国家报道。我国绝大多数省区存在本病，人、牛的感染率均很高。

2. 预防 由于目前还没有特效药物，尚无可值得推荐的预防方案，因此加强饲养管理，提高动物免疫力，是目前唯一可行的办法。发病后要及时进行隔离治疗。严防牛、羊及人等粪便污染饲料和饮水。

（三）诊断

1. 临床症状 潜伏期为3～7d。表现精神沉郁，厌食，腹泻，消瘦，粪便带有黏液，有时带有血液。有时体温升高。牛的死亡率可达16%～40%。

2. 病理变化 病理剖检特征为空肠绒毛层萎缩和损伤，肠黏膜固有层中的淋巴细胞、浆细胞、嗜酸性粒细胞和巨噬细胞增多，呈现出典型的肠炎病变。犊牛常有组织脱水，大肠和小肠黏膜水肿、有坏死灶，肠内容物含有纤维素块和黏液。在病变部位有发育中的各期虫体。

3. 实验室诊断 实验室检查是确诊本病的重要依据。常用实验室检查方法如下。

（1）糖溶液漂浮法。取粪样5～10g或水样粪便5～10mL，加等量蒸馏水调匀，用孔径300μm筛网过滤，取1mL粪液与10mL饱和蔗糖溶液（在320mL蒸馏水中加入蔗糖500g和石炭酸9mL溶解配制而成），混匀，以3 000r/mim离心10min，用小铁丝环蘸取漂浮液表层液膜置于载玻片上，加盖玻片，以10×100倍油镜镜检。卵囊呈发亮、折光的球形体，淡玫瑰红色，子孢子不清，内有球状残体，透明、反光为其最大的特征。奶牛粪便的安氏隐孢子虫卵囊大小为7.4μm×5.6μm。

（2）改良抗酸染色法。感染严重时，可用粪便直接涂片或死后用病变部肠黏膜涂片，自然干燥或37℃下彻底干燥，滴加甲醇固定5min，在涂片区域滴加改良抗酸染色液第一液（石炭酸复红染色液：碱性复红4g，95%酒精20mL，石炭酸8mL，蒸馏水100mL），以固定玻片上的滤液膜，5～10min后用水冲洗（注意：不能直接冲粪膜），再滴加第二液〔10%硫酸溶液：98%浓硫酸10mL，蒸馏水90mL（边搅拌边将硫酸徐徐倾入水中）〕，5～10min后用水冲洗，滴加第三液（0.2%孔雀绿液：0.2g孔雀绿，蒸馏水100mL）1min水洗，自然干燥后以油镜观察。

结果判定：染色背景为蓝绿色，圆形或椭圆形的卵囊和4个月芽形的子孢子均染成玫瑰红色。子孢子排列多不规则，呈多种形态。其他非特异颗粒则染成蓝黑色，容易与卵囊区分。但有些杂质可能也染成橘红色，应加以区分。

其他用于诊断隐孢子虫病的染色方法：①姬姆萨染色法，能清晰地显示卵囊的内部结构，但缺点是不能将卵囊和酵母相区别。②番红-美蓝染色法，其染色效果与抗酸染色相比基本一致。③美蓝-伊红染色法，酵母菌着色比卵囊重。④革兰氏染色法，酵母菌着紫红色，卵囊着淡红色。⑤苯胺黑染色法，这是一种负染法。以上染色法处理过的标本用亮视野显微镜的高倍或油镜头检查即可。

另外，荧光染色法也可用于隐孢子虫病的诊断。

（四）治疗

目前尚无特效药物，国内曾有报道大蒜素对人隐孢子虫病有效。国外有采用免疫学疗法的报道，如口服单克隆抗体、高免兔乳汁等方法治疗病人。有较强抵抗力的牛、羊，采用对症疗法和支持疗法有一定效果。

岗位操作任务

牛寄生虫病的血液学检查

【学习任务描述】

牛寄生虫病的血液学检查是根据动物疫病防治员、动物疫病检疫检验员等的工作要求和牛场兽医典型工作任务的需要而安排的，通过该任务的实训为牛血液寄生虫病的早期诊断及早治疗提供技术支持。

【学习目标】

完成本学习任务后，你应当能够：

1. 专业能力

（1）掌握血液的采集和处理方法。

（2）掌握血液中寄生虫的检测方法。

（3）能识别血液中伊氏锥虫、梨形虫、蠕虫等。

2. 方法能力

（1）具有查找牛血液寄生虫病相关资料并截取信息的能力。

（2）具有根据生产实践及时调整工作计划方案的应变能力。

（3）具有在教师、技师或同学帮助下，主动参与评价自己及他人任务完成程度的能力。

3. 社会能力

（1）应具有主动参与小组活动，积极与他人沟通和交流，团队协作的能力。

（2）能与养殖户和其他的同学建立良好的、持久的合作关系。

【学习过程】

第一步 资讯

（1）查找《国家动物疫病防治员职业标准》《国家动物疫病检疫检验员职业标准》及相关的国家标准、行业标准、行业企业网站，获取完成工作任务所需的信息。

（2）瑞氏染色液和姬姆萨染色液的配制方法。

第二步 学习情境

某规模化牛场养殖情况案例或某规模化养牛场。

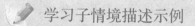

学习子情境描述示例

湖北省安格斯种牛场有 200 头安格斯牛，共患病 37 头，死亡 1 头。临床表现：体温高达 40～41.5℃，多为急性，呈稽留热，精神沉郁，喜卧，心跳、呼吸加快，食欲减退，肠蠕动及反刍弛缓，部分伴有便秘、腹泻现象，消瘦，贫血，排有特征性的血红蛋白尿，眼结膜黄疸，食欲废绝，四肢无力，心跳和呼吸加快。剖检发现：尸体消瘦，胸腹部皮下水肿，皮下结缔组织苍白甚至黄染，血液稀薄如水；脾肿大，切面呈紫红色，部分软化；肝充血肿大，切面呈灰棕色；胆囊肿大，内充满黏稠胆汁；肾肿大，表面有出血点；膀胱充满大量红色尿液，黏膜有出血点；真胃与肠黏膜有点状出血，以直肠最明显。

要对该病进行确诊，应采用什么方法？

第三步　材料准备和人员分工

1. 材料　显微镜、手提电脑、多媒体投影仪、检查时用的手套、天平、离心机、胶头滴管、采血针头、采血器、载玻片、盖玻片、试管、烧杯、染色缸、污物缸、剪刀、镊子、剪毛剪、记号笔等仪器和用具；生理盐水、2％枸橼酸钠溶液、甲醇、姬姆萨染色液、瑞氏染色液等试剂。

2. 人员分工　每个班级配备一位学院教师、一位企业技师，每个小组 6～7 个人，按照任务要求进行人员分配。

序号	人员	数量	任务分工
1			
2			
3			
4			
5			

第四步　实施步骤

(1) 采集血液样品。

(2) 用鲜血压滴法检查锥虫和血液中蠕虫。

(3) 用染色法检查梨形虫（用瑞氏染色法和姬姆萨染色法进行检查）。

(4) 若以上方法未检测到血液中虫体，可用离心集虫法检查。

(5) 写出检查报告，并将检查结果报告给指导教师。

第五步　评价

1. 教师点评　根据上述学习情况（包括过程和结果）进行检查，做好观察记录，并进行点评。

2. 学生互评和自评　每个同学根据评分要求和学习的情况，对小组内其他成员和自己进行评分。

通过互评、自评和教师（包括养殖场指导教师）评价来完成对每个同学的学习效果评价。评价成绩均采用 100 分制，考核评价表见如表 4-1 所示。

表 4-1　考核评价表

班级＿＿＿＿＿＿＿＿　学号＿＿＿＿＿＿　学生姓名＿＿＿＿＿＿　总分＿＿＿＿＿＿＿＿＿

评价能力维度		考核指标解释及分值	教师（技师）评价 40％	学生自评 30％	小组互评 30％	得分	备注
1	专业能力 50％	（1）掌握血液的采集和处理方法。（10分） （2）掌握血液中寄生虫的检查方法。（鲜血压滴法、涂片染色法和集虫法）（20分） （3）能识别血液中伊氏锥虫、梨形虫、蠕虫等。（20分）					
2	方法能力 30％	（1）应能通过各种途径查找血液原虫检查所需信息。（10分） （2）应能根据养牛场工作环境的变化，制订工作计划并解决问题。（10分） （3）具有在教师、技师或同学帮助下，主动参与评价自己及他人任务完成程度的能力。（10分）					
3	社会能力 20％	（1）应具有主动参与小组活动，积极与他人沟通和交流，团队协作的能力。（10分） （2）能与养殖户（其他同学）建立良好的、持久的合作关系。（10分）					
得　分							
最终得分							

📚 知识拓展

（一）东毕吸虫病

东毕吸虫隶属分体科，东毕属。成虫主要寄生在牛羊静脉及肠系膜静脉，是牛羊的主要寄生虫病之一。其尾蚴可引起人的稻田皮炎，严重地危害着人类健康。

1. 病原体　目前普遍认为东毕吸虫有四种；即土耳其斯坦东毕吸虫，土耳其斯坦结节变种，程氏东毕吸虫和彭氏东毕吸虫。其主要区别在于虫体大小，体表是否具有结节及睾丸数目的多少与形状。

2. 流行

（1）流行区域。东毕吸虫病是牛羊的主要寄生虫性疾病之一，其流行区域十分广泛，前苏联、伊朗、老挝等国家都有此病流行。在我国，内蒙古、北京、甘肃、四川、湖南、宁夏、陕西、新疆、云南、贵州、湖北、江苏以及东北各省都相继发现了牛羊体内寄生有东毕吸虫。

（2）感染率及感染强度。牛羊在自然条件下感染东毕吸虫，因受地理环境的影响，感染率及感染强度也不尽相同。在我国，据内蒙古、陕西、湖南等地有关学者的调查表明，牛羊的感染率分别为 66％～100％，83.3％～100％。最高感染强度，牛 40 092 条；羊 2 000 条以上。牛的死亡率 64％。

155

3. 症状与病变　东毕吸虫病多取慢性经过。表现为长期腹泻、贫血、水肿（多发生在颌下和胸、腹下部）、消瘦、发育不良，影响受胎或发生流产，最后可因衰竭而死亡。一次大量感染尾蚴时，可引起牛、羊的急性病例，体温升高到 40℃ 以上，食欲大减或废绝，精神高度沉郁，呼吸迫促，严重腹泻，消瘦，直至死亡。病理变化与日本分体吸虫病基本相似，主要在肝和肠壁。

4. 诊断和防治　参照日本分体吸虫病。

（二）前后盘吸虫病

本病是由前后盘科前后盘属的吸虫寄生于反刍动物的瘤胃引起的疾病，又称同盘吸虫病。前后盘吸虫病的主要特征为感染强度很大，但症状较轻；大量童虫在移行过程中寄生在皱胃、小肠、胆管和胆囊时，可有较强的致病作用，甚至引起死亡。

1. 病原　前后盘吸虫种类繁多，以鹿前后盘吸虫常见，呈鸭梨形，活体呈粉红色，固定后为灰白色。长 8～10mm，宽 4～4.5mm。口吸盘位于虫体前端，腹吸盘位于虫体后端，大小约为口吸盘的 2 倍。睾丸 2 个，呈横椭圆形，前后排列于中部。卵巢呈圆形，位于睾丸后方。肠支经 3～4 个弯曲到达虫体后端。卵黄腺发达，呈滤泡状，分布于两侧，与肠支重叠。

虫卵呈椭圆形，淡灰色，卵壳薄而光滑，有卵盖，卵黄细胞不充满虫卵。虫卵大小为（125～132）μm×（70～80）μm。

2. 生活史　有的种类生活史已被阐明，有的尚待进一步研究。现以鹿前后盘吸虫为例将其生活史简述如下。成虫寄生于反刍动物的瘤胃，虫卵随粪便排至外界，虫卵在适宜的条件下约经 2 周孵出毛蚴。毛蚴在水中游动，遇到适宜的中间宿主淡水螺类，如扁卷螺，即钻入其体内，发育为胞蚴、雷蚴和尾蚴。尾蚴大约在螺感染后 43d 开始逸出螺体，附着在水草上形成囊蚴。牛羊等反刍动物吞食含有囊蚴的水草而感染。囊蚴在肠道脱囊，童虫在小肠、皱胃和其黏膜下组织及其胆管、胆囊和腹腔等处移行寄生，经数十天到达瘤胃，在瘤胃内需要 3 个月发育为成虫。

3. 流行　前后盘吸虫在我国各地广泛流行，不仅感染率高，而且感染强度大，常见成千上万的虫体寄生，而且几属多种虫体混合感染。流行季节主要取决于当地气温和中间宿主的繁殖发育季节以及牛羊等放牧情况。南方可常年感染，北方主要在 5～10 月份感染。多雨年份易造成本病的流行。

4. 症状与病变　童虫的移行和寄生往往引起急性、严重的临床症状，如精神委顿，顽固性下痢，粪便带血、恶臭，有时可见幼虫。严重的贫血、消瘦，有时食欲废绝，体温升高。中性粒细胞增多并且核左移，嗜酸性粒细胞和淋巴细胞增多，最后卧地不起，衰竭死亡。大量成虫寄生时，往往表现为慢性消耗性的症状，如食欲减退、消瘦、贫血、颌下水肿、腹泻，但体温一般正常。急性病例以犊牛常见。

剖检可见瘤胃壁上有大量成虫寄生，瘤胃黏膜肿胀、损伤。童虫移行时可造成"虫道"，使胃肠黏膜和其他脏器受损，有多量出血点，肝淤血，胆汁稀薄，颜色变淡，病变各处均有多量童虫。

5. 诊断　根据上述临床症状，检查粪便中的虫卵。死后剖检，在瘤胃等处发现大量成虫、幼虫和相应的病理变化，可以确诊。

6. 防治　治疗可用氯硝柳胺，牛按每千克体重 50～60mg，羊按每千克体重 70～80mg，一次口服；也可用硫双二氯酚，牛按每千克体重 40～50mg，羊按每千克体重 80～

100mg，一次口服。两种药物对成虫都有很好的杀灭作用，对童虫和幼虫亦有较好的作用。

前后盘吸虫的预防应根据当地情况来进行，可采取以下措施：不在低洼、潮湿之地放牧、饮水，以避免牛、羊感染；利用水禽或化学药物灭螺；舍饲期间进行预防性驱虫；改良土壤，使潮湿或沼泽地区干燥，造成不利于淡水螺类生存的环境等。

（三）矛形双腔吸虫病

双腔吸虫病是由双腔科双腔属的矛形双腔吸虫、东方双腔吸虫或中华双腔吸虫寄生于反刍动物肝胆管和胆囊引起的疾病。主要特征为胆管炎、肝硬化及代谢、营养障碍。双腔吸虫常和肝片吸虫混合感染。

1. 病原 主要有以下2种：

（1）矛形双腔吸虫。虫体扁平，狭长呈矛形，活体呈棕红色，固定后为灰白色。长6.7~8.3mm，宽1.6~2.2mm。口吸盘位于前端，腹吸盘位于体前1/5处。2个圆形或边缘有缺刻的睾丸，前后或斜列于腹吸盘后方。卵巢圆形，位于睾丸之后。卵黄腺呈细小颗粒状位于虫体中部两侧。子宫弯曲，充满虫体的后半部。

虫卵呈卵圆形，黄褐色，一端有卵盖，内含毛蚴。虫卵大小为（34~44）μm×（29~33）μm。

（2）中华双腔吸虫。与矛形双腔吸虫相似，但虫体较宽，长3.5~9mm，宽2~3mm。主要区别为两个睾丸边缘不整齐或稍分叶，左右并列于腹吸盘后。

2. 生活史和流行 成虫产出的虫卵随粪便排出体外，虫卵被螺吞食后，在其体内孵出毛蚴，发育为母胞蚴、子胞蚴、尾蚴。众多尾蚴聚集形成尾蚴群囊，外被黏性物质包裹成为黏性球，从螺体排出黏附于植物叶及其他物体上，被蚂蚁吞食后在其体内形成囊蚴。终末宿主吞食了含有囊蚴的蚂蚁而感染，囊蚴脱囊后，由十二指肠经总胆管进入胆管及胆囊内发育为成虫。

双腔吸虫的虫卵对外界环境条件的抵抗力很强，在土壤和粪便中可存活数月，仍具感染性，在18~20℃时，干燥1周仍能存活。对低温的抵抗力更强，虫卵和在第一、二中间宿主体内的各期幼虫均可越冬，且不丧失感染性。虫卵能耐受−50℃的低温。虫卵亦能耐受高温，50℃时，24h仍有活力。

矛形双腔吸虫的分布几乎遍及世界各地，多呈地方性流行。在我国的分布极其广泛，其流行与陆地螺和蚂蚁的广泛存在有关。双腔吸虫的终末宿主众多，有记载的哺乳动物达70余种，除牛、羊、鹿、骆驼、马、猪、兔等外，许多野生的偶蹄类动物均可感染。在温暖潮湿的南方地区，陆地螺和蚂蚁可全年活动，因此，动物几乎全年都可感染；而在寒冷干燥的北方地区，中间宿主要冬眠，动物的感染明显具有春、秋两季特点，但动物发病多在冬、春季节。动物随年龄的增加，其感染率和感染强度也逐渐增加，感染的虫体数可达数千条，甚至上万条，这说明动物对双腔吸虫的获得性免疫力较差。

3. 症状与病变 双腔吸虫在胆管内寄生，可引起胆管卡他性炎症、胆管壁增厚、肝肿大。但多数牛、羊症状轻微或不表现症状。严重感染时，尤其在早春，一般表现为慢性消耗性疾病的临床特征，如精神沉郁、食欲不振、渐进性消瘦、可视黏膜黄染、贫血、颌下水肿、腹泻、行动迟缓、喜卧等。严重的病例可导致死亡。

4. 诊断 在流行病学调查的基础上，结合临床症状进行粪便虫卵检查，可发现多量虫卵；死后剖检，可在胆管中发现大量虫体，即可确诊。

5. 防治 治疗双腔吸虫病可用下列药物。

157

（1）海涛林（三氯苯丙酰嗪）。羊按每千克体重 40～50mg，牛按每千克体重 30～40mg，配成 2% 的混悬液，经口灌服有特效。

（2）丙硫咪唑。可用于驱动物线虫、绦虫、肝片吸虫等，但驱除双腔吸虫剂量要加大。羊按每千克体重 30～40mg，牛按每千克体重 10～15mg，一次口服，疗效甚好。或用其油剂腹腔注射，疗效可达 96%～100%。该药对多种绦虫及绦虫蚴亦有效。

（3）六氯对二甲苯（血防-846）。该药的用量较大，牛、羊按每千克体重 200～300mg，一次口服，驱虫率可达 90% 以上，连用 2 次，可达 100%。

（4）吡喹酮。羊按每千克体重 60～70mg，牛按每千克体重 35～45mg，一次口服。

本病的预防比较困难。可以采取定期驱虫，最好在每年的秋末和冬季进行；改良牧地，除去杂草、灌木丛等，以消灭其中间宿主——陆地螺，也可用人工捕捉或在草地养鸡灭螺。据报道，在 4 公顷的草地上放养 300 只鸡，在 5min 内，89.2% 的螺被吃掉，20d 后，97.5% 的螺被吃掉。也有用化学法灭螺灭蚁的记载。

项目小结

病名	病原	宿主	寄生部位	诊断要点	防治方法
牛囊尾蚴病	牛囊尾蚴	中间宿主为黄牛、水牛、牦牛等 终末宿主为人	肌肉	1. 临诊：体温升高，虚弱，腹泻；剖检在咬肌、舌肌、肩胛肌等肌肉中可看到囊尾蚴 2. 实验室诊断：宰后检查、血清学检查	同猪囊尾蚴病
阔盘吸虫病	胰阔盘吸虫等	中间宿主为陆地螺 终末宿主主要为牛、羊、鹿和骆驼等反刍动物	胰管	1. 临诊：消化不良、精神沉郁、消瘦、贫血、腹肿大 2. 实验室诊断：水洗沉淀法检查粪便中的虫卵	1. 定期驱虫，可用吡喹酮、六氯对二甲苯等 2. 计划性轮牧 3. 加强粪便管理 4. 消灭中间宿主
牛犊新蛔虫病	牛弓首蛔虫	初生犊牛	小肠	1. 临诊：精神沉郁，食欲不振，吮乳无力，贫血。小肠黏膜出血、溃疡 2. 实验室诊断：用漂浮法检查粪便中虫卵	1. 定期驱虫，可用枸橼酸哌嗪、丙硫咪唑等 2. 注意环境卫生 3. 加强粪便管理
网尾线虫病	丝状网尾线虫、胎生网尾线虫	反刍动物	支气管和细支气管	1. 临诊：咳嗽、打喷嚏。剖检时有虫体及黏液、脓汁、分泌物、血丝等阻塞细支气管 2. 实验室诊断：粪便检查用幼虫分离法	参照牛犊新蛔虫病
牛吸吮线虫病	牛吸吮线虫	中间宿主为蝇 终末宿主为黄牛、水牛	结膜囊、第三眼睑和泪管	1. 临诊：结膜角膜炎 2. 实验室诊断：眼内发现虫体	1. 灭蝇 2. 其他参考牛犊新蛔虫病
牛皮蝇蛆病	牛皮蝇蛆	牛	背部皮下组织	1. 临诊：牛惊恐不安、背部有结节 2. 实验室诊断：皮下结节，可发现幼虫	1. 杀灭成蝇 2. 伊维菌素或阿维菌素、蝇毒灵等可用于治疗

（续）

病名	病原	宿主	寄生部位	诊断要点	防治方法
巴贝斯虫病	巴贝斯虫	牛、羊等动物	红细胞内	1. 临诊：高热稽留，消瘦，贫血，黏膜苍白 2. 实验室诊断：血液寄生虫检查	1. 灭蜱 2. 轮牧 3. 药物预防和治疗，可用咪唑苯脲、三氮脒、硫酸喹啉脲等
泰勒虫病	环形泰勒虫	牛、羊等动物	巨噬细胞、淋巴细胞和红细胞内	1. 临诊：高热稽留，消瘦，严重贫血。皮下、肌间、黏膜和浆膜上均有大量出血点或出血斑 2. 实验室诊断：剖检变化及血液检查	1. 用环形泰勒虫裂殖体胶冻细胞苗预防 2. 其他参照巴贝斯虫病
毛滴虫病	胎儿三毛滴虫	牛	母牛阴道和子宫内，公牛包皮鞘、阴茎黏膜和输精管等处	1. 临诊：公牛黏液脓性包皮炎，母牛感染后阴道红肿，黏膜可见粟粒大结节 2. 实验室诊断：采集生殖道分泌物或冲洗液、胎液、流产胎儿皱胃内容物镜检	1. 做好检疫 2. 人工授精器械及授精员手臂要严格消毒 3. 药物治疗，碘液、黄色素、三氮脒等
隐孢子虫病	隐孢子虫寄	牛、羊和人	胃肠黏膜上皮细胞内	1. 临诊：精神沉郁，厌食，腹泻，消瘦，粪便带有黏液，组织脱水，大肠和小肠黏膜水肿 2. 实验室诊断：用糖溶液漂浮法或抗酸染色法检查卵囊	1. 加强饲养管理，提高动物免疫力 2. 尚无特效药物

 职业能力和职业资格测试

一、职业能力测试

（一）单项选择题

1. 牛羊莫尼绦虫的感染性阶段为（　　）。

　　A. 尾蚴　　　　　B. 似囊尾蚴　　　　　C. 囊尾蚴

　　D. 囊蚴　　　　　E. 虫卵

2. 胎生网尾线虫寄生于牛的（　　）。

　　A. 小肠　　　　　B. 大肠　　　　　C. 直肠

　　D. 胃　　　　　　E. 肺

3. 牛羊的结节虫是指（　　）。

　　A. 捻转血矛线虫　B. 食道口线虫　　C. 仰口线虫

　　D. 网尾线虫　　　E. 台湾鸟龙线虫

4. 双芽巴贝斯虫寄生于牛的（　　）。

　　A. 白细胞　　　　B. 红细胞　　　　C. 有核细胞

　　D. 肝细胞　　　　E. 肠上皮细胞

5. 广西贺州市某规模牛场的牛群中牛蜱呈现暴发状态，感染率达 100％，牛只出现了高热、食欲废绝、反刍迟缓、精神沉郁、喜卧、结膜苍白等症状。曾用青霉素、链霉素等治疗，出现了体温的反复，疗效不佳。先后出现 13 头牛发病，治疗期间 1 头体弱病牛死亡，1 头孕牛流产。病牛典型症状有高热，贫血，黄疸和血红蛋白尿。该病最有可能是（　　）。

    A. 食道口线虫病　　B. 巴贝斯虫病　　　　C. 弓形虫病

    D. 锥虫病　　　　　E. 白冠病

（二）多项选择题

1. 用于驱除牛羊消化道线虫的药物，可选（　　）。

    A. 氯硝柳胺　　　　B. 硫双二氯酚　　　　C. 敌百虫

    D. 丙硫咪唑　　　　E. 恩诺沙星

2. 犊牛感染牛新蛔虫的途径是（　　）。

    A. 经皮肤感染　　　B. 经胎盘感染　　　　C. 接触感染

    D. 自体感染　　　　E. 经口感染

（三）判断题

1. 巴贝斯虫病的传播媒介是蜱。（　　）

2. 网尾属肺线虫是大型肺线虫。（　　）

3. 泰勒虫的石榴体是裂殖体。（　　）

4. 隐孢子虫卵囊无孢子囊，4 个子孢子直接处于卵囊内；泰泽属卵囊内亦无孢子囊，8 个子孢子直接处于卵囊内。（　　）

5. 双芽巴贝斯虫病在临床上的一个重要特征是患畜体表淋巴结肿大，而环形泰勒原虫病在临床上的一个重要特征是患畜出现血红蛋白尿。（　　）

6. 牛囊尾蚴的头节上有顶突和小钩。（　　）

（四）实践操作题

牛阔盘吸虫、牛囊尾蚴形态构造观察。

二、职业资格测试

（一）理论知识测试

1. 病牛逐渐消瘦，可视黏膜苍白，四肢水肿，皮肤龟裂，流出黄色或血色液体，结成痂皮而后脱落。眼睛充血、潮红、流泪，结膜外翻，内眼角有黄白色分泌物。耳、尾干枯。该病最可能的诊断是（　　）。

    A. 伊氏锥虫病　　B. 口蹄疫　　　　　C. 双芽巴贝斯虫病

    D. 隐孢子虫病　　E. 环形泰勒虫病

2. 夏季常在低洼积水江边放牧的一头犊水牛，出现精神不佳，腹泻下痢，贫血，消瘦等症状。调查发现在江边仅有钉螺滋生。该病牛就诊时实验室诊断首先应该进行的是（　　）。

    A. 血液常规检查　　　　B. 血液生化检

    C. 血液涂片检查　　　　D. 粪便毛蚴孵化检查

3. 一头放牧的黄牛出现体温升高，达 40～41.5℃，稽留热。病牛精神沉郁，食欲下降，迅速消瘦。贫血，黄疸，出现血红蛋白尿。就诊时牛体表查见有硬蜱叮咬吸血。该病最可能的诊断是（　　）。

A. 伊氏锥虫病　　　　　　　B. 口蹄疫

C. 双芽巴贝斯虫病　　　　　D. 隐孢子虫病

4. 在一腹泻犊牛群中，伴有体温升高现象，37～39℃。粪便直接涂片经抗酸染色后可见卵囊为玫瑰红色，圆形或椭圆形，大小为 4～5μm，背景为蓝绿色。卵囊着色深浅不一，染色深者内部可见 4 个月牙形的子孢子，多数卵囊外有一晕圈状结构。该病最有可能是（　　）。

A. 隐孢子虫病　　B. 球虫病　　　　　　C. 小袋虫病

D. 梨形虫病　　　E. 肾虫病

（二）技能操作测试

牛毛滴虫的实验室诊断方法。

● 参考答案

一、职业能力测试

（一）单项选择题

1. B　2. E　3. B　4. B　5. B

（二）多项选择题

1. CD　2. BE

（三）判断题

1. √　2. √　3. √　4. √　5. ×　6. ×

（四）实践操作题（略）

二、职业资格测试

（一）理论知识测试

1. A　2. D　3. C　4. A

（二）技能操作测试（略）

羊寄生虫病防治

【项目设置描述】

　　羊寄生虫病防治项目是根据动物疫病防治员、动物疫病检验检疫员的工作要求和羊场执业兽医的工作任务的需要而安排的，通过介绍羊绦虫病的防治、羊线虫病的防治、羊鼻蝇蛆病防治以及羊螨病与昆虫病防治，为现代养羊业提供技术支持。

【学习目标】

　　1. 了解羊常见寄生虫病的病原和生活史；掌握羊常见寄生虫病的预防、诊断和治疗。2. 能通过各种媒体资源查找羊寄生虫病的相关资料并截取信息；对新知识和新技术有较强的接受能力；能不断积累经验，从个案中寻找共性，具有良好归纳分析能力。

任务 5-1　羊绦虫病防治

一、莫尼茨绦虫病

　　案例介绍：某养羊专业户，共饲养淮山羊（小体型羊）82 只。某年夏初，畜主送来 1 只死山羊剖检。主诉：羊群普遍腹泻、消瘦，食欲不佳，精神不振，已近月余。昨晚突然死亡 1 只小山羊。剖检死羊：被毛粗乱，明显消瘦，贫血状，剖检时在小肠内见有 4 条扁平带状的寄生虫，每条长达 50cm 左右的绦虫成虫，并一条紧跟一条似带鱼样阻塞小肠，小肠很细，无肠内容物。其他脏器和组织无明显病灶。

　　问题：案例中羊群感染了何种寄生虫？诊断依据是什么？该如何治疗？

　　莫尼茨绦虫病是由裸头科莫尼茨属的扩展莫尼茨绦虫和贝氏莫尼茨绦虫寄生于羊等反刍兽的小肠内引起的。该病是羊最主要的寄生虫病之一，分布非常广泛，多呈地方性流行。对羔羊的危害尤为严重，可以造成大批死亡。

　　（一）病原特征及生活史

　　1. 病原特征　　莫尼茨绦虫，大型绦虫，乳白色，扁平带状。头节小呈球形，有 4 个吸盘，无顶突和小钩，成熟节片的宽度大于长度，而靠近后部的孕卵节片，其长宽之差渐

小（图 5-1）。每个成熟节片内有
2组生殖器官，生殖孔开口于节
片两侧。睾丸数百个，呈颗粒状，
分布于两条纵排泄管之间。卵
巢呈扇形分叶状，与块状的卵
黄腺共同组成花环状，卵模在
其中间，分布在节片两侧。子
宫呈网状。虫卵内含梨形器。

扩展莫尼茨绦虫长 1～
6m，宽 16mm。在节片后缘有
一列排列疏松的、环状的节间
腺，其两端几乎达到纵排泄
管，此腺在鉴别虫种上具有重
要意义（图 5-2）。

贝氏莫尼茨绦虫长可达
4m，宽可达 26mm。节间腺
为小点状，聚集为条带状分布
于节片后缘的中央部（图5-2）。

莫尼茨绦虫的虫卵内含有
一个三对小钩的六钩蚴，被梨
形器包围着。扩展莫尼茨绦虫
虫卵近似三角形；贝氏莫尼茨
绦虫虫卵近似方形（图 5-3）。

2. 生活史　莫尼茨绦虫的
成虫寄生于羊的小肠，终末宿
主将孕节和虫卵随粪便排出体
外。每个节片中含 1 万～2 万
个虫卵。虫卵被中间宿主——
地螨（图 5-1）吞食，虫卵内
的六钩蚴孵出。在适宜的外界
温度、湿度条件下，经 40d 以
上发育为似囊尾蚴。羊吃草
时，吞食了含似囊尾蚴的地
螨，地螨在终末宿主体内被消
化，释放出的似囊尾蚴以其头
节附着在肠壁。似囊尾蚴从进
入羊肠道到发育为成虫，扩展
莫尼茨绦虫需37～40d，贝氏
莫尼茨绦虫需 50d。成虫的生
存期为 2～6 个月，此后即由

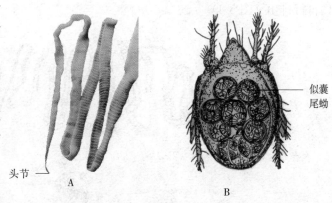

图 5-1　莫尼茨绦虫成虫和中间宿主
A. 莫尼茨绦虫成虫　B. 中间宿主——地螨

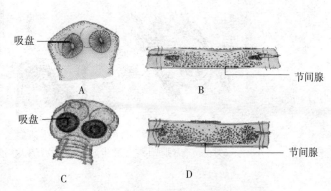

图 5-2　莫尼茨绦虫头节和成节
A. 扩展莫尼茨绦虫头节　B. 扩展莫尼茨绦虫成熟节片
C. 贝氏莫尼茨绦虫头节　D. 贝氏莫尼茨绦虫成熟节片

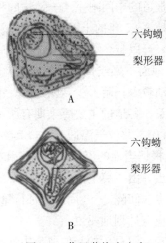

图 5-3　莫尼茨绦虫虫卵
A. 扩展莫尼茨绦虫虫卵
B. 贝氏莫尼茨绦虫虫卵

肠内自行排出（图5-4）。

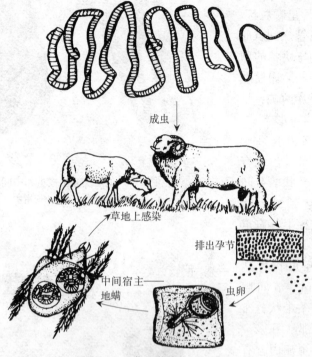

图 5-4　莫尼茨绦虫生活史

（张西臣，李建华．2010．动物寄生虫病学）

（二）流行与预防

1. 流行　莫尼茨绦虫病呈世界性分布，我国各地均有报道，我国北方，尤其是广大牧区严重流行，每年都有大批羊死于该病。该病主要危害羔羊。随着年龄的增加，羊的感染率和感染强度逐渐下降。

本病目前已报道的中间宿主——地螨的种类有 30 余种。大量的地螨分布在潮湿、肥沃的土壤里，耕种 3～5 年的土壤里地螨数量很少。在下雨后的牧场上，地螨的数量显著增加。地螨耐寒，可以越冬，春天气温回升后，地螨开始活动，但对干燥和热很敏感，气温在 30℃以上、地面干燥或日光照射时，地螨多从草上钻入地面下。一般认为，地螨在早晨和黄昏时活动较多；晴天少，阴天多。本病流行有明显的季节性，这与地螨的分布、习性有密切的关系，各地的主要感染期有所不同。南方气温回升早，当年生羔羊的感染高峰一般在 4～6 月份。北方气温回升晚，其感染高峰一般在 5～8 月份。

2. 预防　应根据当地的流行病学因素和生活史特点来制定预防措施。

（1）定期驱虫。由于莫尼茨绦虫病主要危害羔羊，对幼畜应在春季放牧后 4～5 周时进行成虫期前驱虫，间隔 2～3 周后，进行第 2 次驱虫。成年动物是重要的感染来源，因此，在流行区，应有计划地驱虫。

（2）粪便处理。驱虫后的粪便要集中处理，杀死其中的虫卵，以免污染草场。圈养的羊所排粪便要及时清扫，并进行集中发酵处理。

（3）避开中间宿主，安全放牧。根据当地特点，应采取措施，尽量减少地螨的污染程度，如实行轮牧轮种，土地经过几年耕种后，地螨可大大减少。提高放牧技术，尽量避免在阴湿牧地或清晨、黄昏等地螨活动高峰时放牧。或经常检测草场阳性地螨的情况，防止羊的严重感染。

（三）诊断

1. 临床症状 莫尼茨绦虫生长速度快，夺取了大量的营养，导致消瘦。虫体大，寄生数量多时可造成肠阻塞，甚至肠破裂。虫体的毒素作用可以引起幼畜的神经症状，如回旋运动、痉挛、抽搐、空口咀嚼等。

莫尼茨绦虫主要危害羔羊。其主要临床表现为食欲减退，饮欲增加、消瘦、贫血、精神不振、腹泻，粪便中有时可见孕节。症状逐渐加剧，后期有明显的神经症状，最后卧地不起，衰竭死亡。

2. 病理变化 剖检可见尸体消瘦、肌肉色淡，胸腹腔渗出液增多。有时可见肠阻塞或扭转，肠黏膜受损出血，小肠内有绦虫。

3. 实验室诊断 仔细观察患病羔羊粪便中有无节片或链体排出；未发现节片时，应用饱和盐水漂浮法检查粪便中的虫卵；未发现节片或虫卵时，应考虑绦虫未发育成熟，多量寄生时，绦虫成熟前的生长发育过程中的危害也是很大的，因此应考虑用药物诊断性驱虫；死后剖检，可在小肠内找到多量虫体和相应的病变即可确诊。

（四）治疗

治疗莫尼茨绦虫病可采用下列药物：

1. 甲苯咪唑 按每千克体重15mg，一次口服。

2. 硫双二氯酚 按每千克体重75～100mg，一次口服。用药后可能会出现短暂性腹泻，但可在2d内自愈。

3. 氯硝柳胺（灭绦灵） 按每千克体重60～75mg，配成水悬液一次口服。给药前隔夜禁食。休药期为28d。

4. 丙硫咪唑 按每千克体重20mg，配成水悬液一次口服。有致畸形作用，妊娠动物禁用。休药期为10d。

5. 吡喹酮 按每千克体重10～15mg，一次口服。休药期为28d。

二、多头蚴病

案例1介绍：河南省浚县城关镇，畜主姜某饲养山羊一只，公，一岁半，白色，中等膘，体重约15kg。主诉：近半个月来不断头向右侧旋转运动，发现右侧耳根后骨板外突，指压有疼感，鸣叫，骨质软化，用16号针头刺入软化区，流出白色透明液体。

问题：请结合所学知识，确定该羊患上什么疾病？白色透明液体是什么？如何防止该病的发生？

案例2介绍：北京某种羊场暴发了以转圈为特征的疾病，造成100多只绵羊死亡，剖检发现病羊大脑内有乳白色半透明的囊泡，呈圆形或卵圆形，囊内有白色絮状物。调查发现，该羊场养了数条犬，饲养员经常把病死的绵羊头、内脏喂犬，犬经常在羊圈内活动，绵羊经常放出羊圈运动。

问题：案例中羊群感染了何种寄生虫？养犬和该病的发生有何关系？

多头蚴又称脑包虫，是多头带绦虫的中绦期，寄生于牛、羊、骆驼等动物的大脑内，有时也能在延脑或脊髓中发现；人也能偶尔感染。它是危害绵羊和犊牛的严重的寄生虫病。成虫寄生于犬、狼、狐狸的小肠。

（一）病原特征及生活史

1. 病原特征　多头蚴呈囊泡状，囊内充满透明的液体。外层为角质膜，囊的内膜（生发膜）上生出许多头节（100～250 个），囊泡大小差异很大，由豌豆大到鸡蛋大不等（图5-5）。多头绦虫与猪带绦虫相似，但较小，体长 40～80cm（图5-6）。

2. 生活史　成虫寄生于犬、狼、狐狸等终末宿主的小肠，其孕节和虫卵随宿主粪便排出体外，羊等中间宿主随饲草、饮水等吞食虫卵后，六钩蚴在消化道逸出，并钻入肠黏膜血管内，被血流带到脑、脊髓中，经 2～3 个月发育为大小不等的脑多头蚴。终末宿主吞食了含有脑多头蚴的病畜脑、脊髓时，原头蚴即附着在肠黏膜上，经 41～73d 发育为成虫。成虫在犬的小肠中可生存数年之久（图5-7）。

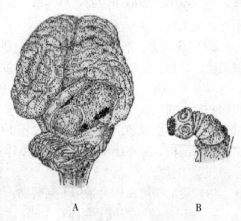

图 5-5　脑多头蚴
A. 在脑部的多头蚴　B. 多头蚴的头节

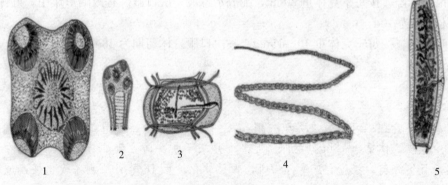

图 5-6　多头绦虫
1. 头节顶面　2. 头节　3. 成熟节片　4. 虫体　5. 孕卵节片

（二）流行与预防

1. 流行　多头蚴病的主要感染来源是牧羊犬。该病分布极其广泛，全国各地均有报道，在西北、东北及内蒙古等牧区多呈地方性流行。两岁前的羔羊多发，全年都可见到因本病而死亡的动物。全价饲料饲养的羔羊和犊牛，对本病的抵抗力强，很少发生该病。

2. 预防　防止犬吃到含脑多头蚴的羊脑及脊髓；对牧羊犬进行定期驱虫，排出的粪便应深埋、烧毁或利用堆积发酵等方法杀死其中的虫卵，避免虫卵污染环境。

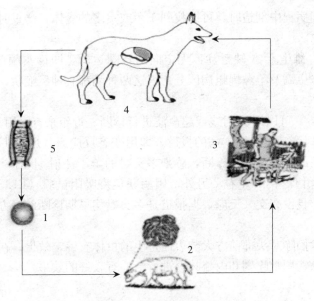

图 5-7　多头蚴生活史

1. 虫卵　2. 虫卵释放出六钩蚴进入羊脑发育成多头蚴
3. 犬吞食了含多头蚴的羊脑　4. 多头蚴在犬体内发育成多头绦虫
5. 多头绦虫排出孕卵节片

（三）诊断

1. 临床症状和病理变化　当脑多头蚴寄生于羊时，有典型的神经症状和视力障碍，全过程可分为前期与后期两个阶段。

前期为急性期。由于感染初期六钩蚴移行到脑组织，引起脑部的炎性反应。病羊（尤其羔羊）体温升高，脉搏、呼吸加快，甚至有的强烈兴奋，患羊作回旋、前冲或后退运动。有些羔羊可在 5～7d 因急性脑炎而死亡。

后期为慢性期，患羊耐过急性期后即转入慢性期。在一定时间内，动物不表现临床症状。随着脑多头蚴的发育增大，逐渐产生明显症状，症状取决于虫体的寄生部位。由于虫体寄生在大脑半球表面的概率最高，其典型症状为转圈运动。因此，通常又将脑多头蚴病称为回旋病（图5-8）。其转圈运动的方向与寄生部位是一致的，即头偏向病侧，并且向病侧作转圈运动。脑多头蚴包囊越小，转圈越大，包囊越大，圈转得越小。寄生于大脑额骨区时，头下垂，向前直线奔跑或呆立不动，常将头抵在任何物体上；寄生于枕骨区时，头高举，后腿可能倒地不起，颈部肌肉强直性痉挛或角弓反张，对侧眼失明；寄生于小脑时，表现知觉过敏，容易惊恐，行走时出现急促步样或步样蹒跚，磨牙，流涎，平衡失调，痉挛；寄生于腰部脊髓时，引起渐进性后躯及盆腔脏器麻痹。如果寄生多个虫体而又位于不同部位时则出现综合症状。囊体大时，可发现局部头骨变薄、变软和皮肤隆起的现象。另外，被虫体压迫的大脑对侧视神经乳突常有充血与萎缩，造成视力障碍

图 5-8　回旋症羊在作转圈运动

（张西臣，李建华 . 2010. 动物寄生虫学）

167

以至失明。在后期病程中剖检时，可以找到 1 个或更多的囊体，严重时病畜食欲废绝，卧地不起，甚至死亡。

2. 鉴别诊断 维生素 A 缺乏症：无定向的转圈运动，叩诊头颅部无浊音区。另外，应注意与莫尼茨绦虫病及羊鼻蝇蛆病区分。因这两种病都有神经症状，可用粪检和观察羊鼻腔来区别。

3. 实验室诊断 可以用 X 射线或超声波进行诊断。近年来有采用 ELISA 和变态反应（眼睑内注射多头蚴囊液）诊断本病的报道。即用变态反应原（用多头蚴的囊液及原头蚴制成乳剂）注入羊的上眼睑内作诊断，感染多头蚴的羊于注射 1h 后，皮肤呈现肥厚肿大（$1.75\sim4.2$cm），并保持 6h 左右。另外，用酶联免疫吸附试验（ELISA）诊断有较强的特异性、敏感性，且没有交叉反应，据报道是多头蚴病早期诊断的好方法。

（四）治疗

施行外科手术摘除对头部前方大脑表面寄生的虫体有一定效果。在脑深部和后部寄生的虫体则难以摘除，用吡喹酮和丙硫咪唑进行治疗有较好的效果。

任务 5-2　羊线虫病防治

一、捻转血矛线虫病

案例介绍：郑州市东郊某村，利用 1 个旧厂房及空地建羊舍，2010 年 7～8 月，多雨潮湿，天气闷热，羊群日渐消瘦，采食量下降，今日有一羊卧地不起。主诉：原体重为 75kg，但现在触摸体表皮包骨头，用手抓病羊可提起，约重 25kg。检查：患羊为公羊，白色被毛，为短尾寒羊。体温 36.2℃，眼结膜、口色苍白，高度贫血、心悸、呼吸稍快、粪便稀薄有少量黏液，未见虫体，涂片镜检疑似有捻转血矛线虫卵。将胃内容物置于清水中，有不少似头发丝、长 1～1.5cm 的虫体在水中游动，虫体为红白相间颜色。

问题：请结合所学知识，诊断该羊场发生了什么疾病，如何进行实验室诊断？

捻转血矛线虫属于毛圆科线虫，寄生于牛、羊和其他反刍兽的胃和小肠。是危害家畜较严重的一种线虫病，由于虫体刺破胃黏膜吮血，引起黏膜损伤、发炎、出血，最终导致患畜消瘦、贫血，甚至死亡。

（一）病原特征及生活史

1. 病原特征 捻转血矛线虫虫体淡红色，呈毛发状，虫体表皮上有横纹和纵崤。颈乳突显著，头端细，口囊小，内有一矛状角质齿。雄虫长 16～22mm，交合伞发达，背肋呈"人"字样；雌虫长 26～32mm，生殖器呈白色，内含灰白色未成熟虫卵，白色的生殖道与红色含血消化道相互捻转呈红白线条相间"麻花状"，故称捻转血矛线虫，亦称捻转胃虫，阴门位于虫体后半部，有一个显著的瓣状阴门盖（图 5-9）。

捻转血矛线虫虫卵卵壳薄，光滑，稍带黄色，虫卵大小为（75～95）μm×（40～50）μm，新鲜虫卵含 16～32 个胚细胞。

2. 生活史 捻转血矛线虫主要寄生于羊的真胃，偶尔见于小肠，虫卵随粪便排到外

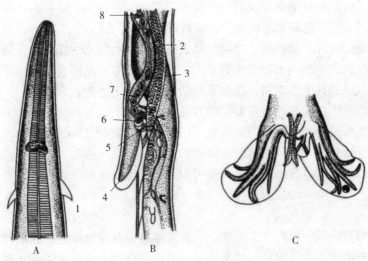

图 5-9 捻转血矛线虫

A. 头部　B. 雌虫生殖部　C. 雄虫交合伞

1. 乳突　2. 卵巢　3. 肠　4. 阴门盖　5. 阴门　6. 阴道　7. 输卵管　8. 子宫

（张西臣，李建华．2010．动物寄生虫病学）

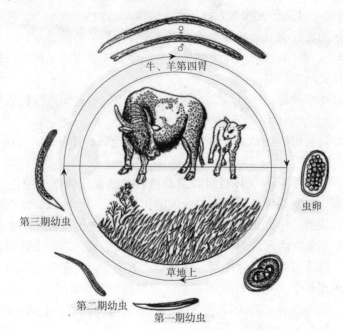

图 5-10　捻转血矛线虫生活史

（张西臣，李建华．2010．动物寄生虫病学）

界，在适宜的条件下大约经 1 周发育为第 3 期感染性幼虫。感染性幼虫可移行至牧草的茎叶上，羊吃草时经口感染。幼虫在真胃或小肠黏膜内发育蜕皮，第 4 期幼虫返回真胃或小肠，并附在黏膜上，最后一次蜕皮，逐渐发育为成虫（图 5-10）。

（二）流行与预防

1. 流行　捻转血矛线虫产卵多，第 3 期幼虫对外界因素的抵抗力较强。在干燥环境中可生存活一年半，在潮湿的土壤中可存活 3～4 个月，且耐低温，可在牧地上越冬，等到春季到来的时候,一旦羊由舍饲转到牧场上,就会大量感染。故我国许多地区,尤其西北牧区存在着明显的羊捻转血矛线虫"春季高潮"。

羊粪和土是幼虫的隐蔽场所。感染性幼虫有背地性和向光性反应,在温度、湿度和光照适宜时,幼虫就从羊粪或土壤中爬到草上,环境不利时,又回到土壤中隐蔽,幼虫受土壤的庇护,得以延长其生活时间,故牧草受幼虫污染,土壤为其来源。

羊对捻转血矛线虫病有一个重要的特点是自愈现象,这是初次感染产生的抗体和再感染时的抗原物质相结合而引起的一种过敏反应。羊只表现为真胃黏膜水肿,这种水肿造成对虫体不利的生活环境,导致原有的虫体被排除和不再发生感染。这种自愈反应没有特异性,既可以引起真胃其他线虫的自愈,还可以引起肠道线虫的自愈,可能是由于它们有共同的抗原。

2. 预防

(1) 加强饲养管理。提高营养水平,尤其在冬春季节应合理地补充精料和矿物质,提高畜体自身的抵抗力。注意饲料、饮水的清洁卫生,放牧羊应尽可能避开潮湿地带,尽量避开幼虫活跃的时间,以减少感染机会。

(2) 应进行计划性驱虫。对全群羊计划性驱虫,传统的方法是在春、秋各进行一次。但针对北方牧区的冬季幼虫高潮,在每年的春节前后驱虫一次,可以有效地防止春季高潮(成虫高潮)的到来,避免春乏的羊大批死亡,减少经济损失。

(3) 在流行区的流行季节,通过粪便检查,经常检测羊群的带虫情况,防治结合,减少感染来源,同时应对计划性或治疗性驱虫后的粪便集中管理,采用生物热发酵的方法杀死其中的病原,以免污染环境。

(4) 轮牧。有条件的地方,可以实行划地轮牧或不同种畜间进行轮牧等,以减少羊感染机会。

(5) 免疫预防。利用 X 射线或紫外线等,将幼虫致弱后接种羊,在国外已获成功。

(三) 诊断

1. 临床症状和病理变化 虫体吸血时或幼虫在胃肠黏膜内寄生时,都可使胃肠组织的完整性受到损害,引发局部炎症,使胃肠的消化、吸收功能降低。寄生虫的毒素作用也可干扰宿主的造血功能,使贫血更加严重。因此本病最重要的特征是贫血和衰弱。

急性型的以肥羔羊突然死亡为特征,死亡多发生在春季,与春季高潮和春乏有关。病死羊眼结膜苍白、高度贫血。亚急性型的特征是显著的贫血,患羊眼结膜苍白,下颌及腹下水肿,腹泻或顽固性下痢,有时便中带血,有时便秘与腹泻交替,精神沉郁,食欲不振,被毛粗乱,放牧时落群,甚至卧地不起;可因衰竭而死亡。轻度感染时,呈带虫现象,但污染牧地,成为感染来源。

2. 病理变化 尸体消瘦、贫血、水肿。幼虫移行经过的器官出现淤血性出血和小出血点。胃、小肠黏膜发炎有出血点,剖检可在真胃和小肠发现大量虫体。

3. 实验室诊断 根据本病的流行情况、症状、剖检结果作初步判断。粪便检查可用饱和盐水漂浮法和浮集法,但捻转血矛线虫的卵不易和其他消化道线虫卵区别;必要时可以培养检查第 3 期幼虫,根据第 3 期幼虫鉴定(参见本项目知识拓展表 5-2)。

(四) 治疗

应结合对症、支持疗法,可以选用如下驱虫药物。

1. 左旋咪唑 按每千克体重 6~10mg,一次口服,奶羊的休药期不得少于 3d。或每千克体重 4～6mg，肌内或皮下注射，休药期 28d。严重肝病或泌乳期动物禁用。

2. 丙硫咪唑 按每千克体重 10～15mg 一次口服。有致畸作用，妊娠动物禁用。

3. 甲苯咪唑 按每千克体重 10～15mg，一次口服。

4. 伊维菌素或阿维菌素 按每千克体重 0.2mg，一次口服或皮下注射。

二、仰口线虫病

案例介绍： 2003 年 3 月下旬，沁源县的聪子峪、郭道、灵空山、赤桥、管滩等乡镇的 50％羊群陆续出现消瘦、眼黏膜苍白、腹泻、流产、无乳、体温稍低等为主的症状，严重的出现水肿、四肢无力、卧地不起、直至死亡。经兽医解剖死羊 38 只，发现多数肠内有大量钩虫。

问题： 羊群最容易感染钩虫的原因是什么，该如何预防？

仰口线虫病又称钩虫病，是由钩口科仰口属的羊仰口线虫引起的以贫血为主要特征的寄生虫病，寄生于羊的小肠。该病广泛流行于我国各地，对羊的危害很大，并可以引起死亡。

（一）病原特征及生活史

1. 病原特征 羊仰口线虫呈乳白色或淡红色，口囊大，口囊底部的背侧有 1 个大背齿；底部腹侧有 1 对小的亚腹齿。雄虫长 12.5～17mm，交合伞发达，外背肋不对称，交合刺较短，等长，褐色（图 5-11）。雌虫长 15.5～21mm，尾端钝圆。

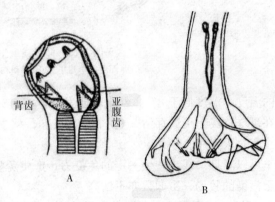

图 5-11 羊仰口线虫
A. 头端 B. 雄虫尾端
（张西臣，李建华 . 2010. 动物寄生虫病学）

虫卵呈钝椭圆形，两侧平直，壳薄，灰白或无色，胚细胞大而少，内含暗色颗粒。虫卵大小为（82～97）μm×（47～57）μm。

2. 生活史 成虫寄生于羊的小肠，虫卵随粪便排出体外。在适宜的温度和湿度条件下，经 4～8d 形成幼虫；幼虫从卵内逸出，经 2 次蜕化，变为感染性幼虫。感染性幼虫可经两种途径进入羊体内。一是感染性幼虫随污染的饲草、饮水等经口感染，在小肠内直接发育为成虫，此过程需 25d。二是感染性幼虫经皮肤感染，进入血液循环，随血流到达肺，再由肺毛细血管进入肺泡，在此进行第 3 次蜕化发育为第 4 期幼虫，然后幼虫上行到支气管、气管、咽，返回小肠，进行第 4 次蜕化，发育为第 5 期幼虫，再逐渐发育为成虫，此过程需 50～60d。经口感染时，幼虫的发育率比经皮肤感染时要少得多。经皮肤感染时，可以有 85％的幼虫得到发育；而经口感染时，只有 12％～14％的幼虫得到发育（图 5-12）。

（二）流行与预防

1. 流行 仰口线虫病分布于全国各地，在比较潮湿的草场放牧的羊流行更严重。虫卵和幼虫在外界环境中的发育与温、湿度有密切的关系。最适宜的是潮湿的环境和 14～

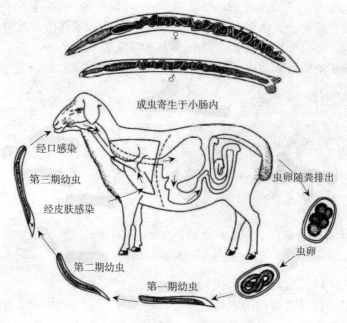

图 5-12 仰口线虫生活史
(张西臣，李建华.2010.动物寄生虫病学)

31℃的温度，温度低于 8℃，幼虫不能发育，35~38℃时，仅能发育成 1 期幼虫，感染性幼虫在夏季牧场上可以存活 2~3 个月，在春、秋季生活时间较长，严寒的冬季气候条件对幼虫有杀灭作用。

羊可以对仰口线虫产生一定的免疫力，产生免疫后，粪便中的虫卵数减少，即使放牧于严重污染的牧场，虫卵数亦不增高。

2. 预防 定期驱虫，舍饲时应保持厩舍清洁干燥、严防粪便污染饲料和饮水，避免羊在低湿地放牧或休息等。其他措施可参考捻转血矛线虫病。

（三）诊断

1. 临床症状 仰口线虫的致病作用主要有吸食血液、毒素作用及移行引起的损伤。仰口线虫以其强大的口囊吸附在小肠壁上，用切板和齿刺破黏膜，大量吸血。成虫在吸血时频繁移位，同时分泌抗凝血酶，使损伤局部血液流失。其毒素作用可以抑制红细胞的生成，使羊出现再生障碍性贫血。

因此，临床可见患病羊进行性贫血，严重消瘦，下颌水肿，顽固性下痢，粪便带血。幼畜发育受阻，有时出现神经症状，如后躯无力或麻痹，最后陷入恶病质而死亡。

2. 病理变化 剖检可见尸体消瘦、贫血、水肿，皮下有浆液性浸润，血凝不全。肺有因幼虫移行引起的淤血性出血和小点出血。心肌软化，肝呈淡灰色，质脆。十二指肠和空肠有大量虫体，游离于肠腔内容物中或附着在黏膜上。肠黏膜发炎，有出血点，肠壁组织有嗜酸性粒细胞浸润。肠内容物呈褐色或血红色。

3. 实验室诊断 结合临床资料，用漂浮法进行粪便检查，发现大量的仰口线虫卵可确诊；尸体剖检时，发现虫体也可确诊。

（四）治疗

参照捻转血矛线虫病。

三、食道口线虫病

2002 年 8 月 6 日，某县淮河乡冯某饲养的 40 只 3 月龄山羊开始腹泻、精神不振，食欲逐渐减少，羊体消瘦，4～5d 衰竭死亡。当地兽医用青霉素、庆大霉素、链霉素等治疗无好转，到 30 日已死亡 13 头，还有 15 头生病。剖检发现病死羊只眼结膜苍白，小肠、大肠内有大量的结节，盲肠内有很多细小的白色虫体。采集病羊粪便，用饱和盐水漂浮法发现椭圆形虫卵，内含深黄色卵泡。

问题：细小白色虫体是什么寄生虫？该如何治疗？

食道口线虫病是由盅口科食道口属的几种线虫寄生于羊等反刍兽的大肠所引起的。由于食道口线虫的幼虫可在寄生部位的肠壁上形成结节，故该病又称为结节虫病。该病在我国各地的羊中普遍存在，可使有病变的肠管因不能制作肠衣而降低其经济价值，严重感染时，亦可降低羊的生产力，给畜牧业经济造成较大的损失。

（一）病原特征及生活史

1. 病原特征 食道口线虫呈乳白色，口囊小而浅，其外周有明显的口领，口缘有叶冠，有或无颈沟，颈乳突位于食道附近两侧，其位置因种不同而异，有或无侧翼膜。雄虫的交合伞发达，有一对等长的交合刺。雌虫阴门位于肛门前方附近，排卵器发达，呈肾形。寄生于羊的主要有：哥伦比亚食道口线虫、微管食道口线虫、粗纹食道口线虫、甘肃食道口线虫（图 5-13）。

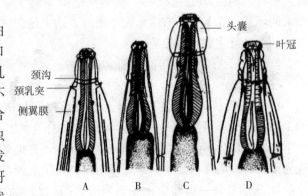

图 5-13 食道口线虫前部
A. 哥伦比亚食道口线虫　B. 微管食道口线虫
C. 粗纹食道口线虫　D. 甘肃食道口线虫

（1）哥伦比亚食道口线虫主要寄生于羊，也寄生于牛和野羊的结肠。有发达的侧翼膜。颈乳突在颈沟的稍后方，其尖端突出于侧翼膜之外。雄虫长 12.0～13.5mm。交合伞发达。雌虫长 16.7～18.6mm，尾部长。阴道短，横行引入肾形的排卵器。虫卵呈椭圆形，大小为（73～89）μm×（34～45）μm（图 5-14）。

（2）微管食道口线虫主要寄生于羊，也寄生于牛和骆驼的结肠。无侧翼膜。前部直，口囊较宽而浅；颈乳突位于食道后面。雄虫长 12～14mm，雌虫长 16～20mm。

（3）粗纹食道口线虫主要寄生于羊的结肠。口囊较深，头泡显著膨大。无侧翼膜。颈乳突位于食道后方。雄虫长 13～15mm，雌虫长 17.3～20.3mm。

（4）甘肃食道口线虫寄生于绵羊的结肠。有发达的侧翼膜，前部弯曲。头泡膨大。雄虫长 14.5～16.5mm，雌虫长 18～22mm。

2. 生活史 虫卵随粪便排出体外，在外界适宜的条件下，经 10～17h 孵出第 1 期幼虫，经 7～8d 蜕化 2 次变为第 3 期幼虫，即感染性幼虫。羊摄入被感染性幼虫污染的青草和饮水而遭感染。感染后 36h，大部分幼虫已钻入小结肠和大结肠固有层的深处，以后幼

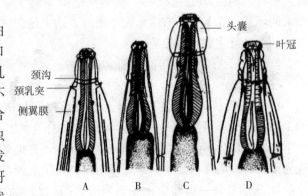

173

虫形成卵圆形结节（哥伦比亚食道口线虫可在肠壁的任何部位形成结节），并在结节内进行第 3 次蜕化后，变为第 4 期幼虫。幼虫在结节内停留的时间，常因家畜的年龄和抵抗力（免疫力）而不同，短的经过 6～8d，长的需 1～3 个月或更长，甚至不能完成其发育。幼虫从结节内返回肠腔后，经第 4 次蜕化发育为第 5 期幼虫，进而发育为成虫。

（二）流行与预防

1. 流行　该病在我国各地的羊中普遍存在。虫卵在相对湿度 48％～50％，平均温度为 11～12℃时，可生存 60d 以上，在低于 9℃时，虫卵不能发育。第 1、2 期幼虫对干燥敏感，极易死亡。第 3 期幼虫有鞘，抵抗力较强，在适宜条件下可存活几个月，但冰冻可使之致死。温度在 35℃ 以上时，所有的幼虫均迅速死亡。感染性幼虫适宜于

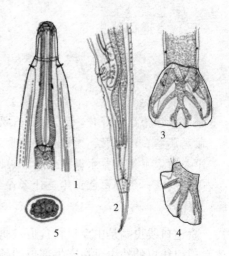

图 5-14　哥伦比亚食道口线虫
1. 前端　2. 雌虫后端　3. 雄虫后端
4. 交合伞侧面　5. 虫卵

潮湿的环境，尤其是在有露水或小雨时，幼虫便爬到青草上。因此，羊的感染主要发生在春、秋季，且主要侵害羔羊。

2. 预防　可参照捻转血矛线虫病。

（三）诊断

1. 临床症状　临床症状的有无及严重程度与感染虫体的数量和机体的抵抗力有关。如 1 岁以内的羊寄生 80～90 条，年龄较大的羊寄生 200～300 条虫体时，即为严重感染。患羊初期表现为持续性腹泻，粪便呈暗绿色，有很多黏液，有时带血。慢性病例患羊则表现为便秘和腹泻交替发生，渐进性消瘦，下颌水肿，最后可因机体衰竭而死亡。

2. 病理变化　病理变化主要表现为肠的结节病变。哥伦比亚食道口线虫危害较大，幼虫可在小肠和大肠壁中形成结节，其余食道口线虫可在结肠壁中形成结节。结节在肠的浆膜面破溃时，可引发腹膜炎；有时可发现坏死性病变。在新形成的小结节中，常可发现幼虫，有时可发现结节钙化。

3. 实验室诊断　用漂浮法进行粪便检查，检出大量虫卵即可确诊，结合剖检在肠壁发现多量结节，在肠腔内找到多量虫体，也可确诊。

（四）治疗

参照捻转血矛线虫病。

任务 5-3　羊螨病与昆虫病防治

一、羊疥螨病

案例介绍：河北省枣强县张镇张村李某饲养了 43 只绵羊，近期突然多只羊频繁用后肢挠前肢及颈胸部皮肤，或身体在树和墙角处蹭痒；嘴唇、口角、鼻边缘、

耳根部形成大量白色痂皮，头部、四肢、胸腹下部出现干涸痂皮，痂皮与皮肤交界处体表红嫩，上有小水泡，蹭破、磨破的创伤处流出液体；患羊精神沉郁，食欲下降，反应迟钝，后期卧地不起，头颈后伸，四肢挣扎，抽搐，最后因机体衰竭而死亡。

死亡羊只尸体消瘦，皮肤增厚，无弹性，头、耳、腹部，皮下无脂肪，血液较为黏稠，各脏器及淋巴结无明显变化，胃肠道内食糜较少。

刮取活羊痂皮及皮屑，放入培养皿内，加盖，将培养皿放入 40℃ 恒温水浴 15min 后，倒转皿底病料，镜检发现大量典型的疥螨成虫。

问题：该病如何防治？

羊疥螨病，俗称疥癣，是由疥螨科疥螨属的疥螨寄生于羊表皮内所引起的一种接触传染的慢性皮肤病。病羊表现剧痒、皮肤变厚、脱毛和消瘦等主要特征。严重感染时，常导致羊生产性能降低，甚至发生死亡，给畜牧业带来损失。

（一）病原特征及生活史

1. 病原特征　山羊疥螨病的病原为山羊疥螨，绵羊疥螨病的病原为绵羊疥螨，特征均似猪疥螨。

2. 生活史　同猪疥螨。

（二）流行与预防

1. 流行　羊疥螨主要发生于秋末、冬季和初春。因为这些季节，日光照射不足，家畜被毛增厚，绒毛增生，皮肤温度增高，很适合疥螨的发育繁殖。尤其在羊舍潮湿、阴暗、拥挤及卫生条件差的情况下，极易造成疥螨病的严重流行。夏季绵羊绒毛大量脱落，皮肤表面常受阳光照射，经常保持干燥状态。这些条件均不利于疥螨的生存和繁殖，大部分虫体死亡，仅有少数疥螨潜伏在耳壳内、蹄踵、腹股沟部以及被毛深处，这种带虫绵羊没有明显的症状，但到了秋冬季节，疥螨又重新活跃起来，不但引起疾病的复发，而且成为最危险的感染来源。

幼龄羊易患疥螨病，发病也较严重，成年羊有一定的抵抗力。体质瘦弱、抵抗力差的羊易受感染，体质健壮、抵抗力强的羊则不易感染。但成年体质健壮的羊的带螨现象往往成为该病的感染来源，这种情况应该引起高度的重视。

其他流行特点类似猪疥螨病。

2. 预防　疥螨病重在预防。发病后再治疗，常常十分被动，往往造成很大损失。疥螨病的预防应做好以下工作。

（1）羊舍要经常保持干燥清洁，通风透光，不要使羊过于拥挤。羊舍及饲养管理用具要定期消毒（至少每 2 周 1 次）。

（2）引入绵羊时应事先了解有无疥螨病存在，引入后应隔离一段时间（15～20d），仔细观察，并作疥螨病检查，必要时进行灭螨处理后再合群。

（3）经常注意羊群中有无发痒、脱毛现象，及时检出可疑患畜，并及时隔离饲养、治疗。无种用或经济价值者应予以淘汰。同时，对同群未发病的其他羊也要进行灭螨处理，对圈舍也应喷洒药液、彻底消毒。作好疥螨病羊皮毛的处理，以防止病原扩散，同时要防止饲养人员或用具散播病原。治愈病畜应继续隔离观察 20d，如未再发，再一次用杀虫药处理后，方可合群。

175

（4）每年夏季剪毛后对羊只应进行药浴（尤其在牧区较常用），是预防羊螨病的主要措施。对曾经发生过螨病的单位尤为必要。在流行区，对群牧的羊不论发病与否，要定期用药。具体方法如下。

①设备。根据羊只的多少和养殖场具体条件，可选择不同的药浴设备。规模化养殖场应设置专门的药浴池或药淋间。小型养殖场或散养羊用小型药浴槽、浴桶、浴缸、帆布药浴池、移动式药浴设备等均可。亦可用新疆旋-8型家畜浴淋装置或呼盟-10型家畜机械化药浴池。

②时间。药浴山羊在抓绒后，绵羊在剪毛后5～7d进行。药浴常在夏季进行，宜选择晴朗无风的日子且最好在13时左右进行。

③药物。药浴可用药液包括0.05％双甲脒药液、0.005％的溴氰菊酯（倍特）药液、0.05％的蝇毒磷水乳液、0.025％的螨净药液、0.2％～0.5％的敌百虫药液及0.025％～0.03％林丹乳油水乳液等。

④方法及注意事项。在牧区，同一区域内的羊只应集中同时进行，不得漏浴，对护羊犬也应同时药浴；老弱幼畜和有病羊应分群分批进行。药液温度应保持在36～38℃，药液温度过高对羊体健康有害，过低影响药效，最低不能低于30℃。药液浓度计算要准确，用倍比稀释法重复多次，混匀药液，大批羊只药浴前，应选择少量不同年龄、性别、品种的羊进行安全性试验。大批羊只药浴时，应随时增加药液，以免影响疗效。

药浴前让羊只充分休息，饮足水，以免误饮中毒。从药浴池入口到出口行走间，要将羊头压入药液1～2次，出药浴池后，让羊只在斜坡处站一会儿，让药液流入池内。药浴时间为1min左右。药浴后要注意保暖，防止感冒；并应注意观察，发现羊只精神不好、口吐白沫，应及时治疗，同时也要注意工作人员的安全。如1次药浴不彻底，最好在7～8d后进行第2次药浴。

（三）诊断

1. 临床症状和病理变化　羊患疥螨病时，因疥螨分泌毒素，刺激神经末梢，引起羊的剧痒，而且剧痒贯穿于疥螨病的整个过程。当患病羊进入温暖场所或运动后皮温增高时，痒觉更加剧烈。这是由于疥螨随周围温度的增高而活动增强的结果。剧痒使患羊到处用力擦痒或用嘴啃咬患处，其结果不仅使局部损伤、发炎、形成水泡或结节，并伴有局部皮肤增厚和脱毛，而且向周围环境散播大量病原。局部擦破、溃烂、感染化脓、结痂。痂皮被擦破后，创面有多量液体渗出及毛细血管出血，又重新结痂。发病一般都从局部开始，往往波及全身，使患羊终日啃咬、擦痒，严重影响采食和休息，使胃肠的消化、吸收机能减退。患羊日渐消瘦，有时继发感染，严重时可引起死亡。

绵羊疥螨病主要在头部明显，如患羊嘴唇周围、口角两侧、鼻子边缘和耳根下面。发病后期病变部位形成坚硬白色胶皮样痂皮，俗称石灰头病。病变部位亦可扩大。

山羊疥螨病主要发生于嘴唇四周、眼圈、鼻背和耳根部，可蔓延到腋下、腹下和四肢曲面等无毛及少毛部位。

2. 实验室诊断　同猪疥螨病。

（四）治疗

治疗羊疥螨病的药物及方法参照猪疥螨病。另外，也可采用药浴方法进行治疗。并且，治疗患病羊还应注意以下几点。

（1）螨病有高度的接触传染性，遗漏一个小的患部，散布少许病料，都有可能造成继续蔓延。因此在应用药液喷洒治疗之前，应详细检查所有病畜，找出所有患部，以免遗漏。

（2）为使药物能和虫体充分接触，应将患部及其周围3～4cm处的被毛剪去，用温肥皂水彻底刷洗，除掉硬痂和污物，擦干后用药。

（3）从患羊身上清除下来的污物，包括毛、痂皮等要集中销毁，治疗器械、工具要彻底消毒，接触患羊的人员手臂、衣物等也要消毒，避免在治疗过程中病原扩散。

（4）已经确诊的患羊，要在专设场地隔离治疗。患羊较多时，应先对少数患羊试验，以鉴定药物的安全性，然后再大面积使用，防止意外发生。如果用涂擦的方法治疗，通常一次涂药面积不应超过体表面积的1/3，以免发生中毒。治疗后的患畜，应放在未被污染的或消过毒的地方饲养，并注意护理。

（5）由于大多数杀螨药对螨卵的作用较差，因此应间隔5～7d重复治疗1次或多次，以杀死新孵出的幼虫。

二、痒螨病

案例1介绍：弥勒县东山镇一养羊户于2008年6月初，发现一只5月龄的公羊喜往树枝、墙壁上摩擦，后期放牧时跟不上其他羊，逐渐脱离羊群。至发现病羊脱毛时，腹部两侧发生黄豆大小的结节，破溃后流出黄色液体，后起痂皮。用食盐涂擦无效，用升化硫亦无效，20d后病羊死亡。其余羊只可见时有往树枝、墙壁上摩擦，检查发现，群体中还有部分羊只存在病灶，此群羊未用过驱虫药。

问题：请结合所学知识判断是何种寄生虫感染，如何进行实验室诊断？

案例2介绍：某大学动物医学院寄生虫教研组的数十只试验绵羊单独圈养在该校的试验动物房内，在前3年内未发生成群羊大面积脱毛、瘙痒、皮肤结痂等症状，2005年由于该群绵羊中有1只公羊连续顶撞伤人，秋季用该公羊换来3只母羊，结果2005年冬季该群绵羊出现成群羊大面积脱毛（严重的全身有一半以上的面积毛掉光）、瘙痒、皮肤结痂等症状，绵羊逐渐消瘦，并有几只绵羊死亡。

问题：请结合所学知识判断是何种寄生虫感染，如何进行实验室诊断？

羊痒螨病是由痒螨属的几种痒螨寄生于羊的体表、皮下引起的以患部脱毛、皮肤炎症、痛痒为特征的接触传染的寄生虫病，虫体适宜在湿润温暖的环境中繁殖，冬季常引起大批羊只死亡。

（一）病原特征及生活史

1. 病原特征 各种动物都有痒螨寄生，形态上都很相似，但彼此不传染，即使传染上也不能滋生。因此各种都被称为马痒螨的亚种。主要有牛痒螨、水牛痒螨、绵羊痒螨、山羊痒螨、兔痒螨等。

羊痒螨呈长圆形，成虫大小为0.5～0.9mm，肉眼可见。虫体背面无鳞片和棘，但有细的线纹。口器长，呈圆锥形。足比疥螨长，前两对足特别发达。雌虫大于雄虫。雌虫的第1、2和4对足以及雄虫的前3对足都有跗节吸盘，雄虫的第3对足特别长，第4对足特别短。腹面后部有1对交合吸盘，尾端有2个尾突，其上各有5根刚毛。雌虫腹面前部正中有产卵孔，后端有纵裂的阴道，阴道背侧有肛孔（图5-15、图5-16）。

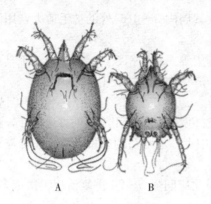

图 5-15　羊痒螨
A. 雌虫腹面　B. 雄虫腹面

图 5-16　痒螨电镜扫描图

2. 生活史　痒螨为刺吸式口器，寄生于皮肤表面，以口器穿刺皮肤，以体液和患病渗出液为食。整个发育过程都在体表进行。发育过程和疥螨相似。痒螨寄生于皮肤表面，不挖掘穴道。痒螨对不利于其生活的各种因素的抵抗力超过疥螨，离开宿主体以后，仍能生活相当长的时间。痒螨对宿主皮肤表面的温度、湿度变化的敏感性很强，常聚集在病变部和健康皮肤的交界处。雌螨一生可产约 40 个卵，寿命约 42d，条件适宜时，整个发育需 10～12d，条件不利时可转入 5～6 个月的休眠期，以增加对外界的抵抗力。痒螨病通常始发于被毛长而稠密之处，以后蔓延至全身，绵羊多发。

（二）流行与预防

1. 流行　痒螨具有坚韧的角质表皮，所以对外界不利的因素具有较强的抵抗力。在 6～8℃ 和 85%～100% 空气湿度条件下，在畜舍内能活 2 个月，在牧场上能活 25d，在 −12～−2℃ 经 4d 死亡，在 −25℃ 经 6h 死亡。潮湿、阴暗、拥挤的厩舍常使病情恶化；夏季对螨不利，绵羊剪毛后，皮肤表面的湿度降低，日照增强，空气流通较好，这时它潜入耳壳、眼下窝、尾根下会阴部、阴囊部的附近和蹄间隙等处，病羊转为潜伏型痒螨病。

2. 预防　参照羊疥螨病。

（三）诊断

1. 临床症状和病理变化　痒螨与疥螨不同之处在于皮肤皱褶的形成较不明显，病部与健康部界线明显，形成不规则秃斑，患部渗出液较多。病变部的被毛易脱落，痒觉入夜剧增。患部奇痒，常在墙壁、木桩、石块等物体上摩擦，或用后肢搔抓患部。患部皮肤最初出现针头大至粟粒大的结节，继而形成水疱和脓疱，并有渗出物流出，最后凝结成浅黄色脂肪样的痂皮，有些患部皮肤增厚、变硬形成龟裂。毛束大批脱落，甚至全身脱光。

绵羊痒螨病危害绵羊特别严重，可引起大批死亡，多发生在密毛的部位。开始可能局限于背部或臀部，然后蔓延到体侧部。常首先观察到病羊群中有些羊只身上的毛结成束，躯体下部不洁，有些羊只身上悬垂着零散的毛束或毛团，呈现被毛褴褛的外观。以后毛束逐渐大批脱落，出现裸露皮肤的病羊。病羊贫血，营养严重不良，在寒冷季节里，可能造成大批死亡。

山羊痒螨病主要发生于耳壳内面，在耳内生成黄白色痂皮，将耳道堵塞，病羊常摇头。严重时可引起死亡。

2. 实验室诊断　参照猪疥螨病。

（四）治疗

参照羊疥螨病。治疗疗程，一般用药 2 次，间隔时间应在 1 周左右。

三、羊鼻蝇蛆病

2003 年 6 月 15 日，沈阳市于洪区一个体养羊户送检病羊 1 只、病死羊 3 只。病羊鼻黏膜发炎，有时有出血，开始分泌浆液性鼻液，以后流出脓性鼻液，带血，由于鼻孔处形成硬痂，使之堵塞，因而呈呼吸困难，患羊表现为打喷嚏，甩鼻子，摇头，磨牙，食欲减退，日益消瘦，其中一只羊，出现旋转行走样神经症状。

对病死羊只尸体剖检，内脏未见到特征性病变。在鼻腔、鼻窦发现有羊鼻蝇蛆样虫体，鼻黏膜发炎、出血，形成硬痂，其中有一例羊鼻蝇蛆幼虫进入大脑，造成脑膜损伤。经显微镜观察，确诊为羊鼻蝇蛆（幼虫）。

问题：如何预防羊鼻蝇蛆病？

羊鼻蝇蛆病是由羊狂蝇的幼虫寄生于羊的鼻腔及其附近的腔窦中引起的，呈现慢性鼻炎症状。

（一）病原特征及生活史

1. 病原特征　羊鼻蝇形似蜜蜂，体长 10～12mm，胎生，刚产出的幼虫（第 1 期幼虫）长约 1mm，淡黄白色，前端腹面有 2 个黑色的口钩，体表密生小刺。第 2 期幼虫呈椭圆形，长 20～25mm。第 3 期幼虫，体长 30mm，前端尖细，有 2 个黑色的口钩，主体分节，在每节的背面有棕黑色的横带，虫体背面拱起，腹面扁平并有小刺，后端平，有两个明显的气孔板（图 5-17）。

2. 生活史　成蝇不采食，不营寄生生活。出现于每年的 5～9 月间，尤以 7～9 月间较多。雌雄交配后，雄蝇即死亡。雌蝇生活至体内幼虫形成后，在炎热晴朗无风的白天活动，遇羊时即突然冲向羊鼻，将幼虫产于羊的鼻孔内或鼻孔周围，一次能产下 20～40 个幼虫。每只雌蝇在数日内可产幼虫 500～600 个，产完幼虫后死亡。刚产下的 1 期幼虫以口前钩固着于鼻黏膜上，爬入鼻腔，并渐向深部移行，在鼻腔、额窦或鼻窦内经两次蜕化变为 3 期幼虫。幼虫在鼻腔和额窦等处寄生 9～10 个月。到翌年春天，发育成熟的 3 期幼虫由深部向浅部移行，

图 5-17　羊鼻蝇不同时期虫体
1. 羊鼻蝇成虫　2. 羊鼻蝇第 3 期幼虫

当患羊打喷嚏时，幼虫被喷落地面，钻入土内化蛹。蛹期 1～2 个月，其后羽化为成蝇。成蝇寿命为 2～3 周。

179

（二）流行与预防

1. 流行　该病在我国北方广大地区较为常见，流行严重的地区感染率可高达 80%。本虫在北方较冷地方每年仅繁殖一代；而在温暖地区，每年可繁殖两代。绵羊的感染率比山羊高。

2. 预防　每年蚊虫活动季节结束时，用伊维菌素或爱比菌素，按每千克体重 0.2mg，一次皮下注射，可有效地预防羊鼻蝇蛆病。

在流行地区，最好每年夏秋季节进行有计划的驱虫工作，药物可用敌百虫，配成 1%～2% 的水溶液，向每一侧鼻孔内注入 5～10mL。注药可用注射器，前端装一胶管，给药时将羊头抬高，使下颌与地面平行，或使羊仰卧，使头与地面成 45°角，再将胶管插入鼻孔，徐徐注入药液，注完后，使羊保持原姿势片刻，然后放开。

绵羊按每千克体重 0.1g，山羊按每千克体重 0.075g，将敌百虫配成水溶液，颈部皮下注射。为防止引起注射局部发生不良反应，可在敌百虫液中加入适量的 2% 普鲁卡因；另外可用 80% 的敌敌畏乳剂，每立方米体积用 1mL，使羊吸雾 15～30min，有很好的效果；也可以口服敌敌畏水溶液，绵羊按每千克体重 5mL，1 次/d，连用 2d。

（三）诊断

1. 临床症状和病理变化　成虫在侵袭羊群产幼虫时，羊只不安，互相拥挤，频频摇头、喷鼻，或以鼻孔抵于地面，或以头部埋于另一羊的腹下或腿间，严重扰乱羊的正常生活和采食，羊生长发育不良且消瘦。当幼虫在羊鼻腔内固着或移动时，以口前钩和体表小刺机械地刺激和损伤鼻黏膜，引起黏膜发炎和肿胀，有浆液性分泌，后转为黏液脓性，间或出血，鼻腔流出浆液性或脓性鼻液，鼻液在鼻孔周围干涸，形成鼻痂，并使鼻孔堵塞，呼吸困难。患羊表现为打喷嚏，摇头，甩鼻子，磨牙，磨鼻，眼睑浮肿，流泪，食欲减退，日益消瘦。数月后症状逐步减轻，但到发育为第 3 期幼虫，虫体变硬，增大，并逐步向鼻孔移行，症状又有所加剧。少数第 1 期幼虫可能进入鼻窦，虫体在鼻窦中长大后，不能返回鼻腔，而致鼻窦发炎，甚或病害累及脑膜，此时可出现神经症状，最终可导致死亡。剖检时，在鼻腔等处可以发现发育中的幼虫。

2. 实验室诊断　可用药液喷入鼻腔，收集用药后的鼻腔喷出物，发现死亡幼虫，加以确诊。死后剖检，在鼻腔、鼻窦、额窦、角窦找到幼虫即可确诊。如出现神经症状应与羊多头蚴病、莫尼茨绦虫病区别。

（四）治疗

治疗常用以下药物：

1. 伊维菌素或阿维菌素　按每千克体重 0.2mg，皮下注射，连用 2～3 次。可杀灭各期幼虫。

2. 精制敌百虫　按每千克体重 0.12g，兑水成 2% 溶液口服，或以 5% 溶液肌内注射，或以 2% 溶液喷入鼻腔或用气雾法（在密室中），均可收到驱虫效果，对第 1 期幼虫效果较理想。

3. 氯氰柳胺　按每千克体重 5mg 口服，或 2.5mg 皮下注射，可杀死各期幼虫。5% 混悬液，按每千克体重 10mg，一次口服。可杀灭各期幼虫。

4. 使用 20% 碘硝酚注射液，按每千克体重 15mg，皮下注射，是驱杀羊鼻蝇各期幼虫的理想药物。

四、羊虱病

案例介绍：2006 年 6 月 25 日，奇台县碧流河乡牧场饲养的 156 只山羊，身体逐渐消瘦，发育不良，食欲不佳，患羊不断啃咬患部或擦痒。临床检查发现羊的颈、背、腹及四肢等处，被毛脱落，皮肤损伤严重，有化脓性皮炎。羔羊发育不良，食欲不佳。取羊只身上的虫体放于低倍显微镜下观察。虫体背腹扁平，头部较胸部为窄，呈圆锥形。无翅，触角 1 对，由 5 节组成；足 3 对，粗短而有力，肢末端以跗节的爪与胫节的指状突相对，形成握毛的有力工具。咀嚼式口器，腹部由许多节组成，背腹部覆有许多毛。

问题：羊群感染了何种寄生虫，该如何治疗？

羊虱病是由羊虱寄生在羊的体表引起的，以皮肤发炎、剧痒、脱皮、脱毛、消瘦、贫血为特征的一种慢性皮肤病。

（一）病原特征及生活史

1. 病原特征 病原为羊虱。头、胸、腹分界明显，触角 3～5 节。胸部有足 3 对，粗短。根据口器构造和吞食方式羊虱可分为两大类：一类是吸血的，有山羊颚虱、绵羊颚虱、绵羊足颚虱和非洲羊颚虱等（图 5-18）；另一类是不吸血的，为以毛、皮屑等为食的羊毛虱。羊颚虱寄生于羊体表，虫体色淡、长 1.5～2mm。头部呈细长圆锥形，前有刺吸口器，其后方陷于胸部内。胸部略呈四角形，有足 3 对。腹呈长椭圆形，侧缘有长毛，气门不显著。

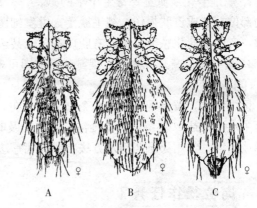

图 5-18 颚 虱

A. 羊颚虱 B. 羊足颚虱 C. 山羊颚虱

2. 生活史 羊虱是永久寄生的外寄生虫，有严格的宿主特异性。虱在羊体表以不完全变态方式发育，经过卵、若虫和成虫 3 个阶段，整个发育期约 1 个月。成虫在羊体上吸血，交配后产卵，成熟的雌虱一昼夜内产卵 1～4 个，卵被特殊的胶质牢固黏附在羊毛上，约经 2 周后发育为若虫，再经 2～3 周蜕化三次而变成成虫。产卵期 2～3 周，共产卵 50～80 个，产卵后即死亡。雄虱的生活期更短。1 个月内可繁殖数代至十余代。虱离开羊体，得不到食料，1～10d 内死亡（图 5-19）。

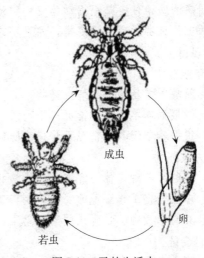

成虫

卵

若虫

图 5-19 虱的生活史

（二）流行与预防

1. 流行 虱病是接触感染的，可经
健羊与病羊直接接触，或经管理用具、饲养员等感染。如果羊舍阴暗、拥挤，有利于羊虱的生存、繁殖和传播。

2. 预防 加强饲养管理及兽医卫生工作，保持羊舍清洁、干燥、透光和通风，平时给予营养丰富的饲料，以增强羊的抵抗力。

对新引进的羊只应加以检查，及时发现，及时隔离治疗，防止蔓延，对羊舍要经常清扫、消毒，垫草要勤换勤晒，管理工具要定期用热碱水或开水烫洗，以杀死虱卵。

（三）诊断

1. 临床症状 虱在吸血时，分泌有毒的唾液，刺激皮肤的神经末梢而引起发痒，患羊不断啃咬皮肤或在圈舍内摩擦体表。由于虱的长期骚扰，病羊烦乱不安，影响采食和休息，以致逐渐消瘦、贫血。幼羊发育不良，奶羊泌乳量显著下降。羊体虚弱，抵抗力降低，严重者可引起死亡。

2. 病理变化 虱主要寄生于羊的颈、背、腹及四肢等处，患羊不断啃咬或摩擦有痒感的部位，造成皮肤损伤，被毛脱落，继发细菌感染或伤口蛆症。在严重感染、虱过于密集时，有的引起化脓性皮炎，有脱皮现象，甚至全身毛呈卷曲状态。

3. 实验室诊断 在体表发现虱和虱卵即可确诊。

（四）治疗

伊维菌素，按每千克体重 0.2mg（羔羊在 3 月龄以上方可注射）皮下注射。用 0.5% 敌百虫水溶液或 20% 蝇毒磷，池浴、喷雾。及时对羊体灭虱，应根据气候不同采用洗刷、喷洒或药浴。常用灭虱药物及方法参照螨病疗法。

岗位操作任务

羊螨虫的防治

【学习任务描述】

羊螨病的防治任务是根据动物疫病防治员和动物疫病检验检疫员的工作要求和羊场执业兽医的工作任务的需要而安排，通过羊螨病的防治，为现代养羊业提供技术支持。

【学习目标】

1. 专业能力

（1）熟悉养羊场常用杀螨虫药物。

（2）能根据养羊场具体情况采用药浴、喷淋、涂擦等方法实施驱虫。

（3）根据养羊场具体情况设计螨病防制方案。

2. 方法能力

（1）能通过各种媒体资源查找羊螨病相关资料并截取信息。

（2）应能根据工作环境的变化，制订工作计划并解决问题。

（3）具有在教师、技师或同学帮助下，主动参与评价自己及他人任务完成程度的能力。

3. 社会能力

（1）应具有主动参与小组活动，积极与他人沟通和交流，团队协作的能力。

（2）能与养殖户（或其他同学）建立良好的、持久的合作关系。

【学习过程】

第一步 资讯

（1）查找《中华人民共和国动物防疫法》、《国家动物疫病防治员职业标准》、《羊外寄生虫药浴技术规范》（NY/T 1947—2010）及相关的国家标准、行业标准、行业企业网站，获取完成工作任务所需要的信息。

（2）常用的驱螨虫药。

第二步 学习情境

本地羊场或某羊场情况案例。

> ## 学习子情境描述示例
>
> 柯柯镇卜浪沟村绒山羊种羊繁殖场是村办种羊场，为村集体所有制企业，草场面积 504hm²，建设有 90m² 的养羊暖棚和 4 000m 的网围栏，由村委会管理。饲养绒山羊母羊 70 多只，平均每年繁殖绒山羊羊羔 65 只左右，其中种公羔 30 只左右，母羔 35 只左右。每年繁殖活的种公羔由村委会统一作价分配给两个社的牧户使用；母羔羊补充到绒山羊母羊群中作基础母羊。近日，部分羊只临床表现：剧痒、局部皮肤发炎、擦伤、形成水疱或结节、结痂、脱毛、日渐消瘦、衰竭或继发感染，经当地兽医确诊为羊螨病。
>
> **请你为该羊场制定防治方案并实施。**

（3）材料准备和人员分工

1. 药浴设备和设施 可根据具体情况选用以下药浴设备。

（1）规模化养殖场应设置专门的药浴池或药淋间。羊药浴池的大小为（3～10）m×（0.6～0.8）m×（1～1.5）m（长×宽×高），药液在能淹没羊体的同时，要求药液面以上的池沿必须保持足够的高度。药浴池要防渗漏，并建在地势较低处，远离居民生活区和人畜饮水水源。羊药浴池底应有坡度，以便排水；入口端为陡坡，设待浴栏；出口端为台阶，设滴流台。

（2）小型养殖场或散养羊用小型药浴槽、浴桶、浴缸、帆布药浴池、移动式药浴设备等均可。

（3）药淋设备通常由喷淋器、药液泵、待浴栏、滤液栏和淋浴间（栏）设备等组成。

2. 材料 数码相机、手提电脑；多媒体投影仪、注射器、喷雾器、酒精棉球等。

3. 药品 伊维菌素注射液、双甲脒、碘硝酚、溴氰菊酯、多拉菌素、硫黄擦剂等。

药物的使用必须符合《中华人民共和国兽药典》《兽药质量标准》《中华人民共和国兽药规范》《进口兽药质量标准》的相关规定。所用兽药必须来自具有《兽药生产许可证》和产品批准文号的生产企业，或者具有《进口兽药许可证》的供应商。所用兽药的标签应符合《兽药管理条例》的规定，严禁使用未经农业部批准或已经淘汰的兽药，并严格执行药物的休药期或停乳期。

4. 人员分工 药浴人员必须经过兽医专业技术培训，药浴时，应配戴口罩和橡胶手套，严格执行操作规程，做好人畜防护安全工作。

序号	人员	数量	任务分工
1			
2			
3			
4			
5			

第四步 实施步骤

(1) 将羊场或案例羊场的羊群按照体重、年龄、用途和有无临床表现等进行分组并登记，经小组讨论，编制最佳防制方案。

案例羊场的防制方案

(2) 根据不同的防治方法、所选药物的用法、用量等配制药液。

(3) 针对不同的动物分别实施药浴、注射给药、喷淋或涂擦等。

(4) 实施驱虫后密切观察羊群，并进行驱虫效果评价。

(5) 根据本羊场的具体情况，经小组讨论，制定今后防制螨病的措施。

大群羊	怀孕母羊	羔羊	新引入羊	毛用羊

第五步 评价

1. 教师点评 根据上述学习情况（包括过程和结果）进行检查，做好观察记录，并进行点评。

2. 学生互评和自评 每个同学根据评分要求和学习的情况，对小组内其他成员和自己进行评分。

通过互评、自评和教师（包括养殖场指导教师）评价来完成对每个同学的学习效果评价。评价成绩均采用100分制，考核评价表见如表5-1所示。

表 5-1　考核评价表

班级＿＿＿＿＿＿＿＿　学号＿＿＿＿＿＿＿＿　学生姓名＿＿＿＿＿＿＿　总分＿＿＿＿＿＿＿＿

评价能力维度		考核指标解释及分值	教师（技师）评价40%	学生自评30%	小组互评30%	得分	备注
1	专业能力50%	（1）熟悉羊场常用杀螨虫药物。（10分） （2）能根据羊场具体情况采用药浴、喷淋、涂擦等方法实施驱虫。（25分） （3）根据羊场具体情况设计螨病防制方案。（15分）					
2	方法能力30%	（1）应能通过各种途径查找螨病防治所需信息能力。（10分） （2）应能根据工作环境的变化，制订工作计划并解决问题。（10分） （3）具有在教师、技师或同学帮助下，主动参与评价自己及他人任务完成程度的能力。（10分）					
3	社会能力20%	（1）应具有主动参与小组活动，积极与他人沟通和交流，团队协作的能力。（10分） （2）能与养殖户（其他同学）建立良好的、持久的合作关系。（10分）					
得　　分							
最终得分							

📚 **知 识 拓 展**

一、牛羊消化道线虫病

牛羊消化道线虫病是由多个科、多个属线虫寄生于牛、羊等反刍动物消化道引起各种线虫病的总称。其病原种类很多，往往呈混合感染，分布遍及全国各地。主要特征为贫血、消瘦，可造成牛、羊大批死亡，危害十分严重。

（一）病原

病原种类繁多，常见主要有以下主要几个科、属、种。

1. 毛圆科线虫　寄生于牛、羊和其他反刍兽胃和小肠的毛圆科线虫种类很多，主要有血矛属的捻转血矛线虫、长刺属的指形长刺线虫、奥斯特属的环形奥斯特线虫和三叉奥斯特线虫、马歇尔属的蒙古马歇尔线虫、古柏属的等侧古柏线虫和叶氏古柏线虫、毛圆属的蛇形毛圆线虫、细颈属的尖刺细颈线虫和似细颈属的长刺似细颈线虫和骆驼似细颈线虫。本科线虫主要寄生于小肠以前的消化道，所引起疾病的流行病学、症状与病理变化、诊断与防制等方面有许多共同点。因此，可以参照捻转血矛线虫病学习。

（1）捻转血矛线虫的特征可参照捻转血矛线虫病。

（2）毛圆线虫主要寄生于牛、羊的小肠，其次是皱胃，亦可寄生于兔、猪、犬及人的胃中。虫体细小。雄虫长 4～6mm，交合伞侧叶大，1 对交合刺粗而短，近于等长，远端具有明显的三角突，引器呈梭形。雌虫长 5～6mm，阴门位于虫体后半部。虫卵大小为（79～101）μm×（39～47）μm。

（3）指形长刺线虫寄生于皱胃，外形与血矛属线虫相似。雄虫长 25～31mm，交合刺细长。雌虫长 30～45mm，阴门盖为两片，阴门位于肛门附近。虫卵大小为 （105～120） μm× （51～57） μm。

（4）奥斯特线虫属主要寄生于皱胃，少见于小肠。虫体呈棕褐色，长 10～12mm，口囊浅而宽。雄虫有生殖锥和生殖前锥，交合刺短，末端分 2 叉或 3 叉。雌虫尾端常有环纹，阴门在体后部，多具阴门盖。

（5）马歇尔线虫寄生于皱胃，偶见于十二指肠。形态与奥斯特属线虫相似，但不具引器，交合刺分成 3 支，末端尖。雌虫阴门位于虫体后半部。虫卵呈长椭圆形，灰白色或无色，两侧厚，两端薄，大小为 （173～205） μm× （73～99） μm。

（6）古柏线虫寄生于小肠、胰，很少见于皱胃。虫体小于 9mm。前方有小的头泡，食道区有横纹，口囊很小。雄虫交合刺短，末端钝，生殖锥和交合伞发达，无引器。本属与毛圆属和类圆属线虫极为相似。

（7）细颈线虫寄生于小肠。本属线虫种间大小差异大。头前端角皮有横纹，多数有头泡，颈部常弯曲。雄虫交合伞侧叶大，交合刺细长，远端融合，包在一个共同的薄膜内。雌虫尾端有一个小刺。虫卵长椭圆形，灰白色或无色，一端较尖，大小为 （150～230） μm× （80～110） μm。

（8）似细颈线虫寄生于小肠。形态与细颈属线虫相似，不同点是雄虫交合刺很长，可达全虫的 1/2；雌虫前 1/4 呈线形，以后突然粗大，随后又渐变纤细，阴门位于前 1/3～1/4 处。

2. 仰口线虫 属盅口科食道口属的多种线虫，寄生于羊的虫种特征参见食道口线虫病。寄生于牛的主要有辐射食道口线虫。

牛仰口线虫：寄生于牛小肠，主要是十二指肠。与羊仰口线虫相似，区别为口囊底部腹侧有 2 对亚腹侧齿，雄虫交合刺长，为羊仰口线虫的 5～6 倍，阴门位于虫体中部前。

3. 夏伯特线虫 属圆线科夏伯特属，寄生于大肠。有或无颈沟，颈沟前有不明显的头泡，或无头泡。口孔开口于前腹侧，有两圈不发达的叶冠。口囊呈亚球形，底部无齿。雄虫交合伞发达，交合刺等长且较细，有引器。雌虫阴门靠近肛门。虫卵椭圆形，灰白或无色，壳较厚，含 10 多个胚细胞。虫卵大小为 （83～110） μm× （47～59） μm。

4. 毛首线虫 其病原特征见猪毛首线虫病。

（二）流行

据资料记载，我国许多地区，尤其西北地区存在着明显的牛、羊消化道线虫春季高潮，该春季高潮最主要的就表现在毛圆科线虫上。关于春季高潮的来源，说法不一，最主要的原因有两点：一是当年春季感染。许多种类如捻转血矛线虫、毛圆线虫、奥斯特线虫、马歇尔线虫等的感染性幼虫可以越冬，一旦牛、羊由舍饲转到牧场上，就会受到大量感染。二是胃肠黏膜内受阻型幼虫是春季高潮的主要原因。每年夏、秋季节，牛羊的营养好，抵抗力强，体内消化道线虫的幼虫发育受阻。冬末春初，天气寒冷，如果草料不足，营养缺乏，牛、羊的抵抗力明显下降，给幼虫的发育创造了有利条件，使胃、小肠黏膜内的幼虫慢慢活跃起来，春天时（4～5 月份），消化道线虫成虫达到高峰。也就是说，冬季幼虫高潮是春季高潮的来源，可以造成牛、羊的大批死亡。

夏伯特线虫卵和感染性幼虫对外界环境有较强的抵抗力。虫卵在 −12～−8℃ 时，可长期存活，感染性幼虫在 −3℃ 的荫蔽处，可长期耐干燥；外界条件适宜时，可存活 1 年以上。虫卵和感染性幼虫均能在低温下长期生存是造成该病在我国北方严重流行的重要因素之一。1 岁以内的羔羊最易感染，发病较重，成年羊的抵抗力较强，发病较轻。

骆驼感染斯氏副柔线虫主要在夏季，因为只有这个时期才有携带斯氏副柔线虫感染性幼虫的吸血蝇存在。斯氏副柔线虫的感染强度随外界吸血蝇之多少而异，6 月份前及 9 月份后，蝇较少，动物感染较轻；7 月中旬至 8 月中旬这类蝇最多，动物感染强度最高。自斯氏副柔线虫的感染性幼虫进入宿主体内到发育为性成熟的成虫约需 11 个月，虫体在宿主体内的寿命约为 11 个月。骆驼的感染强度较其他反刍兽为高，1 岁的骆驼比 2 岁的高，其次是牛，再次为绵羊和山羊。

其他特点，参见任务 5-2。

（三）实验室诊断

寄生于反刍动物胃和小肠的消化道线虫主要以圆线目线虫为主，尤其是毛圆科线虫种类很多，往往混合感染。常用饱和盐水漂浮法进行检测，但由于圆线目中有很多线虫的虫卵在形态结构上非常相似，难以进行鉴别。有时为了进行科学研究或为了生前诊断以达到确切诊断的目的，可进行第 3 期幼虫的培养，之后再根据这些幼虫的形态特征进行种类的判定（表 5-2）。现将具体方法介绍如下：

（1）取新鲜待检粪便，弄碎置平皿中央堆成丘状，并略高出平皿边缘。

（2）在平皿内边缘加水少许（如粪便稀可不必加水），加盖盖好使粪与培养皿接触。

（3）放入 25～30℃的培养箱内培养（夏天放置室内亦可）。在培养期间应每天滴加少量清水，要保持适宜的湿度，以免干燥，经 7～15d，卵即孵化出幼虫，并发育为第 3 期幼虫，它们从粪便中出来，爬到平皿的盖上的蒸气凝滴中或四周。

（4）用胶头滴管吸上生理盐水把幼虫冲洗下来，滴在载玻片上覆以盖玻片，在显微镜下进行观察，或者用滴管直接吸取蒸气凝滴，置载玻片上镜检，看有无活动的幼虫。

也可用贝尔曼幼虫分离法从培养的粪便中分离幼虫。在观察幼虫时，如幼虫运动活跃，不易看清，这时可将载玻片通过火焰或加进碘液将幼虫杀死后，再做仔细观察。

表 5-2　牛消化道线虫第 3 期幼虫检索

（1）食道呈杆形 ·····		营自由生活线虫
食道呈杆形 ·····		（2）
（2）无鞘；食道接近体长的 1/2 ·····		类圆属
有鞘；食道不及体长的 1/2 ·····		（3）
（3）尾鞘长且呈细丝状 ·····		（4）
尾鞘中等长或短，无细丝状尾端 ·····		（5）
（4）幼虫很小；具有 16 个肠细胞 ·····		仰口属
幼虫中等长；具有 32 个肠细胞 ·····		结节虫属
幼虫很大；具有 8 个肠细胞；幼虫尾端有缺口，2 叶或 3 叶 ·····		细颈属
（5）尾鞘中等长，至末端渐尖细 ·····		（6）
尾鞘短而且呈短圆形；小型幼虫 ·····		毛圆属
（6）大型幼虫；在口腔与食道之间有明显的卵形体或一条明亮的带 ·····		古柏属
幼虫较细呈中等长；尾常扭结；头端无卵形体 ·····		血矛属

（四）防治

1. 加强饲养管理　选择较安全的牧地，如久未放过家畜的草地、高燥草地进行放牧或轮牧来减少动物感染，不要在幼虫活动频繁的时间（如早晨、傍晚和阴雨天）进行放牧。

2. 定期驱虫　对动物都必须每年进行定期驱虫。用药时间依各地区和各个虫种流行的季节性变化而定，如北方在春、秋两季进行驱虫。对牛必要时可使用瘤胃缓释大丸。对羊为了防止母羊分娩后抵抗力下降，应在分娩前1个月和分娩后1个月内分别治疗1次；配种前2周用药1次。绵羊对蠕虫的危害要比其他家畜更敏感，临床疾病更为常见。因此在生后的1年之内，需要经常驱虫。

二、牛、羊呼吸系统寄生虫

牛、羊呼吸系统的寄生虫病主要包括：寄生于肺的网尾线虫病，寄生于羊肺的原圆线虫病，寄生于羊鼻腔及与其相连的窦体内的羊鼻蝇蛆病。牛羊肺线虫病在我国分布较广，危害很大，尤其是羊的丝状网尾线虫病常呈地方性流行，可以引起羊的大批死亡。羊狂鼻蛆病在我国北方地区严重流行，危害亦比较严重。另外，可寄生于牛、羊呼吸系统的寄生虫还有细颈囊尾蚴、棘球蚴、弓形虫等。一些非呼吸系统的寄生虫幼虫的移行亦可造成肺组织的损伤。

📌 项目小结

病名	病原	宿主	寄生部位	诊断要点	防治方法
羊莫尼茨绦虫病	扩展莫尼茨绦虫、贝氏莫尼茨绦虫	中间宿主：地螨 终末宿主：羊	小肠	1. 临诊：消瘦、贫血、神经症状，剖检小肠内发现虫体 2. 实验室诊断：粪便中有无节片或链体，饱和盐水漂浮法检查粪便中的虫卵	1. 定期驱虫 2. 轮牧 3. 药物治疗，常用药物为硫双二氯酚、氯硝柳胺、丙硫咪唑
多头蚴病	多头绦虫	中间宿主：羊、牛 终末宿主：犬、狼、狐狸等	脑脊髓	1. 临诊：神经症状和视力障碍，尸体剖检时可发现虫体 2. 实验室诊断：X射线或超声波	1. 防止犬吃到含脑多头蚴的羊的脑及脊髓 2. 手术摘除虫体 3. 吡喹酮和丙硫咪唑治疗
羊捻转血矛线虫病	捻转血矛线虫	羊、牛	真胃和小肠	1. 临诊：贫血、消瘦症状，剖检发现虫体 2. 实验室诊断：饱和盐水漂浮法检查粪便	1. 计划性驱虫 2. 注意环境卫生 3. 药物治疗，左旋咪唑、丙硫咪唑、甲苯咪唑等
羊仰口线虫病	仰口线虫	羊	小肠	1. 临诊：贫血、消瘦症状 2. 剖检发现虫体 3. 实验室诊断：饱和盐水漂浮法检查粪便	参照捻转血矛线虫病
羊食道口线虫病	食道口线虫	羊	小结肠和大结肠	1. 临诊：持续性腹泻 2. 肠的结节病变 3. 实验室诊断：饱和盐水漂浮法检查粪便	参照捻转血矛线虫病

(续)

病名	病原	宿主	寄生部位	诊断要点	防治方法
羊鼻蝇 蛆病	羊鼻 蝇	羊	鼻腔、额窦 或鼻窦	1. 临诊：流鼻液、打喷嚏 2. 鼻腔或鼻窦发现幼虫 3. 实验室诊断：用药液喷入鼻腔，收集用药后的鼻腔喷出物，发现死亡幼虫	1. 计划性驱虫 2. 药物治疗，伊维菌素、敌百虫、氯氰柳胺等
绵羊疥 螨病	羊疥 螨	羊	皮肤（表皮内）	1. 临诊：剧痒，脱毛、皮肤增厚 2. 实验室诊断：刮取皮屑显微镜观察	1. 药浴 2. 敌百虫溶液患部涂擦，二嗪农（螨净）喷淋或药浴
痒螨病	羊痒 螨	羊	皮肤表面	1. 临诊：痒，皮肤病变，渗出物增多 2. 实验室诊断：刮取皮屑显微镜观察	参照羊疥螨病
羊虱病	羊虱	羊	体表	1. 临诊：痒，皮肤病变 2. 实验室诊断：体表观察	1. 注意环境卫生 2. 药物灭虱，伊维菌素、蝇毒磷等

职业能力和职业资格测试

一、职业能力测试

(一) 单项选择题

1. 用于驱除羊胃肠道线虫的药物是（　　　）。

    A. 伊维菌素　　　　B. 吡喹酮　　　　C. 硝氯酚　　　　D. 氯硝柳胺

2. 羊莫尼茨绦虫成虫寄生在羊的（　　　）。

    A. 肝　　　　　　　B. 胰　　　　　　C. 小肠　　　　　D. 大肠

3. 下列既可以通过口感染，也可以通过皮肤感染的是（　　　）。

    A. 鞭虫　　　　B. 羊仰口线虫　　　C. 血矛线虫　　　D. 奥斯特线虫

4. 如检查发现羔羊尸僵完全，天然孔未见异物。血液稀薄、量少、颜色淡红不易凝固；有较多腹水，胃肠道内容物很少，真胃黏膜有出血性炎症，真胃及小肠内有大量线虫。该线虫病最有可能是（　　　）。

    A. 捻转血矛线虫病　　　　B. 钩虫病　　　　　　C. 食道口线虫病

    D. 蛔虫病　　　　　　　　E. 肺线虫病

5. 黑龙江省克山县北兴镇某养羊户饲养波尔山羊 48 余只，从 2005 年 6 月份开始，羊群出现病症。有的羊只将鼻孔抵于地面，有的甚至顿足。病羊频频摇头，喷鼻，低头。病羊采食受阻，不能安稳休息，逐渐消瘦。先后死亡 2 只成羊。剖检发现羊鼻黏膜发炎、肿胀、充血、出血，分泌出脓性鼻汁；在 1 只羊的鼻腔内发现 2 条幼虫，呈棕褐色，体长 25mm 左右，前端细小，有 2 个黑色的口钩，虫体分节，每节有许多小刺，背面隆起，腹面平，有黑色横带，虫体后端上部平坦，有 2 个黑色气孔板。该病最有可能是（　　　）。

    A. 肺线虫病　　　　　　B. 鼻蝇蛆病　　　　　C. 莫尼茨绦虫病

189

D. 华支睾吸虫病　　　　　E. 肝球虫病

6. 某羊场饲养管理和卫生较差，羊群拥挤，病羊剧痒，头部、颈部、胸部皮肤擦破出血，脱毛结痂，皮肤肥厚龟裂，病羊无死亡，表现消瘦。治疗该病首先选用的药物是（　　）。

　　A. 吡喹酮　　　　　　　B. 左旋咪唑　　　　　　C. 贝尼尔

　　D. 伊维菌素　　　　　　E. 甲硝唑

（二）多项选择题

1. 下列属于羊鼻蝇蛆病的临床症状的是（　　）。

　　A. 流鼻液　　　　B. 腹泻　　　　C. 打喷嚏　　　　D. 神经症状

2. 下列寄生于羊的食道口线虫有（　　）。

　　A. 粗纹食道口线虫　　　　　　　B. 哥伦比亚食道口线虫

　　C. 微管食道口线虫　　　　　　　D. 甘肃食道口线虫

（三）判断题

1. 羊莫尼茨绦虫没有消化器官。　　　　　　　　　　　　　　　　（　　）

2. 羊线虫的发育一般都要经过 5 个幼虫期。　　　　　　　　　　　（　　）

3. 绵羊疥螨寄生于皮肤表面。　　　　　　　　　　　　　　　　　（　　）

4. 捻转胃虫主要寄生在反刍兽的小肠。　　　　　　　　　　　　　（　　）

5. 自愈现象是反刍动物消化道线虫寄生引起的过敏反应。　　　　　（　　）

6. 食道口线虫寄生于动物的食道和口腔。　　　　　　　　　　　　（　　）

（四）实践操作题

1. 羊莫尼茨绦虫成虫和虫卵的识别。

2. 如何用粪便检查技术检测羊捻转血矛线虫？

二、职业资格测试

（一）理论知识测试

1. 羊贝氏莫尼茨绦虫虫卵的鉴别特征是（　　）。

　　A. 卵圆形、卵壳薄、内含幼虫

　　B. 似圆形，无梨形器，有六钩蚴

　　C. 卵圆形，无卵盖，内含多个胚细胞

　　D. 近似四角形，卵内有梨形器，内含六钩蚴

2. 莫尼茨绦虫可感染（　　）。

　　A. 仔猪　　　　B. 幼犬　　　　C. 羔羊　　　　D. 幼驹　　　　E. 雏鹅

3. 某羔羊群食欲减退，消瘦、贫血、腹泻，死前数日排水样血色便，并有脱落的黏膜。粪检见大量腰鼓形棕黄色虫卵，两端有卵塞，该病例最可能的致病病原是（　　）。

　　A. 蛔虫　　　　B. 隐孢子虫　　　C. 类圆线虫　　　D. 毛首线虫　　E. 食道口线虫

4. 脑多头蚴的成虫寄生于（　　）。

　　A. 人　　　　B. 猪　　　　C. 犬　　　　D. 牛　　　　E. 羊

5. 某羊场饲养管理和卫生较差，羊群拥挤，病羊剧痒，头部、颈部、胸部皮肤擦破出血，脱毛结痂，皮肤肥厚龟裂，病羊无死亡，表现消瘦。下列检查中首先应该做的是（　　）。

A. 血液常规检查　　　　B. 血液生化检查　　　　C. 血液涂片检查

D. 粪便检查　　　　　　E. 皮肤刮取物镜检

6. 扩展莫尼茨绦虫和贝氏莫尼茨绦虫的主要区别在于（　　）的不同。

A. 卵黄腺　　　B. 节间腺　　　C. 梨形器　　　D. 成熟节片　　E. 头节

（二）技能操作测试

羊螨病的实验室诊断方法。

● 参考答案

一、职业能力测试

（一）单项选择题

1. A　2. C　3. B　4. A　5. B　6. D

（二）多项选择题

1. ACD　2. ABCD

（三）判断题

1. √　2. √　3. ×　4. ×　5. √　6. ×

（四）实践操作题（略）

二、职业资格测试

（一）理论知识测试

1. D　2. C　3. D　4. C　5. E　6. B

（二）技能操作测试（略）

鸡寄生虫病防治

【项目设置描述】

　　本项目是根据动物疫病防治员的工作要求和鸡场兽医的工作任务需要而安排，通过介绍鸡吸虫病、绦虫病、线虫病、原虫病以及螨病的防治，为现代养鸡业的安全养殖提供技术支持。

【学习目标】

　　1. 掌握鸡球虫病、蛔虫病、绦虫病等常见寄生虫病的诊断和防治方法。2. 熟悉前殖吸虫病、住白细胞原虫病、组织滴虫病、螨病等寄生虫病。

任务 6-1　鸡吸虫病和绦虫病防治

一、鸡前殖吸虫病

　　案例介绍：某养殖户采用林下饲养2 500只蛋鸡，35周龄时产蛋率逐渐下降，薄壳蛋、小蛋增多。体质消瘦，腹部膨大，触诊有波动感，腹部羽毛脱落、潮红，泄殖腔凸出。剖检病死鸡，输卵管壁薄如纸，无皱褶，输卵管后段黏膜密布红色小点，中部的黏膜表面有棕红色，有扁形或椭圆形的虫体附着，管内有蛋黄腥味略混浊的淡黄色液体，不黏稠。

　　问题：案例中鸡群感染了何种寄生虫？该如何治疗？

　　前殖吸虫病是由前殖科前殖属的多种吸虫寄生于鸡、鸭、鹅及其他鸟类的直肠、输卵管、法氏囊和泄殖腔所引起的一种吸虫病。常引起输卵管发炎，患鸡产无壳蛋或软壳蛋，有时继发腹膜炎而死亡。

　　（一）病原特征及生活史

　　1. 病原特征　前殖吸虫的虫体扁平，外观呈梨形，新鲜虫体呈鲜红色。大小为（3～8.2）mm×（1～4.2）mm。口吸盘大于腹吸盘。腹吸盘呈圆形位于虫体前1/3处。主要虫种有卵圆前殖吸虫、楔形前殖吸虫、透明前殖吸虫、鲁氏前殖吸虫及家鸭前殖吸虫等。但以卵圆前殖吸虫和透明前殖吸虫分布较广，其病原特征见图6-1。成虫寄生于鸡、鸭、鹅和野鸭及其他鸟类的直肠、输卵管、腔上囊、卵巢、泄殖腔和蛋内。

　　虫卵深褐色，椭圆形，大小为（26～32）μm×（10～15）μm，前端有一卵盖，后端

有一小突起，内含一毛蚴。

2. 生活史　成虫在终末宿主的寄生部位产卵，虫卵随粪便和排泄物排出体外，被第一中间宿主螺吞食（或遇水孵出毛蚴），发育为毛蚴、胞蚴、尾蚴。成熟的尾蚴逸出螺体游于水中，遇到第二中间宿主（补充宿主）蜻蜓的稚虫时，进入其肌肉形成囊蚴。鸡啄食含有囊蚴的蜻蜓或其稚虫而感染，在消化道内囊蚴壁被消化，童虫逸出，移行至泄殖腔、输卵管或法氏囊发育为成虫（图 6-2）。

（二）流行与预防

1. 流行　前殖吸虫主要危害鸡，特别是产蛋鸡；除鸡外，火鸡、鸭、鹅等也可感

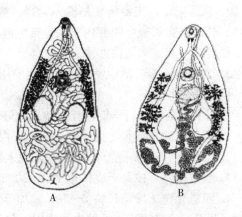

图 6-1　前殖吸虫成虫
A. 卵圆前殖吸虫　B. 透明前殖吸虫

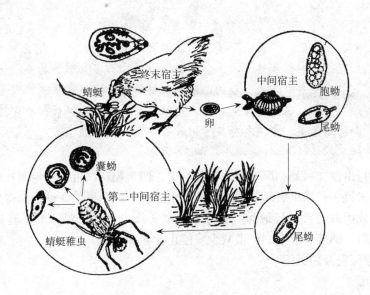

图 6-2　前殖吸虫的生活史
（张西臣，李建华.2010.动物寄生虫病学）

染，常呈地方性流行，全国各地均有发生。各种年龄的鸡均可感染，多发生于春、夏两季。第一中间宿主为淡水螺，第二中间宿主为蜻蜓和其稚虫。鸡只多因吃入蜻蜓成虫和稚虫而感染本病。本病发生与饲养模式有很大关系，多发于散养鸡。

2. 预防　本病常于 5～7 月份开始流行，可春末夏初进行本病的普查，及时隔离和治疗病鸡，并将粪便进行发酵处理，防止病原散布。笼养或圈养鸡时，防止鸡啄食第二中间宿主蜻蜓或蜻蜓稚虫。

（三）诊断

1. 临床症状　初期患鸡症状不明显，食欲减退，产蛋仍正常，有时产薄壳蛋，易破。继而产蛋量下降，逐渐产出畸形蛋或排出石灰样液体。食欲减退，消瘦，羽毛蓬乱、脱落。腹部膨大、下垂、压痛。泄殖腔突出，肛门边缘潮红。重症鸡可发生死亡。

2. 病理变化 主要病变是输卵管炎，黏膜充血，黏液增多，增厚，可在黏膜上找到虫体。其次是腹膜炎，腹腔内含大量黄色混浊的液体。有时出现干性腹膜炎，脏器被干酪样物黏着在一起。鸡蛋内亦可查见虫体。

3. 实验室诊断 剖检发现虫体或生前用沉淀法检查粪便有虫卵即可确诊。

（四）治疗

选用下列药物进行早期治疗，效果较好。

1. 丙硫咪唑 按每千克体重 120mg，混入饲料中一次口服，疗效良好。

2. 吡喹酮 按每千克体重 60mg，混入饲料中一次口服。

3. 氯硝柳胺 按每千克体重 100～200mg，一次口服。

4. 四氯化碳 按每只鸡 2～3mL，加等量石蜡油混合，用细胶管插入食道灌服或嗉囊注射。投药后 18～20h，可见虫体排出，并可持续 3～5d，但对重症鸡疗效不大。

二、鸡绦虫病

> 案例介绍：2010 年 8 月，某养殖户饲养的 35 日龄左右雏鸡出现食欲减退、消瘦、羽毛松乱、翅下垂、贫血、下痢、渴欲增强，有的患鸡濒死前出现神经症状。剖检病死鸡发现小肠黏膜肥厚、贫血、黄染，肠腔内有多量恶臭黏液，肠壁上可见结核样结节，结节中央有米粒大小的凹陷，从结节内可找到虫体或填满黄褐色干酪样物质，肠腔中发现乳白色分节的虫体，虫体前部节片细小、后部节片较宽。
>
> 问题：如何确诊案例中鸡群感染了何种寄生虫？应如何治疗？

鸡绦虫病是由戴文科赖利属的棘沟赖利绦虫、四角赖利绦虫、有轮赖利绦虫和戴文属的节片戴文绦虫等多种绦虫引起的鸡的一种寄生虫病。赖利属的 3 种绦虫寄生于鸡和火鸡的小肠中，在我国最为常见且最为严重；节片戴文绦虫寄生于鸡、鸽、鹌鹑的十二指肠内，可引起贫血、消瘦、下痢、产蛋减少或停止。

（一）病原特征及生活史

1. 病原特征

（1）棘沟赖利绦虫和四角赖利绦虫是鸡体内的大型绦虫，两者外形和大小很相似，白色、扁平带状，长 25cm，宽 1～4cm。棘沟赖利绦虫头节上的吸盘呈圆形，四角赖利绦虫头节上的吸盘呈卵圆形，顶突和吸盘上都有钩（图 6-3）。孕节中每个卵囊内含虫卵 6～12

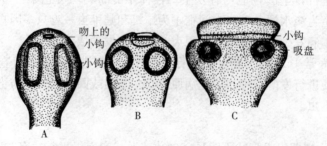

图 6-3　鸡赖利绦虫头节

A. 四角赖利绦虫　B. 棘沟赖利绦虫　C. 有轮赖利绦虫

（张西臣，李建华 . 2010. 动物寄生虫病学）

个，虫卵直径为 $25\sim50\mu m$。

（2）有轮赖利绦虫较短小，一般不超过 4cm，偶可达 15cm，头节上的吸盘呈圆形，无钩，顶突宽大肥厚，形似轮状，突出于虫体前端（图6-3）。孕节中含有多个卵囊，每个卵囊内仅有一个虫卵。虫卵直径 $75\sim88\mu m$。

（3）节片戴文绦虫成虫短小，外形似舌状，0.5～3.0mm，4～9 个节片，节片由前往后逐个增大（图6-4）。孕节中每个卵囊内仅有一个虫卵。虫卵直径为 $28\sim40\mu m$。

2. 生活史　四角赖利绦虫的中间宿主是家蝇和蚂蚁；棘沟赖利绦虫为蚂蚁；有轮赖利绦虫为家蝇、金龟子、步行虫等昆虫；节片戴文绦虫为蛞蝓和陆地螺。

成虫寄生于鸡小肠内，成熟孕卵节片脱落，随粪便排至外界，被中间宿主吞食后发育为似囊尾蚴。含有似囊尾蚴的中间宿主被鸡吞食后，似囊尾蚴在小肠内发育为成虫。

（二）流行与预防

1. 流行　鸡绦虫病对养鸡业危害较大，在流行区，能造成放养的雏鸡大群感染并引发死亡。其发育过程分别需要蚂蚁、甲虫和陆地螺作为中间宿主，鸡通过啄食了中间宿主而感染，常为几种绦虫混合感染。

2. 预防　定期检查、隔离治疗病鸡。每年对全群进行2～3次预防性驱虫，及时清除鸡粪并做无害化处理；雏鸡与成鸡应分群饲养，新购入的鸡应驱虫后再合群；杀灭中间宿主蚂蚁、金龟子、家蝇等，切断传播途径。

（三）诊断

1. 临床症状　临床常见羽毛蓬乱，食欲下降，饮水增多，呼吸加快，消化障碍，粪便稀且有黏液，行动迟缓，头颈扭曲，消瘦，贫血，雏鸡生长停滞或死亡，蛋鸡产蛋量下降或停产。雏鸡严重感染时，表现出血性肠炎，发生腹泻、粪便含有大量黏膜，常带血液。当赖利绦虫大量感染时虫体积聚成团，导致肠阻塞，甚至肠破裂而引起腹膜炎。有时因虫体分泌毒素，使病鸡两腿麻痹，出现神经中毒症状，常逐渐波及全身。

2. 病理变化　病死鸡尸体消瘦，可见十二指肠黏膜潮红、有散在出血点，肠道黏膜增厚，肠腔中富含淡红色恶臭的黏液，可发生大量虫体固着于黏膜上。可视黏膜苍白或黄染。

3. 实验室诊断　粪便中发现粟粒大，乳白色，肉质样的孕卵节片；用饱和盐水漂浮法检查粪便，发现虫卵即可确诊。由于虫体较小，通常一条绦虫每天仅排出 1 个孕节，且往往在夜间或下午，所以在鸡粪中不易找到，故应注意收集全粪检查。

（四）治疗

1. 硫双二氯酚　成鸡按每千克体重 100～300mg，雏鸡可适当减量；氯硝柳胺，按每千克体重 50～60mg；吡喹酮，每千克体重 10～20mg。上述药物混在饲料内喂饲，一次口服。

2. 氢溴酸槟榔碱　按每千克体重 1～1.5mg，加适量水投服。

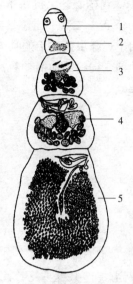

图6-4　节片戴文绦虫
1. 头节　2. 颈节　3. 幼节
4. 成节　5. 孕节
（张西臣，李建华．2010．
动物寄生虫病学）

195

3. 丙硫咪唑 按每千克体重 15～20mg，与面粉做成丸剂，一次投服。

4. 正十二酸—二丁基锡盐（商品名为丁锡醇） 是美国食品药物管理局（FDA）批准用于鸡绦虫病防治的唯一药物。市售商品名为蠕虫魔，为丁锡醇哌嗪和吩噻嗪配成的混合片剂或饲料添加剂颗粒。成鸡按每只鸡 75～125mg 或以 0.5% 比例加入饲料中，连用 2～3d。

任务 6-2 鸡线虫病防治

一、鸡蛔虫病

案例介绍：养鸡户王某，于 2010 年 3 月份购入 1 000 只土鸡，初期生长发育正常，健康状况良好，但自 7 月中旬开始，25 只鸡发病死亡，未引起重视，随后每天都有鸡只零星死亡，至 7 月 25 日共死亡 241 只，死亡率达 24.1%。发病鸡表现为腹泻，消瘦，羽毛松乱，精神萎靡，鸡冠苍白，排红色粪便，有些突然死亡。病变部位主要发生在十二指肠，在整个肠管均有病变，肠黏膜发炎出血，肠壁上有颗粒状化脓灶或结节形成。肠道中均发现有长 0.3～6.5cm，粗 0.5～1.0mm，身体不断扭动，呈黄白色两端尖的粗圆线状虫体，其中有 7 只病鸡虫体数量多，虫体相互扭曲成团将肠道堵塞，其他内脏器官未见肉眼可见病变。在鸡发病时，该养殖户在市场上先后购买特效鸡病液（恩诺沙星溶液）、球福（抗球虫药）治疗未见效果。

问题：案例中鸡群感染了何种疫病？为什么养殖户所用药物治疗该病无效？应该用什么药物治疗？

鸡蛔虫病是由禽蛔科禽蛔属的鸡蛔虫寄生于鸡、火鸡的小肠内而引起的疾病。本病主要发生于 2～4 月龄的鸡，影响生长发育，严重时造成肠道阻塞，甚至死亡。

（一）病原特征及生活史

1. 病原特征 鸡蛔虫属于禽蛔属，寄生于鸡小肠内，虫体呈黄白色。头端有三片唇。雄虫长 26～70mm，尾端有明显的尾翼与尾乳突，有一个圆形或椭圆形的肛前吸盘，交合刺近于等长；雌虫长 65～110mm，阴门开口于虫体中部，是鸡消化道中最大的线虫（图 6-5）。

虫卵呈椭圆形，表面光滑，壳厚，深灰色，内含单个胚细胞。大小为（70～86）μm×（47～51）μm（图 6-5）。

2. 生活史 雌虫排出的虫卵随鸡粪便排至外界，在空气充足及适宜的温度和湿度条件下，发育为感染性虫卵。蚯蚓可

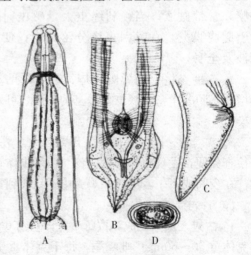

图 6-5 鸡蛔虫
A. 头部 B. 雄虫尾部 C. 雌虫尾部 D. 虫卵

成为其贮藏宿主。鸡吞食了被感染性虫卵污染的饲料、水或带有感染性虫卵的蚯蚓而感染。幼虫在肌胃和腺胃逸出，钻进小肠黏膜发育一段时期后，重返肠腔发育为成虫。

（二）流行与预防

1. 流行 本病主要发生于2～4月龄的鸡，成年鸡往往是带虫者。影响生长发育，严重时造成肠道阻塞，甚至死亡。鸡自然感染主要是吞食了感染性虫卵，也可以啄食携带感染性虫卵的蚯蚓而感染。不同品种的鸡易感性有差异，肉鸡比蛋鸡抵抗力强；土种鸡比良种鸡抵抗力强。鸡饲料中缺乏维生素A和维生素B时易遭受感染。

2. 预防 加强饲养管理，做好鸡舍及运动场的卫生及清扫消毒，集中粪便堆积发酵处理，杀灭虫卵。不同日龄的鸡分开饲养。在蛔虫病流行的鸡场，每年进行2～3次定期驱虫。

（三）诊断

1. 临床症状 雏鸡发病后表现为精神委顿，食欲减退，羽毛松乱，双翅下垂，便秘、下痢相交替，有时有血便，可视黏膜和鸡冠苍白，生长发育不良，严重时衰弱死亡。成鸡多不表现症状，严重者下痢，贫血，产蛋量下降等。

2. 病理变化 肠黏膜发炎、水肿、充血，在幼虫大量集中的部位可见结缔组织增生，肠壁上形成颗粒状化脓灶或形成结节，有时肝有淤血。成虫大量寄生时，常见肠道阻塞，甚至肠破裂。

3. 实验室诊断 剖检发现虫体及用饱和盐水漂浮法从粪便中检查到大量虫卵即可确诊。

（四）治疗

1. 丙硫咪唑 按每千克体重10～20mg拌入少量饲料内一次内服。

2. 甲苯咪唑 按每千克体重30mg，一次口服。

3. 枸橼酸哌嗪（驱蛔灵） 按每千克体重0.15～0.3g拌入饲料或配成1%的水溶液让鸡自由饮水。

4. 中药方剂 槟榔子125g，南瓜子75g，石榴皮75g，共研为末，按2%的比例拌于饲料中，空腹喂给，每日2次，连用2～3d。效果较好。

另外，也可用左旋咪唑、甲氧咪唑、芬苯咪唑等药物治疗，以上所述药物也可用于预防性驱虫。在服药驱虫后，经过12h清除粪便，并将清除的粪便在合适的地点堆积发酵进行生物安全处理。

二、异刺线虫病

案例介绍：2011年2月，某种鸡场引进的5 000套罗斯父母代种鸡，饲养到第31周龄时，鸡群精神沉郁，食欲降低或废绝，羽毛松乱无光，下痢，部分鸡有排血便现象。持续到33周龄时病死率不断升高，剖检病死鸡发现大部分有盲肠黏膜肿胀，肠腔内出血变黑，盲肠扁桃体水肿，内容物出现层状栓塞，甚至粘连穿孔。在盲肠内可见到白色，长10～15mm的细小丝状虫体。

问题：如何进一步确诊案例中鸡群感染了何种寄生虫病？应如何治疗？

异刺线虫病是由异刺科异刺属的鸡异刺线虫寄生于鸡、火鸡等禽鸟类的盲肠内引起的，又称盲肠线虫病。本病常见多发，分布广泛，患鸡表现下痢、生长缓慢、产蛋率下降。

（一）病原特征及生活史

1. 病原特征 鸡异刺线虫，虫体小，细线状，淡黄色。头端略向背部弯曲，尾末端尖细。雄虫长 7～13mm，宽约 0.3mm，尾直，末端尖细，交合刺 2 根，不等长。雌虫长 10～15mm，宽约 0.4mm，尾部细长。虫卵为椭圆形，褐色或淡灰色，大小（65～80）μm×（35～46）μm，一端较明亮，内含未发育的卵细胞（图 6-6）。

2. 生活史 成虫产的虫卵随粪便排至外界，在适宜的温度和湿度条件下，大约 2 周即可发育为含幼虫的感染性虫卵。鸡吞食了含有感染性虫卵的饲料和饮水而感染，虫卵在小肠内孵化出幼虫，幼虫钻进肠黏膜发育一段时期后，重返肠腔发育为成虫。

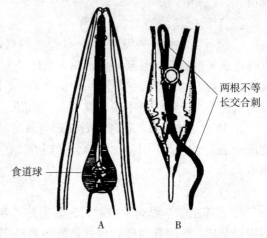

两根不等长交合刺

食道球

A   B

图 6-6　鸡异刺线虫
A. 虫体前端　B. 雄虫尾部腹面

（二）流行与预防

1. 流行 本病常见多发，分布广泛。各种年龄均有易感性，但营养不良和饲料中缺乏矿物质（尤其是磷和钙）的幼鸡最易感。鸡异刺线虫还是火鸡组织滴虫的传播者。火鸡组织滴虫寄生于鸡的盲肠和肝，可侵入异刺线虫卵内，使鸡同时感染。

2. 预防 参照鸡蛔虫病。

（三）诊断

1. 临床症状 轻度感染时，一般无明显症状。严重感染时，表现为食欲不振或废绝、下痢、精神沉郁、消瘦、贫血、雏鸡发育受阻，成年鸡产蛋率下降，严重时可造成死亡。

2. 病理变化 异刺线虫寄生时损伤肠黏膜，引起出血，主要是盲肠肿大，肠壁发炎和增厚，溃疡，肠内容物凝结，在盲肠顶端可见大量虫体。

3. 实验室诊断 剖检在盲肠中发现虫体或取感染鸡的粪便，用饱和盐水漂浮法检查到大量虫卵即可确诊，但要注意与蛔虫卵的区别。异刺线虫是组织滴虫病的传播者，当啄食了含组织滴虫的异刺线虫卵时，就可同时感染异刺线虫病和组织滴虫病，诊断时应注意是否同时患有组织滴虫病。

（四）治疗

参照鸡蛔虫病。

三、禽毛细线虫病

禽毛细线虫病是由毛细科毛细属的多种线虫寄生于禽类食道、嗉囊、肠道内引起的疾病。

（一）病原特征及生活史

1. 病原特征 禽毛细线虫种类较多，包括有轮毛细线虫、鸽毛细线虫、膨尾毛细线虫和鹅毛细线虫等。虫体较小，呈毛发状。身体的前部短于或等于身体的后部，并稍比后部细。前部为食道部，后部包含肠管和生殖器官。雄虫长 10～15mm，有 1 根交合刺和 1

个交合刺鞘，有的没有交合刺而只有鞘。雌虫长 10～26mm，阴门位于前后部分的连接处。虫卵两端有卵塞，淡黄色，大小为（43～60）μm×（22～28）μm。

2. 生活史 毛细线虫的生活史有直接和间接两种方式，有些种需要中间宿主蚯蚓的参与才能发育。

直接发育型：虫卵随终末宿主的粪便排出体外，发育为感染性虫卵，禽类吞食后，幼虫需先在十二指肠黏膜内发育一段时间，后在肠腔内发育为成虫。

间接发育型：虫卵随终末宿主粪便排出体外，在蚯蚓体内孵化为感染性幼虫，禽类啄食蚯蚓后，幼虫先进入寄生部位的黏膜内进行一段时间的发育，最后再返回寄生部位发育为成虫。

（二）流行与预防

1. 流行 禽毛细线虫病可感染鸡、鹅和鸽子等禽类，我国各地都有分布，严重感染时，可引起家禽死亡。

2. 预防 感染严重的地区应进行预防性驱虫。定期清洁禽舍，粪便堆积发酵，杀灭虫卵。鸡舍应建在通风干燥的地方，以抑制虫卵的发育和中间宿主蚯蚓的滋生。

（三）诊断

1. 临床症状 患禽食欲不振，下痢，贫血，消瘦。严重感染时，雏鸡和成年鸡均可发生死亡。

2. 病理变化 虫体在寄生部位掘穴，造成机械和化学刺激。轻度感染时，嗉囊和食道壁局部出现轻微炎症和增厚。感染严重时，炎症加剧，并出现黏液或脓性分泌物，局部黏膜溶解、坏死或脱落。食道壁和嗉囊壁出血，黏膜上有大量虫体。

3. 实验室诊断 剖检病禽，发现虫体及相应病变或粪便中检出虫卵即可做出诊断。

（四）治疗

甲苯咪唑，按每千克体重 70～100mg，口服。也可用左旋咪唑，按每千克体重 25mg，口服。

任务 6-3　鸡螨病防治

案例介绍：2011 年 6 月，某 2 000 只笼养蛋鸡场，工人在防疫时发现个别鸡的翅下有小红点爬行，鸡舍的边角处、料槽附近均有虫体爬行。工人在喂鸡时，小虫落在手上，虫体吸食人血，皮肤出现红疹，瘙痒难忍。该场兽医怀疑是鸡虱病，用伊维菌素按每千克体重 0.2mg，进行皮下注射，并用 0.2% 灭虱精对鸡体表喷雾杀虫。但是效果不佳，产蛋量连续下降，高达 15%。患鸡日渐衰弱，贫血，有的出现奇痒症状，个别感染严重的衰竭死亡，患病鸡的尾部、腹部羽毛有迅速移动的黑色和红色的小点，虫体较多的鸡，皮肤出现龟裂和结痂。发病鸡只不断增加，鸡的死亡淘汰率明显升高。

问题：如何确诊案例中鸡群感染了何种寄生虫？请为该鸡场制定防制该病的措施？

鸡螨病是由膝螨、皮刺螨、新棒恙螨等多种螨寄生于鸡体及其他鸟类所引起的一类外寄生虫病。患鸡表现日渐消瘦、贫血、产蛋率下降等。

（一）病原特征及生活史

1. 病原特征

（1）膝螨包括疥螨科、膝螨属的突变膝螨和鸡膝螨。突变膝螨，俗称鳞足螨或鸡腿疥螨。躯体背面无鳞片和棒状刺，仅有皱纹，呈间断状。雄螨（0.195～0.20）mm×（0.12～0.13）mm，卵圆形，足较长，呈圆锥状，各足端均有带柄的吸盘。雌螨，（0.408～0.44）mm×（0.33～0.38）mm，近圆形，足极短，不突出体缘，足端全无吸盘。鸡膝螨比突变膝螨小，雌螨体长约为 0.3mm，躯体较圆，后端有 1 对长刚毛。其他特征似突变膝螨（图 6-7）。

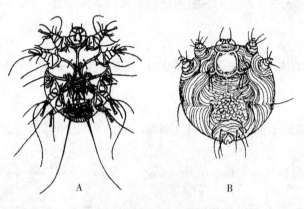

图 6-7　膝螨成虫
A. 膝螨雄虫腹面观　B. 膝螨雌虫背面观

（2）鸡皮刺螨。鸡皮刺螨属皮刺螨科。虫体呈长椭圆形，后部略宽，体表密布短细绒毛，根据吸血多少呈淡红色、红色或红褐色。雄螨长 0.6mm，宽 3.2mm。背面有盾板 1 块，前部较宽，后部较窄，后缘平直。雌螨长 0.72～1.5mm，宽 0.4mm。腹面的胸板非常扁，前缘呈弓形，后缘浅凹（图 6-8）。

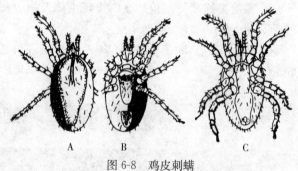

图 6-8　鸡皮刺螨
A. 雌虫背面　B. 雌虫腹面　C. 雄虫腹面
（张西臣，李建华．2010．动物寄生虫病学）

（3）鸡新棒恙螨。鸡新棒恙螨属恙螨科、新棒螨属。幼虫较小，不易发现，饱食后呈橘黄色，大小为 0.4mm×0.3mm。有 3 对足，背面盾板呈梯形，盾板上有刚毛 5 根，中央有感觉毛 1 对，其远端部膨大呈球拍形（图 6-9）。

2. 生活史　均为不完全变态，发育包括卵、幼虫、若虫、成虫 4 个阶段。

膝螨生活史与疥螨发育史相似。全部生活史过程均在鸡体上进行。突变膝螨寄生于鸡腿上的无毛处及爪趾部，开始从胫部的大鳞片上感染，钻入皮肤后，在坑道中产卵，孵出的幼螨经蜕化后发育为成螨。

鸡皮刺螨雌螨侵袭鸡体吸饱血后在鸡舍的缝隙或碎屑中产卵，每次产 10 多粒。在 20～25℃条件下，卵依次孵化出幼虫、第 1 期若虫、第 2 期若虫、成虫，整个过程需 7d。

鸡新棒恙螨仅幼虫营寄生生活，刺吸鸡或其他鸟类的体液和血液。幼虫吸饱血后落地，数日后发育为若虫，再过一定时间发育为成虫。雌螨受精后，产卵于泥土上，约需 2 周孵化出幼虫。从卵发育为成虫，需 1～3 个月。

（二）流行与预防

1. 流行　鸡螨病分布较广，为鸡的重要体外寄生虫病之一，尤其多见于放饲后的雏鸡。

2. 预防　搞好环境卫生，定期清理粪便，集中堆肥发酵，清除杂草、污物。应避免在潮湿的草地上放鸡，以防感染。定期在运动场、鸡舍用蝇

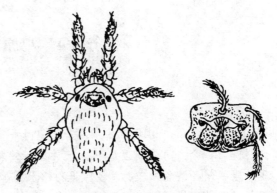

图 6-9　鸡新棒恙螨
（张西臣，李建华 . 2010. 动物寄生虫病学）

毒磷、溴氰菊酯等杀虫药物喷洒杀虫，对栖架、墙壁和缝隙等尤应做得彻底。房舍消毒，可用石灰水粉刷。产蛋箱要清洗干净，用沸水浇烫后，在阳光下曝晒，以彻底杀灭虫体。鸡群出栏后使用辛硫磷对圈舍和运动场地全面喷洒，间隔 10d 左右再作喷洒杀虫。鸡舍进苗前 10d，用溴氰菊酯喷洒。

（三）诊断

1. 临床症状与病理变化　突变膝螨寄生于鸡和火鸡腿上无羽毛处及爪趾，引起皮肤发炎，起鳞片状屑，随后皮肤增生而变粗糙、裂缝。由于病变部渗出液的干涸而形成灰白色痂皮，外观似涂上了一层石灰故有石灰脚之称。剧痒，以致常继发患部的搔伤而发关节炎、趾骨坏死，甚至死亡。

鸡膝螨寄生于鸡的羽毛根部，引起皮肤发红，羽毛脱落，病灶常见于背部、翅膀、臀部、腹部等处。其隧道通常侵入羽毛的根部，以致诱发炎症，羽毛变脆、脱落，体表形成明显的斑点，皮肤发红，上覆鳞片。抚摸时觉有脓疱。因其寄生部剧痒，病鸡啄拔羽毛，使羽毛脱落，故通常称脱羽痒症。

鸡皮刺螨寄生于体表，夜间活动，刺吸血液为食，引起鸡只贫血，尤以雏鸡和老年鸡最为严重。严重侵袭时，患鸡皮肤发炎、剧痒，日渐消瘦，贫血，羽毛杂乱和脱落，产蛋减少，可致死亡。人受侵袭时，患病皮肤剧痒，出现针尖至指头大小的红色丘疹，中央有一小孔。

鸡新棒恙螨寄生于鸡及其他鸟类翅内侧、胸两侧和腿内侧体表，幼虫成群附在鸡的皮肤上。患部奇痒，出现痘疹状病灶，周围隆起，中间凹陷，呈痘脐形，中央可见一小红点，即恙虫幼虫。严重时消瘦、贫血、不食，如不及时治疗会引起死亡。

2. 实验室诊断　在鸡体表或鸡舍等处发现虫体即可确诊。

（四）治疗

治疗鸡突变膝螨病，可将病鸡的爪浸于温水或肥皂水中，使其痂皮逐渐变软，然后刷去痂皮，干后涂上外用杀螨药物。亦可用 10％硫黄软膏涂擦患部。此外，用 0.5％氟化钠溶液浸浴患爪，每周一次，亦有一定疗效。对鸡膝螨可用硫黄粉全身撒布。

治疗鸡新棒恙螨病和皮刺螨病，可用杀虫药如蝇毒磷、溴氰菊酯等。也可在鸡体患部涂擦 70％乙醇、碘酊或 5％硫黄软膏治疗鸡新棒恙螨病，效果良好。涂擦一次，即可杀虫体，病灶逐渐消失，数日后痊愈。

任务 6-4　鸡原虫病防治

一、鸡球虫病

案例1介绍：2010年6月，王某地面平养了800只35日龄雏鸡。由于连续多天强降雨，舍内阴暗潮湿，卫生条件差，鸡群出现精神不振、羽毛松乱、双翅下垂、眼半闭、缩颈呆立、食欲减退而饮水增加等症状。随着病情的发展，病鸡翅膀轻瘫、食欲废绝、排糊状粪便并带血，严重者排血便，病鸡消瘦，可视黏膜、鸡冠苍白。后期带有神经症状，如痉挛、昏迷，最后衰竭死亡，病死率可达25%。剖检病死鸡，可见小肠出血，盲肠显著肿大、上皮增厚并有坏死灶，肠黏膜有溢血点，肠内有红色或暗红色的血凝块。

问题：如何确诊案例中鸡群发生了何种寄生虫病？如何治疗？该病的发生与养殖方式和环境条件有何关系？

案例2介绍：2011年4月，某养鸡专业户所饲养的175日龄蛋鸡发现有少量死亡。就诊时，大群鸡精神正常，无明显临床症状，个别病鸡表现腿软、蹒跚、瘫痪，双翅下垂，腹泻，有粉红色、似番茄酱样粪便，产蛋量减少。病程长的鸡衰竭死亡。剖检可见消瘦，泄殖孔周围羽毛被排泄物污染，病变主要在小肠，有的在十二指肠和小肠前段，有的病变在小肠中、后段。肠管肿胀，肠壁增厚，肠壁上出现小米粒样大小的淡白色斑点和小出血点，肠黏膜脱落，形成栓子，严重的从肠浆膜面就可看见有出血及坏死点，肠内容物腐臭，肠黏膜呈淡灰色、淡褐色或淡粉红色。

问题：案例中鸡群感染了何种寄生虫？目前，应该采取什么措施控制病情发展和防止今后发生该病？

鸡球虫病是由艾美耳科艾美耳属的多种球虫寄生于鸡肠道上皮细胞引起的一种对养鸡业危害十分严重的原虫病。该病呈世界性分布，15～50日龄的鸡发病率高，死亡率高达80%，以出血性肠炎和雏鸡高死亡率为主要特征。病愈的雏鸡生长发育受阻，长期不能康复，成年鸡多为带虫者，但增重和产蛋都受到影响。

（一）病原特征及生活史

1. 病原特征　病原为艾美耳科艾美耳属的多种球虫。

（1）未孢子化球虫。卵囊外形呈椭圆形、圆形等不同形状，多数卵囊无色或灰白色，个别种呈黄色、棕色。卵囊一般为内、外两层囊壁，卵囊中含有一圆形的原生质团块（图6-10）。

（2）孢子化卵囊。卵囊内有富有折光性的极粒、一个颗粒状团块的卵囊残体和4个孢子囊。每个孢子囊内含有2个呈香蕉样子孢子，中央有核，在一端可见强折光性的球状体，即折光体（图6-11）。

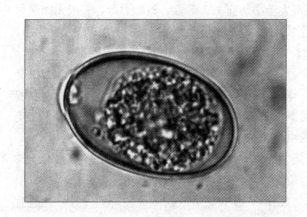

图 6-10　艾美耳球虫未孢子化卵囊

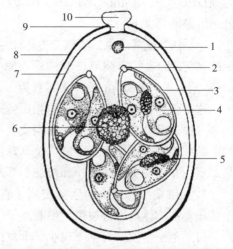

图 6-11　艾美耳球虫孢子化卵囊构造
1. 极粒　2. 斯氏体　3. 孢子囊　4. 子孢子
5. 孢子囊残体　6. 卵囊残体　7. 卵囊内壁
8. 卵囊外壁　9. 卵膜孔　10. 极帽

（3）各国已经记载的鸡球虫种类共有 13 种之多，我国已发现 9 个种，但目前世界公认的有 7 种不同种的球虫，它们在鸡肠道内寄生部位不一样，其致病力也不相同。

①柔嫩艾美耳球虫。柔嫩艾美耳球虫主要寄生于盲肠，致病力最强。常在感染后第 5 天及第 6 天引起盲肠严重出血和高度肿胀，以及在后期出现硬固的干酪样肠心，故称之为盲肠球虫或血痢型球虫。卵囊多为宽卵圆形，少数为椭圆形；卵囊壁为淡绿黄色，原生质呈淡褐色；大小为（19.5～26）μm×（16.5～22.8）μm。卵囊指数为 1.16。孢子化时间为 18～30.5h。最短潜隐期为 115h。

②毒害艾美耳球虫。毒害艾美耳球虫主要寄生在小肠的中 1/3 段，尤以卵黄蒂的前后最为常见，严重时可扩展到整个小肠，是小肠球虫中致病性最强的一种，其致病性仅次于盲肠球虫。卵囊为中等大小，卵圆形；卵囊壁光滑、无色；大小为（13.2～22.7）μm×（11.3～18.3）μm。卵囊指数为 1.19。最短孢子化时间为 18h。最短潜隐期为 138h。

③巨型艾美耳球虫。巨型艾美耳球虫寄生于小肠，以中段为主，具有中等程度的致病力。卵囊大，是所有鸡球虫中最大者。卵圆形，一端圆钝，一端较窄；卵囊黄褐色，囊壁浅黄色；大小为（21.75～40.5）μm×（17.5～33.0）μm。卵囊指数为 1.47。最短孢子化时间为 30h。最短潜隐期为 121h。

④堆形艾美耳球虫。堆形艾美耳球虫主要寄生于十二指肠和空肠，偶尔延及小肠后段，有较强的致病性。卵囊卵圆形；卵囊壁淡黄绿色；大小为（17.7～20.2）μm×（13.7～16.3）μm。最短孢子化时间为 17h。最短潜隐期为 97h。

⑤布氏艾美耳球虫。布氏艾美耳球虫寄生于小肠后部、盲肠近端和直肠，具有较强的致病性。卵囊较大，仅次于巨型艾美耳球虫卵囊，呈卵圆形；卵囊大小为（20.7～30.3）μm×（18.1～24.2）μm。卵囊指数为 1.31。最短孢子化时间为 18h。最短潜隐期为 120h。

⑥和缓艾美耳球虫。和缓艾美耳球虫寄生于小肠前半段，有较轻的致病性。卵囊近球形；卵囊壁呈淡绿黄色，初排出时的卵囊，原生质团呈球形，无色，几乎充满卵囊；大小

为（11.7～18.7）μm×（11.0～18.0）μm。卵囊指数为 1.09。最短孢子化时间是 15h。最短潜隐期是 93h。

⑦早熟艾美耳球虫。早熟艾美耳球虫寄生于小肠前 1/3 部位，致病力低，一般无肉眼可见的病变。卵囊呈卵圆形或椭圆形；原生质无色，囊壁呈淡绿色；大小为（19.8～24.7）μm×（15.7～19.8）μm。卵囊指数为 1.24。最短孢子化时间为 12h。最短潜隐期为 84h。

这 7 种球虫按照致病力强弱相比较而言，柔嫩艾美耳球虫＞毒害艾美耳球虫＞布氏艾美耳球虫＞巨型艾美耳球虫＞堆型艾美耳球虫＞和缓艾美耳球虫＞早熟艾美耳球虫；对养鸡业的危害大小排序为：柔嫩艾美耳球虫＞堆型艾美耳球虫＞巨型艾美耳球虫＞毒害艾美耳球虫＞布氏艾美耳球虫＞和缓艾美耳球虫＞早熟艾美耳球虫。

2. 生活史 鸡球虫的生活史属于直接发育型，不需要中间宿主，整个发育过程经 3 个阶段。在鸡体内进行裂殖生殖和配子生殖，在外界环境中进行孢子生殖。

（1）孢子生殖。寄生于鸡小肠上皮细胞内的卵囊成熟后脱落随粪便排到体外，在适宜的温度、湿度和光照条件下，发育为孢子化卵囊，鸡吞食后感染。

（2）裂殖生殖。孢子化卵囊在鸡胃肠道内脱囊而释放出子孢子，子孢子侵入肠上皮细胞变为滋养体，进行裂殖生殖，很快产生第 1 代裂殖子。裂殖子再侵入临近的上皮细胞进行裂殖生殖，产生第 2 代裂殖子。

（3）配子生殖。经 2～3 次裂殖生殖后，一部分裂殖子发育为雌性（小）配子，另一部分发育为雄性（大）配子，进行配子生殖后，大、小配子结合成为合子。合子周围形成厚壁即变为卵囊，卵囊一经产生即随粪便排出体外。柔嫩艾美耳球虫整个发育周期约需 7d（图 6-12）。

204

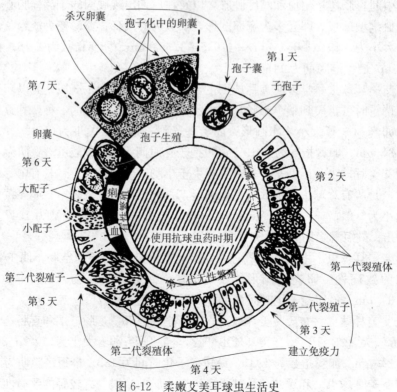

图 6-12 柔嫩艾美耳球虫生活史

（张西臣，李建华 . 2010. 动物寄生虫病学）

（二）流行与预防

1. 流行　鸡球虫病是对养鸡业危害最严重的疾病之一，常呈暴发性流行。15～50 日龄的鸡发病率和致死率都较高，其次为 2～3 月龄幼鸡，成年鸡对球虫有一定的抵抗力，多为带虫者。病鸡、耐过鸡和带虫鸡均为感染来源，它们排出的卵囊污染了饲料、饮水、土壤和用具等，卵囊在外界孢子化后，鸡只食入了感染性卵囊而感染球虫。苍蝇、甲虫、鼠类、人及其衣服等都可成为机械传播者。

南方各地及北方的密闭式现代化鸡场，一年四季均可发生，北方以 4～9 月为流行季节，7～8 月为高峰期，但以温暖，潮湿的季节多发。鸡舍潮湿，拥挤，通风不良，饲料品质差，以及缺乏维生素 A 和维生素 K 均能促使本病的发生和流行。

鸡球虫卵囊对恶劣环境和消毒药具有很强的抵抗力。在土壤中可存活 4～9 个月，在阴湿的土壤中，卵囊可存活 15～18 个月。一般消毒药无效，只有蒸汽、水烫或火焰烧燎才可有效杀灭孢子化卵囊。温暖潮湿的地区有利于卵囊的发育，但低温、高温和干燥均会延迟卵囊的孢子化过程，有时会杀死卵囊。

2. 预防　目前，鸡球虫病的主要防制手段是通过加强饲养管理、药物防治和疫苗预防来实现。

（1）加强饲养管理。保持舍内干燥，定期清粪，防止鸡粪污染饲料和饮水，饲养人员进出场舍以及用具都要严格消毒，栏内和运动场地应做到清洁、干燥。雏鸡、青年鸡、成年鸡应分开饲养，并避免鸡群太拥挤。喂给雏鸡富含维生素的配合饲料，补充适量的青绿饲料，增强雏鸡的抗病能力。

（2）药物预防。在雏鸡出壳后第 1 天即开始使用抗球虫药，尤其在球虫病易感染时期抓好药物预防对球虫病的控制至关重要。即从 2～3 周龄开始，在饲料或饮水过程中按时、按量投喂药物，进行预防。

几十年来，使用抗球虫药物预防球虫病，一直是防治球虫病第一重要的手段，几乎每个国家在鸡球虫病的防治上，都执行从 1 日龄起在饲料中"强制性"添加抗球虫药的方法，以至于有人认为"鸡场使用抗球虫药进行球虫病预防是一种化学保险"。从 1936 年首次出现专用抗球虫药以来，已报道的抗球虫药达 40 余种，现今广泛使用的约有 20 种。抗球虫药大致分为两大类：一类是聚醚类离子载体抗生素，另一类是化学合成的抗球虫药。

①化学合成抗球虫药。

氨丙啉：按 0.0125％混入饲料，整个生长期均可使用，无休药期。对球虫的第一代裂殖体特别有效。

氯苯胍：按 0.0003％混入饲料，产蛋鸡禁用，在肉鸡上应用时，休药期为 7d。

尼卡巴嗪：按 0.0125％混入饲料，休药期为 4d。产蛋鸡禁用。

地克珠利：按 0.0001％混入饲料，无休药期。

常山酮：按 0.0003％混入饲料，休药 5d。产蛋鸡禁用。

二硝托胺（球痢灵）：按 0.0125％混入饲料，休药期 5d。

②聚醚类离子载体抗生素。

莫能菌素：按 0.0001％混入饲料，无休药期。

盐霉素：按 0.005％～0.006％混入饲料，休药期为 5d。产蛋鸡禁用。

拉沙里菌素：按 0.0075％～0.0125％混入饲料，休药 5d。产蛋鸡禁用。

马杜拉霉素：按 0.005％～0.007％混入饲料，无休药期。

那拉菌素：按 0.005%～0.007%混入饲料，无休药期。

在生产中，任何一种抗球虫药连续使用一定时间后，都会产生不同程度的耐药性。通过合理使用抗球虫药，可以避免或减缓耐药性的产生，并可以提高防治效果。通常对肉鸡常采用下列几种用药方案。

a. 轮换用药：轮换用药是季节性或定期地变换用药，即每隔 3 个月或半年或一年改换一种抗球虫药，或将药效已下降的某种抗球虫药替换下来。但要注意不要改用属于同一化学结构类型的抗球虫药，也不要改用作用峰期相同的药物，以免产生交叉抗药性或变换用药后效果不能明显提高。

b. 穿梭用药：在同一个饲养期内，换用二种或三种不同性质的抗球虫药，即开始时使用一种药物，至生长期时使用另一种药物。一般是将化学药品和离子载体类药物穿梭应用。缺点是往往非但没有阻止抗药虫株的产生，反而比轮换用药更容易导致产生多药抗性虫株。

c. 联合用药：在同一个饲养期内并用两种或两种以上抗球虫药，通过药物间的协同作用既可延缓抗药虫株的产生，又可增强药效和减少用量。需注意的是联合用药时要掌握各种药物的作用性质，防止使用相互颉颃的药物。

目前，基本都采取轮换用药的方式，一般是每 3～6 个月即换用在化学上无相关的各类球虫药。在执行轮换用药方案时，最好能在一年的轮换方案中不要将同种药物使用 2 次或 2 次以上。

（3）疫苗预防。为了避免药物残留对人类健康的危害和球虫的抗药性问题，在欧盟，使用球虫疫苗已成为控制鸡群球虫病的主要技术手段。目前已有 4 种疫苗普遍使用，在生产中具有较好的预防效果。主要分为活毒虫苗和早熟弱毒虫苗两类。美国的 Coccicox、加拿大的 Immucox 是未致弱的活虫苗；英国的 Paracox 是早熟虫株制成的弱毒虫苗；捷克的 Livacox 是由鸡胚致弱虫株和早熟致弱虫株混合制成的弱毒苗。这些球虫疫苗已在生产中取得了较好的预防效果。国内一些科研单位和大专院校也研制有两类疫苗的试产品，供生产上试用，效果类似。

球虫病疫苗的免疫程序：总的原则是应尽可能早地进行免疫接种，以防野毒的感染。地面平养鸡可在 1～10 日龄，1 头份/只；种鸡或蛋鸡应进行二次免疫，二免的时间可在转群前进行，剂量为首免的 1/5。网上饲养或笼养鸡群 1～10 日龄，1 头份/只。

（三）诊断

1. 临床症状　50 日龄以内雏鸡发病时，不同的虫种引起的临床症状相似，区别在于粪便的颜色不同。病鸡精神沉郁，食欲减退，嗉囊内充满液体，羽毛蓬松，头卷缩，喜卧。鸡冠和可视黏膜贫血、苍白，运动失调，翅膀轻瘫。寄生于盲肠内的球虫腹泻严重，水样，常有血便，开始时粪便为咖啡色，以后变为完全的血粪，且血液不凝固；寄生于直肠中的球虫会使鸡只排出黑色水样便，血便不如盲肠球虫严重，只是稀软的粪便上有血性条纹；寄生于小肠中的毒害艾美耳球虫则会使鸡只排出稀软、黏稠有明显腥臭味的暗红色血便，稀软的粪便上有血性条纹。死亡率可达 50%～80%。

2 个月以上的鸡，症状较轻，病程可达数周至数月。表现为嗉囊积液，间歇性下痢，逐渐消瘦，足、翅常发生轻瘫，产蛋减少，肉鸡生长缓慢，死亡率较低。

2. 病理变化　柔嫩艾美耳球虫的主要病变在盲肠。感染后第 4～5 天，盲肠高度肿大，可为正常的 3～5 倍，肠腔中充满凝固的或新鲜的暗红色血液，盲肠上皮变厚，有严重的糜烂。第6至第7天，盲肠中的血液和脱落黏膜逐渐变硬，形成红色或红、白相间的肠芯。第8天，肠芯从黏膜上脱落下来。轻度感染时，无明显出血，黏膜肿胀，感染后第10天左右黏膜再生恢复。

毒害艾美耳球虫主要病变在小肠中段。小肠中部高度肿胀或气胀，有时可达正常时的2倍以上，这是本病的重要特征。肠壁充血、出血和坏死，黏膜肿胀增厚。在裂殖体繁殖的部位，有明显的淡白色斑点，黏膜上有许多小出血点。肠管中有凝固的血液或有胡萝卜色胶冻状的内容物（肠内容物中含有多量的血液、血凝块和坏死脱落的上皮组织）。

堆型艾美耳球虫病变局限于十二指肠袢，在被损害的部位，可见有大量淡灰白色斑点。严重感染时可引起肠壁增厚和病灶融合成片。病变可从浆膜面观察到，病初黏膜变薄，覆以横纹状白斑，外观呈梯状。肠道苍白，含水样液体。

巨型艾美耳球虫损害小肠中段，肠壁肥厚，肠管扩大，内容物黏稠，呈淡灰色、淡褐色或淡红色，有时混有很小的血块，肠壁上有溢血点。

布氏艾美耳球虫损害小肠至直肠部位，通常在卵黄蒂至盲肠连接处。浆膜面可见肠系膜血管和肠壁血管充血，肠道变细，肠壁变薄，呈粉红色至暗红色。肠黏膜出血，凝固性坏死，感染后第5至第7天，呈干酪样，粪便中出现凝固的血液和黏膜碎片。

早熟艾美耳球虫与和缓艾美耳球虫致病力弱，病变一般不明显，引起增重减少，色素消失，严重脱水和饲料报酬下降。

3. 实验室诊断

（1）肠黏膜涂片检查。从病变部位刮取少量黏膜，做成涂片，用瑞氏或姬姆萨液染色，在高倍镜下见到大量的不同发育阶段虫体（球虫裂殖体和裂殖子）可作为确诊的主要依据。

（2）粪便检查。取病禽粪便，直接涂片或用饱和食盐水、硫酸镁水溶液漂浮法检查，如见有大量的卵囊，即可作为确诊的主要依据。特别强调的是，卵囊是球虫生活史中最容易识别的阶段，在排卵囊高峰期数量很大。但是，球虫致病性最强的阶段是裂殖生殖期，一般鸡群刚发生严重临床表现时，生活史尚未完成，还没有产生卵囊，查出的应是裂殖体、裂殖子等。如在出血严重的小肠中段查出特别大的裂殖体，则表明是毒害艾美耳球虫在感染。

值得注意的是由于鸡的带虫现象非常普遍，仅在粪便和肠壁刮取物中检获卵囊，不足以作为鸡球虫病的确诊依据。正确的诊断，必须根据粪便检查、临床症状、流行病学材料和病理变化等方面因素加以综合判断。若要鉴定虫种，需根据卵囊形态、肠道病变、雏鸡传代、测定潜隐期、分子生物学等鉴定。

（四）治疗

鸡只一旦出现症状和组织损伤，再用药治疗往往收效甚微，因此，应注意平时监测。治疗球虫病的药物很多，普遍使用的主要有：

1. 氨丙啉　饮水浓度为0.012%～0.024%，连用3～5d后改为0.006%，连用1～2周。

2. 磺胺间二甲氧嘧啶（SDM）　饮水浓度为0.05%，连用6d。

3. 磺胺二甲嘧啶（SM₂）　饮水浓度为0.1%，连用2d，改为0.05%，再用4d。休药期10d。

4. 磺胺氯吡嗪（三字球虫粉）　0.03%饮水，连用3d。

5. 百球清（2.5%妥曲珠利）　0.0025%饮水，连用2d。

207

6. **磺胺喹噁啉（SQ）** 按 0.1％混入饲料，用 3d，停 3d 后用 0.05％混入饲料，用 2d 后停药 3d，再给药 2d。

二、组织滴虫病

案例介绍：某养殖户在山坡散养了 1 200 只土鸡，10 日龄用新支二联疫苗两头份饮水，15 日龄用法氏囊疫苗两头份饮水。7 月份梅雨季节，阴雨连绵，气温高而且潮湿。从 7 月 20 日这批 32 日龄的鸡零星出现精神不振，食欲下降，排淡黄色或淡绿色稀粪，少数粪便带血丝。至 7 月 29 日，共有 187 只死亡。初认为是一般细菌感染，用过青霉素、链霉素、磺胺类等抗生素治疗均无效。病死鸡鸡冠呈暗紫色，贫血，消瘦。剖检主要病变在肝和盲肠。肝肿大，色泽变淡，表面有数量不等、大小不一、形状各异的黄色溃疡病灶，边缘较为整齐，少数看上去有些凹陷形如蝶状。两侧盲肠极度肿大，内腔充满不洁、长约 2cm、最大直径为 1.2cm 的管状干酪样栓塞物，横切稍有阻力，中心为褐红色疏松物，外面为淡黄色的渗出物和坏死物。

问题：案例中鸡群感染了何种寄生虫？如何治疗？该病在临床表现和剖检变化上和什么病较相似？两者如何鉴别诊断？

鸡组织滴虫病是由组织滴虫属的火鸡组织滴虫寄生于鸡、火鸡等禽（鸟）类的盲肠和肝中引起的一种急性原虫病。本病以引起盲肠炎症和肝表面产生一种特征性的坏死溃疡病灶为特征，故又称盲肠肝炎。火鸡发病时头颈部淤血而呈黑色，也称为黑头病。

（一）病原特征及生活史

1. 病原特征 鸡组织滴虫虫体呈多形性，肠型虫体近似球形，直径为 3～16μm，有 1 条粗壮的鞭毛，细胞核呈球形、椭圆形或卵圆形，虫体内有一小盾和一个短的轴柱。组织型虫体存在于肝和盲肠上皮细胞内，呈圆形或变形虫形，无鞭毛，有伪足，初侵入者长 8～17μm，生长后可达 12～21μm（图 6-13）。

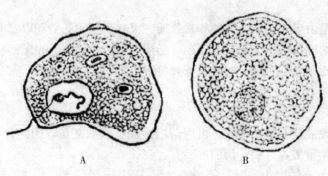

图 6-13 火鸡组织滴虫
A. 有鞭毛型 B. 无鞭毛型（组织型）

2. 生活史 以二分裂法繁殖。寄生于盲肠内的组织滴虫，被盲肠内寄生的鸡异刺线虫吞食后转入其虫卵内。鸡异刺线虫卵随粪便排到外界，污染了饲料和饮水。鸡吞入虫卵后幼虫孵出，组织滴虫亦随幼虫移出，使鸡同时感染两种寄生虫。

（二）流行与预防

1. 流行　鸡的组织滴虫病死亡率较低，多与肠道细菌协同作用而致病，单一感染时多不显致病性。鸡异刺线虫的感染性虫卵可携带鸡组织滴虫，组织滴虫能在异刺线虫虫卵及其幼虫中长期存活，所以鸡异刺线虫是其保护者。当鸡感染异刺线虫时，同时感染组织滴虫。带有组织滴虫的异刺线虫卵被蚯蚓、蚱蜢、土鳖虫及蟋蟀等节肢动物食入，它们亦能充当传播媒介，当鸡采食这些节肢动物时也能感染本病。

2. 预防

（1）加强饲养管理。鸡舍要经常打扫、定期消毒，搞好清洁卫生。雏鸡和成鸡要分开饲养，防止密度过大。

（2）定期驱虫。按每千克饲料混入 200mg 甲硝唑预防；或按每千克饲料混入卡巴胂150～200mg，对预防该病有良效。同时要注意要定期驱除异刺线虫。

（三）诊断

1. 临床症状　潜伏期 7～12d，以火鸡最易感。精神沉郁、食欲缺乏、翅下垂、呆立、步态蹒跚、眼半闭、头下垂贴近身体、畏寒、下痢。末期，因血液循环障碍，鸡冠、肉髯发绀，呈暗黑色，故又称黑头病。粪便呈淡黄色或淡绿色，有时带血。幼龄火鸡的发病率和死亡率都很高。成年火鸡常为慢性经过，呈进行性消瘦，产蛋显著减少。病愈鸡的体内仍有组织滴虫，带虫者可长达数周或数月。

2. 病理变化　特征性病变主要在盲肠和肝，引起盲肠炎和肝炎。剖检见一侧或两侧盲肠肿胀，盲肠壁增厚，内腔充满浆液性或出血性渗出物，渗出物常发生干酪化，盲肠内常有黄色、灰色或绿色干酪状的盲肠肠芯，黏膜上常有溃疡，甚至盲肠穿孔，引起腹膜炎。肝肿大，紫褐色，表面出现黄绿色圆形或不规则下陷的坏死灶，直径可达 1cm，单独存在或融合成片，这种下陷的病变常围绕着一个呈同心圆的边界，构成组织滴虫病的特征性病变。腹腔脏器被淡黄色腐肉样物质粘连。

3. 实验室诊断　刮取盲肠黏膜或肝组织检查，发现虫体即可确诊。检查方法是用加温约 40℃ 的生理盐水稀释盲肠黏膜刮下物，制作悬滴标本，置显微镜下检查。或取肝、肾组织涂片，经姬姆萨染色镜检。

（四）治疗

1. 甲硝唑　按每千克饲料混入 250mg，连用 5d；休药期 5d。

2. 洛硝哒唑　按每千克饲料混入 500mg，连续使用，休药期 5d。

3. 中药配方　白头翁 20g、苦参 12g、秦皮 10g、黄连 10g、白芍 15g、乌梅 20g、双花 12g、甘草 15g、郁金 15g，煮水加糖诱饮，供 100 只雏鸡 1d 用量，中、大鸡酌情加量，连用 3～5d。

三、住白细胞虫病

案例介绍：某养鸡专业户树林下养殖成年鸡 2 500 只、雏鸡 1 800 只。2011 年 7月 11 日鸡群开始发病，雏鸡症状明显，初期精神沉郁，食欲减退，流涎，下痢，排绿色稀粪，鸡冠和肉髯苍白，鸡体轻瘫，活动困难，部分鸡卧地不起；后期呼吸困难、咯血、衰弱死亡。成年鸡多为慢性型，临床表现精神不振，鸡冠苍白，消瘦，腹泻，排水样白色或绿色稀粪，体重下降，产蛋率下降或停止，死亡率不高，症状较轻微。剖检病死鸡，可见全身各处都有出血，胸部和腹腔内积血，肌肉苍白，血液稀薄、易凝固，肝、肾肿大，并伴有充血和出血，胸腿部肌肉有许多粟粒大小的灰白色结节或出血点，部分鸡腺胃黏膜充血或出血，腹腔内有血凝块，气管内有带血的黏液。

问题：如何进一步确诊案例中鸡群感染了何种寄生虫？该如何防治？

鸡住白细胞虫病俗称白冠病，是由住白细胞虫科住白细胞虫属的卡氏住白细胞虫和沙氏住白细胞虫寄生于鸡的白细胞和红细胞内引起的一种血液原虫病。其主要特征是下痢、贫血、鸡冠苍白、内脏器官和肌肉广泛性出血以及形成灰白色裂殖体结节。

(一) 病原特征及生活史

1. 病原特征

(1) 沙氏住白细胞虫。其成熟配子体为长椭圆形，见于白细胞内，宿主细胞呈纺锤形，胞核被虫体挤压呈狭长带状围绕于虫体一侧。大配子体 $22\mu m \times 6.5\mu m$，胞质着色深蓝，核较小，褐红色的核仁明显；小配子体 $20\mu m \times 6\mu m$，胞质着色淡蓝，核较大，核仁不明显（图 6-14）。

(2) 卡氏住白细胞虫。其配子体可见于白细胞和红细胞内，呈近圆形，大配子体为 $12\sim14\mu m$，小配子体为 $10\sim12\mu m$。配子体几乎占据了整个宿主细胞。宿主细胞膨大为圆形，胞核成狭带状围绕虫体一侧或消失（图 6-14）。

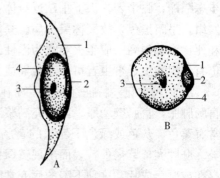

图 6-14 住白细胞虫
A. 沙氏住白细胞虫 1. 宿主细胞质
2. 宿主细胞核 3. 核 4. 配子体
B. 卡氏住白细胞虫 1. 宿主细胞质
2. 宿主细胞核 3. 核 4. 配子体

2. 生活史 库蠓和蚋等吸血昆虫吸取含有配子体的鸡血细胞进入胃内，虫体在其体内进行配子生殖后形成卵囊。经孢子生殖后卵囊产生许多子孢子进入唾液腺。当吸血昆虫再次吸血时，将子孢子注入鸡体内，经血液循环到达肝，侵入肝实质细胞进行裂殖生殖，一部分裂殖子重新侵入肝细胞，另一部分随血液循环到各种器官的组织细胞，再进行裂殖生殖，经数代裂殖增殖后，裂殖子侵入白细胞（主要是单核细胞）内发育为大配子体和小配子体，配子体随血液循环进入鸡的外周血中，如此循环不已。

(二) 流行与预防

1. 流行 我国南方及河南、河北、山东、北京比较多，常呈地方性流行。各种年龄的鸡都易感，但以 3～6 周龄的雏鸡发病率较高。而 8～12 月龄以上鸡，感染率高，发病率低，大多数呈无病的带虫者。卡氏住白细胞虫和沙氏住白细胞虫的传播媒介分别是库蠓和蚋，因此本病多发生于吸血昆虫蚋和蠓活动的季节。在北方，多发生于 6～11 月份，以 7、8、9 月及 10 月中旬前发病率最高。在南方省区较普遍，呈地方性流行，多发于 4～10 月份，严重发病见于 4～6 月份，最高峰为 5 月份。

2. 预防

(1) 加强饲养管理。消灭吸血昆虫库蠓和蚋是控制本病的重要方法之一。净化鸡舍周围环境，经常清除鸡舍附近的杂草和灌木丛，处理附近的水沟、池沼、水井等这些库蠓滋生、繁殖的场所。在流行季节，对鸡舍内外，每隔 6～7d 用 0.1% 除虫菊酯或蝇毒磷乳剂喷洒，以减少库蠓和蚋的侵袭。同时，鸡舍的门、窗、风机口、通风口等要用 100 目纱窗，以防库蠓和蚋进入。

（2）药物预防。在流行季节到来之前可使用下列药物预防：泰灭净，按 0.002 5%～0.007 5% 混入饲料，连用 5d，停 2d 为 1 个疗程；磺胺二甲氧嘧啶（SDM），按 0.002 5%～0.007 5% 混入饲料或饮水；乙胺嘧啶，按 0.000 25% 混入饲料；磺胺喹噁啉，按 0.005% 混入饲料。

（三）诊断

1. 临床症状　本病潜伏期为 6～10d。雏鸡和仔鸡的临床症状明显。病鸡食欲不振，精神沉郁，流涎、羽毛松乱，下痢，粪便呈青绿色。病鸡呈现消瘦、贫血、鸡冠和肉垂苍白。感染 12～14d 后，突然因咯血、呼吸困难而死亡，死前口流鲜血是最特征性的症状。中鸡和大鸡感染后一般死亡率不高。排水样的白色或绿色稀粪。中鸡和成年鸡病情较轻，死亡率较低，主要表现是中鸡发育受阻，成鸡产蛋率下降 80%～100%。

2. 病理变化　全身皮下出血，肌肉特别是胸肌和腿部肌肉散在明显的点状或斑块状出血，心脏、脾、胰、腺胃也有出血，肠黏膜呈弥漫性出血。肝脾肿大，血液稀薄，尸体消瘦。胸肌、腿肌、心肌及肝脾等器官上有灰白色或稍带黄色的、针尖至粟粒大与周围组织有明显分界的小结节。这种小结节是住白细胞虫的裂殖体在肌肉或组织内增殖形成的集落，是本病的特征病变。

3. 实验室诊断　取病鸡的血液涂片或脏器涂片进行姬姆萨染色，在显微镜下发现虫体，即可确诊。

（四）治疗

1. 泰灭净（磺胺间甲氧嘧啶）　按 0.01% 拌料连用 2 周或按 0.5% 连用 3d，再按 0.05% 连用 2 周，视病情选用。

2. 磺胺二甲氧嘧啶（SDM）　按 0.05% 饮水 2d，然后再用 0.03% 饮水 2d。

3. 乙胺嘧啶　按 0.000 4%，配合磺胺二甲氧嘧啶 0.004%，混于饲料连续服用 1 周。

4. 克球粉　按 0.025% 混入饲料，连续服用 1 周。

岗位操作任务

某鸡场鸡球虫病防制方案的制订和实施

【学习任务描述】

鸡球虫病的防制任务是根据动物疫病防治员的工作要求和鸡场兽医的工作任务的需要安排而来的，通过对鸡球虫病的防制，为鸡的安全、健康、生态养殖提供技术支持。

【学习目标和要求】

完成本学习任务后，你应当能够具备以下能力：

1. 专业能力

（1）能对鸡场球虫病进行调查和诊断。

（2）熟悉大群鸡驱虫的准备和组织工作，掌握驱虫技术及驱虫效果的评定方法。

（3）能根据鸡场的具体情况制定出科学的防制鸡球虫病措施。

2. 方法能力

（1）能通过各种途径查找鸡球虫病防制相关信息。

（2）能根据鸡场工作环境的变化，制订工作计划并解决问题。

（3）具有在教师、技师或同学帮助下，主动参与评价自己及他人任务完成程度的能力。

3. 社会能力

（1）具有主动参与小组活动，积极与他人沟通和交流，团队协作的能力。

（2）能与养殖户和其他同学建立良好的、持久的合作关系。

【学习过程】

第一步　资讯

（1）查找《动物球虫病诊断技术》（GB/T 18647—2002）《一、二、三类动物疫病病种名录》《国家动物疫病防治员职业标准》及相关的国家标准、行业标准、行业企业网站，获取完成工作任务所需要的信息。

（2）查找常用的抗鸡球虫病药物及其用途、用法、用量及注意事项等。

（3）驱虫技术（参照任务1-4）。

第二步　学习情境

某养殖户养殖情况案例或某规模化养鸡场。

> ✎ **学习子情境描述示例**
>
> 　　2010年7月20日，泰州市海陵区某养殖户饲养2 000只25日龄雏鸡，饲养方式为地面平养，由于连续多天、多次强降雨，鸡舍漏雨，舍内阴暗潮湿，饲养卫生条件较差。部分鸡开始表现为精神不振、羽毛松乱、双翅下垂、眼半闭、缩颈呆立、食欲减退而饮水增加，嗉囊内充满液体。随着病情的发展，病鸡翅膀轻瘫、食欲废绝、排糊状粪便并带血，严重者排血便，病鸡消瘦，可视黏膜、鸡冠苍白。后期带有神经症状如痉挛、昏迷，最后衰竭死亡。至25日，已死亡139只。剖检病死鸡可见小肠，特别是盲肠显著肿大、上皮增厚并有坏死灶，肠黏膜有溢血点，肠内有红色或暗红色的血凝块。
>
> **请你诊断该养殖户饲养的鸡可能感染何种寄生虫？请根据鸡场具体情况，制定防制措施。**

第三步　材料准备和人员分工

1. 材料　显微镜、天平、手术刀、剪刀、镊子、载玻片、盖玻片、牙签、平皿、试管、试管架、烧杯、纱布、粪筛、污物桶、数码相机、手提电脑、多媒体投影仪等仪器设备和饱和食盐水、20%的重铬酸钠溶液、驱鸡球虫药等试剂和药品。

2. 人员分工

序号	人员	数量	任务分工
1			
2			
3			
4			
5			

第四步 实施步骤

(1) 流行病学调查。在老师的指导下，学生分组对本鸡场基本情况（包括规模、品种、年龄、饲养目的等）、本鸡场和本地区球虫病的流行情况进行调查。

(2) 临床检查。首先对鸡场鸡的营养状况、精神状态情况等进行群体观察，发现异常鸡只进行个体检查，必要时进行剖检。

(3) 剖检病死鸡，取小肠、盲肠肿胀出血部黏膜刮取物涂片镜检。随机采取10只鸡的带血粪便少许，采用饱和盐水漂浮法，镜检卵囊（具体方法参见任务4-3和任务1-3）。

(4) 根据以上调查和检查结果，确诊该鸡群所患寄生虫病，选择高效的驱虫药并做好记录。

(5) 根据本鸡场的具体情况，经小组讨论，制定防治措施，并组织实施。

案例鸡场的防制措施（标明关键措施、难点）

第五步 评价

1. 教师点评 根据上述学习情况（包括过程和结果）进行检查，做好观察记录，并进行点评。

2. 学生互评和自评 每个同学根据评分要求和学习的情况，对小组内其他成员和自己进行评分。

通过互评、自评和教师（包括养殖场指导教师）评价来完成对每个同学的学习效果评价。评价成绩均采用100分制，考核评价表如表6-1所示。

表6-1 考核评价表

班级_____学号_____学生姓名_____总分_____

评价能力维度		考核指标解释及分值	教师（技师）评价 40%	学生自评 30%	小组互评 30%	得分	备注
1	专业能力 50%	(1) 能对鸡场球虫病进行调查和诊断。(15分) (2) 熟悉大群鸡驱虫的准备和组织工作，掌握驱虫技术及驱虫效果的评定方法。(15分) (3) 能根据鸡场的具体情况制定出科学的防制措施。(20分)					
2	方法能力 30%	(1) 能通过各种途径查找球虫病防治所需信息。(10分) (2) 能根据工作环境的变化，制订工作计划并解决问题。(10分) (3) 具有在教师、技师或同学帮助下，主动参与评价自己及他人任务完成程度的能力。(10分)					

（续）

评价能力维度		考核指标解释及分值	教师（技师）评价 40%	学生自评 30%	小组互评 30%	得分	备注
3	社会能力 20%	（1）具有主动参与小组活动，积极与他人沟通和交流，团队协作的能力。（10分） （2）能与养殖户（其他同学）建立良好的、持久的合作关系。（10分）					
得　分							
最终得分							

📚 知 识 拓 展

鸡寄生虫病防控

　　鸡常见寄生虫按寄生部位不同可分为寄生于消化道内的原虫、吸虫、绦虫、线虫等；寄生于呼吸道的吸虫、线虫等，寄生于循环系统的原虫；寄生于皮肤及皮下组织的虱、蜱、螨等。

　　近年来，我国的养鸡业发展迅速，集约化程度越来越高，逐渐接近国际先进水平。但随之而来鸡寄生虫病的危害日益突出，对我国的养鸡业造成极大的损害和经济损失，做好鸡寄生虫病的防控工作是促进养鸡业健康发展的一项重要措施。

　　1. 加强饲养管理

　　（1）采用科学的饲料配方，保证饲料营养全面，特别要保证鸡体蛋白质、维生素、矿物质及微量元素的需求，以增强鸡体体质，使鸡体具有坚强的抵抗力，同时要保证饲料、饮水卫生。

　　（2）搞好鸡场卫生环境和消毒工作，定期打扫，保持鸡舍卫生且干燥、通风，及时对鸡粪进行堆积发酵，杀灭虫卵，并定期搞好消毒工作。

　　（3）饲养密度要适宜，避免成雏混养。

　　2. 消灭中间宿主和传播媒介　　消灭中间宿主和传播媒介可阻断寄生虫发育，切断感染途径，起到外界环境驱虫和减少家禽感染机会的作用，主要中间宿主包括螺蛳、蚯蚓、库蠓、蚋、蚂蚁、蝇、剑水蚤等。

　　3. 做好药物预防　　根据地区发病特点、流行特点和危害程度，在不同季节对鸡进行定期针对性的药物预防，特别是针对危害大、不易控制的寄生虫病，如鸡球虫病、住白细胞虫病等。预防药物的选择要有针对性，根据寄生虫类别选择针对性的药物，如对鸡球虫病要选用马杜霉素、莫能菌素、地克珠利、尼卡巴嗪等；对线虫要选用左旋咪唑、噻嘧啶等；对绦虫、吸虫要选用阿苯达唑、吡喹酮等；体外寄生虫要选用阿维菌素、辛硫磷等。用药时要注意用药期限以及用量，在拌料或饮水给药时要注意均匀，既要保证预防效果又要避免中毒，并且要根据寄生虫种类选用适当的给药方法，如对外寄生虫一般选用喷雾、涂擦给药等，内寄生虫一般选用饮水和拌料给药等。

　　4. 加强疫苗免疫　　采用人工接种疫苗的方法，提高机体的免疫能力，对于寄生虫的防控具有重要的意义。近年来，我国在鸡球虫疫苗研制方面做了大量的工作，如鸡球虫弱毒疫苗，有些已经在生产实践中广泛推广使用，并取得了可喜的成果，为养鸡业带来巨大的生产效益。

5. 尝试采取生物防制法 利用天然抵抗物或利用生态学方法来防控寄生虫病，使其处于不发病的水平。

我国地域广阔，各地区的环境差异较大，加上目前还存在许多非集约化的养殖方式，鸡寄生虫病的发生和发展也因此而异，这就为鸡寄生虫病的防控提出了一个较大的难题。我们必须正视寄生虫病给养鸡业带来的巨大损失，加大对鸡寄生虫病防控的投入。随着生物信息学、分子生物学和基因工程技术的发展，研制各种寄生虫的新型疫苗已成为目前和今后的研究重点。相信在不久的将来，我国鸡寄生虫病防控工作必将取得巨大的成果。

项目小结

病名	病原	宿主	寄生部位	诊断要点	防治方法
鸡前殖吸虫病	卵圆前殖吸虫、楔形前殖吸虫、透明前殖吸虫、鲁氏前殖吸虫	第一中间宿主：淡水螺 第二中间宿主：蜻蜓及其稚虫 终末宿主：鸡、鸭、鹅	直肠、输卵管、腔上囊、卵巢、泄殖腔、蛋	1. 临诊：产蛋量下降、畸形蛋，腹部膨大、泄殖腔突出，肛门边缘潮红；剖检输卵管炎、腹膜炎，可在黏膜上找到虫体 2. 实验室诊断：用沉淀法检查粪便中虫卵	1. 定期驱虫，可用丙硫咪唑、吡喹酮 2. 防止鸡啄食蜻蜓及其稚虫 3. 粪便发酵处理
鸡绦虫病	棘沟赖利绦虫、四角赖利绦虫、有轮赖利绦虫、节片戴文绦虫	中间宿主：家蝇、甲虫、蚂蚁、蛞蝓和陆地螺 终末宿主：鸡、火鸡、鸽、鹌鹑	小肠、十二指肠	1. 临诊：消瘦、贫血、腹泻、血便，雏鸡生长停滞或死亡，蛋鸡产蛋量下降；剖检可见十二指肠黏膜潮红、出血，黏膜有虫体固着 2. 实验室诊断：粪便中发现孕卵节片；用饱和盐水漂浮法检查粪便中虫卵	1. 定期驱虫，可用硫双二氯酚、氯硝柳胺 2. 杀灭中间宿主蚂蚁、金龟子、家蝇 3. 雏鸡与成鸡分群饲养
鸡蛔虫病	鸡蛔虫	贮藏宿主：蚯蚓 终末宿主：鸡、火鸡	小肠	1. 临诊：便秘、下痢，可视黏膜和鸡冠苍白，产蛋量下降；剖检肠黏膜水肿、充血，结缔组织增生，肠壁有颗粒状化脓灶或结节 2. 实验室诊断：用饱和盐水漂浮法检查粪便中虫卵	1. 定期驱虫，可用丙硫咪唑 2. 搞好环境卫生，粪便无害化处理 3. 不同日龄的鸡分开饲养
异刺线虫病	鸡异刺线虫	贮藏宿主：蚯蚓 终末宿主：鸡、火鸡	盲肠	1. 临诊：下痢、消瘦、贫血，雏鸡发育受阻，成鸡产蛋量下降；盲肠肿大、增厚、溃疡，盲肠顶端可见大量虫体 2. 实验室诊断：用饱和盐水漂浮法检查粪便中虫卵	参照鸡蛔虫病
禽毛细线虫病	有轮毛细线虫、鸽毛细线虫、膨尾毛细线虫	中间宿主：蚯蚓 终末宿主：鸡、鸽、鹅	嗉囊、食道、小肠、盲肠	1. 临诊：食欲不振、下痢、贫血、消瘦；剖检可见食道壁和嗉囊壁肿胀、出血，黏膜上有大量虫体 2. 实验室诊断：用饱和盐水漂浮法检查粪便中虫卵	1. 定期驱虫，可用甲苯咪唑 2. 控制中间宿主蚯蚓滋生的环境

215

（续）

病名	病原	宿主	寄生部位	诊断要点	防治方法
鸡螨病	鸡皮刺螨、鸡新棒恙螨	鸡	体表	1. 临诊：皮肤发炎、剧痒，消瘦、贫血 2. 实验室诊断：在鸡体表或窝巢等处发现虫体	1. 定期用敌百虫、灭虫菊酯喷洒杀虫 2. 搞好环境卫生，定期清理粪便，集中发酵，清除杂草、污物
鸡球虫病	艾美耳属的多种球虫	鸡	肠道	1. 临诊：消瘦、贫血、下痢、血便，产蛋下降；剖检可见盲肠肿大、黏膜脱落成栓子；小肠肿胀或气胀、肠壁出血、内有胡萝卜色胶冻状内容物 2. 实验室诊断：刮取病变肠黏膜涂片检查裂殖子；粪便直接涂片或用饱和盐水漂浮法检查卵囊	1. 定期驱虫，可用磺胺类药物、莫能菌素等 2. 疫苗预防 3. 加强饲养管理，粪便无害化处理
组织滴虫病	组织滴虫	贮藏宿主：蚯蚓 超寄生宿主：异刺线虫 终末宿主：鸡、火鸡	盲肠、肝	1. 临诊：步态蹒跚、下痢、有时带血，鸡冠、肉髯发绀；剖检可见一侧或两侧盲肠肿胀、内有黄色、灰色或绿色干酪状的盲肠肠芯，肝肿大，表面出现黄绿色圆形或不规则下陷的坏死灶 2. 实验室诊断：刮取盲肠黏膜或肝组织镜检虫体	1. 定期驱虫，可用甲硝唑 2. 加强饲养管理，搞好环境卫生
住白细胞虫病	沙氏住白细胞虫和卡氏住白细胞虫	中间宿主：鸡 终末宿主：库蠓、蚋	白细胞、红细胞	1. 临诊：消瘦、贫血，鸡冠和肉垂苍白、咯血，呼吸困难、口流鲜血；剖检可见全身皮下、肌肉、脏器出血，并伴有灰白色或稍带黄色的、针尖至粟粒大小的结节 2. 实验室诊断：取病鸡的血液涂片或脏器涂片进行姬姆萨染色，在显微镜下检查虫体	1. 定期驱虫，可用泰灭净、磺胺二甲氧嘧啶 2. 加强饲养管理，消灭吸血昆虫库蠓和蚋

职业能力和职业资格测试

一、职业能力测试

（一）单项选择题

1. 治疗鸡球虫病可选用的药物是（　　）。
   A. 氨丙啉　　　　B. 左旋咪唑　　　　C. 阿苯达唑　　　　D. 芬苯达唑
2. 治疗组织滴虫病的常用药物是（　　）
   A. 吡喹酮　　　　B. 甲硝唑　　　　C. 血虫净　　　　D. 克球粉
3. 艾美耳球虫孢子化卵囊含有的孢子囊数为（　　）
   A. 0个　　　　B. 2个　　　　C. 4个　　　　D. 8个
4. 以蜻蜓作为中间宿主的吸虫为（　　）
   A. 背孔吸虫　　　　B. 后睾吸虫　　　　C. 棘口吸虫　　　　D. 前殖吸虫

5. 以下几种鸡球虫中致病力最强的是（   ）。

    A. 堆型艾美耳球虫   B. 巨型艾美耳球虫

    C. 柔嫩艾美耳球虫   D. 毒害艾美耳球虫

    E. 布氏艾美耳球虫

6. 前殖吸虫寄生于禽类的输卵管、法氏囊、泄殖腔等部位，引起禽类发生（   ）。

    A. 出血性肠炎   B. 尿酸盐沉积   C. 输卵管发炎

    D. 失明   E. 贫血

（二）多项选择题

1. 寄生在鸡盲肠的寄生虫有（   ）。

    A. 异刺线虫   B. 柔嫩艾美耳球虫   C. 组织滴虫   D. 鸡蛔虫

2. 治疗组织滴虫的药物有（   ）。

    A. 盐霉素   B. 甲硝达唑   C. 二甲硝咪唑   D. 氯苯胍

3. 前殖吸虫寄生于鸡的（   ）。

    A. 小肠   B. 嗉囊   C. 法氏囊   D. 输卵管

（三）判断题

1. 蚯蚓是鸡戴文绦虫病的中间宿主。   （   ）

2. 鸡组织滴虫的主要病变在肝和盲肠。   （   ）

3. 毒害艾美耳球虫寄生在鸡的盲肠。   （   ）

4. 鸡球虫的发育过程要经过孢子生殖、裂殖生殖和配子生殖三个阶段。 （   ）

5. 鸡的住白细胞原虫有两种，即卡氏住白细胞虫和沙氏住白细胞虫。前者的传播媒介为库蠓，后者的为蚋。   （   ）

6. 鸡的组织滴虫病常与异刺线虫同时寄生。   （   ）

（四）实践操作题

1. 识别鸡绦虫、鸡蛔虫、鸡异刺线虫。

2. 鸡组织滴虫实验室检查。

二、职业资格测试

（一）理论知识测试

1. 鸡皮刺螨的发育阶段不包括（   ）。

    A. 蛹   B. 虫卵   C. 幼虫

    D. 若虫   E. 成虫

2. 某 500 只散养鸡，精神委顿，食欲减退，便秘或下痢，有时见血便。用左旋咪唑驱虫后，在粪便内见圆形长条虫体。该鸡群可能感染了（   ）。

    A. 鸡蛔虫   B. 鸡异刺线虫   C. 旋锐形线虫

    D. 四角赖利绦虫   E. 美洲四棱线虫

3～4 题共用题干：某养鸡场散养的 1 000 只肉仔鸡，30 日龄起大批鸡精神委顿，食欲减退，双翅下垂，羽毛逆立，下痢至排大量血便，1 周内死亡率达 30% 以上。

3. 该鸡群最可能的诊断是（   ）。

    A. 鸡蛔虫病   B. 鸡球虫病   C. 组织滴虫病

    D. 住白细胞虫病   E. 鸡异刺线虫病

4. 病死鸡剖检病变主要发生在（　　　）。

    A. 肝 　　　　　　　　B. 腺胃 　　　　　　　　C. 肌胃

    D. 盲肠 　　　　　　　E. 直肠

5. 预防鸡住白细胞虫可选用的药物是（　　　）。

    A. 乙胺嘧啶 　　　　　　　　　　　　B. 左旋咪唑

    C. 阿苯达唑 　　　　　　　　　　　　D. 芬苯达唑

（二）技能操作测试

1. 显微镜下识别鸡蛔虫虫卵，鸡异刺线虫虫卵。

2. 饱和盐水漂浮法检查鸡球虫卵囊。

● 参考答案

  一、职业能力测试

    （一）单项选择题

    1. A　2. B　3. C　4. D　5. C　6. C

    （二）多项选择题

    1. ABC　2. BC　3. CD

    （三）判断题

    1. ×　2. √　3. ×　4. √　5. √　6. √

    （四）实践操作题（略）

  二、职业资格测试

    （一）理论知识测试

    1. A　2. A　3. B　4. D　5. A

    （二）技能操作测试（略）

犬寄生虫病防治

【项目设置描述】

　　本项目根据动物疫病防治员的工作要求、执业兽医和宠物医生的工作任务需要而安排，主要介绍犬肺吸虫、犬弓首蛔虫、犬钩虫、犬疥螨等严重危害犬只健康的一些常见寄生虫病，为犬的安全、健康和公共卫生提供技术支持。

【学习目标】

　　完成本项目后，你应当能够：

　　1. 熟练掌握犬常见寄生虫的病原形态和生活史。2. 掌握犬常见寄生虫病的诊断和防治方法与技术。

任务 7-1　犬吸虫病和绦虫病防治

一、卫氏并殖吸虫病

　　案例介绍：2011 年，据朱名胜等对丹江口库区卫氏并殖吸虫病的流行现状调查，发现丹江口库区的环境有利于卫氏并殖吸虫中间宿主溪蟹的繁殖、扩散，而淹没区的移民将使人口分布更趋集中。当地居民有生食和半生食溪蟹的习惯。调查结果显示人群的卫氏并殖吸虫抗原皮试（IDT）和 ELISA 的阳性率分别为 8.09% 和 7.96%，当地溪蟹的卫氏并殖吸虫囊蚴携带率为 5.35%。

　　2000 年，随着三峡水利工程建设，奉节县库区的自然环境、社会与经济结构都将发生巨大变化。水库的形成使长江水位上升，将会有更多适合于溪蟹滋生繁殖的溪沟、山洞形成，加上移民工作使人口更加集中，以及适宜卫氏并殖吸虫病流行的气候、自然环境、动物保虫宿主以及当地青少年有生吃或半生吃溪蟹的习惯。对奉节县卫氏并殖吸虫病流行情况的调查，大部分人群，尤其是儿童都有吃蟹史，肺吸虫皮试阳性率为 14.36%（26/181）；对锯齿华溪蟹和矮小华溪蟹的卫氏并殖吸虫囊蚴感染情况进行了调查，感染率为 4.13%。

　　问题：以上两个地区卫氏并殖吸虫病的流行情况有何共同之处？该病的流行受哪些因素的影响？应如何防制？

卫氏并殖吸虫病是由卫氏并殖吸虫所引起的一种重要的人兽共患寄生虫病。该吸虫主要寄生于肺,引起肺部的特殊病变,故又称肺吸虫。主要感染犬、猫、人,亦可见于肉食野生动物。该吸虫呈全球性分布,我国四川、陕西、湖南、云南等省的许多地区流行此病。

（一）病原特征及生活史

1. 病原特征　成虫体肥厚,新鲜虫体呈红褐色,半透明,常因伸缩活动而引起体形改变。固定标本为灰棕色,呈短或长椭圆形,腹面扁平,背面隆起,类似半瓣黄豆状。虫体长 7～12mm,宽 4～6mm,厚 3.5～5mm。体表具有小棘。口、腹两吸盘大小略同,腹吸盘常位于体中横线之前。两条波浪状弯曲的肠支达虫体的末端。子宫位于腹吸盘的右后方,子宫对侧为卵巢,两者几乎在同一水平线上。卵巢分 5～6 叶,形如指状。睾丸分枝,左右并列,位于卵巢及子宫之后,约在虫体后端 1/3 处。卵黄腺特别发达,分布于虫体的两侧（图 7-1）。

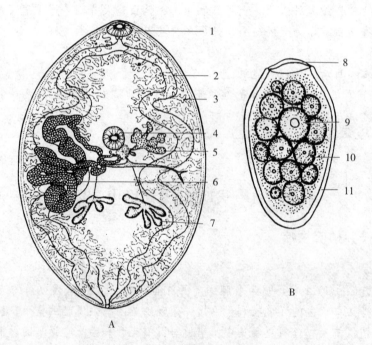

图 7-1　卫氏并殖吸虫成虫和虫卵
A. 成虫模式: 1. 口吸盘　2. 肠支　3. 卵黄腺　4. 腹吸盘
5. 卵巢　6. 子宫　7. 睾丸
B. 虫卵模式: 8. 卵盖　9. 卵细胞　10. 卵黄细胞　11. 卵壳
（曾宪芳 . 1997. 寄生虫学和寄生虫学检验）

虫卵呈金黄色,椭圆形,大小为（80～118）μm×（48～60）μm。卵盖大,常稍倾斜,但也有不少缺卵盖的。卵壳厚薄不均匀,卵内含有十多个卵黄细胞,卵细胞常位于中央。

2. 生活史　发育过程需要两个中间宿主。第一中间宿主为淡水螺类,第二中间宿主为淡水蟹或蝲蛄（又名螯虾）。

成虫产出的虫卵经终末宿主气管随痰液被吞入后随粪排出。卵入水后在适宜条件下（25～30℃）,约经 3 周发育成毛蚴。毛蚴在水中遇到川卷螺,便侵入螺体,经过胞蚴、母雷蚴、子雷蚴的发育和无性增殖过程,最后发育成尾蚴。尾蚴从螺体逸出后,侵入溪蟹或蝲蛄体内,或随螺体被吞入溪蟹、蝲蛄体内,在其肌肉、内脏或腮上形成圆形或椭圆形囊蚴。如果犬生食或半生食含囊蚴的溪蟹或蝲蛄即可感染。囊蚴被终末宿主吃入体内后，经消化液作用，在小肠内（主要在十二指肠）童虫脱囊而出。童虫经过 1～3 周窜扰后，穿过横膈经胸腔而入肺发育为成虫，并成熟产卵。自囊蚴进入终末宿主到在肺成熟产卵，约需 2 个月（图 7-2）。

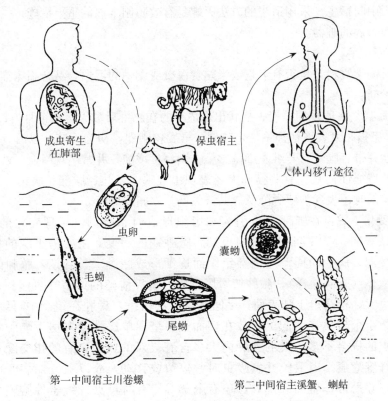

图 7-2　卫氏并殖吸虫生活史
（曾宪芳.1997.寄生虫学和寄生虫学检验）

该虫除常寄生于终末宿主的肺外，尚可寄生在皮下、肌肉、肝、脑、眼眶、肠系膜、阴囊以及其他部位。在上述异位寄生时，虫体成熟所需时间更长，或不能发育至性成熟。

成虫在宿主体内一般可活 5～6 年，有的可活 20 年之久。

（二）流行与预防

1. 流行　卫氏并殖吸虫在我国分布广泛，分布于 23 个省、自治区、直辖市，以我国的辽宁、吉林、黑龙江、浙江、安徽、福建、河南及四川的流行较为严重。

感染来源是病人和保虫宿主。保虫宿主包括家畜（如犬、猫、猪）和一些野生的肉食哺乳动物（如虎、豹、狼、狐、野猫、貉等）。卫氏并殖吸虫的第一中间宿主是川卷螺类，第二中间宿主甲壳动物淡水蟹类或蝲蛄类，它们常共同栖息于同一自然环境中，有利于生活史的完成。居民有生吃或半生食溪蟹或蝲蛄的习惯，是人体感染的主要因素。此外，人饮用生水也可感染。

卫氏并殖吸虫病没有季节性，感染也与终末宿主的年龄、性别无关，只要吞食活囊蚴皆可感染。

221

2. 预防

（1）在流行地区，宣传教育是预防本病最重要的措施，防止病从口入。提倡熟食或不食生蟹或生蝲蛄，不以生的或半生不熟蟹类等作为犬的食物。

（2）粪便无害化处理。

（3）消灭中间宿主。采用适当的方法灭螺是有效防制本病的重要措施。

（4）销毁患病的脏器。

（三）诊断

根据流行病学资料，是否有生吃或半熟食溪蟹或蝲蛄的习惯，结合临床症状和实验室检查等作出诊断。

1. 临床症状 一般发病缓慢，症状出现最早的在感染后数天至一个月内，多数在 3～6 个月不等。患猫和犬表现精神不佳，咳嗽，早晨较剧烈，初为干咳，以后有痰液，痰多呈白色黏稠状并带有腥味。若继发细菌感染，则痰量增加，并常出现咯血，铁锈色或棕褐色痰为本病的特征性症状。有些猫和犬还表现出气喘、发热、腹痛、腹泻，有时大便带血。寄生于脑部时还表现为感觉降低，共济失调，癫痫或瘫痪。

2. 病理变化 成虫在肺部寄生引起肺组织形成囊状空洞。病理变化的发展过程，大致可分为脓肿期、囊肿期和纤维疤痕期。脓肿期的病变，主要为组织的坏死，出血和炎性细胞浸润，病灶四周产生肉芽组织而逐渐形成脓肿。囊肿期，脓肿内容物呈赤褐色黏稠性液体（芝麻酱样），脓肿壁增厚，成为境界清楚的结节性虫囊。多位于肺的浅层，有豌豆大，稍凸出于肺表面，呈暗红色或灰白色。囊肿在组织中可以是单个的，也有数个或数十个聚集在一起的，故在切面上，呈现单房性或多房性囊肿状。一般囊肿内发现成虫的机会不多。犬的囊肿内大多含有成对的成虫，有的作交配状。囊肿到了后期形成纤维疤痕。因卫氏并殖吸虫时常停留或移动，故以上三期病变可同时见于同一脏器内，除最常寄生的肺部外，还有脑部等。有时可见纤维素性胸膜炎、腹膜炎并与脏器粘连。

3. 实验室诊断

（1）痰液或粪便虫卵检查。可用直接涂片法或沉淀法检查病犬、猫的痰或粪，检出卫氏并殖吸虫虫卵（图 7-3）即可确诊。

（2）皮下包块活组织检查。虫体可寄生在皮下、肌肉，形成包块或结节，可用外科手术摘除，进行活组织检查，观察有无虫卵或虫体以及特征性病理变化。

此外，也可用 X 射线检查或血清学方法（如间接血凝试验及酶联免疫吸附试验）辅助诊断。

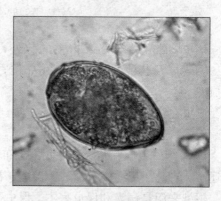

图 7-3　卫氏并殖吸虫虫卵
（朱兴全 . 2006. 小动物寄生虫病学）

（四）治疗

1. 吡喹酮 按每千克体重 3～10mg，一次口服，有良好的驱虫效果。

2. 丙硫咪唑 按每千克体重 15～25mg，口服，1 次/d，连用 6～12d。

3. 苯硫咪唑 按每千克体重 50～100mg，2 次/d，口服，连用 7～14d。

二、犬复孔绦虫病

案例介绍：一德国牧羊犬，公，约 1 岁，据饲养者述：购回 20 余天，除偶见粪便中带有白色米粒状虫子（实为脱落的绦虫节片），犬并没有出现过任何不适的症状，曾喂服史克肠虫清。当天该犬出现呕吐、体温升高达 40.9℃等症状，疑为中暑给予治疗。约 4h 后该犬死亡，即送解剖。解剖结果如下：眼窝深陷，可视黏膜苍白。胃轻度扭转，肠管壁发绀，肠腔鼓气；直肠段与空肠扭结一起。肠黏膜出血，肠内充满血液，肠管内寄生有 7 条分别为 50～60cm 长的绦虫。经虫体和虫卵鉴定为犬复孔绦虫。

问题：犬复孔绦虫病的临床症状和病理变化特征有哪些？如何生前诊断？如何治疗？

犬复孔绦虫病是由囊宫科、复孔属的犬复孔绦虫成虫寄生于犬科动物的小肠中引起犬的一种寄生虫病。本病呈世界性分布，在我国各地均有报道。偶尔也可寄生于人，特别是儿童。

（一）病原特征及生活史

1. 病原特征　复孔绦虫有数十种，其中以犬复孔绦虫最常见。虫体活时为淡红色，固定后为乳白色，最长可达 50cm，约由 200 个节片组成，节片宽约 3mm。顶突上有吸盘和 4～5 圈小钩（图 7-4、图 7-5）。每一成节内含两组生殖器官，睾丸 100～200 个，生殖孔开口于两侧的中央稍后。成节与孕节均长大于宽，形似黄瓜籽，故又称瓜籽绦虫。卵巢呈花瓣状，位于纵排泄管附近。卵黄腺在卵巢之后，亦呈瓣状分叶，两个生殖孔分别位于节片两侧的中央稍后（图 7-6）。孕卵节片内的子宫初为网状，后分化为许多储卵囊。每个储卵囊内含大约 20 个虫卵（图 7-7）。虫卵呈球形，直径为 35～50μm，内外壳均薄，内含六钩蚴。

223

头节

图 7-4　犬复孔绦虫头节
（张西臣，李建华．2010．动物寄生虫病学）

图 7-5　犬复孔绦虫头部
（Urquhart 等．1996．Veterinary Parasitology）

2. 生活史　复孔绦虫的中间宿主主要是蚤类，如猫栉首蚤、犬栉首蚤。其次是犬毛虱。成虫的孕卵节片随犬粪排出体外或蠕动到犬肛门外。虫卵污染外界环境，蚤类幼虫吞食虫卵后，六钩蚴在其体内发育为似囊尾蚴。犬因舔被毛时吞入含有似囊尾蚴的跳蚤而被

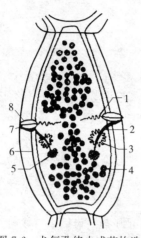

图 7-6　犬复孔绦虫成节构造

1. 输精管　2. 阴道　3. 卵巢　4. 睾丸

5. 卵黄腺　6. 排泄管　7. 生殖孔　8. 雄茎囊

（张西臣，李建华．2010. 动物寄生虫学）

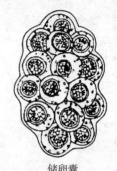

储卵囊

图 7-7　犬复孔绦虫储卵囊

感染。似囊尾蚴在终末宿主小肠内附着，约经 3 周发育为成虫。人的感染多数是由于抚弄犬时，偶然吞食了附着于犬身体上的跳蚤或跳蚤残骸所致，大多数的患者为儿童。

（二）流行与预防

1. 流行　本病广泛分布于世界各地，感染无明显季节性。犬的感染率较高，狐和狼等野生动物也可感染；人体主要是儿童受到感染。

2. 预防

（1）对犬进行定期驱虫，驱虫以后的粪便要及时清除，堆积发酵，防止虫卵污染环境。

（2）定期驱除犬舍和体表寄生虫，杀灭中间宿主——蚤类和虱，切断流行链。

（三）诊断

根据流行病学资料分析，临床表现以及病理变化，结合实验室检查，对该病进行诊断。

1. 临床症状　犬轻度感染时一般无症状。幼犬严重感染时，可引起食欲不振，消化不良，腹痛，腹泻或便秘，肛门瘙痒等症状。

儿童感染后，有时有腹痛、肛门瘙痒、轻度消化障碍以及中毒性神经症状。

2. 病理变化　少量虫体只引起轻微的损伤，寄生量大时，虫体以其小钩和吸盘损伤宿主的肠黏膜，常引起炎症。虫体吸取营养，给宿主生长发育造成障碍；虫体分泌的毒素引起宿主中毒。虫体聚集成团，可堵塞小肠腔，导致腹痛、肠扭转甚至肠破裂。剖检可在小肠内发现虫体（图 7-8）。

3. 实验室诊断　在犬会阴部周围被毛上可见犬复孔绦虫孕节；检查粪便中的孕卵节片、虫卵和储卵囊。若节片为新排出的，可用放大镜观察进行初步诊断。孕节为长方形，两侧缘均有生殖孔（图 7-9）。若节片已干缩，可用解剖针挑碎，在显微镜下观察其储卵囊，检查到储卵囊（图 7-10）即可

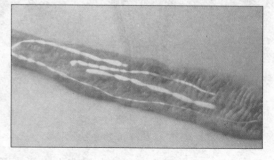

图 7-8　小肠中的犬复孔绦虫

（Fisher. 2005. Power Over Parasites: A Reference Manual for Small Animal Veterinary Surgeons）

224

确诊。

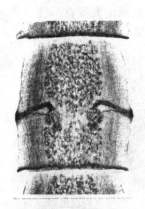

图 7-9　犬复孔绦虫成熟节片
(Urquhart 等 . 1996. Veterinary Parasitology)

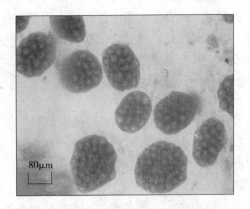

图 7-10　犬复孔绦虫储卵囊及其中的虫卵
(Fisher. 2005. Power Over Parasites：A Reference
Manual for Small Animal Veterinary Surgeons)

（四）治疗

1. 吡喹酮　按每千克体重 5mg，一次内服。

2. 氯硝柳胺（灭绦灵）　按每千克体重 100～150mg，一次内服。

3. 盐酸丁奈脒　按每千克体重 25～50mg，一次内服。

4. 氢溴酸槟榔素　按每千克体重 1～2mg，一次内服。

5. 丙硫咪唑　按每千克体重 10～20mg，每天口服一次，连用 3～4d。

6. 干槟榔片　150g 干槟榔片用 500mL 水煎至 200mL，按每只犬 50mL 灌服，灌服前禁食 12h 以上；喂服 1～2 次，但要以见到虫体头节排出为准。

225

任务 7-2　犬线虫病防治

一、犬蛔虫病

案例介绍：2000 年，长岭县长岭镇某养犬户两只 45 日龄幼犬患病。其中一号犬生后 20 多天就见腹部膨大，被毛无光泽，体重较同龄犬轻，精神食欲均正常，但随着日龄的增长，腹部膨大越加明显，呼吸增数，此时患犬呕吐，粪便稀软，被毛粗乱，消瘦，体重明显减轻。当腹部高度膨满时，精神极度沉郁，食欲减退，腹壁紧张，触诊有波动感，站立时腹下垂，呼吸困难，患犬喜卧，腹部穿刺腹水为透明淡黄色。二号犬发病较晚，症状较轻，但精神沉郁，食欲减退，腹部增大，呕吐，且排出淡黄白色虫体，呈圆柱形，一端较圆，另一端细而尖，长 50～150mm。治疗时采用穿刺和药物喂服：在一号犬脐后方白线右侧 1cm 处剪毛消毒，用兽用肌内注射针头刺入腹腔，缓慢排出腹水 200mL。二号犬没有穿刺。两只犬同时口服双氢克尿塞和丙硫咪唑进行治疗，用药后第 2 天，排出大量蛔虫，7d 后再服用丙硫咪唑，两只犬痊愈。

问题：犬弓首蛔虫的临床症状有哪些？如何进行治疗？

犬弓首蛔虫病是由弓首科弓首属的犬弓首蛔虫和狮弓蛔虫属的狮弓蛔虫寄生于犬的小肠所引起的一种寄生虫病。广泛分布于世界各地。它不仅可造成幼犬发育不良，严重感染时可引起幼犬死亡；而且它的幼虫也可感染人，引起人体内脏及眼部幼虫移行症，严重者可致失明，具有重要的公共卫生学意义。

（一）病原特征及生活史

1. 病原特征

（1）犬弓首蛔虫是犬的一种大型线虫，呈白色。头端有 3 片唇，虫体前端两侧有向后延伸的颈翼膜。食道和肠道由小胃相连。雌虫长 9~18cm，尾端直，阴门开口于虫体前半部。雄虫长 5~11cm，尾端弯曲，有 1 小锥突，有尾翼。虫卵呈黑褐色，亚球形，具有厚的呈凹痕的卵壳，大小为（68~85）μm×（64~72）μm（图 7-11）。

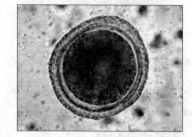

图 7-11　犬弓首蛔虫虫卵
（朱兴全 . 2006. 小动物寄生虫病学）

（2）狮弓蛔虫成虫头端向背侧弯曲，颈翼呈柳叶刀形。无小胃。雄虫长 3~7cm，交合刺 0.7~1.5mm；雌虫长 3~10cm，阴口开口于虫体前 1/3 与中 1/3 的交接处。虫卵略呈卵圆形，卵壳厚而光滑，大小为（49~61）μm×（74~86）μm（图 7-12）。

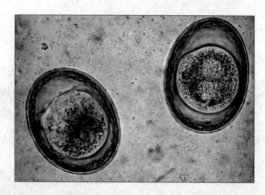

图 7-12　狮弓蛔虫虫卵

在犬体小肠内，犬弓首蛔虫易与狮弓蛔虫相混，鉴别起来比较困难。在放大镜下，可通过比较两个种雄虫的尾部来进行区分，犬弓首蛔虫雄虫的尾部有一小的指状突起，而狮弓蛔虫雄虫尾部则没有。

2. 生活史　犬弓首蛔虫的生活史是蛔虫科中最复杂的，具有几种可能的感染模式。最基本的模式是典型的蛔虫生活史，似猪蛔虫的生活史。这种发育模式通常只发生于 3 月龄以内的犬。

在 3 月龄以上的犬，则虫体很少发生上述肝—气管移行。6 月龄犬中则几乎不见有虫体发生移行，相反，第 2 期幼虫转移到范围很广的组织器官，包括肝、肺、脑、心、骨骼肌、消化管壁中。在这些器官、组织中，幼虫并不进一步发育，但保持对其他肉食动物的感染性。

在怀孕犬，可发生胎儿感染。第 2 期幼虫在犬分娩前 3 周就活动起来了，移行到胎儿的肺部并蜕皮发育成第 3 期幼虫。新生幼犬出生后，幼虫经气管而移行到小肠，并发生最后两次蜕皮，变为第 4 期幼虫、第 5 期幼虫并发育为成虫，从而完成生活史。幼犬出生后 3 周左右，小肠内即有成虫寄生。在母犬的一小部分活动性幼虫在其体内完成正常移行，变为成虫。

在泌乳开始后的前 3 周，幼犬可通过吸吮含有第 3 期幼虫的母乳而受感染。通过这个途径受到感染的幼犬，幼虫在体内不发生移行。

狮弓蛔虫的生活史较简单，幼虫在体内不经移行。

（二）流行与预防

1. 流行　犬弓首蛔虫的感染率在世界各国不等，从 5% 到 80% 以上。我国辽宁省盘山县幼犬的感染率可高达 96％，死亡率达 60％。小于 6 月龄的犬感染率最高，成年动物较少发生感染。

犬弓首蛔虫感染率高、强度大的主要原因有：第一，雌虫产卵量大。每条雌虫每天在每克粪便中可排虫卵约 700 个。在幼犬的每克粪便中发现 15 000 个虫卵很常见。第二，虫卵对外界环境的抵抗力极强。在地上能连续存活数年。第三，幼虫在母犬的机体组织中长期存在，是感染的一个持续来源。这样的幼虫对大多数抗蠕虫药不敏感。

2. 预防 由于虫卵及母犬体内的幼虫是感染的主要来源，因此对幼犬的弓首蛔虫病的防制可采取如下措施：

（1）对所有的幼犬在 2 周龄时驱虫 1 次，2～3 周后再驱虫 1 次，目的是驱除经母体感染的虫体。母犬和幼犬同时给药效果更好。

（2）幼犬 2 月龄时再驱虫 1 次，以驱除出生后感染的虫体。

（3）新购进的幼犬必须间隔 14d 驱虫两次。

（4）成年犬每隔 3～6 个月驱虫一次。

（5）要注意环境、食具及食物的清洁卫生，及时清除粪便并进行堆肥无害化处理。

（三）诊断

根据流行病学资料分析，临床表现以及病理变化，结合实验室检查，对该病进行诊断。

1. 临床症状 轻度、中度感染时，虫体移行的肺期不表现任何临床症状。寄生于小肠的成虫可引起大肚皮，导致发育迟缓、被毛粗乱、精神沉郁、消瘦，并偶见腹泻。有时可见幼犬呕出或在粪便中排出虫体。

重度感染时，幼虫移行导致肺损伤，引起咳嗽，呼吸节律增加，鼻孔流出泡沫状分泌物。大部分死亡病例发生于肺部感染期。经胎盘严重感染的幼犬在分娩后几天内即可发生死亡。有的病犬可出现神经性惊厥现象。

2. 病理变化 轻度及中度感染时，移行幼虫对组织器官不造成明显的损害，成虫在小肠中也不引起任何明显的反应。但感染严重时，幼虫在肺部移行引起肺炎，有时伴发肺水肿；成虫可引起黏膜卡他性肠炎、出血或溃疡。可能部分或完全阻塞肠道（图 7-13）。少数情况时，还出现肠穿孔、腹膜炎或胆管阻塞、胆管化脓、破裂、肝黄染、变硬。

图 7-13 犬小肠中的犬弓首蛔虫成虫
(Fisher. 2005. Power Over Parasites：A Reference Manual for Small Animal Veterinary Surgeons)

3. 实验室诊断 由于临床症状不具特征性，所以即使是在严重感染的肺部移行期，幼犬在出生后两周内与同窝幼犬同时表现为肺炎症状时，也只能疑为弓首蛔虫病。确诊需在粪便中发现特征性的虫卵或虫体；尸检时在小肠或胆道发现虫体。

由于虫卵的产量很高，可不用漂浮法，只需用少量粪便涂片，加上一滴清水，即可镜检出虫卵。

（四）治疗

常用的驱线虫药物均可驱除犬蛔虫。

1. 丙硫咪唑 幼犬按每只 50mg，一次口服。7d 后再重复 1 次。

227

2. 左咪唑 按每千克体重 10mg，一次口服。

3. 芬苯哒唑 按每天每千克体重 50mg，连喂 3d。少数病例在用药后可能出现呕吐。

4. 伊维菌素 按每千克体重 0.2～0.3mg，皮下注射或口服。注意，有柯利犬血统的犬禁用该药。

二、犬钩虫病

案例介绍： 2011 年 4 月 12 日，1 只 2 月龄雄性拉布拉多犬来华南农业大学附属动物医院就诊，体重 4.8kg。此犬于 1 周前发病，黑粪和黏膜苍白持续数日。患犬体温 38.5℃，脉搏 132 次/min，呼吸 42 次/min。毛发粗乱无光泽，易脱落。食欲不振，呕吐，腹泻、便秘交替出现。常伴有血性或黏液性腹泻，粪便成黑色柏油状。对病犬进行了实验室检查，包括血液学检查和粪便漂浮法检查。血液学检查结果显示网织红细胞计数超过 8 万/μL 和血小板增多；用粪便漂浮法检查发现粪便中有大量钩虫卵。根据流行病学资料、临床症状及实验室检查结果，诊断为犬钩虫病引起的出血性贫血。治疗时采用综合疗法：①驱虫，用多拉菌素 0.5mL 皮下注射。②针对贫血，用维生素 B$_{12}$，每天皮下注射 0.2mg。③止血，用安络血 2mL、止血敏 2mL 同时皮下注射。④对排有黏液和腐臭味粪便的犬，口服矽碳银 4 片、磺胺胍 2 片、甲硝唑 2 片，2 次/d。

问题： 犬钩虫病有哪些临床症状？该病如何进行确诊？还有无其他防制措施？

钩虫病是由钩口科的钩口属、弯口属和板口属的线虫在犬的小肠、主要是十二指肠内寄生所引起的一种寄生虫病。狐狸、獾、浣熊等肉食兽也可被感染发病。本病临床上以贫血、消化紊乱及营养不良为主要特征。

（一）病原特征及生活史

1. 病原特征 犬钩虫寄生于犬的小肠中，虫体刚硬呈淡黄白色。口囊较大，有切割器官（图 7-14、图 7-15）。雄虫体长 10～12mm，生殖系统为单管型，虫体末端膨大，是由角皮延伸而成的交合伞，有 1 对等长的交合刺。雌虫体长 14～16mm，生殖系统为双管型，阴门开口于虫体后端 1/3 的前部，尾端尖锐，呈细刺状。幼虫通常称钩蚴，分为杆状蚴和丝状蚴两个阶段。杆状蚴体壁透明，前端钝圆，后端尖细。丝状蚴具有感染能力，故又称为感染期蚴。口腔封闭，在与咽管连接处的腔壁背面和腹面各有 1 个角质矛状结构，称为口矛或咽管矛。

虫卵为钝的椭圆形，(55～76) μm×(34～45) μm，平均 60μm×40μm，浅褐色，新排出的虫卵内部有 8 个胚细胞。

2. 生活史 犬钩虫的成虫寄生于小肠内，成熟雌虫产的虫卵随粪便排出体外，在外界适宜的条件下，经 12～30h，第一期杆状蚴破壳孵出。此期幼虫在 48h 内进行第一次蜕皮，发育为第二期杆状蚴。此后，虫体继续增长，经

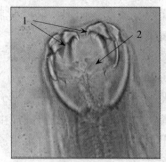

图 7-14　犬钩口口囊
1. 齿切板　2. 口囊

(Fisher. 2005. Power Over Parasites: A Reference Manual for Small Animal Veterinary Surgeons)

5～6d 后，进行第二次蜕皮后发育为丝状蚴，即感染期蚴。

犬通常经口感染，也可经皮肤和黏膜感染。经口感染时，被吞食而未被胃酸杀死的感染期蚴，有可能直接在小肠内发育为成虫。幼虫也可钻入食道黏膜，进入血液循环，随血流经右心至肺，穿出毛细血管进入肺泡。此后，幼虫沿肺泡并借助小支气管、支气管上皮细胞纤毛摆动向上移行至咽，随吞咽活动经食管、胃到达小肠。幼虫在小肠内迅速发育，并在感染后的第 3 至第 4 天进行第三次蜕皮，形成口囊，并吸附于肠壁上摄取营养，再经10d 左右，进行第

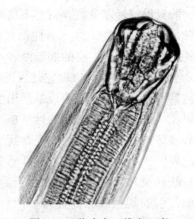

图 7-15　狭头弯口线虫口囊

(Urquhart 等 . 1996. Veterinary Parasitology)

四次蜕皮后逐渐发育为成虫。自感染期蚴钻入皮肤至成虫交配产卵，一般需 5～7 周的时间。

此外，犬钩虫还可通过胎盘、初乳感染。

(二) 流行与预防

1. 流行　钩虫病是世界上分布极为广泛的寄生虫病之一，本病的流行取决于感染来源的多少、气温是否能达到 25℃左右、粪便污染食物的程度等因素。在亚洲、欧洲、美洲、非洲均有流行。尤其是在热带和亚热带地区，感染较为普遍。由于地理位置的原因，一般在流行区常以一种钩虫流行为主，但亦常有混合感染的现象。我国地处温带及亚热带地区，在淮河及黄河以南、平均海拔高度 800m 以下的丘陵地和平坝地仍是钩虫的主要流行区，但主要流行于气候温暖的长江流域及华南地区，其中尤以四川、广东、广西、福建、江苏、江西、浙江、湖南、安徽、云南、海南及台湾等地较为严重。

2. 预防

(1) 及时治疗病犬和带虫者；饲喂的食物要清洁卫生，不喂生食。

(2) 犬钩虫病多发于夏季，尤其是狭小、潮湿的犬舍内更易发生。因此，必须保持犬舍的干燥；粪便要及时清除，定点堆放，并进行无害化处理；对木制笼舍可用开水浇烫，铁制部分或地面可用喷灯喷烧；能搬动的用具可移到室外在阳光下曝晒，以杀死虫卵。

(3) 在气候较温暖的季节，应对犬定期检查，做到及时驱虫。可采用如下驱虫程序：幼犬出生 20～25d 即可进行第一次驱虫，1～6 月龄每月 1 次；6～24 月龄每季度 1 次；24 月龄以上每半年 1 次。

(4) 同时要灭鼠，控制转续宿主。实验表明，鼠类经口或皮肤感染钩虫后，钩虫可经血流进入鼠的头部，并存活达 18 个月之久。犬可因捕食鼠类而感染本病。

(三) 诊断

根据流行病学资料分析，临床表现以及病理变化，结合实验室检查,对该病进行诊断。

1. 临床症状　发病症状取决于感染强度。

(1) 急性型。幼犬在短时间内被大量幼虫感染所引起，表现为机体消瘦，黏膜苍白，被毛粗糙无光泽、易脱落；食欲减退，异嗜，呕吐，消化障碍，下痢和便秘交替发作；粪便带血或呈黑色，严重时如柏油状，并带有腐臭气味。经胎盘或初乳感染犬钩虫的 3 周龄内的仔犬，可表现严重贫血，并因继发感染其他疾病而死亡。

(2) 慢性型。成年犬感染少量虫体时，由于感染程度不严重，加之自身免疫机能较

强，一般只出现轻度贫血、营养不良和胃肠功能紊乱的症状。

（3）钩虫性皮炎。由感染性幼虫大量侵入皮肤时引起。多发于四肢，出现瘙痒、脱毛、肿胀和角质化等，有的四肢浮肿，以后破溃，或出现口角糜烂等。

2. 病理变化　犬钩虫以它强大的口囊吸附在宿主的肠黏膜上，并利用它们的齿或切板刺破黏膜而大量吸血，造成黏膜出血、溃疡；由于慢性失血，宿主体内的蛋白质和铁质不断损耗，随之宿主出现缺铁性贫血。幼虫侵入皮肤时可引起皮炎。移行时可导致肺组织的显著破坏，引起局部出血和炎性病变。

此外，很多钩虫的幼虫还可感染人，引起皮肤幼虫移行症。因幼虫移行路线蜿蜒弯曲，引起匐行线状的皮疹，故称匐形疹。但幼虫不能发育为成虫。

3. 实验室诊断　本病的诊断一般采用粪便检查。以检出钩虫卵（图7-16）或孵化出钩蚴作为确诊的依据，方法有：

（1）直接涂片法。简便易行，但轻度感染者容易漏诊，反复检查可提高阳性率。

（2）饱和盐水漂浮法。钩虫卵相对密度约为1.06，在饱和盐水（相对密度为1.20）中容易漂起，检出率明显高于直接涂片法。

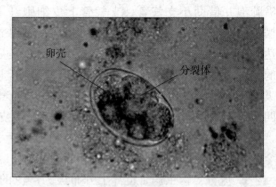

图 7-16　粪便中的犬钩虫虫卵
（Fisher. 2005. Power Over Parasites：A Reference Manual for Small Animal Veterinary Surgeons）

（3）钩蚴培养法。检出率与饱和盐水漂浮法相似，此法可鉴定虫种，但需培养5~6d才能得出结果。

此外，饱和盐水漂浮法和钩蚴培养法亦可用于定量检查。皮内试验、间接荧光抗体试验等免疫诊断方法可应用于钩虫产卵前的早期诊断，但因特异性低而少有应用。

（四）治疗

1. 二碘硝基酚　此药不需要停食，不会引起应激反应，可用于幼龄犬，是治疗本病的首选药物。按每千克体重0.2~0.23mg，一次皮下注射。对犬的各种钩虫驱虫效果接近100%。

2. 伊维菌素　按每千克体重0.2~0.3mg，皮下注射，隔3~4d注射1次，连用3次。

3. 左旋咪唑　按每千克体重10mg，一次口服。

4. 丙硫咪唑　按每千克体重50mg，口服，连用3d，对组织中移行的幼虫也具有较好的驱杀效果。

5. 苯硫咪唑　按每千克体重20mg，一次口服。对成虫、虫卵杀灭效果都好。

三、肾膨结线虫病

肾膨结线虫病（肾虫病）是由膨结科、膨结属的肾膨结线虫寄生于犬的肾或腹腔而引起的一种线虫病。

（一）病原特征及生活史

1. 病原特征　肾膨结线虫是线虫中的一种大型虫种。活成虫呈鲜红色圆柱状，两端略细，表皮有横纹，沿每条侧线有1列乳突排列。口简单，无唇，口孔周围有两圈乳突，每圈6个。雄虫长14~45cm，宽0.3~0.4cm。虫体后端有一呈钟状而无肋的交合伞，交合刺 1 根，呈刚毛状（图 7-17）。雌虫长 20～103cm，宽 0.5～1.2cm。虫体为单子宫，肛门位于虫体后侧，阴门开口于食道后端处。

虫卵呈椭圆形或橄榄形，淡黄色，卵壳厚，其表面有许多小凹陷。虫卵大小为（60～84）μm×（39～52）μm（图 7-18）。

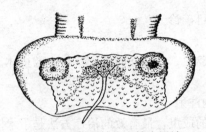

图 7-17　肾膨结线虫雄虫尾端
（卢俊杰，靳家声．2002．人和动物寄生线虫图谱）

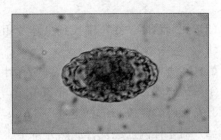

图 7-18　肾膨结线虫虫卵
（朱兴全．2006．小动物寄生虫病学）

2. 生活史　发育需 2 个中间宿主，第一中间宿主为环节动物（蛭蚓类），第二中间宿主为淡水鱼类或蛙类。成虫寄生于终末宿主的肾盂内，卵随尿液排出体外，虫卵在外界环境中发育形成第 1 期幼虫，第 1 期幼虫仍停留在卵内。第一中间宿主吞食虫卵后，在其体内形成第 2 期幼虫。第二中间宿主吞食了第一中间宿主后，幼虫在其体内发育为具有感染力的第 3 期幼虫。终末宿主多因食入含有第 3 期幼虫的生的或未煮熟的鱼、蛙类而遭受感染。幼虫进入消化道后，穿过肠壁随血流移行至肾盂发育为成虫，成虫产出的虫卵随尿液排出体外。感染性幼虫自进入终末宿主到开始产卵，需 4.5～5 个月。

（二）流行与预防

1. 流行　本病广泛分布于欧洲、美洲和亚洲。在我国的吉林、云南、黑龙江、江苏、浙江、贵州及四川等地均有报道。犬常因食入生的或未煮熟的鱼或蛙类而感染。本虫种除感染犬外，还可感染鼬科和犬科的狐狸、水貂和狼等 20 多种肉食动物；马、牛、猪、人亦偶有感染。野生动物感染后，向外界排出虫卵，作为感染来源污染环境，而引起犬的感染。因此，野生动物的感染在本病的流行上具有重要意义。

2. 预防　在已知野生动物有本虫寄生的地方，要防止犬吞食生鱼、蛙类或未煮熟的鱼类。预防本病主要是不让犬吃生的或未煮熟的鱼、蛙。

（三）诊断

1. 临床症状与病理变化　肾膨结线虫大多寄生于终末宿主的右肾，左肾内较少见。此外，在动物的体腔（胸腔和腹腔）、肝、卵巢、心脏、乳腺等器官亦偶见本虫寄生。虫体寄生于肾盂，主要引起肾的增生性病理变化。

如果仅有一侧肾受到侵袭，症状往往不太明显，在虫体发育期可见血尿、尿频。寄生时间长者则出现体重减轻、贫血、腹痛、呕吐、脱水、便秘或腹泻。若虫体阻塞输尿管，则发生肾盂积水而引起肾肿大，触诊可触及肿大肾。当两侧肾都有本虫寄生或者一侧未受侵袭的肾缺乏代偿机能时，就会出现肾功能不全，神经症状以及尿毒症而死亡。若虫体寄生于腹腔内或肝时，有的多呈隐性感染，可引起腹膜炎，腹水或出血以及肝组织损坏。本病的主要症状是排尿困难，尿尾段带血；少数病例出现腹痛。由于肾有很强的代偿功能，一般感染的动物临床上多无明显症状。

231

病变主要在肾，肾实质受到破坏，留下一个膨大的膀胱状包囊，内含一至数条虫体和带血的液体，往往右肾较左肾受侵害的程度高。

2. 实验室诊断

（1）生前诊断。在尿液中检出特征性的虫卵可确诊。还可借助 X 射线投影，可查到虫体。

（2）死后诊断。在肾中找到虫体及相应的病变可确诊。

（四）治疗

（1）在查明病情的基础上，早期有计划地进行驱虫，以便随时杀死移行中的虫体。

①丙硫咪唑。按每千克体重 250mg，一次口服。

②左旋咪唑。按每千克体重 5～7mg，一次肌内注射。

（2）对于体内已经发育成熟并寄生于肾及腹腔的成虫，最有效的治疗方法是手术摘除虫体。

任务 7-3　犬蜱螨病与昆虫病防治

一、犬螨病

　　案例介绍：畜主王某饲养的一条德国牧羊犬，8 月龄左右，于一周前病犬不停地摇头、抓耳，后出现腹部、股内侧瘙痒、皮肤粗糙脱屑等症状，患病犬体温正常。抓挠耳根部、腹部、股内侧，因而出现严重脱毛，患处流出黏稠黄色油状渗出物，形成鱼鳞状痂皮。根据发病情况、临床症状初步诊断为犬疥螨病。治疗用伊维菌素颈部皮下注射，用温肥皂水刷洗患部，除去污垢和痂皮，涂擦溴氰菊酯。治疗病犬的同时，以杀螨药物彻底消毒犬舍和用具，将治疗后的病犬安置到已消毒过的犬舍内饲养。通过 2～3 次治疗，每次间隔 5d，15d 左右痊愈。

　　问题：常见的感染犬的螨虫病有哪些？其临床症状是什么？如何进行鉴别确诊和治疗？

　　犬的螨病包括由疥螨科的犬疥螨寄生于犬的皮肤内所引起的疥螨病，俗称"癞皮狗病"；由痒螨科的犬耳痒螨寄生于犬的外耳道内所引起的耳痒螨病；以及由蠕形螨科的犬蠕形螨寄生于犬的毛囊和皮脂腺内所引起的蠕形螨病。其中以犬疥螨危害最大。本病广泛分布于世界各地，多发于冬季，常见于皮肤卫生条件较差的犬。

（一）病原特征及生活史

1. 病原特征

（1）犬疥螨。犬疥螨似猪疥螨。呈宽的卵圆形，雌虫大小为 $380\mu m \times 270\mu m$，体表覆以相互平行的细毛。雄虫大小为 $220\mu m \times 170\mu m$，其外形与雌虫相似。虫卵呈椭圆形，壳薄，平均大小为 $150\mu m \times 100\mu m$。

（2）犬耳痒螨。虫体呈椭圆形，雌螨体长 $345\sim451\mu m$，雄螨体长 $274\sim362\mu m$。口器为短的圆锥形，足 4 对，在雄螨的每对足末端和雌螨的一、二对足末端均有带柄的吸盘，柄短，不分节。雌螨第四对足不发达，不能伸出体边缘。雄螨体后端的结节很不发达，每个结节有两长两短 4 根刚毛，结节前方有 2 个不明显的肛吸盘（图 7-19）。虫卵为白色，卵圆形，一边较平直，长度为 166～206μm。

（3）犬蠕形螨。雄性成螨长 220～250μm，宽约 45μm；雌性成螨长 250～300μm，宽约 45μm。虫体自胸部至末端逐渐变细，呈细圆桶状（图 7-20）。咽呈向外开口的马蹄形。雄螨背足体瘤呈"8"字形（图 7-21）。虫卵呈简单的纺锤形。寄生于犬皮肤的毛囊内，少见于皮脂腺内。

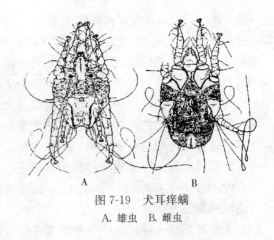

图 7-19　犬耳痒螨
A. 雄虫　B. 雌虫

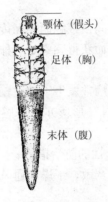

图 7-20　犬蠕形螨模式

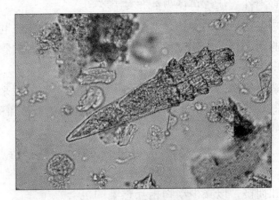

图 7-21　犬蠕形螨

2. 生活史　犬疥螨、耳痒螨和蠕形螨的发育属于不完全变态，其全部发育过程均在动物体上度过，包括卵、幼虫、若虫、成虫 4 个阶段，其中雄螨为 1 个若虫期，雌螨为两个若虫期。

（1）犬疥螨。犬疥螨发育过程似猪疥螨，仅宿主不同。疥螨从卵发育到成虫需 17～21d，最短需要 14d 的时间，疥螨在发育期间，死亡率很高，往往只有 10% 能够完成从虫卵发育为成虫的整个生活史过程。

（2）耳痒螨。耳痒螨与犬疥螨不同，耳痒螨仅寄生于动物的皮肤表面。雌雄虫体交配后，雌虫产出虫卵，由产卵时的分泌物黏附在犬的耳道。卵经 4d 左右的时间孵化出幼虫。幼虫进一步发育为若虫，若虫有两个时期，即一期若虫和二期若虫，完成每一期的发育一般需要 3～5d。随后经过 24h 的静止期，二期若虫蜕皮变为成虫。

随环境温度的不同，耳痒螨从卵发育到成虫所需的时间不同。在温暖季节经 13～15d 即可完成发育，寒冷季节则需要 3 周左右时间。

（3）蠕形螨。其发育过程似猪蠕形螨。

（二）流行与预防

1. 流行

（1）疥螨病是一种高度接触性传染病，通过患病动物或带虫动物与健康犬直接接触而传播。也可通过患病动物在擦痒时将幼虫或若虫等散布到周围物体，如被褥、用具、栏舍的

233

墙壁等处，这些幼虫和若虫可在外界存活2～3周时间，健康动物通过与之接触而发生感染。疥螨病的传播速度很快，从初期感染到群体出现临床症状，犬往往只需要1～2周时间。

疥螨病多发于家养的舍饲小动物，尤其是在卫生条件差的情况下，以冬季和春初寒冷季节多发。对大多数临床病例，皮肤内所感染疥螨的数量较少，而大量疥螨的出现常常发生于免疫抑制犬或长期使用糖皮质激素治疗的犬。

（2）耳痒螨病是犬的一种普遍存在的外寄生虫病，呈世界性分布。动物之间主要是通过直接接触传播，特别是在哺乳期，幼年犬与母犬频繁接触很容易发生感染。

相对湿度较高时，耳痒螨的存活时间较长。据报道，在体外相对湿度为80%，温度为35℃的条件下，耳痒螨可存活数月。因此，动物通过间接接触周围环境中存活的耳痒螨也可造成感染的发生。

（3）犬蠕形螨是一种世界性分布寄生虫病，正常犬的皮肤常带有少量的蠕形螨，但不表现出临床症状。当动物营养状况差、应激、其他外寄生虫或免疫抑制性疾病感染、肿瘤、衰竭性疾病等可诱发蠕形螨病发生。

感染蠕形螨的动物是本病的感染来源，动物之间通过直接或间接接触而相互传播。刚出生的幼犬在哺乳期间可通过与感染蠕形螨母犬的腹部皮肤接触而获得感染，这种感染发生在出生后几天内，是犬感染的主要方式。

蠕形螨病的发生与犬的品种和年龄有关。一般来说，蠕形螨病常发生于被毛较短的品种。但一些长毛犬，如阿富汗猎犬、德国牧羊犬和柯利牧羊犬对蠕形螨亦较易感。3～6月龄的幼年犬最易发生该病。

2. 预防 根据螨的生活史和本病的流行病学特点，采取综合性的防治措施。

（1）加强犬的饲养管理和栏舍清洁卫生工作，保持动物栏舍宽敞、干燥和通风，避免潮湿和拥挤，以减少动物相互感染的机会。

（2）搞好栏舍及用具的消毒和杀虫工作，可用杀螨剂定期喷洒栏舍及用具，以消灭犬生活环境中的螨虫。由于疥螨偶尔可感染人，因此也要注意个人防护。

（3）新进的犬要注意观察，无螨者方可合群饲养。对患病和带螨的犬要及时隔离治疗，防止病原蔓延。

（4）作好平时预防工作，避免与带虫动物或有脱毛和瘙痒症状的动物接触。给犬戴除虫项圈有助于减少犬感染疥螨等外寄生虫的机会。

（三）诊断

根据流行病学资料分析，临床表现以及病理变化，结合实验室检查，对该病进行诊断。

1. 临床症状与病理变化

（1）犬疥螨病。多起始于口、鼻梁、颊部、耳根及腋间等处，后遍及全身，病初皮肤发红，出现丘疹，进而形成水泡，破溃后流出黏稠黄色油状渗出物，渗出物干燥后形成鱼鳞状黄痂，患部皮肤可出现增厚、变硬、龟裂等。病犬奇痒，常搔抓啃咬或在地面及各种物体上摩擦患部，引起严重的脱毛。轻轻触摸耳部边缘往往会诱发明显的瘙痒反射。随着病情的发展，病犬出现体重减轻和厌食等症状。

（2）犬耳痒螨病。寄生于外耳道内的耳痒螨，借助口器刺破皮肤，吸吮淋巴液、组织液和血液为食，对寄生部位产生刺激，导致皮炎或变态反应，引起寄生部位上皮细胞过度角质化和增生，感染部位的炎性细胞，尤其是肥大细胞和巨噬细胞增多，皮下血管（主要是静脉血管）扩张。通常是双侧性的，在耳道内有灰白色的沉积物。随着刺激的加剧，痒觉愈来愈明显，动物因痒感而不断摇头、抓耳、在器物上摩擦耳部，引起耳朵血肿和耳道溃疡。有的动物可能出现痉挛或转圈运动。当发生化脓性细菌的继发感染时，可引起化脓性外耳炎。

（3）犬蠕形螨病。感染少量蠕形螨的犬（常无临床症状），当发生免疫抑制时，寄生于毛囊根部、皮脂腺内的蠕形螨会大量增殖，由此产生的机械性刺激和分泌物和排泄物的化学性刺激，可使毛囊周围组织出现炎性反应，称为蠕形螨皮炎。根据患病犬所表现出的临床特征，可将蠕形螨病分为局部型、全身型和脓疱型蠕形螨病。

幼年犬的蠕形螨病以 3～15 月龄的犬多发，常表现为局部型，初发病部位往往在眼上部、头部、前肢和躯干部出现局灶性脱毛、红斑、脱屑、但不表现瘙痒。这种局部型的蠕形螨病具有自限性，不需治疗常可自行消退。但如果使用糖皮质激素类药物或严重感染治疗不当或不予治疗，可造成全身性蠕形螨病。脓疱型蠕形螨病常伴随化脓性葡萄球菌感染，表现出皮肤脱毛、红斑、形成脓疱和结痂，不同程度的瘙痒，有些病例会出现淋巴结病。

成年犬的蠕形螨病多见于 5 岁以上犬，常伴随一些引起免疫抑制的疾病，如肾上腺皮质功能亢进，表现出皮肤脱毛、出现鳞屑和结痂。其发病可能是局部型，也可能是全身型，但局部型多发生在头部和腿部。在一些慢性病例常表现出局部皮肤色素过度沉着。

2. 鉴别诊断 犬蠕形螨感染时应与疥螨感染相区别，该病毛根处皮肤肿起，皮表不红肿，皮下组织不增厚，脱毛不严重，银白色皮屑具黏性，痒不严重。疥螨病时，毛根处皮肤不肿起，脱毛严重，皮表红而有疹状突起，但皮下组织不增厚，无白鳞皮屑，但有小黄痂，奇痒。

3. 实验室诊断 根据犬出现搔痒和上述皮肤病变可作出初步诊断，同时要注意同其他皮肤病区别。确诊需要进行病原检查。

（1）对怀疑为感染疥螨的犬，实验室诊断方法同猪疥螨病。

（2）犬出现外耳炎，耳道内有大量的耳垢和发痒时可怀疑为耳痒螨病，确诊可通过耳镜检查发现运动的螨虫；取可疑病例的耳垢或病变部位的刮取物在显微镜下发现螨虫或虫卵，即可确诊。

（3）对蠕形螨，可采用与疥螨相似的方法刮取皮屑在显微镜下检查有无蠕形螨；也可以用消毒针尖或刀尖，将脓疱丘疹等损害处划破，挤出脓液直接涂片检查；还可拔取病变部位的毛发，在载玻片上加 1 滴甘油，把毛根部置于甘油内，在显微镜下检查毛根部的蠕形螨。

（四）治疗

治疗时，先患部剪毛，用温肥皂水刷洗患部，除去污垢和痂皮，再用杀螨剂按推荐剂量和使用方法进行局部涂擦、喷洒、洗浴、口服或注射等。用于治疗动物疥螨等外寄生虫病的药物主要包括以下几类：

1. 大环内酯类杀虫剂 如用伊维菌素或多拉菌素进行皮下或肌内注射，剂量为每千克体重 0.2～0.4mg，连用 3 次，每次间隔 14d。在大环内酯类药物中，也有口服或局部涂擦的剂型，按推荐方法进行使用可获得很好的杀螨效果。

2. 甲脒类杀虫剂 如双甲脒具有广谱、高效、低毒的特点，对小动物及各种家畜的疥螨、痒螨、蜱等外寄生虫具有杀灭和驱避效果。使用时将 12.5% 双甲脒用温水稀释 250～500 倍，进行药浴或涂擦，7d 后再重复一次。

3. 有机磷类杀虫剂 如敌百虫、辛硫磷、巴胺磷、地亚农等，广泛用于小动物和家畜的外寄生虫病的防治。如敌百虫用温水稀释 0.2%～0.5% 浓度进行药浴，或用 0.1%～0.5% 的浓度进行涂擦或喷洒环境。

4. 拟除虫菊酯类杀虫剂 这类药物中的溴氰菊酯、戊酸氰菊酯、氯菊酯等已在动物上广泛使用。如临床上将5%溴氰菊酯（倍特）用温水配成15～50mg/L浓度药浴，7～10d再重复一次。或用棉籽油将溴氰菊酯稀释成1∶1 000～1 500倍，进行头部、耳部、眼周、尾根和趾部涂擦。

5. 昆虫生长调节剂 如鲁芬奴隆、双氟苯隆、烯虫酯等，在临床上将这类药物单独使用或与其他类型的杀虫剂联合使用，能有效防治小动物及各种家畜的疥螨、蜱和跳蚤等外寄生虫病。

由于许多杀螨剂对虫卵的杀灭作用差，故5～7d后重复用药1～2次是十分必要的。治疗时为防止犬中毒，可采用必要的防护措施，如戴上嘴笼，眼睛四周涂以凡士林，药浴后及时吹干被毛等。

二、蜱病

案例介绍：某养犬场从外地引进9～10月龄藏獒12只（4公，8母），犬进场一周内注射了犬五联疫苗。引进犬只7个月后，突然死亡一只藏獒，继而陆续有藏獒发病倒地，病犬经青、链霉素和磺胺类药物治疗无效。病獒烦躁不安，出现皮炎和跛行。患獒被毛粗乱，四肢无力，步态蹒跚，喜卧，有的横卧不起。轻症呼吸、心跳、体温均无异常。重症倒卧不起，心跳缓慢，心率偶有不齐，呼吸浅表，可视黏膜苍白，精神沉郁，两眼无神，嗜睡，有的食欲废绝，有的时有饮欲。肉眼观察发现藏獒全身被毛间、脚趾间、耳道等处，每1cm²范围的体表均能找到1～2只大小不一的虫体。大的虫体还叮在犬的皮肤上，强行将其摘除后，发现犬只皮肤相应位置上有出血斑。小的虫体则附着于毛根。实验室显微镜下观察发现虫体呈卵圆形，大的长约17mm，宽约11mm。刺破虫体后，见大量鲜血溢出。虫体盾板大、多角，刻点小、分布均匀，夹杂少数大刻点。银灰色色彩覆盖虫体盾板大部分，只有颈沟部留下两对平行的原底色斑纹。小的虫体长约6.0mm，宽约4.0mm，假头短，假头基矩形，基突短，须肢侧面边缘呈圆弧状，盾板上有银灰色花纹，并有大小混杂的圆形点窝。眼在身体边缘，呈圆形，颈沟深而短，侧沟长，夹杂有刻点，足强大。以通灭多拉菌素注射液肌内注射，配合维生素 B_{12} 肌内注射和人用17种氨基酸静脉滴注。以石灰水冲洗犬舍墙壁、饲槽、场地等。11只患犬治疗1～2周后临床症状好转，加强营养后患犬逐渐痊愈。

问题：犬的硬蜱和软蜱如何区分？犬蜱病的危害有哪些？如何防治？

蜱分为3个科：硬蜱科、软蜱科和纳蜱科，其中最常见的、危害性最大的是硬蜱科，其次是软蜱科，而纳蜱科既不常见也不重要。这里只介绍硬蜱科和软蜱科两类蜱。

通常将硬蜱科的蜱常称为硬蜱，是寄生于动物体表的一类很常见的外寄生虫。硬蜱除寄生于犬在内的各种动物体表直接损伤和吸血外，还常常成为多种重要的传染病和寄生虫病的传播者。

软蜱科的蜱通常被称为软蜱，软蜱平时隐居于宿主动物的巢穴和休息处，只有在吸血时侵袭动物。当大量虫体侵袭吸血时，可引起动物消瘦和贫血，更重要的是软蜱也可传播多种病原体。

(一) 病原特征及生活史

1. 病原特征

(1) 硬蜱呈长椭圆形，背腹扁平，头胸腹融合，按其外部附器的功能与位置，可分为假头和躯体两部分。

假头位于虫体前端，由假头基和口器组成。假头基嵌入体前端头凹内，其背面观有六角形、矩形和梯形之别，雌蜱假头基背面有两个孔区，有感觉及分泌体液帮助产卵的功能。口器位于假头基前端正中，由 1 对须肢、1 对螯肢和 1 个口下板组成。须肢位于两侧。螯肢位于须肢之间，为一对长杆状结构，具有切割宿主皮肤的作用。口下板一个，位于螯肢的腹侧，其腹面有成纵列的倒齿，是吸血时穿刺与附着的重要器官。螯肢和口下板之间为口腔，口腔后端腹侧有口通入咽部，背侧有唾液管口。

躯体呈卵圆形，大多褐色，两侧对称。吸饱血后的硬蜱，雌雄虫体的大小差异很大，雌蜱吸饱血后形如赤豆或花生米般大小，明显大于雄蜱。躯体背面最明显的结构是几丁质的盾板，雄蜱盾板大，几乎覆盖躯体整个背面；雌蜱的盾板小，只占背面前方一部分。盾板的形状一般为卵圆形或圆形。有些种类的蜱，在盾板的上侧缘有一对眼，硬蜱属和血蜱属无眼。盾板上有颈沟，自缘凹后方两侧向后伸展，其长度和形状因种类而异。在雄蜱盾板上有侧沟，沿着盾板侧缘伸向后方。有些种类雄蜱的盾板后缘常有方块状的结构称为缘垛，通常有 11 块。

腹面最明显的是足、生殖孔、肛门、气门和几丁质板。成虫有 4 对足，幼虫有 3 对足。第 1 对足的跗节背缘近端部具哈氏器，具有嗅觉功能。生殖孔位于腹面第 2、3 对足基节之间的水平线上，其两侧有生殖沟。肛门位于腹面后部正中。气门 1 对，居于第 4 对足部的后方。气孔在气门板上，其形状随蜱的种类而异，也是分类的重要依据。在雄蜱的腹面有的还有各种形状的几丁质板，随种类不同而异。硬蜱属有腹板 7 块 (图 7-22)。

幼虫和若虫的形态与成虫相似。但盾板仅覆盖虫体的背面前部，其上无花斑。此外，幼虫只有 3 对足，无气门板，无生殖孔与孔区。而若虫有 4 对足，有气门板，无生殖孔与孔区。

(2) 软蜱体形扁平，呈长椭圆形或卵圆形，浅灰色、灰黄色或淡褐色。最显著的特征是：躯体背面无盾板，由有弹性的革状表皮构成，上有乳头状、颗粒状结构，或有圆的凹陷，或星状的皱褶。虫体前端较窄，假头位于虫体前端腹面 (幼虫除外)，假头基小，无

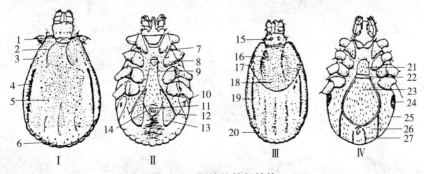

图 7-22　硬蜱的外部结构

Ⅰ. 雄扇头蜱 (背面观)　Ⅱ. 雄扇头蜱 (腹面观)　Ⅲ. 雌扇头蜱 (背面观)　Ⅳ. 雌扇头蜱 (腹面观)

1. 头基背角　2、16. 颈沟　3、17. 眼　4、19. 侧沟　5、18. 盾板　6、20. 缘垛　7. 基节外侧
8、22. 生殖孔　9. 生殖沟　10、24. 气门板　11. 肛门　12. 副肛侧板　13、26. 肛侧板
14. 肛后沟　15. 多孔区　21. 生殖前板　23. 中央板　25. 侧板　27. 肛前沟

237

孔区。须肢游离，不紧贴于螯肢和口下板两侧。口下板不发达，齿亦小。雄蜱躯体的革状表皮较厚而雌蜱较薄，背腹面也有各种沟，腹面有生殖沟、肛前沟和肛后沟，无几丁质板。生殖孔和肛门的位置与硬蜱相似。气门一对，位于第四基节之前。

2. 生活史　硬蜱的发育属于不完全变态，需要经过卵、幼虫、若虫和成虫四个时期。雄蜱和雌蜱在宿主体上交配后，雄蜱活一个月左右死亡。雌蜱吸饱血后待体内血液消化且卵发育完成后，就陆续不断地将卵产出，产卵一般在 4～5d 内完成，随后雌蜱即萎缩死亡。硬蜱一生只有一次产卵。卵经过一定时期孵出幼虫，幼虫侵袭宿主吸血（需 2～4d），吸饱血后才蜕皮变为若虫。若虫在吸血（需 7～9d）后再蜕皮，变为成虫（图 7-23）。整个生活周期大约 50d。每年发生 4～5 代。

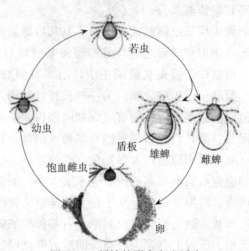

图 7-23　硬蜱的形态和生活史
(Urquhart 等 . 1996. Veterinary Parasitology)

硬蜱在生活史中的各个阶段均需在动物体上寄生吸血，根据其在发育的各个阶段是否更换宿主、更换宿主的次数和蜕皮场所可分为三种类型（图 7-24）：

（1）一宿主蜱。其幼虫、若虫和成虫都在同一宿主体表发育，雌虫在吸饱血后落地产卵，这类蜱称为一宿主蜱。如牛蜱属的蜱。

（2）二宿主蜱。其幼虫期和若虫期在同一个宿主体上吸血，当若虫吸饱血后落地蜕化为成虫，成虫再爬到另一宿主体上吸血，这另一宿主可能是同种或不同种的动物。雌虫在

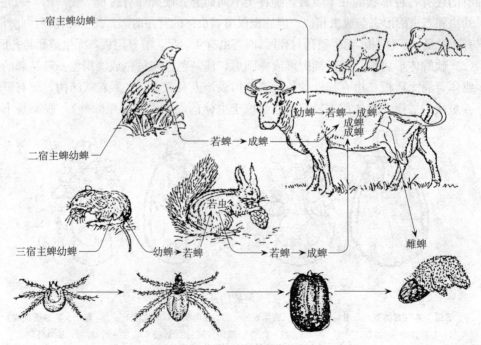

图 7-24　硬蜱更换宿主类型图解
(杨光友等 . 2005. 动物寄生虫病学)

238

吸饱血后再落地产卵，这类蜱称为二宿主蜱。如残缘璃眼蜱。

（3）三宿主蜱。其幼虫、若虫和成虫的三个发育时期依次更换三个宿主，这类蜱称为三宿主蜱。大多数硬蜱是三宿主蜱，如硬蜱属和革蜱属的蜱。虫媒性疾病的传播媒介多是一些三宿主蜱。

与硬蜱相似，软蜱的发育同样经历卵、幼虫、若虫和成虫四个阶段。但其若虫阶段常有 2～7 个若虫期。软蜱只在吸血时才到宿主体上去，吸血的时间大多在夜间，发育各时期在宿主体上吸血的时间长短不一，一般幼虫吸血需要的时间长一些，而若虫和成虫吸血只需 0.5～1h。因此在动物体上很少见到若虫和成虫，而常可发现幼虫。成虫一生可多次吸血，在吸血离开宿主后，雌雄虫体交配产卵，软蜱一生可多次产卵。

软蜱由卵发育为成虫需要 1 个月到 1 年左右。成虫吸血次数和吸血量越多，产卵次数和产卵量越多，存活时间越长，一般都在 6～7 年。据报道乳头钝缘蜱能存活 25 年。软蜱发育的各活跃期均具有长期耐饥饿（达几年至十余年）的能力。

（二）流行与预防

1. 流行　硬蜱的活动具有明显的季节性，大多数在春季开始活动，如长角血蜱、草原革蜱；也有一些种类在夏季才有成虫出现，如残缘璃眼蜱。在华北地区，血红扇头蜱的活动季节为每年的 4～9 月份。

硬蜱的地理分布与生态环境密切相关。全沟硬蜱适应于低湿高温的生态条件，因此在温带的林区最适合它的生存。草原革蜱是典型的草原种类，适于生活在干旱和半荒漠的草原地带。长角血蜱和二棘血蜱为温带种，主要生活于农区和野地。因此，各地犬、猫所感染的硬蜱种类与习惯活动地带有关。

硬蜱的活动一般发生在白天，但活动节律因种类而不同。硬蜱侵袭宿主具有一定的选择性，一般有主要宿主和次要宿主。如血红扇头蜱主要寄生于犬，也可寄生于绵羊和其他动物；微小牛蜱的主要宿主为黄牛和水牛，有时也寄生于山羊、绵羊、猪、犬等动物。硬蜱具有很强的耐饥饿能力，在相当长时间内即使找不到宿主也不死亡。据报道，成虫在试管内可耐饥饿 5 年，幼虫耐饥饿也可达 9 个月。

寄生于犬的软蜱主要是拉合尔钝缘蜱和乳头钝缘蜱。拉合尔钝缘蜱主要寄生于绵羊、骆驼等，也可寄生于犬，有时也侵袭人。成虫也在冬季活动，分布于新疆。乳头钝缘蜱除寄生于犬外，还常寄生于狐、野兔、野鼠、刺猬等野生动物，有时可在绵羊等家畜体内发现，也可侵袭人。分布于新疆和山西。

软蜱吸血时间较短，只在吸血时才到动物体上。吸血多在夜间，白天隐伏在圈舍隐蔽处。软蜱在温暖季节活动和产卵。寒冷季节雌蜱卵巢内的卵细胞不能成熟。

2. 预防

（1）经常观察动物体表，如发现有蜱侵袭感染应及时进行处理。佩带除虫项圈有助于减少犬感染的机会，也可有效驱杀寄生于体表的硬蜱等外寄生虫。

（2）避免动物在蜱滋生地活动或采食，清除周围环境的杂草、灌木丛，可减少蜱的数量和动物感染的机会。

（3）对蜱滋生密度较高的草场，使用地亚农等有机磷类的杀虫剂进行喷雾灭蜱。对犬生活的场所、栏舍和用具也要进行定期清洗并做好灭蜱工作。

（4）对新引进和输出的动物均要进行检查和灭蜱工作，防止外来动物将蜱带入或染蜱动物带出病原，引起动物的蜱感染和蜱传播性疾病的发生。

（三）诊断

根据流行病学资料分析，临床表现结合实验室检查，对该病进行诊断。

1. 致病作用与临床症状

（1）蜱对动物的致病性与虫体数量和寄生部位有关。少数蜱的叮咬，动物往往不表现临床症状，但如寄生于趾间（即便只有一只），可引起跛行，即使把蜱捕捉后，跛行也会持续1～3d。当体表蜱的数量增多时，会表现出痛痒、烦躁不安等症状，动物经常以摩擦、抓和舐咬来试图摆脱害虫，然而这种努力却常导致皮肤的局部出血、水肿、发炎和角质增生，引起嗜酸性粒细胞参与的炎性反应。当被叮咬的伤口受到细菌感染后会引起局部皮肤脓肿。硬蜱吸食血液，一只雌蜱每次平均吸血0.4mL，当大量寄生时，引起动物不安，影响动物的采食和休息，导致贫血、消瘦、生长发育不良。

有些种类的硬蜱在叮咬犬时，虫体分泌的毒素可引起动物出现蜱瘫痪症。尽管幼虫、若虫和成虫在叮咬吸血时均可引起犬的瘫痪，但大多数临床病例是由成熟雌蜱侵袭所引起的。犬一般在蜱侵袭后的5～7d出现症状，开始表现为无食欲、声音丧失、运动失调；随后出现上行性肌无力、流涎和不对称性瞳孔散大；后期出现四肢麻痹和呼吸困难，治疗不及时会导致死亡。

硬蜱传播的病原体种类很多，已知可以传播83种病毒、14种细菌、17种螺旋体、32种原虫以及衣原体、支原体、立克次氏体等。其中许多是人畜共患病，如森林脑炎、莱姆热、出血热、Q热等。病原体在蜱体内的传播形式多样，一方面，蜱可将其携带的病原体进行水平传播，如血红扇头蜱的幼虫携带的犬埃立克次氏体可依次传播给若虫和成虫；另一方面，受感染的雌蜱可将有些种类的病原体经卵传播给其后代，如革蜱可经卵传播斑点热立克次氏体。

（2）软蜱对动物的致病作用与硬蜱相似，一方面，大量成虫的反复吸血可导致大量血液丧失，引起受侵袭动物的消瘦与贫血；另一方面多次吸血增加了软蜱传播病原体的机会。钝缘蜱属的一些种类，如美洲钝缘蜱可作为人和动物Q热的传播者，也可引起侵袭动物出现蜱瘫痪症；非洲钝缘蜱可作为非洲猪瘟的贮藏宿主，也可传播能引起人回归热的螺旋体。

2. 实验室诊断　在动物体表发现幼虫、若虫和成虫可作出诊断。在蜱的种类鉴定时，由于未吸饱血的雄蜱较易观察，可根据背面盾板的大小选择雄蜱进行鉴定。对于怀疑为蜱瘫痪症的犬，在体表发现病原，尤其是发现雌蜱可作出确诊。

很多情况下在动物体表看不到软蜱，应检查动物的居所及其栏舍周围墙壁的缝隙以发现软蜱作出诊断。

（四）治疗

1. 用手摘除　动物体上有少量蜱寄生时，尤其是对怀疑为蜱瘫痪症的犬、猫，要仔细观察皮肤上有无蜱寄生，如发现后可立即摘除并及时处死。但应注意切勿用力撕拉，以防撕伤组织或口器折断而产生皮肤继发性损害。可用氯仿、乙醚、煤油、松节油或旱烟涂在蜱头部待蜱自然从皮肤上落下。

2. 化学药物灭蜱

（1）局部用药。可用1%～2%敌百虫溶液、0.2%辛硫磷溶液、20%双甲脒乳油（以0.05%的溶液）以及天然除虫菊酯进行局部涂擦或喷洒用药。安万克滴剂（其成分为：西拉菌素＋氟普尼尔＋氯芬奴隆）对犬、猫蜱和其他多种外寄生虫有显著疗效。除虫项圈中一般含有双甲脒、地亚农、二溴磷或其他杀虫剂，宠物佩带除虫项圈可有效驱杀寄生于体表的硬蜱。另外，国外将苏云金杆菌的制剂——内晶菌灵，涂洒于体表，能使蜱死亡率达70%～90%。

（2）全身用药。伊维菌素、阿维菌素、多拉菌素、西拉菌素等大环内酯类皮下注射或肌内注射，对蜱等外寄生虫均有很强的杀灭作用。

另外，对蜱瘫痪症的治疗应摘除体表的蜱，中和血液中的循环毒素并采取必要的支持疗法，按每千克体重 30mg 静脉注射氢化可的松可有效缓解症状。

三、蚤病

犬蚤病是由蚤目、蚤科、栉首蚤属的蚤寄生于体表所致。成蚤以血液为食，在吸血时能引起过敏和强烈瘙痒，而且蚤还可传播多种疾病。

（一）病原特征及生活史

1. 病原特征　蚤细小，无翅，两侧扁平，侧扁的体形是蚤类独有的特征。呈棕黄色，刺吸式口器，披有坚韧的外骨骼以及发达程度不同的鬃和刺等衍生物。体壁硬而光滑，足发达，善跳，长 1～3mm。寄生犬的蚤主要有犬栉首蚤（图 7-25）、猫栉首蚤（图 7-26）和东洋栉首蚤。

（1）犬栉首蚤。寄生于犬科动物，以及犬科以外少数食肉类动物。

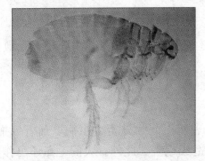

图 7-25　犬栉首蚤成虫

（Krämer，Mencke. 2001. Flea Biology and Control：the Biology of the Cat Flea，Control and Prevention with Imidacloprid in Small Animals）

图 7-26　猫栉首蚤成虫

（Bowman 等 . 2002. Feline Clinical Parasitology）

（2）猫栉首蚤。该种具广宿主性，主要宿主有猫、犬、兔和人，亦见于多种野生食肉动物及鼠类。

（3）东洋栉首蚤。东洋栉首蚤与犬栉首蚤同为短头型，但头短不如后者之甚。寄生于犬等小型食肉动物为主，还可寄生于一些啮齿类、有蹄类（山羊）以及灵长目的猴类和人。

2. 生活史　蚤的生活史属完全变态，一生大部分时间在犬猫身上度过，以吸食血液为生。雌蚤在地上产卵或产在犬猫身上再落到地面；卵孵化出幼虫，幼蚤呈圆柱状，体长 4～5mm，无足，在犬猫窝垫草或地板裂缝和孔隙内营自由生活，以灰尘、污垢及犬猫粪等为食；然后结茧化蛹，在适宜条件下约经 5d 成虫从茧逸出，寻找宿主吸血。雄蚤和雌蚤均吸血，吸饱血后一般离开宿主，直到下次吸血时再爬到宿主身上，因此在犬猫窝巢、阴暗潮湿的地面等处所可以见到成蚤，也有蚤长期停留在犬猫体被毛间的。成蚤生存期长，且耐饥饿，可达 1～2 年之久。

（二）流行与预防

由于蚤的活动性强，对宿主的选择性比较广泛，因此便成为某些自然疫源性疾病和传染病的媒介及病原体的储存宿主，如腺鼠疫、地方性斑疹伤寒、土拉菌病（野兔热）等。它们也是某些绦虫的中间宿主，如犬复孔绦虫、缩小膜壳绦虫和微小膜壳绦虫等。

平常应保持犬舍的清洁干燥和犬体卫生，做好定期消毒工作。当兽医工作者进行犬防疫注射和诊疗工作时，应当在鞋子、裤子外面及袖口等处撒布鱼藤酮粉以保护不受跳蚤的侵袭。

（三）诊断

根据临床表现以及病理变化，结合实验室检查，对该病进行诊断。

1. 临床症状和病理变化　蚤通过叮咬和分泌具有毒性及变态性产物的唾液，刺激犬引起强烈瘙痒，病犬变得不安、啃咬搔抓以减轻刺激。一般在耳郭下、肩胛、臀部或腿部附近产生一种急性散在性皮炎斑；在后背部或阴部产生慢性非特异性皮炎。患犬出现脱毛、落屑、形成痂皮，皮肤增厚及形成有色素沉着的皱襞，严重者出现贫血，在犬背中线的皮肤及被毛根部附着煤焦样颗粒。

2. 实验室诊断　确诊本病须在犬体上发现蚤或进行蚤抗原皮内反应试验。对犬进行仔细检查，可在被毛间发现蚤或蚤的碎屑，在头部、臀部和尾尖部附近的蚤往往最多。将蚤抗原用灭菌生理盐水 10 倍稀释，取 0.1mL 腹侧注射，5～20min 内产生硬节和红斑，证明犬有感染。

（四）治疗

杀灭犬身上的蚤，可用 0.025% 除虫菊酯或 1% 鱼藤酮粉溶液，这些药物灭蚤效果快而安全，也可选用双甲脒、伊维菌素等，同时对犬舍、窝巢和用具用药物喷洒灭蚤。

四、虱病

犬虱病是由虱目的虱和食毛目的虱寄生于犬体表所引起的外寄生虫病，前者以血液、淋巴为食，后者不吸血，以毛、皮屑等为食，对犬造成危害。此外，犬的毛虱还可作为犬复孔绦虫的中间宿主。

（一）病原特征及生活史

1. 病原特征　在我国发现寄生于犬的虱主要有两种，即虱目、颚虱科、颚虱属的棘颚虱和食毛目、毛虱科、毛虱属的犬毛虱。棘颚虱呈淡黄色，刺吸式口器，头呈圆锥形且狭于胸部，腹大于胸，触角短，足 3 对较粗短，雄虱长 1.75mm，雌虱长 2.02mm（图 7-27）。犬毛虱呈淡黄褐色，具褐色斑纹，咀嚼式口器，头扁圆宽于胸部，腹大于胸，触角 1 对，足 3 对较细小。雄虱长 1.74mm，雌虱长 1.92mm（图 7-28）。

2. 生活史　颚虱和毛虱均属不完全变态。成虫交配后，雄虫死亡；雌虫于交配后 1～2d 开始产卵，产卵时分泌胶液，使卵黏着于被毛上。每个雌虫 1d 产卵 10 个左右，一生共产卵 5～300 个。卵经 5～9d 孵化后，幼虫就可以从卵盖钻出，数小时后就能吸血或啃食皮屑。幼虫分 3 期，经 3 次蜕皮变成成虫。幼虫期 8～9d。从卵到成虫至少需要 16d，通常是 3～4 周。虱的发育与环境温度、湿度、光线亮度、毛的密度等关系十分密切。

（二）流行与预防

1. 流行　犬通过接触患畜或被虱污染的房舍用具、垫草等物体而被感染。圈舍拥挤，卫生条件差，营养不良及身体衰弱的犬易患虱病。冬春季节犬的体表环境更有利于虱的生

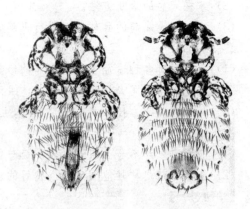

图 7-27 棘颚虱成虫

(Urquhart 等 . 1996. Veterinary Parasitology)

图 7-28 犬毛虱雄（左）、雌（右）虫

(Bowman. 1999. Parasitology for Veterinarians)

存、繁殖而易于流行本病。

2. 预防 保持犬舍干燥及清洁卫生，并定期搞好消毒工作；经常给犬梳刷洗澡；做好检疫工作，无虱者方可混群；发现带虱犬，及时隔离治疗。

（三）诊断

虱栖身活动于犬体表被毛之间，刺激皮肤神经末梢；犬颚虱吸血时还分泌含毒素的唾液，从而使犬剧烈瘙痒，引起不安，常啃咬搔抓痒处而出现脱毛或创伤，可继发湿疹、丘疹等。由于剧痒，影响食欲和正常休息，常表现消瘦、被毛脱落、皮肤落屑等。时间稍长，病犬则呈现精神不振，体质衰退。有时皮肤上出现小结节、小出血点甚至坏死灶，严重时引起化脓性皮炎。严重时幼犬的生长发育受阻。

虱多寄生于犬的颈部、耳翼及胸部等避光处，仔细检查可发现虱和虱卵，结合流行病学资料分析、临床表现以及病理变化，可作出诊断。

（四）治疗

治疗药物可选用溴氰菊酯、戊酸氰菊酯、双甲脒、西维因、伊维菌素、阿维菌素、百部酊等，由于药物不能杀死虱卵，两周左右应再重复用药 1 次。

 岗位操作任务

犬 螨 病 的 诊 断

【学习任务描述】

本任务是根据动物疫病防治员、宠物医生、执业兽医的工作要求和工作任务分析的需要安排而来的，通过对本任务的学习和掌握，能为犬常见寄生虫病——螨病的正确诊断和防治提供技术支持，保障犬只的健康生长。

【学习目标和要求】

完成本学习任务后，你应当能够具备以下能力：

1. 专业能力

（1）应能够正确采集螨病实验室诊断时所需病料。

243

（2）掌握螨病的诊断方法。

（3）能根据犬螨病的具体情况进行正确的治疗并能制定出防制措施。

2. 方法能力

（1）应能通过各种途径查找犬螨病的诊断和防治所需信息。

（2）应能根据不同犬只的发病情况，采用不同的诊断和治疗方法。

（3）具有在教师、技师或同学帮助下，主动参与评价自己及他人任务完成程度的能力。

3. 社会能力

（1）应具有主动参与小组活动，积极与他人沟通和交流，团队协作的能力。

（2）能与养殖户和其他同学建立良好的、持久的合作关系。

【学习过程】

第一步　资讯

（1）查找《宠物医师国家职业标准》和《国家动物疫病防治员职业标准》及相关的国家标准、行业标准、行业企业网站，获取完成工作任务所需要的信息。

（2）查找常用的杀螨虫药及其用途、用法、用量及注意事项等。

（3）熟悉螨病的诊断技术和驱虫技术（参照任务1-4和任务1-5）。

第二步　学习情境

利用动物医院或宠物医院门诊病例或养犬场病例进行实习实训。

第三步　材料准备和人员分工

1. 材料

（1）形态构造图。疥螨、耳痒螨和蠕形螨的形态构造图。

（2）器材。多媒体投影仪、显微镜、实体显微镜、手持放大镜、平皿、试管、试管夹、手术刀、镊子、载玻片、盖玻片、温度计、胶头滴管、离心机、恒温箱、酒精灯、污物缸、纱布和病历本等。

（3）药品。5％氢氧化钠溶液、10％氢氧化钠溶液、煤油、50％甘油水溶液、60％亚硫酸钠溶液以及治疗螨病常用的一些药物等。

2. 人员分工

序号	人员	数量	任务分工
1			
2			
3			
4			
5			

第四步　实施步骤

（1）犬螨病的临诊检查。进行患螨病犬的临诊检查，观察皮肤变化及全身状态。

（2）病料采集。应选择患部皮肤与健康皮肤交界处，按照任务1-3中螨病的诊断方法采集病料。

（3）犬螨病的实验室诊断。病料采取后，教师演示螨病的各种诊断方法，然后让学生分组进行检查操作。

①透明皮屑法。

②平皿加热法。

③虫体聚集法。

④挤压集虫法。采集蠕形螨可用力挤压病变部位，挤压脓液或干酪样物，涂于载玻片上镜检。

（4）根据以上检查结果，确定螨虫的种类，并选择合适的杀虫药实施治疗，并做好记录。

（5）根据犬只或犬场的具体情况，经小组讨论，制定防制该病的措施。

第五步 评价

1. 教师点评 根据上述学习情况（包括过程和结果）进行检查，做好观察记录，并进行点评。

2. 学生互评和自评 每个同学根据评分要求和学习情况，对小组内其他成员和自己进行评分。

通过互评、自评和教师（包括养殖场指导教师）评价来完成对每个同学的学习效果评价。评价成绩均采用 100 分制，考核评价表如表 7-1 所示。

表 7-1 考核评价表

班级＿＿＿＿＿＿＿ 学号＿＿＿＿＿＿＿ 学生姓名＿＿＿＿＿＿＿ 总分＿＿＿＿＿＿＿

评价能力维度		考核指标解释及分值	教师（技师）评价 40%	学生自评 30%	小组互评 30%	得分	备注
1	专业能力 50%	（1）能够正确采集螨病实验室诊断时所需病料。（10分） （2）掌握螨病的诊断方法。（20分） （3）能根据犬螨病的具体情况进行正确的治疗并能制定出防治措施。（20分）					
2	方法能力 30%	（1）具备通过各种途径查找螨病诊断和防治所需信息能力。（10分） （2）具备根据工作环境的变化，制订工作计划并解决问题的能力。（10分） （3）具有在教师、技师或同学帮助下，主动参与评价自己及他人任务完成程度的能力。（10分）					
3	社会能力 20%	（1）具有主动参与小组活动，积极与他人沟通和交流，团队协作的能力。（10分） （2）能与养殖户（其他同学）建立良好的、持久的合作关系。（10分）					
		得 分					
		最终得分					

245

知识拓展

犬、猫绦虫病

除了复孔绦虫可以寄生于犬、猫小肠外，犬的小肠中还可以寄生多种绦虫。这些绦虫除对犬、猫产生一定危害外，主要危害在于其中绦期阶段寄生于家畜和人的内脏，引起严重的疾病。而犬猫则是其他家畜和人感染绦虫病的来源，危害家畜和人的健康，因此应注意对这类寄生虫进行防治。

(一) 病原

寄生于犬猫小肠中的绦虫种类如下：

1. 泡状带绦虫　长可达 5m。顶突上有 26～46 个小钩。孕卵节片内子宫侧支 5～16 对。寄生于犬、猫小肠。幼虫期为细颈囊尾蚴，寄生于猪、羊、牛、鹿的大网膜、肠系膜、肝、横膈膜等。

2. 羊带绦虫　长 45～100cm。顶突上有 24～36 个小钩。孕卵节片子宫侧支 20～25 对。寄生于犬科动物小肠。幼虫期为羊囊尾蚴，寄生于羊和骆驼的横纹肌。

3. 豆状带绦虫　长 60～200cm，顶突上有 36～48 个小钩。体节边缘呈锯齿状，故又称"锯齿带绦虫"。孕卵节片子宫侧支 8～14 对。寄生于犬小肠，偶见于猫。幼虫期为豆状囊尾蚴，寄生于兔肝和肠系膜，呈葡萄状。

4. 带状带绦虫　又称带状泡尾带绦虫。长 15～60cm。头节粗壮，4 个吸盘向外侧突出，顶突肥大有小钩。孕卵节片子宫侧支 16～18 对。寄生于猫小肠。幼虫期为链状囊尾蚴（链尾蚴、叶状囊尾蚴），寄生于鼠类肝。

5. 多头带绦虫　或称多头多头绦虫。参见脑多头蚴病。

6. 连续多头绦虫　长 10～70cm。顶突上有 26～32 个小钩。孕卵节片子宫侧支 20～25 对。寄生于犬科动物小肠。幼虫期为连续多头蚴（连续共尾蚴），寄生于兔等啮齿动物的皮下、肌肉、腹腔脏器、肺等。

7. 斯氏多头绦虫　长 20cm。顶突上有 32 个小钩。孕卵节片子宫侧支 20～30 对。寄生于犬科动物小肠。幼虫期为斯氏多头蚴（斯氏共尾蚴），与脑多头蚴同物异名，只是寄生部位不同。寄生于羊和骆驼的肌肉、皮下、胸腔和食道等。

8. 棘球绦虫　参见棘球蚴病。

9. 犬复孔绦虫　参见犬复孔绦虫病。

10. 中线绦虫　长 30～250cm，最宽处 3mm。有 4 个长圆形吸盘。颈节很短。成节近似方形，每节 1 组生殖器官。子宫位于节片中央。孕卵节片似桶状，内有子宫和 1 个卵圆形的副子宫器。虫卵呈椭圆形，2 层薄膜，内含六钩蚴。虫卵大小为 (40～60) $\mu m\times$ (35～43) μm。

寄生于犬、猫小肠。幼虫期为似囊尾蚴和 4 盘蚴。中间宿主为地螨，补充宿主为啮齿类、禽类、爬行类和两栖类。

11. 宽节双叶槽绦虫　属双叶槽科，双叶槽属。大、中型虫体，长 2～12m，2 个吸槽狭而深。头节上有吸槽，分节明显。成熟节片和孕卵节片均呈方形。睾丸与卵黄腺散在于节片两侧。卵巢分 2 叶，位于体中央后部，子宫呈玫瑰花样。寄生于犬、猫、猪、人及其他哺乳动物的小肠。幼虫期为裂头蚴，长约 5mm，头节有吸槽，中间宿主为剑水蚤，补充宿主为鱼。

12. 曼氏迭宫绦虫　属双叶槽科，迭宫属。长 40～60cm，头节指状，背、腹各有一纵行的吸槽。体节的宽度大于长度。子宫有 3～5 个盘旋。寄生于犬、猫和一些肉食动物小肠。幼虫期为曼氏裂头蚴。中间宿主为剑水蚤，补充宿主为蛙类、蛇类和鸟类。

虫卵呈卵圆形，两端稍尖，呈浅灰褐色，卵壳薄，有卵盖，内有胚细胞和卵黄细胞。虫卵大小为 (52～68) $\mu m\times$ (32～43) μm。

（二）生活史

孕卵节片或虫卵随粪便排出，进入中间宿主（有的还需进入补充宿主）体内发育为幼虫，犬复孔绦虫的中间宿主是跳蚤和虱；阔节双槽头绦虫和旋宫属绦虫的中间宿主是鱼。其他绦虫多为牛、羊、猪、兔等哺乳动物。幼虫被终末宿主（犬猫）吃入后，在其小肠发育为成虫。

（三）主要症状

轻度感染常不致病，临床症状不明显；多为营养不良。寄生量较多时，引起慢性腹泻和肠炎，食欲不振，消化不良，呕吐，异嗜，逐渐消瘦，贫血，有时腹痛，有时便秘与腹泻交替出现，肛门瘙痒。虫体成团时可致肠阻塞、肠扭转甚至肠破裂。有些出现神经症状，出现剧烈兴奋，痉挛和四肢麻痹。往往在犬猫粪便中发现绦虫节片。

（四）诊断

（1）考虑犬、猫与中间宿主接触的历史，根据临床症状，做出初步判断。

（2）检出虫体或节片 在肛门周围观察到节片；粪便中发现节片；在动物活动的地方发现节片。

（3）粪便漂浮法检查虫卵 多数虫卵近圆形，六钩蚴包在卵壳内。细粒棘球绦虫的诊断，可对犬的粪便做水洗沉淀检查。

（五）治疗

1. 对犬复孔绦虫、带状带绦虫、豆状带绦虫和连续多头绦虫的驱除

（1）硫双二氯酚。犬、猫按每千克体重200mg，一次口服。

（2）丙硫咪唑。犬按每千克体重10～20mg，每天口服一次，连用3～4d。

（3）氢溴酸槟榔素。犬按每千克体重1～2mg，一次内服。

（4）氯硝柳胺。犬、猫按每千克体重100～150mg，禁食一夜后一次内服。对细粒棘球绦虫无效。

（5）盐酸丁萘脒。按每千克体重25～50mg，禁食3～4h后给药。可能有呕吐或轻微腹泻的不良反应。禁忌症：禁用于有心脏病、肝功不良和严重消瘦的动物。

（6）芬苯哒唑。犬按每千克体重50mg；1次/d，连用3d。用于驱带绦虫和多头绦虫。

（7）甲苯咪唑。犬按每千克体重22mg；1次/d，此药仅用于驱除带绦虫和多头绦虫。

（8）吡喹酮。犬按每千克体重5mg，猫按每千克体重2mg，一次内服。喂药前后不用禁食，4周龄以下的犬和6月龄以下的猫忌用。

2. 对细粒棘球绦虫的驱除

（1）乙酰肿胺槟碱合剂。按每千克体重5mg，主餐后3h混入奶中给药。用药后可能出现的不良反应有呕吐、流涎、不安、运动失调及喘气；在猫可能出现过量的唾液分泌。解药可用阿托品。

（2）溴酸槟榔酯。按每千克体重0.4～1.0mg，禁食后一次给药。两倍推荐剂量可以引起呕吐、不安、失去知觉和突然倒地的不良反应。解药可用阿托品。

（3）吡喹酮。按每千克体重5～10mg，一次口服。

（六）预防

（1）未经无害化处理的肉类废弃物、生鱼和未煮透的鱼不得喂犬、猫及其他肉食兽。

（2）杀灭动物体和舍内的蚤和虱；灭鼠。

（3）尽量避免犬猫和中间宿主接触。

（4）对犬、猫应每年进行 4 次预防性驱虫，粪便深埋或焚烧。

项目小结

病名	病原	宿主	寄生部位	诊断要点	防治方法
犬卫氏并殖吸虫病	卫氏并殖吸虫	第一中间宿主为淡水螺类 第二中间宿主为淡水蟹或蝲蛄 终末宿主：人、犬等	肺	1. 临诊：咳嗽，气喘，发热和腹泻，粪便为黑色 2. 实验室诊断：痰液和粪便中检出虫卵便可确诊	1. 不食生蟹或生蝲蛄，不以生的或半生不熟蟹类等作为犬的食物 2. 定期检查和驱虫 3. 粪便处理 4. 药物治疗可用吡喹酮、丙硫咪唑、苯硫咪唑等
犬复孔绦虫病	复孔绦虫	中间宿主主要是蚤类 终末宿主：犬	小肠	1. 临诊：腹泻 2. 实验室诊断：用漂浮法检查粪便中虫卵、卵袋或孕节	1. 杀灭蚤和虱 2. 粪便处理 3. 药物防治可使用阿苯达唑和吡喹酮等
犬蛔虫病	弓首蛔虫、狮弓蛔虫	犬和人	小肠	1. 临诊：消瘦、腹泻等消化功能障碍症状；有时呕吐物和粪便中排出蛔虫。剖检可见小肠中虫体 2. 实验室诊断：采用饱和盐水漂浮法或直接涂片法，检查粪便内的虫卵进行确诊	1. 定期检查与驱虫 2. 搞好清洁卫生 3. 药物防治可选用左旋咪唑、丙硫咪唑、芬苯达唑和伊维菌素等
犬钩虫病	钩虫	犬、猫等肉食兽	小肠（主要是十二指肠）	1. 临诊：贫血、消化紊乱及营养不良。剖检可见小肠黏膜出血和虫体 2. 实验室诊断：可采用饱和盐水浮集法检查粪便内的钩虫卵或孵化出钩蚴进行确诊	1. 加强粪便管理，搞好清洁卫生和消毒 2. 药物治疗可选用二碘硝基酚、左旋咪唑、丙硫咪唑、苯硫咪唑和伊维菌素等
犬肾膨结线虫病	肾膨结线虫	犬、猫	肾或腹腔	1. 临诊：血尿、尿频、腹痛、呕吐、脱水、便秘或腹泻 2. 实验室诊断：沉淀法检查尿液中的虫卵可确诊，死后在肾中找到虫体及相应的病变可确诊	1. 防止犬吞食生鱼、蛙类或未煮熟的鱼类 2. 驱虫可选用左旋咪唑和丙硫咪唑等药物 3. 手术摘除虫体
犬疥螨病	犬疥螨	犬	皮肤内	1. 临诊：剧痒，皮肤出现丘疹、水泡、结痂，脱毛等 2. 实验室诊断：透明皮屑法、加热法、集虫法等	1. 做好犬舍、用具的清洁卫生 2. 发现可疑犬只，隔离饲养 3. 用双甲脒、溴氰菊酯、伊维菌素等药物进行防治
犬耳痒螨病	犬耳痒螨	犬	外耳道内	1. 临诊：外耳道炎，渗出物干燥成黄色痂皮，痒，抓耳 2. 实验室诊断：同疥螨病	同犬疥螨病

（续）

病名	病原	宿主	寄生部位	诊断要点	防治方法
蠕形螨病	蠕形螨	犬	毛囊和皮脂腺内	1. 临诊：脱毛，皮脂溢出，常有脓肿，银白色具有黏性的表皮脱落，并有难闻的奇臭 2. 实验室诊断：取其结节或脓疱内容物作涂片镜检，其他方法同疥螨病	用苯甲酸苄酯、伊维菌素等治疗。其他同疥螨病
蜱病	硬蜱和软蜱	犬、牛、鸡等动物和人	皮肤表面	痛痒、不安、引起"蜱瘫痪"，局部水肿、出血、发炎、角质增生等；在体表或犬舍可发现蜱幼虫、若虫和成虫	1. 佩戴除虫项圈 2. 注意环境卫生，减少蜱的滋生 3. 双甲脒、辛硫磷、溴氰菊酯、伊维菌素等防治
蚤病	犬栉首蚤、猫栉首蚤和东洋栉首蚤	犬、猫、人等	体表	瘙痒、不安、散的皮炎斑、脱毛、落屑；体表检查可发现蚤，也可进行皮内试验	1. 注意圈舍卫生 2. 用除虫菊酯、鱼藤酮、双甲脒等进行药物防治
虱病	棘颚虱和犬毛虱	犬	体表	瘙痒、不安、皮肤有小出血点、小结节、脱毛；体表检查可发现虱和虱卵	同蚤病

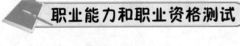

职业能力和职业资格测试

一、职业能力测试

（一）单项选择题

1. 犬蠕形螨主要寄生在（　　）。

　　A. 毛囊和皮脂腺　　　　B. 表皮　　　　　　C. 小肠浆膜

　　D. 咬肌　　　　　　　　E. 肝

2. 细粒棘球绦虫的成虫主要寄生在（　　）的小肠内。

　　A. 牛　　　　B. 羊　　　　C. 猪、人　　　　D. 犬科动物　　　　E. 猫

3. 以下不属于犬巴贝斯虫病症状的是（　　）。

　　A. 黄疸　　　　　　　B. 血红蛋白尿　　　C. 不规则间歇热

　　D. 慢性咳嗽　　　　　E. 贫血

4. 复孔绦虫病是由于犬、猫类舔被毛时吞入含有（　　）的跳蚤或虱类而被感染。

　　A. 囊尾蚴　　B. 孢蚴　　C. 尾蚴　　　　D. 似囊尾蚴　　　E. 雷蚴

5. 幼京巴犬食欲不振、消化不良、腹部疼痛、腹泻便秘交替进行、肛门瘙痒。新排出的粪便内发现大量白色米粒样节片，则可能被怀疑感染的疾病为（　　）。

　　A. 犬复孔绦虫病　　　　　B. 犬弓首蛔虫病

　　C. 犬毛细线虫病　　　　　D. 犬弓形虫

E. 犬钩口线虫病

（6～8 题共用题干）河北某犬场 2009 年 9 月的比特犬在引进 20d 左右，犬群中有犬出现红尿、厌食、发热、精神欠佳等症状。其中就诊的症状较重的 3 只成年雄犬体温达 40～41℃，可视黏膜苍白、黄染，触诊脾肿大，病犬步态不稳、乏力。粪便检查潜血强阳性，细小病毒阴性。硫酸铵法鉴定为血红蛋白尿，BBC(1.5～2.33)×10^{12}/L，HGB 44～64g/L，WBC (14.2～21.8)×10^{12}/L。

6. 根据病犬的症状，应选择的继续诊断方法是（　　　）。

    A. 漂浮法收集粪便中虫卵或原虫

    B. 沉淀法收集粪便中虫卵或原虫

    C. 取尿静置或离心后检查虫卵

    D. 作血液涂片作瑞氏染色，检查红细胞内是否有虫体

    E. 检查皮肤上是否有脱毛、脓疱

7. 根据临床症状、实验室检验结果确诊此 3 只犬为犬巴贝斯虫感染。可选用的治疗药物为（　　　）。

    A. 贝尼尔　　　　　　　B. 伊维菌素　　　　　　C. 左旋咪唑

    D. 吡喹酮　　　　　　　E. 敌百虫

8. 为了对该犬场的此病进行综合防治，不应同时采取的措施是（　　　）。

    A. 隔离病犬，及时治疗，强心补液

    B. 灭蚊　　　　　　　　　　　　C. 人工驱蜱或化学灭蜱

    D. 应用抗菌药预防继发感染　　　E. 补充营养

（9～11 题共用题干）东莞某养犬基地饲养的犬中出现精神沉郁、结膜苍白、严重贫血、消瘦、营养不良。皮肤有时发痒、皮炎、有的地方溃疡，呕吐、腹泻、便秘交替发生，粪便带血或呈黑色柏油状。口角稍有糜烂。

9. 则本病应该考虑的病因可能是（　　　）。

    A. 犬球虫病　　　　　　B. 犬弓首蛔虫病　　　　C. 犬钩口线虫病

    D. 犬复孔绦虫病　　　　E. 犬后睾吸虫病

10. 对于本病的病原检查，不适合采用的是（　　　）。

    A. 剖检观察肠道内是否有虫体

    B. 饱和盐水漂浮法检查患病犬粪便中的虫卵

    C. 钩蚴培养法

    D. 间接荧光抗体实验

    E. 直接沉淀法检查患病犬粪便中的虫卵

11. 治疗本病的首选药物是（　　　）。

    A. 二碘硝基酚　　　　　B. 氨丙啉　　　　　　　C. 莫能菌素

    D. 吡喹酮　　　　　　　E. 二氯酚

（二）判断题

1. 确诊犬复孔绦虫是在犬粪便中看到特征性储卵囊（卵袋）。　　　　　　　（　　）

2. 犬的疥螨病是由犬疥螨寄生于犬的皮肤内所引起的一种慢性接触性皮肤病。（　　）

3. 犬弓首蛔虫和狮弓蛔虫均可感染犬。　　　　　　　　　　　　　　　　　（　　）

4. 犬复孔绦虫的终末宿主是犬，其中间宿主主要是蚤类，其次是虱。　　　　（　　）

5. 虱的发育属不完全变态，发育过程包括虫卵、幼虫、若虫和成虫 4 个阶段。（   ）

6. 硬蜱的发育属于完全变态，需要经过卵、幼虫、若虫和成虫 4 个时期。（   ）

7. 犬心丝虫的中间宿主是某些蝇类。（   ）

8. 伊维菌素是目前犬常用的广谱驱虫药，能驱除吸虫、绦虫和线虫等。（   ）

（三）实践操作题

1. 在显微镜下识别犬钩虫卵和蛔虫卵。

2. 对发生疥螨病的犬实施治疗。

二、职业资格测试

（一）理论知识测试

1. 犬心丝虫寄生于犬的（   ）。

    A. 胃   B. 心脏   C. 肝   D. 肺   E. 小肠

2. 蚤对犬、猫的最主要危害是（   ）。

    A. 破坏体毛   B. 破坏血细胞   C. 扰乱营养代谢

    D. 扰乱免疫功能   E. 吸血和传播疾病

3. 治疗犬蠕形螨首先药物为（   ）。

    A. 吡喹酮   B. 伊维菌素   C. 左旋咪唑   D. 三氮脒   E. 氯硝柳胺

4. 犬感染并殖吸虫后，最常见的临床症状是（   ）。

    A. 呕吐   B. 腹泻   C. 咳嗽

    D. 血红蛋白尿   E. 眼分泌物增多

（5～7 题共用题干）2009 年 9 月 23 日公安部昆明警犬基地一幼犬出现呕吐、便血，迅速脱水等症状，随即疫病迅速扩散，进口德国牧羊犬幼犬死亡率为 100%，昆明犬死亡率约为 25%。剖检可见十二指肠、盲肠出血性肠炎，肠壁明显变厚，肠壁外观颜色呈红色，肠系膜淋巴结切面外翻，肠黏膜脱落，广泛分布粟粒大、白色结节。肝土黄色、质脆，有些犬肝肿大、质硬，有腹水，胆囊充盈，胆汁浓稠。血凝试验犬细小病毒以及犬瘟热病毒呈阴性，细菌实验阴性。

5. 根据临床症状、剖检以及实验室检验，我们可以初步诊断该病为（   ）。

    A. 犬弓首蛔虫病   B. 犬弓形虫病   C. 犬复孔绦虫病

    D. 犬等孢球虫病   E. 犬钩口线虫病

6. 针对病例的发病情况，应采取的相应治疗措施是（   ）。

    A. 肌内注射伊维菌素

    B. 口服氨丙啉或肌内注射磺胺六甲氧嘧啶

    C. 口服丙硫咪唑

    D. 口服左旋咪唑

    E. 皮下注射阿维菌素

7. 若病犬可视黏膜发黄，且在肝胆管内发现虫体，则可怀疑该病犬同时患有（   ）。

    A. 犬细粒棘球蚴绦虫病   B. 犬恶丝虫病   C. 犬巴贝斯虫病

    D. 犬华支睾吸虫病   E. 犬毛细线虫病

（二）技能操作测试

用粪便检查技术检测犬蛔虫卵。

参考答案

一、职业能力测试

（一）单项选择题

1. A　2. D　3. D　4. D　5. A　6. D　7. A　8. B　9. C　10. E　11. A

（二）判断题

1. √　2. √　3. √　4. √　5. √　6. ×　7. ×　8. ×

（三）实践操作题（略）

二、职业资格测试

（一）理论知识测试

1. B　2. E　3. B　4. C　5. D　6. B　7. D

（二）技能操作测试（略）

其他动物寄生虫病防治

【项目设置描述】

　　本任务是根据动物疫病防治员的工作要求和经济动物养殖场、水产养殖场，以及动物园执业兽医的工作需求而安排，主要介绍兔、马、水产、蜂、蚕和部分动物园动物常见寄生虫，为多种动物的安全生产和科学养殖提供技术支持。

【学习目标】

　　完成本学习任务后，你应当能够：1. 熟练掌握兔、马、水产、蜂、蚕和部分动物园动物常见寄生虫的诊断和治疗技术。2. 为特种经济动物生产提供合理、有效的防控寄生虫病技术。

任务 8-1　兔寄生虫病防治

一、兔豆状囊尾蚴病

　　案例介绍：2010 年 1 月辽宁某养兔户饲养肉兔 320 只零星出现兔死亡的现象，死亡的兔消瘦，毛焦，有的出现腹泻，相继死亡 10 余只。剖检 2 只死亡的兔，见肠系膜上有多量绿豆粒到黄豆粒大小的泡状物，内有白色点状物，泡状物有的单个存在，有的甚至数十个连在一起。将泡状物显微镜检查发现豆状囊尾蚴，确诊为兔豆状囊尾蚴病。治疗：对全群兔拌料投服丙硫咪唑，每千克体重 30mg，每隔 15d 用一次，连用 3 次。用药 5d 后兔停止死亡，两星期时全群兔精神大有好转，1 个月后恢复正常生产。

　　问题：兔豆状囊尾蚴病有无其他诊断治疗方法？

　　兔豆状囊尾蚴病是由豆状带绦虫的幼虫——豆状囊尾蚴寄生于兔、野兔等啮齿动物的肝、肠系膜和腹腔引起的一种寄生虫病。本病呈世界性分布，我国各地都有发生。

　　（一）病原特征及生活史

　　1. 病原特征　豆状囊尾蚴呈球形，似豌豆或黄豆样的白色囊泡，有的呈葡萄串状。囊壁薄而透明，囊内充满液体，大小为 （6～15）mm×（2～5）mm。囊壁上有一小米粒大的乳白色小头节，头节有 4 个吸盘和两圈角质钩（图 8-1）。

2. 生活史 豆状带绦虫的中间宿主是兔、野兔等啮齿动物，终末宿主是犬、狐等肉食兽。虫卵或孕卵节片随犬粪排至外界，被兔吞食。在肝和腹腔发育成豆状囊尾蚴。犬等终末宿主吞食了含有成熟囊尾蚴的兔内脏后而感染，在终末宿主小肠内约经1个月发育为成虫。

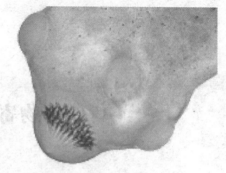

图 8-1 豆状囊尾蚴头节压片
（潘耀谦 . 2009. 兔豆状囊尾蚴的压片技术及染色方法研究）

（二）流行与预防

1. 流行 我国兔豆状囊尾蚴病流行范围大，全国各地均有发生。犬感染豆状带绦虫是兔类感染豆状囊尾蚴的感染来源，而大量感染豆状囊尾蚴的家兔内脏没有处理又成为犬感染豆状带绦虫的感染来源。

2. 预防 商品兔场应避免野犬进入，护场犬每年应进行4次预防性驱虫，可用吡喹酮，按每千克体重5mg，拌入饲料中喂服。不用含豆状囊尾蚴的兔内脏喂犬。防止犬、猫的粪便污染兔的饲料及饮水。保持兔场卫生清洁，兔场及用具经常消毒。

（三）诊断

1. 临床症状 家兔轻度感染豆状囊尾蚴后一般没有明显的症状，仅表现为生长发育缓慢；大量感染时则出现肝炎症状，急性发作时可骤然死亡。

2. 病理变化 尸体消瘦，皮下水肿，有大量淡黄色腹水。初期肝肿大，土黄色，质硬，肝表面和切面有黑红、黄白色条纹状病灶。肠系膜及网膜上有不少豆状囊尾蚴包囊，如豌豆大小，常呈现一串葡萄形状。腹腔积液，严重的有腹膜炎以及腹膜网膜、肝、胃肠等器官粘连。

3. 实验室诊断 生前诊断可用间接血凝试验、胶乳凝集试验、炭凝集试验等，这三种方法检测效果差异不显著，都具有简便、早期、敏感、准确等优点，均可在现场推广使用，以间接血凝试验的效果最好。死后可根据剖检在肝及腹腔中发现虫体而确诊。

（四）治疗

目前尚无有效的药物治疗兔豆状囊尾蚴病，可试用甲苯咪唑、丙硫咪唑、氟苯哒唑、巴龙霉素、硫双二氯酚、甲双氯酚、三氯散、槟榔、南瓜子、鹤草芽、龙江散等，对本病都有较好的疗效。

二、兔球虫病

案例介绍：2011年3月福建某养兔场存栏300只闽西南黑兔，其中65只幼兔（45～55日龄）陆续出现食欲减退，消瘦、下痢症状。畜主用庆大霉素、环丙沙星等抗生素治疗，效果不佳，3d死亡25只。患病兔虚弱、消瘦、贫血，可视黏膜苍白或黄疸，有5只出现神经症状。解剖5只病兔都可见肝肿大。肝上有白色和淡黄色结节，结节呈圆形，如米粒至豌豆大。小肠黏膜充血、出血，十二指肠扩张、肥厚。取肠黏膜和肝结节压片镜检可见大量不同发育阶段的球虫卵囊。粪便虫卵检查也发现大量球虫卵囊，诊断为球虫病。治疗：每千克体重氯苯胍40mg拌料饲喂，1次/d，连喂7d。

问题：球虫对西药很容易产生耐药性，有没有其他的有效治疗药物？

兔球虫病是由艾美耳属的多种球虫寄生于兔的小肠或胆管上皮细胞内引起的家兔常见的一种寄生虫病，感染严重时死亡率可达 80％，对养兔业的危害极大。

（一）病原特征及生活史

兔球虫属于真球虫目、艾美耳科、艾美耳属，在兔体内常见的有 17 个种。除斯氏艾美耳球虫寄生于胆管上皮细胞内之外，其余各种都寄生于肠黏膜上皮细胞内，常混合感染。

1. 病原特征　兔体内致病能力较强的部分球虫特征如下（图 8-2、图 8-3）。

（1）斯氏艾美耳球虫。寄生于肝胆管上皮细胞，是兔球虫

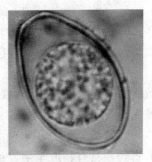

图 8-2　未形成孢子的艾美耳球虫卵囊

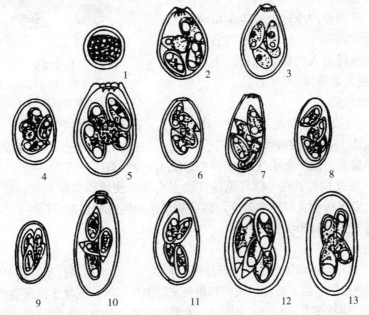

图 8-3　主要兔球虫卵囊

1. 小型艾美耳球虫　2. 肠艾美耳球虫　3. 梨形艾美耳球虫　4. 穿孔艾美耳球虫　5. 大型艾美耳球虫
6. 松林艾美耳球虫　7. 盲肠艾美耳球虫　8. 中型艾美耳球虫　9. 那格浦尔艾美耳球虫
10. 长形艾美耳球虫　11. 斯氏艾美耳球虫　12. 无残艾美耳球虫　13. 新兔艾美耳球虫

（张西臣，李建华．2010．动物寄生虫病学）

中致病力最强的一种，能引起严重的肝球虫病。卵囊较大，为长圆形，呈淡黄色，在卵膜孔的一端较平，无卵囊残体。大小为（26～40）μm×（16～25）μm。

（2）大型艾美耳球虫。寄生于空肠和盲肠，致病力很强。卵囊呈宽卵圆形或椭圆形，黄色或黄棕色，卵膜孔明显，呈堤状突出于卵囊壁之外，有卵囊残体。大小为（26.6～41.3）μm×（17.3～29.3）μm。

（3）肠艾美耳球虫。寄生于小肠（十二指肠除外），致病力很强。卵囊呈梨形或卵圆形，淡黄色或淡黄褐色，其窄端有显著的卵膜孔。有卵囊残体。大小为（24.7～31）μm×（17.8～23.3）μm。

（4）中型艾美耳球虫。寄生于空肠和十二指肠，致病性较强。卵囊为中等大小，短椭圆形，呈淡黄色，有卵膜孔，有卵囊残体。大小为（18.6～33.3）μm×（13.3～21.3）μm。

255

（5）黄艾美耳球虫。寄生于小肠后部、盲肠及大肠，致病力较强。卵囊为倒梨形，囊壁光滑，呈黄色。

（6）小型艾美耳球虫。寄生于肠道，致病力较强。卵囊呈圆形或近似球形，囊壁光滑无色。

（7）新兔艾美耳球虫。寄生于回肠和盲肠，具有轻度至明显的致病性。卵囊呈长圆形，有卵膜孔。

2. 生活史　整个生活史类似鸡球虫，分为裂殖生殖、配子生殖和孢子生殖三个阶段。不同种的兔球虫寄生部位不同，生活史大同小异。依虫种不同各自采取不同的途径进入其寄生部位的上皮细胞，发育成为裂殖体(图8-4)。

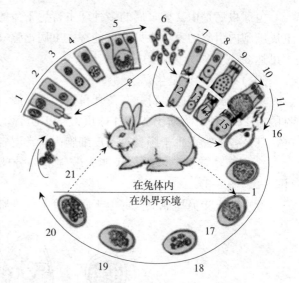

图8-4　兔球虫生活史

1~6. 裂殖生殖　7~16. 配子生殖
17~20. 孢子生殖　21. 孢子体游出

（二）流行与预防

1. 流行　4~5月龄的幼兔感染率高达100%，病死率可达50%~80%。孢子化卵囊污染的饲料或饮水等被兔吞食是主要的感染途径。仔兔的感染主要是在哺乳时吃入母兔乳房上沾污的卵囊而感染。影响该病流行的其他因素参照鸡球虫病。

2. 预防　加强饲养管理，搞好兔场环境卫生；粪便堆积发酵处理；成年兔与幼年兔需分开饲养；发现病兔立即隔离治疗，病兔的尸体和内脏要烧毁或深埋；在饲料中拌入莫能菌素、盐霉素等进行药物预防。

（三）诊断

1. 临床症状　球虫病按球虫寄生部位可分为肝型、肠型和混合型，其中以混合型居多。典型症状表现眼结膜苍白，腹泻或腹泻和便秘交替出现，尿频或常作排尿姿势。后期，往往出现神经症状，四肢痉挛，麻痹，多因极度衰弱而死亡。病愈后长期消瘦，生长发育不良。

2. 病理变化　肠球虫病的病变主要在肠道，肠道血管充血，十二指肠扩张、肥厚，黏膜发生卡他性炎症，小肠内充满气体和大量黏液，黏膜充血，上有出血点。在慢性病例，肠黏膜呈淡灰色，上有许多小的白色结节、化脓性或坏死性病灶。肝球虫病，常见肝高度肿胀，表面和实质内有灰色或淡黄色粟粒至豌豆大的结节，或融合成大片，突出于肝表面，内含脓样液体。

3. 实验室诊断　可用饱和盐水漂浮法检查粪便中的卵囊。或者将肠黏膜刮取物及肝结节内容物于显微镜下观察。如在粪便中发现大量卵囊或在病灶中发现大量各个不同发育阶段的球虫，即可确诊为兔球虫病。

（四）治疗

1. 地克珠利　按每千克体重1mg拌料喂家兔，对家兔肝球虫和肠球虫治疗效果很好。

2. 磺胺-6-甲氧嘧啶　按0.1%的浓度混入饲料中，连用3~5d，隔1周，再用一个疗程。

3. 磺胺二甲基嘧啶与三甲氧苄氨嘧啶　按5∶1混合后，以0.02%的浓度混入饲料中，连用3~5d，停1周后，再用一个疗程。

4. 氯苯胍　按每千克体重30mg混入饲料，连用5d，隔3d再重复1次。

有研究学者证明葫芦茶浸膏剂、白头翁煎剂、青蒿等中草药以及中西药复方制剂对兔球虫有预防和治疗作用。

任务 8-2　马寄生虫病防治

一、裸头绦虫病

裸头绦虫病是由裸头属和副裸头属绦虫寄生于马属动物的小肠及盲肠所引起的一类寄生虫病。我国各地均有发生,对幼驹危害严重,可导致高度消瘦,甚至因肠破裂而引起死亡。

(一)病原特征及生活史

1. 病原特征　病原为裸头科、裸头属的大裸头绦虫、叶状裸头绦虫和侏儒副裸头绦虫,以叶状裸头绦虫较为常见。

图 8-5　叶状裸头绦虫头节
(孔繁瑶.1997.家畜寄生虫学)

叶状裸头绦虫长约 8cm,宽约 1.2cm。头节小,上有 4 个杯状吸盘,每一吸盘后方各有一个特征性的耳垂状附属物(图 8-5)。无顶突和小钩。体节短而宽。成节有一套生殖器官,生殖孔开口于节片的单侧。卵呈卵圆形,大小为 (65～76) μm× (80～96) μm,内含一个六钩蚴。

2. 生活史　裸头绦虫的中间宿主为地螨。虫卵和孕节随马粪排出体外,被地螨吞食后,在其体内发育成似囊尾蚴。当马等食入含似囊尾蚴的地螨后,在其小肠内经 6～10 周发育为成虫。

(二)流行与预防

1. 流行　该病在我国西北和内蒙古牧区常呈地方性流行,东北牧区发生较少,以两岁以下的幼驹感染率最高。马匹多在夏末秋初感染,至冬季和次年春季出现症状。

2. 预防　改变放牧习惯,如日出前、日落后不放牧,雨天尽可能改为舍饲,减少马匹感染的机会。对马匹进行预防性驱虫,驱虫后的粪便应集中堆积发酵,杀灭虫卵。

(三)诊断

1. 临床症状　主要表现为慢性消耗性的症候群,如消化不良,间歇性疝痛和下痢等。

2. 病理变化　虫体寄生的部位可引起黏膜损伤,造成炎症和水肿,形成组织增生的环形出血性溃疡,一旦溃疡穿孔,便发生急性腹膜炎,导致死亡。

3. 实验室诊断　根据流行病学、临床症状、病变结合粪检进行诊断,如在马属动物的粪便中发现孕卵节片或用饱和盐水漂浮法发现大量虫卵即可确诊。

(四)治疗

常用氯硝柳胺,按每千克体重 88mg 投服,安全有效。或者禁食 12h 后,投服炒熟碾碎的南瓜子粉末 400g,1h 后,灌服槟榔末 50g。

二、尖尾线虫病

马尖尾线虫病又称马蛲虫病,是由马尖尾线虫寄生于马属动物的盲肠和结肠内所引起,分布世界各地。

(一) 病原特征及生活史

1. 病原特征 雄虫体形小，长9～13mm，淡白色，尾端直而钝，尾部有2对巨大的乳突，最末端一对伸向后侧方，支撑着一个横跨两侧的翼膜。还有一些小乳突，一根交合刺，状如钉。雌虫可长达150mm，幼年雌虫白色，体微弯，尾短而尖，成熟后变灰褐色，尾部伸长达体部3倍。

虫卵呈长形，一端有卵塞。虫卵大小为（90～100）μm×（40～50）μm，椭圆形，两边不对称，一侧平，另侧隆凸（图8-6）。

2. 生活史 马蛲虫在马大肠内交配后，雄虫死亡，雌虫到肛门或会阴部产出成堆的虫卵和黄白色胶样物质，黏附在皮肤上。雌虫产卵后死亡。虫卵4～7d后发育为感染性虫卵。马摄食被感染性虫卵污染的饲料或饮水等而受感染。幼虫在大肠内孵化后经6周发育为成虫。

(二) 流行与预防

1. 流行 本病多见于1岁以下的幼驹和老龄马。虫卵在适宜环境中可存活数周，干燥时不超过12h，冰冻时不超过20h。

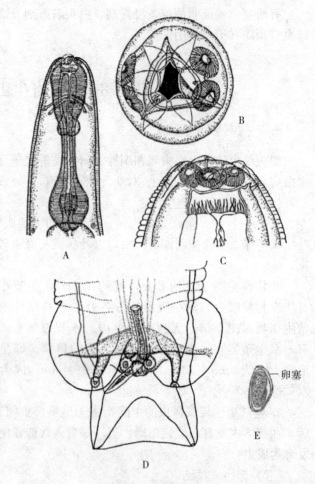

图8-6 马尖尾线虫
A. 虫体前端 B. 成虫头顶顶面观
C. 虫体头顶 D. 雄虫尾端 E. 虫卵

2. 预防 搞好厩舍、饲养工具、饲料、饮水及马体等卫生；发现病马应迅速隔离治疗。

(三) 诊断

1. 临床症状及病变 患马肛门部剧痒，常以臀部抵于其他物体上擦痒，引起尾根部和坐骨部脱毛，剧烈肛痒，会阴部发炎，进而发生湿疹。如果虫体过多，可引起肠黏膜损伤，有时发生溃疡，或大肠发炎。

2. 实验室诊断 利用牛角勺蘸甘油水溶液，刮肛周与会阴部皮肤，将刮取物涂片检查，发现尖尾线虫卵，便可确诊。有时产卵后的雌虫仍露出肛门外，也有助于确诊。

(四) 治疗

丙硫苯咪唑、噻苯唑等药物可以驱虫。但是驱虫的同时应用消毒液洗拭肛门周围皮肤，消除卵块，以防止再感染。

三、马胃蝇蛆病

马胃蝇蛆病是胃蝇属各种幼虫寄生于马、驴、骡的胃肠道中引起一种慢性寄生虫病。马胃蝇幼虫（蛆）除寄生于马等单蹄兽外，偶尔也寄生于兔、犬、猪和人的胃内。

（一）病原特征及生活史

1. 病原特征 病原是双翅目、胃蝇科、胃蝇属的多种幼虫。我国常见成蝇有 4 种：红尾胃蝇、鼻胃蝇、兽胃蝇和肠胃蝇。各种胃蝇虫形态基本相似，成蝇外形似蜜蜂，体长 9～16mm。成熟第 3 期幼虫，长为 1～2cm，背面稍凸，腹面平，分节明显，前端稍尖，后端齐平（图 8-7）。色泽因种而异。

2. 生活史 马胃蝇属完全变态，经历卵、幼虫、蛹和成虫 4 个阶段，每年完成 1 个生活周期。以肠胃蝇为例：雌虫在马的肩部、胸、腹及腿部被毛上产卵，卵呈长三角形，黄白色。卵约经 5d 形成幼虫，黏附于马的唇舌上，经口腔进入马体内，有的种类的幼虫能从面部皮肤直接侵入。幼虫在胃里面可长期停滞发育，到第二年春季幼虫发育成熟，随粪便排至外界落入土中化蛹，蛹期 1～2 个月，后羽化为成蝇。

各种胃蝇产卵位置不同。肠胃蝇在前肢球节及前肢上部、肩等处产卵，鼻胃蝇在下颌间隙；红尾胃蝇在口唇周围和颊部；兽胃蝇在地面草上。

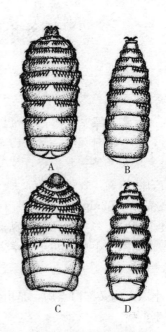

图 8-7 马胃蝇第 3 期幼虫

A. 肠胃蝇 B. 红尾胃蝇

C. 兽胃蝇 D. 鼻胃蝇

（张西臣，李建华 . 2010. 动物寄生虫病学）

（二）流行与预防

1. 流行 本病在我国各地普遍存在，尤其是东北、西北、内蒙古等地感染率最高。干旱、炎热和饲养管理不良有利于本病流行。多雨、阴天不利于马胃蝇发育。成蝇活动季节多在 5～9 月份，以 8～9 月最盛。

2. 预防 预防措施应在当地虫体生态及流行病学基础上大范围进行。加强饲养管理，秋冬定期驱虫。驱出的成熟虫体，有的仍有化蛹的可能，要注意收集，深埋或焚烧。

（三）诊断

1. 临床症状 发病初期，幼虫引起口腔、舌部和咽喉部水肿、炎症甚至溃疡。病马表现咀嚼、吞咽困难、咳嗽、流涎、打喷嚏，有时饮水从鼻孔流出。感染严重时，病马食欲减退、消化不良、贫血、消瘦、腹痛等，甚至逐渐衰竭死亡。

2. 病理变化 幼虫刺激肛门，病马摩擦尾部，引起尾根和肛门部擦伤和炎症。移行至胃及十二指肠后，引起慢性胃肠炎、出血性胃肠炎等。有时幼虫阻塞幽门部和十二指肠。如寄生于直肠时可引起充血、发炎，表现排粪频繁或努责。

3. 实验室诊断 由于临床无特殊表现，幼虫在体内时无法判定，只是在死后剖检时在胃肠内检出各期幼虫。产卵季节可在毛上检出虫卵，在口腔有时也可发现幼虫，在粪便内及肛门附近检出排出的虫体。作直肠检查时，可能触摸到附着在直肠上的虫体。

（四）治疗

以秋末冬初幼虫尚小时驱虫为宜。伊维菌素，按每千克体重 0.2mg 皮下注射或灌服。将敌百虫配成 10%～20% 水溶液，按每千克体重 30～50mg，1 次灌服，用药后 4h 内禁饮，效果较好。

任务 8-3　水生动物寄生虫病防治

一、小瓜虫病

案例介绍：某水产养殖场于 3 月底购入斑点叉尾鲴鱼苗约 25 万尾，下塘 10d 后，鱼苗不断死亡，且死亡鱼苗数量逐渐增加，最高达到 6 000 余尾/d。其间使用过氟苯尼考等药物治疗，效果不佳。临床检查发现鱼体消瘦，口腔、鳃和体表多处有白色胞囊，镜检为小瓜虫。治疗：连续 3d 对养殖塘泼洒聚维酮碘 0.5mg/L＋阿维菌素 0.02mg/L＋百虫克 1mg/L＋瓜虫灵 0.2mg/L 混合液。结果 3d 后死鱼现象慢慢减少，到第 9 天死鱼现象消失。

问题：小瓜虫病死亡率高，如何预防该病？

小瓜虫病又称白点病，是由多子小瓜虫寄生于各种淡水鱼和观赏鱼的体表和鳃部引起的寄生虫病。

（一）病原特征及生活史

1. 病原特征　成虫一般呈卵圆形或球形，乳白色，大小为（0.3～0.8）mm×（0.3～0.5）mm，是目前鱼体上发现的最大寄生原虫。除胞口周围外，全身密布有等长而均匀的纤毛。在小瓜虫的腹面近前端可见有一"6"字形胞口。虫体有两个核，大核呈马蹄形或香肠状，小核呈球形，紧贴在大核上，胞质外层有大量的食物粒和很多细小的伸缩泡。

幼虫呈卵形或椭圆形，前端尖，后端钝圆。大小为（33～54）μm×（19～32）μm，全身密布纤毛，在虫体后端有一根粗长的鞭毛。

包囊圆形或椭圆形，白色透明，大小（0.329～0.98）μm×（0.276～0.722）μm。

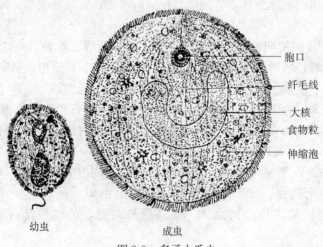

幼虫　　　　　　　成虫

图 8-8　多子小瓜虫

2. 生活史　多子小瓜虫无中间宿主，生活周期可以分为成虫期、幼虫期和包囊期。包囊内的虫体活跃，在囊内持续分裂成数百至数千个幼虫。幼虫破囊而出，钻进寄主皮肤或鳃上后，吸收养料供虫体自身生长发育为成虫，又称为滋养体。脱离鱼体后，在水中停

在池边或杂草上形成包囊。

（二）流行与预防

1. 流行 全国各地均有流行。小瓜虫对宿主无选择性，各种观赏鱼、淡水鱼对该病敏感。两栖动物也能被寄生感染。各种年龄的鱼都能够受感染。小瓜虫生长和繁殖的适宜水温为15~25℃。因此该病主要流行于春、秋季，但在阴雨天、气温变低时的盛夏也有发生。

2. 预防 加强饲养管理，保持良好环境，增强鱼体抗病力，是预防小瓜虫病的关键措施。清除塘底过多淤泥，并用生石灰或漂白粉进行消毒。鱼下塘前进行抽样检查，如发现有小瓜虫寄生，应采用药物药浴。

（三）诊断

在鱼体表、鳍条或鳃和口腔等处都布满小白点，鳃上皮细胞增生、肿胀、坏死。鱼体分泌大量黏液，呼吸困难。有时眼角膜上也有小白点，可引起眼睛发炎、变瞎。有时鱼的体表伤口产生继发性感染，造成鱼的死亡。结合显微镜观察找到虫体即可确诊。

（四）治疗

药物治疗的研究进展不大，目前无特效药。据报道，硝酸亚汞和醋酸亚汞曾经作为特效药，对小瓜虫有比较好的治疗效果，但是由于其毒性较强，已经被禁用。对于小型水体，可以采用加温的方式来治疗，将水温提高到28℃。

二、车轮虫病

案例介绍： 某养鱼塘6月初放入草鱼苗1.8万尾，投放时鱼种未经消毒，池塘用漂白粉清塘。7月22日发现死鱼现象，到26日死亡500余尾。解剖死鱼发现鳃瓣呈灰白色，鳃丝粘连在一起，鱼身体上及鱼鳃没有锚头鳋大型寄生虫寄生。取鳃丝和黏液在显微镜下观察，发现大量车轮虫。鳃丝和体表未见其他寄生虫。治疗：第1天用30g/L的生石灰化水全池泼洒。第2天上午用"鱼虫重炮"全池泼洒，连用2d。第4天用莱康全池泼洒一次（150mg/L），隔日再用一次。按每50kg鱼种，用内服药克菌星100g制成药饵投喂，连续投喂5d。经过治疗后，鱼死亡数量急剧减少，到第8天无死亡。

问题： 车轮虫病的预防措施有哪些？

车轮虫病主要是由车轮虫属和小车轮虫属的寄生虫寄生在淡水鱼和海水鱼的体表和鳃所引起的一种寄生虫病。在全国各养鱼地区都有发生，主要危害鱼苗、鱼种，严重时可引起大批死亡。

（一）病原特征

病原主要为小车轮虫属的10多种车轮虫。能够在皮肤上和鳃瓣上寄生的包括显著车轮虫、粗棘杜氏车轮虫、中华杜氏车轮虫和东方车轮虫等。只寄生在鳃瓣上有卵形车轮虫、微小车轮虫、球形车轮虫和眉溪小车轮虫等。

虫体大小20~40μm。侧面观像毡帽，身体隆起的一面为前面，又称口面，相对凹进去的一面称反口面。口面有一条带状结构的口带，以反时针方向作螺旋状环绕，一直通到胞口。口带两侧各有一行纤毛。反口面观为圆盘形，具有后纤毛带。内部结构主要由许多齿体逐个嵌接而成的齿轮状结构，称齿环。内部机构还包括一个马蹄形大核和一棒状小核以及辐射线（图 8-9）。

（二）流行与预防

1. 流行 本病可直接接触传播，也可通过水或水中其他动物、媒介传播。全国各地均有流行。一年四季均可见，流行的高峰季节为 5~8 月，适宜水温 20~28℃。死亡率有时很高。养殖池过小，水质不佳，饲养密度过大，连续阴雨天气等因素容易引起车轮虫病的暴发。

2. 预防 用生石灰清塘，合理施肥、放养。科学管理，饲养密度适中。鱼苗在饲养 20d 左右时，要及时分塘，以免暴发车轮虫病，同时夏花必须进行药浴，以杀灭体外的病原。定期抽样镜检，发现问题及时对症用药。

（三）诊断

1. 症状和病变 车轮虫寄生在鱼的体表及鳃上，病鱼消瘦，发黑，呼吸困难，游动缓慢而死，一般无特殊症状。但大量寄生感染严重时鱼的鳃及体表上分泌大量黏液，会出现严重呼吸困难，跑马症状或者全身发白的症状。剖检无明显病变。

2. 实验室诊断 取活体鳃丝及黏液，滴入一滴普通水，盖上盖玻片，在 40~100 倍的显微镜下观察，每个视野发现 5 个以上车轮虫即可确诊，车轮虫在显微镜下呈帽形或碟形或圆盘形（内部结构为齿轮状结构），移动活泼。

（四）治疗

（1）硫酸铜和硫酸亚铁 5mg/L 和 2mg/L，配制成合剂后全池泼洒一次。

（2）用 25mg/L 的福尔马林全池泼洒，第 2 天更换部分新水。

（3）用 2‰~3‰食盐水浸洗鱼体 5~10min。

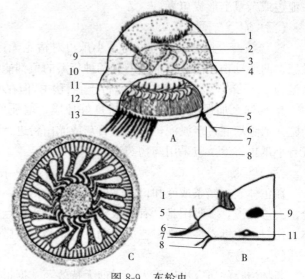

图 8-9 车轮虫

A. 侧面观（模式图）　B. 纵切面观　C. 卵形车轮虫附着盘

1. 口沟　2. 胞口　3. 小核　4. 伸缩泡　5. 上缘纤毛

6. 后缘毛带　7. 下缘纤毛　8. 缘膜　9. 大核

10. 胞咽　11. 齿环　12. 辐线　13. 后缘毛带

（陈启鎏．1973．湖北省鱼病病原区系图志）

三、斜管虫病

案例介绍：黑龙江某养鱼塘 7 月份鲤鱼有发病死亡现象。鱼体色发暗、发红，体表、鳍条、鳃部有充血现象，体表和鳃部分泌大量黏液，鳃丝肿胀。连续死亡几十尾/日到上百尾/日。刮取鳃丝和体表黏液做水封片，在低倍显微镜下一个视野可见到 50~80 个斜管虫。治疗：采用"鱼虫清—2000"杀虫药，按 0.15g/L，连续泼洒 3d，第 4 天鱼恢复正常。

问题：该病的流行特征有哪些？有无其他治疗方法？

斜管虫病是由鲤斜管虫寄生于多种淡水鱼类的鳃、皮肤和鼻腔所引起一种寄生虫病，在北美、欧洲和亚洲等地均有发生，我国广泛分布于各地。宿主包括鲫、鲤、青鱼、鳙、鲢、乌鳢等，严重者可引起鱼死亡。

（一）病原特征

病原为斜管属鲤斜管虫。虫体背部隆起，腹部平坦。大小为 $(40\sim60)~\mu m \times (25\sim47)~\mu m$。背面前端左角上有1行特别粗的刚毛，两侧有排列整齐的纤毛线。胞口在腹面前端，由刺杆围绕成漏斗状的口管，末弯转处为胞咽。大核椭圆形，小核球形，位于大核之后。体内有两个伸缩泡。斜管虫靠腹部的纤毛在鱼病灶部位慢慢运动（图8-10）。

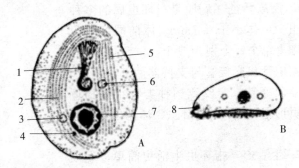

图8-10　鲤斜管虫
A. 腹面观　B. 侧面观
1. 口管　2. 右腹纤毛线　3、6. 伸缩泡
4. 小核　5. 左腹纤毛线　7. 大核　8. 刚毛
（陈启鎏.1973.湖北省鱼病病原区系图志）

（二）流行及预防

1. 流行　该病分布广泛，各地均有报道。幼鱼和种苗发病死亡严重。虫体适宜水温为12～18℃，8～11℃该病仍可大量发生。3～5月为流行期。靠直接接触或包囊传播。

2. 预防　用生石灰彻底清塘，杀灭底泥中病原。鱼种入池前用硫酸铜或2%食盐浸洗病鱼20min。

（三）诊断

病鱼体表分泌大量黏液，皮肤和鳃表面呈苍白色或皮肤表面形成一层淡蓝色薄膜。病鱼消瘦发黑，漂游水面，呼吸困难，严重者可造成大批死亡。剪取鳃丝或刮取皮肤上的黏液，滴入一滴生理盐水，盖上盖玻片，用低倍镜检查出虫体即可确诊。

（四）治疗

（1）用125mg/L福尔马林溶液浸洗病鱼10～15min，间隔24h再洗一次即可治愈，或用18～22μL/L福尔马林溶液全池泼洒，可一次性杀灭虫体，但使用福尔马林后，池水因浮游植物被杀死，水中缺氧，要特别注意增氧或增大换水量。

（2）用2%～3%食盐溶液浸洗5～15min，间隔24h再洗一次。

（3）用20mg/L高锰酸钾溶液浸洗15～25min，第2天再洗一次。

四、指环虫病

案例介绍：4月初广州某养殖场300尾20～40cm/尾大小的银龙鱼发病。一周左右出现死亡，死亡率为10%～30%。病鱼鳃丝灰白色，很多黏液。取鳃丝样品镜检，发现大量指环虫。初步判定是由指环虫引起的寄生虫病。全池泼洒步步杀（溴氰菊酯溶液），第2天，0.3g/L全池泼洒溴氯海因。治疗第7天后没有死鱼发生。

问题：指环虫病的流行因素有哪些？有没有其他治疗方法？

263

指环虫病是由指环虫属的多种吸虫寄生于鱼鳃而引起的疾病，主要是危害淡水鱼及观赏性鱼类，可引起苗种的大批死亡。在我国被列入三类动物疫病。

（一）病原特征及生活史

1. 病原特征　病原是指环虫属的多种指环虫。虫体小于 0.5mm。体前端 2 对眼点。睾丸单个，个别为三个，位于体末端。交接器由管状交接管与支持器两部分组成。后吸器具小钩。主要致病种类有小鞘指环虫、页形指环虫、鳙指环虫、坏鳃指环虫等（图 8-11）。

2. 生活史　指环虫生活史简单，无须中间宿主。卵生，卵大，数量少。受精卵从虫体排出，漂浮于水面或附着在其他物体或宿主鳃上、皮肤上。产出的虫卵在适宜温度范围内，一般 7d 左右孵出幼虫。幼虫在水中遇到适当寄主就附着上去，褪去纤毛，发育为成虫。水温在 24～25℃时卵发育为成虫需要 9d。

（二）流行和预防

1. 流行

（1）大多数指环虫对宿主有强烈的选择性，主要危害鲢、鳙、草鱼、鳗、鳜等，尤以鱼种最易感染。

（2）指环虫病主要以虫卵和幼虫传播，自由游泳的纤毛幼虫是单殖吸虫生活史中在宿主体外唯一的具有感染性的时期。

（3）多数种类指环虫的繁殖适温是20～25℃，北方有些嗜寒种类，水温在 8℃时还进行繁殖。流行季节主要是春季至夏初和秋季。

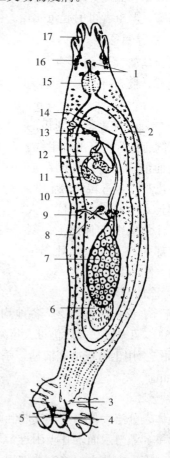

图 8-11　页形指环虫

1. 眼点　2. 肠支　3. 边缘小沟　4. 中央大钩
5. 联接片　6. 睾丸　7. 卵巢　8. 受精囊　9. 阴道
10. 子宫　11. 贮精囊　12. 前列腺　13. 交配器
14. 雌性生殖孔　15. 咽　16. 口　17. 头腺

（刘建康 . 1992. 中国淡水鱼养殖学）

2. 预防　加强饲养管理，注意水塘的清洁卫生，可用生石灰带水清塘。鱼种放养前，用高锰酸钾溶液浸洗 15～30min，药液浓度 20g/m³，可杀死鱼种鳃上和体表寄生的指环虫。发病季节，用杀虫散 0.05% 拌饲投喂，连用 3d，每半月一次，有显著的预防效果。

（三）诊断

1. 症状与病变　大量寄生指环虫时，病鱼鳃丝黏液增多，呼吸困难，鳃丝全部或部分成苍白色，鳃部显著浮肿，鳃盖张开，病鱼游动缓慢，贫血。鳃瓣与鳃耙表面分布着许多由大量虫体密集而成的白色斑点（直径1～1.5mm）。鳃丝上皮糜烂和少量出血，全鳃损伤可引起出血、组织变性、坏死、萎缩和组织增生。

2. 实验室诊断　剪取新鲜病鱼的鳃，将各鳃片分开，放在玻片上，在体视显微镜下用解剖针分开鳃丝，观察虫体，并将虫体剥离出来，然后用高倍显微镜观察。如果每个视野能见到 5～10 个虫体，就可确定为指环虫病。

（四）防治

1. 甲苯咪唑　全池按 150mg/L 泼洒甲苯咪唑，若病情严重隔日再用一次。

2. 敌百虫　水温 20～30℃时，用 90％晶体敌百虫全池遍洒，按照 0.2～0.5g/L，效果较好。

3. 阿苯达唑粉　鱼按每千克体重 0.2g 饲喂，连用 5～7d。

五、锚头鳋病

案例介绍：2006 年 3 月 28 日，河南养殖户从外地引进鱼种，用 3‰～5‰的食盐水浸洗 5min 消毒后放入池塘。2d 后发现水面有鱼乱跳，吃食情况不好，池边有鱼独游。捞出病鱼，当时发现鱼体表有针尖状的虫体，从病鱼的体表、口、鳃等处都发现了锚头鳋。治疗：第 1 天，按 300mg/L 剂量的灭虫精全池泼洒。第 2 天，用 300mg/L 剂量的氯杀宁全池泼洒。停药 3d 后，再用 300mg/L 剂量的灭虫精全池泼洒，第 2 天，用 150mg/L 剂量的氯杀宁全池泼洒。停药 2d 再重复用药一次。三次杀虫后，鱼体康复。

问题：有无其他方法治疗锚头鳋病？

锚头鳋病是由锚头鳋雌虫寄生在鱼体上而产生的一种侵袭性鱼病。大部分淡水鱼类和海水鱼都能感染，对观赏鱼危害尤其大。在发病高峰季节，能在短期内出现暴发性感染，造成大量死亡。

（一）病原特征及生活史

在中国常见的种类为寄生于鲢鱼和鳙鱼体表和口腔的多态锚头鳋，寄生于草鱼体表的草鱼锚头鳋，寄生在鲤、鲫等鱼体表、鳍及眼的鲤锚头鳋。

1. 病原特征　虫体分头、胸、腹三部分。头节和第一胸节愈合成头胸部，头胸部分支，具有 1 对或两对角。角的形状各异，有的分叉，形似船锚。胸部有第 2～5 对退化成小片状的胸足。腹部短，钝圆。卵囊 1 对（图 8-12）。

2. 生活史　整个生活史过程要经过卵、无节幼体、桡足幼体和成虫期等阶段。

（二）流行与预防

1. 流行　该病流行范围广，尤以两广和福建最为严重，感染率高，感染强度大，流行季节长，为当地主要鱼病之一。主要流行季节是春末、夏季和初秋。对各年龄鱼均可危害，尤以鱼种受害最大，可引起死亡。对 2 龄以上的鱼虽不引起大量死亡，但影响鱼体生长、繁殖及商品价值。

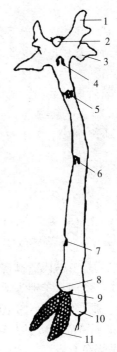

图 8-12　锚头鳋雌虫

1. 腹角　2. 头叶　3. 背角　4. 第 1 胸足
5. 第 2 胸足　6. 第 3 胸足　7. 第 4 胸足
8. 生殖节前突起　9. 第 5 胸足
10. 腹部　11. 卵囊

265

2. 预防 养鱼之前要清塘。用生石灰彻底清塘消毒，杀灭虫卵和幼虫。在鱼种放养时严格检查。如发现有锚头鳋寄生，采用高锰酸钾溶液浸洗鱼体。可采用轮养方法控制本病发生。鱼池加注新水时，用密眼网过滤，防止锚头鳋幼虫随水流入鱼池。

（三）诊断

病鱼大量寄生锚头鳋时呈现急躁不安，食欲不旺，减食，消瘦。虫体寄生在鱼体各部位，呈白线头状，随鱼游动。由于病原寄生导致小鱼种失去平衡，活动失常。

锚头鳋寄生于体表鳞片上，引起周围组织红肿发炎，形成石榴子般的红斑。锚头鳋的头部钻入肌肉组织，可引起慢性增生性炎症。在伤口与外界相通的部分又带有溃疡性质。寄生在体壁，侵入内脏，引起内脏器官病变。镜检找到虫体即可确诊。

（四）治疗

（1）若在饲养期间发病，可用 0.3～0.5mg/L 晶体敌百虫全池泼洒，连用 1～2d，可以有效杀灭锚头鳋幼虫。

（2）在锚头蚤病的高发时间段，治疗药物最好用伊维菌素（37.5～45mL/m³）和阿维菌素（45mL/m³），每隔 15～20d 用一次药。

任务 8-4　家蚕寄生虫病防治

一、虱螨病

案例介绍：广东某养蚕场用 6 月份购回的禾草铺蛹制种，10 月份发现大量死蛹。蛹体呈现出较多黑斑，不能羽化而死，尸体黑褐色，腹面凹陷、干瘪不腐，能羽化制种的产卵较少，不受精卵和死卵较多。把禾草颊沙，蚕蛹、蚕蛾放在光面纸上，轻轻振动数次，即有淡黄色针头大小的螨虫在爬动，用放大镜观察即看到大肚雌螨，诊断为虱螨病。治疗：堆放禾草的地方要经常消毒，禾草用前经太阳底下曝晒几小时即可杀灭螨虫。立即更换蚕室、蚕匾。然后把用过的蚕匾进行蒸气杀螨。蚕室用毒消散以 4g/m³ 的药量熏烟 2h 杀螨。用三氯杀螨醇 300～500 倍稀释，喷于蚕室、蚕具杀螨。用"杀虱灵"按 2～3g/m³ 的药量，熏烟消毒 20～30min 杀灭蚕座中的寄生螨。

问题：虱螨病在蚕的不同生长阶段的临床症状有哪些？有何治疗方法？

虱螨病是由赫氏蒲螨寄生于家蚕体表引起的寄生虫病，俗称蚕壁虱病。本病分布于中国、日本、欧洲、美洲等地，在我国很多地区都有发生，以春夏蚕期受害严重。

（一）病原特征及生活史

1. 病原特征 病原为赫氏蒲螨。成螨雌雄异体，雌螨纺锤形，雄螨圆锥形。初产的雌螨呈黄褐色有光泽，体柔软透明，两端略尖。大小约 0.25mm×0.082mm。头部小，略呈三角形。雌螨交配后寻找宿主吸血，体部逐渐膨大，由瓢形变成球形，直径达 1.3～2mm，比原来增大约 30 倍，称大肚雌螨（图 8-13）。

雄螨大小约为 0.18mm×0.094mm，头部近圆形，口器似雌螨。

2. 生活史 赫氏蒲螨属卵胎生，其发育经历卵、幼螨、若螨和成螨 4 个阶段。卵、幼螨和若螨的发育都在母体内完成。产出的雄螨群集在母体生殖孔周围，雌虫产出后陆续与之交配。交配后 1～2d 雄虫死亡，雌螨吸取寄主血液营养成长，腹部不断膨大，成为大肚雌螨。一头大肚雌螨可产螨 100～150 头。

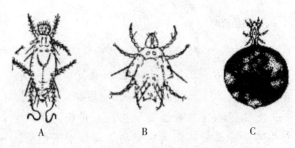

图 8-13　赫氏蒲螨

A. 雌成螨　B. 雄成螨　C. 大肚雌螨

（二）流行与预防

1. 流行　虱螨可寄生鳞翅目、鞘翅目、膜翅目等 70 多种昆虫的幼虫、蛹和成虫。虱螨抵抗力强，在宿主体上经 40℃高温 24h 不会死，在零下低温 3d 也能复活。在水中浸泡 24h，对大小虱螨无杀灭作用。

2. 预防　防治本病可采用浸、蒸、堵、杀等综合防治措施。

（1）坚持蚕室蚕具专用，蚕室蚕具不堆放晾晒棉花、杂粮、种子、秸秆等，蚕具未经消毒不进蚕室使用。消灭寄主棉红铃虫和麦蛾幼虫。

（2）严格蚕室蚕具消毒和杀虱处理。

（3）发病后进行室外地蚕育或更换蚕室均能减轻危害，用杀虱灵驱、杀蚕体、蚕座的虱螨。

（三）诊断

1. 临床症状及病变　小蚕受害，病势很急，首先停止食桑，静伏蚕座，痉挛，吐液。体色渐变黄褐、黑褐。有的躯体弯曲呈假死状，头部突出，胸部膨大，尸体黄褐干涸不腐烂。

大蚕受害，发病较慢，发生起缩、缩小、脱肛等明显症状。受害盛食期蚕体，表现软化而伸长，节间膜附近往往有黑色斑点，排黑褐色或红褐色污液。

眠蚕受害，头胸左右摆动，呈不安状，吐液，尾部常有红褐色黏液污染，蚕体腹面和胸、腹足褶皱处的黑斑最明显，常呈不蜕皮或半蜕皮而死，俗称突嘴巴。

蚕蛹受害，腹面可见大群大肚雌螨寄生，蚕蛹呈现较多的黑斑，常不能羽化而死。

蚕蛾受害，症状不明显，不受精卵和死卵增多。

2. 实验室诊断　根据病蚕、蛹、蛾各期症状进行鉴别，如怀疑为本病时，可取蚕座内频繁摇动胸部的蚕放在盛有清水的碗内，或放在清洁的玻璃上轻轻振拍，然后用放大镜仔细观察水面上或玻璃上有无淡黄色针尖大小的螨在爬动。若看到雌成螨，可确诊为本病。

（四）治疗

（1）养蚕期间发现病害，可用 1‰杀虱灵或甲酚皂液喷蚕杀虱。

（2）采用灭蚕蝇乳剂喷洒蚕体蚕座，一龄蚕用 1 000 倍，二龄蚕用 500 倍，三龄蚕以上用 300 倍稀释液。

（3）杀虱灵熏烟蚕室杀虱，按蚕室容积每立方米 3～4g 密闭熏烟 30min，每隔 2～3d 熏杀一次。

267

二、蝇蛆病

案例介绍：江苏某市大面积暴发蚕蝇蛆病，蛆孔茧比例在 10％～15％，严重的地区竟达 20％以上。蚕体出现黑斑，黑斑上有淡黄色卵圆形卵壳，如卵壳脱掉可见一孔。眠蚕受害不能脱皮，死后全身黑褐色，有的熟蚕受害呈紫色。撕开以上蚕儿体壁可见蚕体内有蛆蠕动。确诊为蝇蛆病。采用内外服药，双管治疗。灭蚕蝇四龄第 3 天，5 龄起蚕饲食后第 2 天、第 4 天、第 6 天各喷施桑叶，用此桑叶喂蚕，计量参照灭蚕蝇说明书使用。外用灭蚕蝇 300 倍液（即按 1mL 药兑水 0.3kg 的比例配制）均匀地喷于蚕体，用药次数与内服添食法相同。

问题：蚕蝇蛆病有哪些治疗方法？

多化性蚕蝇蛆病，简称蝇蛆病，由多化性蚕蛆蝇幼虫（蛆）造成的一种寄生虫病。广泛分布于蚕茧主产国，我国所有蚕区都有分布。该病每年春蚕期开始发生，夏秋季最强烈，可造成蚕茧被蝇蛆穿孔而不能缫丝，严重者导致死亡，对养蚕业的危害极大。

（一）病原特征及生活史

1. 病原特征　病原是昆虫纲，双翅目，寄生蝇科，追寄蝇属的多化性蚕蛆蝇。

（1）成虫。成蝇雄大于雌，成虫雄蝇体长约 12mm，雌蝇约 10mm。分为头部、胸部和腹部三部分，头呈三角形（图 8-14）。

（2）卵。乳白色，有微光。大小为（0.6～0.7）mm

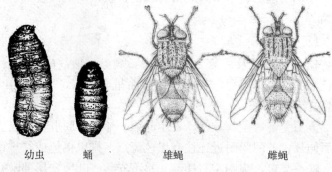

幼虫　　蛹　　　　雄蝇　　　　雌蝇

图 8-14　蚕蛆蝇

× （0.25～0.3）mm。背面隆起，腹面扁平而稍凹陷。

（3）幼虫。蛆为长圆锥形，淡黄色，老熟时大小为（10～14）mm×（4～4.5）mm。由头部及 12 环节组成。

（4）蛹。蛹为圆筒形围蛹，深褐色。大小为（4～7）mm×（3～4）mm。

2. 生活史　蚕蛆蝇是完全变态的昆虫，一个世代经卵、幼虫、蛹、成虫 4 个阶段。初产下的卵以卵胶黏附于蚕体上，开始孵化。幼蛆钻入蚕体内，经 2 次蜕皮成熟。蝇蛆成熟后从病斑附近蜕出后入土化蛹。

（二）流行与预防

1. 流行　该病的发生与蝇口密度、气候环境有密切关系。一般来说，华东蚕区夏蚕、夏秋蚕期发生较多，春蚕，晚秋蚕期发生少。

2. 预防　在夏蚕饲养前必须认真做好蚕室、蚕具及周围环境的消毒工作。加强饲养管理，蚕室门窗设置纱窗与门帐，防止蚕蛆蝇飞入蚕室产卵。堆放蚕沙时以湿土封固，使蚕沙中的蛆、蛹因蚕沙发酵而窒息死亡。及时清除上蔟室的落地蛆、蛹并予以杀灭。

（三）诊断

1. 症状及病变　该病常发生于 3～5 龄蚕期，病蚕特征是体表可见喇叭形有孔的黑色病斑。黑斑多出现于腹部环节。病斑上常常有未脱落的白色卵壳。卵壳脱落，则见一小孔。蝇蛆病蛹的体皮上同样在寄生部位显现黑斑。如蚕已结茧则穿破茧层脱出，成为蛆孔茧，不能缫丝。如茧层厚，蛆体不能咬破茧层，则成锁蛆茧，缫丝时断头多。蚕蛹因蛆害死于茧内，则成污染茧，亦不能缫丝。

2. 实验室诊断　根据病斑的特征，呈喇叭状，周围体壁呈现油迹状半透明，并且随蛆体成长而增大。解剖病斑部位体壁，发现蝇蛆即可确诊。

（四）治疗

1. 化学防治　我国研制的"灭蚕蝇"是杀蛆保蚕的特效药剂，施用方法有体喷与添食两种。药剂 300 倍液，于 5 龄起蚕饷食后第 2 天、第 4 天、第 6 天各喷施蚕体 1 次，可杀死蝇卵和蚕体内蝇蛆。

2. 生物防治　利用天敌来灭蚕蛆蝇，已知大腿小蜂可在蝇蛆尚未蜕出蚕体前，产卵其体内，使重寄生的蝇蛆死亡。

三、微粒子病

微粒子病是由微孢子虫属的蚕微孢子虫寄生于蚕所引起的一种分布广泛的寄生原虫病，世界各养蚕国都有发生，对养蚕业危害极大，被各养蚕国列为检疫对象。

（一）病原特征及生活史

1. 病原特征　新鲜孢子呈长卵圆形，大小为（3.6～3.9）μm ×（2.0～2.3）μm，由单一的壳片组成，内含孢原质和一个极囊。孢子表面光滑，在显微镜下呈浅绿色，折光性强。无运动细胞器，在水浸标本中有特殊的晃动和翻滚。

2. 生活史　蚕微孢子虫的发育周期有孢子、芽体、裂殖子、孢子芽母细胞等不同发育阶段。在蚕体内一个生殖周期需要 5～10d（图 8-15）。

（二）流行与预防

1. 流行　病蚕及其排泄物、病蚕茧等都是蚕微粒子病的感染来源。其传染途径有食下传染和胚种传染两种。本病发病率的高低与蚕的品种、发育时期及饲养环境有关。发病期因感染的方式不同而异。此外，高温对本病有一定的抑制作用。

2. 预防　防治关键在于杜绝胚种传染，严防经口感染。

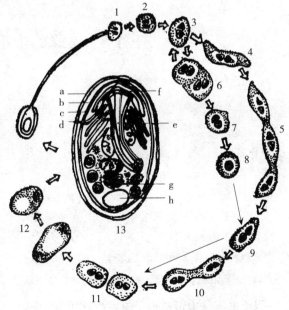

图 8-15　蚕微孢子虫形态及生活史

1. 芽体　2. 滋养体　3～7. 裂殖阶段

8. 自身繁殖　9. 孢子芽母细胞　10. 孢子芽母细胞分裂

11. 孢子芽　12. 孢子　13. 孢子横切面

a. 外膜　b. 内膜　c. 内质网　d. 核膜层

e. 极体　f. 极孔　g. 核　h. 后极泡

（1）严格执行良种繁育规程，加强母蛾检查，杜绝经卵胚种传染。

（2）严格消毒，消灭病原体。对饲养环境、蚕室、蚕具等必须全面消毒，消毒用药目前仍以漂白粉、次氯酸钠、福尔马林、优氯净、消特灵等为宜。

（3）严格控制养蚕环境，防止病原体污染桑叶，切断外来感染来源。

（4）试行蚕种热处理。

（三）诊断

1. 临床症状 家蚕幼虫、蛹、蛾和卵各发育阶段表现症状不同。小蚕期体色深暗，体躯瘦小，发育缓慢，发育不齐，重者陆续死亡。大蚕期在各龄饷食后，表皮皱缩，体呈锈色，多见于四至五龄蚕。病蚕尾角末端、气门周围及胸腹足的外侧有微细不规则的黑褐色病斑。熟蚕期重病蚕多不能结茧。病蛹的表皮无光泽，反应迟钝，腹部松弛，有的体壁上出现大小不等的黑斑。病蛾鳞毛脱落或展翅不良。病卵的症状为卵形不正，大小不一，排列不齐，有重叠卵，产附差，易脱落。不受精卵和死卵多。

2. 病理变化 微孢子虫感染后，能侵入蚕体各组织器官引起相应的病变。丝腺各部的腺细胞均可被寄生，寄生后形成乳白色浓泡状的斑块，并丧失分泌绢丝的能力，可作为确诊的依据之一。

3. 实验室诊断 主要是肉眼观察，结合显微镜检查，即可确诊。近年来研制出血清学技术及基因诊断技术可用于早期快速诊断。

（四）治疗

将防微灵、阿苯达唑按 500mg/L 或多菌灵 300mg/L 喷施在桑园桑树叶片上让其内吸，在 7d 有效期间内采桑养蚕，蚕儿因不断地食进含有药物的桑叶而起到治疗作用。

任务 8-5　蜂寄生虫病防治

一、孢子虫病

案例介绍：1999 年辽宁某蜂场发现到秋季繁殖旺盛时期，许多成年蜂出现体小、色暗、吻伸、拉痢、死于箱前等症状。大批蜜蜂体质下降，采集能力和腺体分泌能力明显降低。大批成年蜂死亡，越冬包装时各蜂场群数只剩下 1/5～1/3。经诊断得了孢子虫病。治疗：柠檬酸 1g（或米醋 50mL），10 万～20 万 U 氯霉素和适量维生素加入 1kg 糖浆中，每群每次喂 250mL，每隔 2d 喂 1 次，连喂 5 次。治疗之后，蜂群预后良好。

问题：目前食用动物已经禁止使用氯霉素，有无其他可替代的药物进行治疗？

蜂孢子虫病是由蜜蜂孢子虫寄生在蜜蜂中肠上皮细胞所引起成蜂的一种寄生虫病。该病流行范围广，在欧洲和美洲许多国家普遍流行，在我国东北地区发生较为普遍。患病蜂寿命缩短，采蜜能力下降，造成严重的经济损失。该病已列入 OIE 疫病名录。

（一）病原特征及生活史

1. 病原特征 蜜蜂微孢子虫在蜜蜂体外以孢子形态存活，长椭圆形，孢子大小（4～6）μm×（2～3）μm。外层为孢子膜，具有高度折光性。孢子内部有两个核细胞、两个

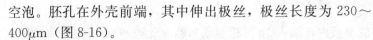

空泡。胚孔在外壳前端，其中伸出极丝，极丝长度为 230～400μm（图 8-16）。

2. 生活史　孢子虫有两种生殖方式：裂殖生殖和孢子生殖。蜜蜂吞食微孢子虫的孢子后，进入中肠上皮细胞，经过裂殖生殖和孢子生殖，形成许多新孢子。新孢子又可能重新感染另外的上皮细胞。有些孢子随坏死细胞一起脱落散出，混入粪便排出蜜蜂体外，造成污染。

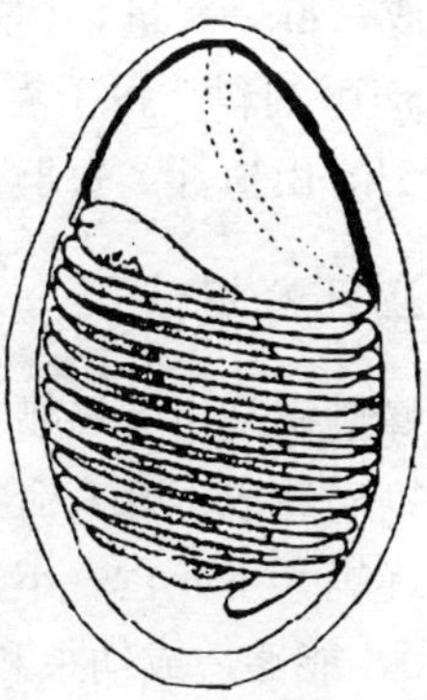

（二）流行与预防

1. 流行

（1）易感动物为蜜蜂成蜂。幼虫和蛹不感染。雌性蜂比雄性蜂易感，尤其是蜂王易感。

图 8-16　微孢子的孢子结构

（2）感染来源为病蜂。蜜蜂微孢子虫在自然界如水、土壤、植物上都有它的存在，故感染机会较多。蜂群间传播通常是由迷巢蜂和盗蜂引起。

（3）蜜蜂微孢子虫繁殖快，数量多，一只感染严重的蜜蜂肠道可含有 3 000 万～6 000 万个孢子。孢子对外界环境有很强的抵抗力。

（4）孢子虫最适宜的温度是 30～32℃，发病高峰期出现在冬末春初，夏季和秋季则发病较少。

2. 预防

（1）科学管理，蜂群的越冬饲料要求不含甘露糖，北方蜂群越冬室温保持在 2～4℃，并注意通风良好和干燥。

（2）早春及时更换病群的蜂王，在早春，选择室外温度不低于 10℃的晴天，让病蜂群做排泄飞行。

（3）加强消毒措施。每年春季对所有的蜂箱、巢脾、巢框以及蜂具等进行一次彻底消毒。

（三）诊断

1. 临床症状及病理变化　患病蜂群最初无明显症状，到后期蜜蜂表现不安和虚弱，个体缩小，头尾发黑，飞翔无力等现象。多数病蜂腹部膨大，下痢较重，污染隔板、巢脾和箱壁，可见褐色粪迹斑点或条纹。病蜂不断从巢门爬出，最后死亡。蜂王患病后，终止产卵，并在几周内死亡，有的在越冬后死亡。剖检中肠呈灰白色，环纹模糊，失去弹性。后肠内积有较多稀的绿褐色粪便。

2. 实验室诊断

（1）采取壮年可疑病蜂 20 只左右，放入乳钵内研碎后，加灭菌水 10mL，制成悬浮液。取悬浮液 1 滴，放于载玻片上，加盖玻片，在 400～600 倍显微镜下检查，如发现多量椭圆形具有蓝色折光的孢子时，即可确诊。也可以将病蜂中肠和健康蜂中肠进行组织切片并经姬氏染色，镜检可见病蜂中肠围食膜消失，上皮细胞内充满大量新生孢子。

（2）母蜂作活体检查。用直径 3cm 的玻璃杯，把母蜂罩在玻片上，直到排出粪便为止，将母蜂放回原群，加少量水于排泄物中置高倍镜下检查，也能发现孢子。

（四）治疗

1. 灭滴灵糖浆　每千克浓糖浆（糖与水之比为 1∶1）中加入灭滴灵 1 片（0.5g）调匀，每群每次喂 0.3～0.5kg，1 次/3d，连喂 4～5 次。

2. 抗生素糖浆　每千克糖浆内溶解四环素 10 片（50 万 U），或土霉素 1 片（0.5g）

271

配制成一群一次量，1 次/d，连喂 2～4 次。

3. 酸饲料　每千克糖浆或蜜液内，加入 1g 柠檬酸或米醋 50g 调制均匀；或 1kg 山楂煮成 1kg 山楂汁。每群每次喂 0.5kg，2d 喂 1 次，连喂 4～5 次。

二、蜂螨病

蜂螨病是由大蜂螨和小蜂螨引起的蜂的疾病，二者可以单独致病，也可以同时致病。大蜂螨病造成蜜蜂寿命缩短，采集力下降，影响蜂产品的质量，受害严重的蜂群可出现幼虫和蜂蛹大量死亡。小蜂螨则寄生在蜜蜂幼虫和蛹体上，很少寄生于成蜂，存活时间仅为 1～2d，能够造成幼虫和蜂蛹大批死亡。

（一）病原特征及生活史

1. 病原特征

（1）大蜂螨。雌螨呈横椭圆形，大小约 1.17mm×1.77mm，体色为暗红至褐色，4 对足。雄螨比雌螨小，大小约为 0.85mm×0.72mm，呈卵圆形，淡黄色。

（2）小蜂螨。雌螨呈卵圆形，前端较窄，后端钝圆，大小约 1.02mm×0.53mm。体色为淡黄色至褐色，体背密布细小刚毛。雄螨略小于雌螨，大小约 0.95mm×0.56mm，体色淡褐色（图 8-17）。

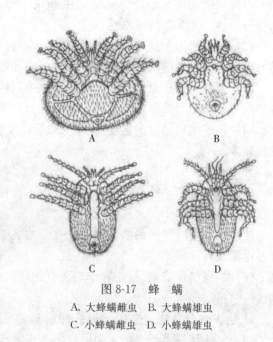

图 8-17　蜂　螨
A. 大蜂螨雌虫　B. 大蜂螨雄虫
C. 小蜂螨雌虫　D. 小蜂螨雄虫

大蜂螨卵为卵圆形、乳白色，卵膜薄而透明，大小约 0.6mm×0.43mm，产出后可见四对肢芽。小蜂螨卵近似于圆形，分有肢芽和无肢芽两种卵，有肢芽卵大小 0.66mm×0.54mm，中间下陷、卵膜薄而透明。

2. 生活史　大蜂螨和小蜂螨属于不完全变态，其发育过程经过卵、若螨、成螨 3 个阶段。

大蜂螨受精的雌螨潜入快要封盖的幼虫房内生活，在幼虫房内产卵，卵在巢内孵化成若螨，若螨寄生在封盖的幼虫和蛹体上，经两次蜕皮即成为成螨。

小蜂螨 3 个发育期均很短，尤其是卵期极短，整个生活周期都是在子脾上完成的。若螨靠吸食蜜蜂幼虫体液为生，繁殖，发育为成螨。成螨随同羽化后的幼蜂出房，再潜入其他幼虫房内寄生和繁殖。

（二）流行与预防

1. 流行

（1）有大小蜂螨寄生的蜂群是感染来源。大、小蜂螨常并存危害外来蜂种。

（2）蜂场内蜂群的传染主要是通过蜜蜂的相互接触而造成的。大、小蜂螨可通过异群蜜蜂因盗蜂、错投，或管理上抽调、合并等途径而传播。

（3）由于各地气温、蜜粉源、气温变化和蜂王开始产卵的时间等情况不同，大、小蜂螨的成长规律也不一样。一般说，大蜂螨四季在蜂群中都可见到，小蜂螨在 6 月份之前和

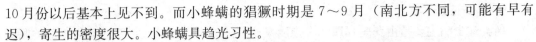

10月份以后基本上见不到。而小蜂螨的猖獗时期是 7～9 月（南北方不同，可能有早有迟），寄生的密度很大。小蜂螨具趋光习性。

2. 预防　健康群和有螨群不要随便合并和调换子脾。购置蜂群要经过一段时间单独饲养观察，确认无螨后放在一起。在蜂群的日常管理中，定期割除雄蜂蛹，并清除雄蜂幼虫、蛹体上的蜂螨。

（三）症状和病变

大蜂螨病主要表现不安、振翅、摇尾，用足擦胸部，体质衰弱，很少出巢采集，营养不良，寿命缩短。严重时肉眼可见到蜂体上的蜂螨，幼虫和蛹发育不良，大批的死去或被工蜂拖出巢外。

小蜂螨主要寄生在子脾上，因此对蜜蜂幼虫、蛹的危害特别严重。危害轻者出现"花子脾"，重者蜜蜂幼虫和蛹大批死亡。

被蜂螨危害严重的蜂群繁殖缓慢，无健康幼虫，群势减弱，甚至全群覆没。

（四）诊断

当怀疑蜂群遭受螨害时，可用下列方法进行检查。

1. 肉眼直接检查　大蜂螨病可以打开蜂箱，提出蜂脾，用拇指和食指抓捉蜜蜂仔细观察，看胸腹部有无大蜂螨成螨寄生。小蜂螨寄生在蜂幼虫房内，检查的时候注意对封盖子脾观察。根据小蜂螨趋光习性，可用眼科镊子揭开封盖巢房，在强光下仔细检查，如发现小蜂螨，很快会从巢房爬出，即可确诊。

2. 药物检查　在箱底放一张硬纸，用常用治螨药熏治，第 2 天早晨抽去硬纸，查落螨情况。

（五）治疗

根据蜂螨寄生于蜂体繁殖于蜂盖房的特点，选择在早春蜂王尚未产卵和秋末蜂王停止产卵的有利时机进行防治。通常采取化学防治、物理防治、生物防治和综合防治等措施。

1. 化学防治

（1）速杀螨。按 25mg/L 浓度喷洒带螨的蜜蜂，4h 内全部击落，杀螨效果达 100%。

（2）升华硫磺对小蜂螨的杀伤效果很好。使用时，先将封盖子脾上的蜜蜂抖掉，然后用纱布将升华硫粉包着，均匀涂布在封盖子脾的表面。每隔 7～10d 一次，连续 2～3 次，也可结合取蜜后进行。

2. 物理方法　该方法是指蜂群的热处理和给蜂群的热吹风。

3. 生物方法　这是蜂螨防治的新领域和未来发展方向。主要是指生物有机体或其他天然产物来控制害虫的方法，对蜂螨病的防治包括选育抗螨品种，采用真菌或激素等方法抵抗大、小蜂螨。

任务 8-6　动物园动物寄生虫病防治

一、鸟类寄生虫病

控制动物园鸟类寄生虫是一项重要的工作，但施行起来极为困难，主要涉及动物种类多样及饲养场所分散于笼、大的围场和池塘等的不同。鸟类寄生虫感染可造成严重损失，甚至可能导致暴发的程度，有研究表明鸟类寄生虫病造成的死亡率在 5%～18%。

(一) 球虫病

鸟类球虫病主要是由艾美耳属和等孢属某些种的球虫引起的最重要的动物园鸟类原虫病，幼龄的近似于家禽的鸟类、鸽、野鸽、水禽和燕雀对球虫的寄生抵抗力非常低。有时可导致死亡。如金丝雀的所谓"红腹"是由拉氏等孢球虫引起。临床表现为血样腹泻、食欲降低、反射迟钝、乍毛，有时也引起死亡。粪便直接涂片和饱和盐水漂浮法，找到球虫卵囊即可确诊。用磺胺二甲嘧啶，氨丙啉、地克珠利均可以取得理想治疗效果。预防措施包括加强对环境的清理和消毒。

(二) 毛滴虫病

毛滴虫可感染鹑鸡类、鸽、野鸽、猛禽、金刚鹦鹉、南方褐雨燕、金丝雀和外来的鸣禽，常见于温热带地区。家鸽和野鸽更易感，有些虫株对鸽和野鸽有很高致死性。

1. 病原　病原是毛滴虫属的毛滴虫。虫体呈瓜子形或梨形，大小为 (5~9) μm×(2~9) μm，虫体前端有 4 根鞭毛，使虫体可迅速移动。姬姆萨染色标本中，虫体原生质呈淡蓝色，细胞核和毛基体呈红色，鞭毛呈暗红色或黑色。

2. 临床症状　咽型的病变典型特征是喉部有干酪样物积聚，常伴有体重下降和死亡。以内脏型为主的表现精神不振，羽毛松乱无光，排黄绿色或淡黄色黏液性、糊状粪便，进行性消瘦，最后衰竭死亡（据报道死亡率可达 30% 以上）。以脐型为主的表现精神呆滞，食欲减少，消瘦，脐部发炎，不愿伏卧，严重者很快死亡。

3. 病理变化　常表现肝病理变化，有时表现喉的损伤。鸽咽型病例剖检可见口腔黏膜上有黄色干酪样积聚物，鼻咽黏膜上形成一层平坦的针头大小的病灶。内脏型病例剖检可见内脏器官有干酪样坏死灶。脐型病例剖检可见脐部皮下有干酪样或溃疡性病变。

4. 诊断　根据临床症状及病变可作出初步的诊断，病变材料滴加生理盐水封片，用光学显微镜观察，在 400 倍放大的暗视野中找到淡灰色梨形或椭圆形活动的虫体便可确诊。

5. 治疗　土霉素 0.22% 浓度拌料，金霉素 0.022%~0.044% 浓度拌料，连用 2 周。甲硝唑每千克体重 40~60mg 口服，1 次/d，连用 5d。注意食用动物禁用甲硝唑。

(三) 贾第虫病

贾第虫病是一种肠道原虫病，澳洲鹦鹉、澳洲长尾小鹦鹉易感。与哺乳动物不同，鸟类贾第虫病是致死性疾病，特别是刚孵出的虎皮鹦鹉，成年鸟可能是隐性携带者，可能是通过污染的粪便进行传播。

1. 病原　鹦鹉贾第虫主要寄生于鸟的肠道，偶尔也寄生于胆管，其发育过程中有滋养与包囊两期，滋养体为倒置纵切梨形，包囊为椭圆形。

2. 症状　虎皮鹦鹉症状表现呕吐、厌食、瘦弱、腹泻和死亡。粪便色变浅，量增多，稀或呈糊状。有报道鹦鹉头部羽毛脱落。

3. 诊断　镜检新鲜粪便的盐水封片可发现活动的滋养体。滋养体大小 (8~10) μm×(10~12) μm，2 个核。用鞭毛运动。由于包囊不一定出现，故需连续检查。包囊几乎是透明的，不运动。在制片上加一滴卢戈氏碘液有助于包囊的检出。

4. 治疗　异丙硝哒唑按 125mg/L 浓度饮水给药，每天更换作为唯一的饮水源，连续7~14d，疗效良好。治疗鸟群可以用二甲硝咪唑每千克体重 50mg 拌料用药，1 次/d，连用 5d。或饮水给药（0.02%~0.04%）连用 5d。单只鸟可用滴管给药，每克体重0.05mg，每 12h 一次，连给 3 次。

（四）毛细线虫病

毛细线虫病由毛细线虫属、绳状属和优鞘属的多种毛细线虫寄生在鸟禽类消化道引起，严重可以导致死亡。毛细线虫的绝大多数种类，可以直接在动物体内发育，其他种类则需要蚯蚓作为中间宿主。可以感染鸽、野鸽、雉鸡、孔雀、鹧鸪、鹌鹑。鹦鹉，尤其是食肉鹦鹉，是常见的病原携带者。

1. 症状　毛细线虫寄生于消化道的黏膜下层。严重时可引起黄绿色或血样腹泻、消瘦、食欲不振、贫血；食管中的毛细线虫可导致吞咽困难、气喘、头颈扭转、也常导致死亡。

2. 诊断　粪便涂片，镜检，卵呈椭圆形，大小 $50\mu m \times 25\mu m$，具有厚的外壳。

3. 治疗　左旋咪唑对毛细线虫和蛔虫均有效，按每千克体重 25～50mg 给药，1 次/d，连用 2d。甲苯咪唑（含 20mg 活性成分的丸剂）适合于鸽的治疗。

（五）蛔虫病

蛔虫病由禽蛔属的多种蛔虫引起，可感染鸽、野鸽及近似于家禽的鸟、鹦鹉。通过食入感染性虫卵而直接传播。表现为体况消瘦、食欲不振、生长缓慢，严重感染时，常见肠道阻塞和死亡。长尾小鹦鹉感染会导致腿麻痹。通过粪便漂浮法查虫卵和尸体剖检发现虫体可确诊。

哌嗪类化合物（如枸橼酸哌嗪，己二酸哌嗪）治疗效果好。枸橼酸哌嗪按每千克体重 300～500mg 饮水或拌料给药。左旋咪唑按每千克体重 25～50mg 饮水或肌内注射，1 次/d，连用 2d。

（六）气管比翼线虫病

气管比翼线虫可以引起鹤、雉鸡、孔雀、巨鹬、燕雀类鸟和其他种鸟类发病。动物园中比翼线虫的传播媒介主要是自由飞翔的乌鸦、麻雀、鸥掠鸟、赤翼黑鸟。虫体寄生于气管和大支气管。虫卵在吞咽或咳嗽时随黏液排出。蚯蚓为中间宿主。场地污染之后，几年内难以清理干净。对幼雏影响严重，特征性临床症状包括张嘴、咳嗽并且轻轻摇头。

噻苯哒唑适用于预防或治疗。治疗已经感染的鸟时，噻苯哒唑配成悬浮液或丸药逐个应用，按每千克体重 200～300mg 直接口服，疗程 4～6d。饲料中的浓度是每千克饲料 0.8g，连用 2～3 周。甲苯哒唑和射线致弱疫苗实验性防治取得成功。

（七）鸟类疟疾

1. 病原　病原为疟原虫，该病在许多动物园均有报道，尤其是企鹅感染。散发病例见于绒鸭，海鸥类海鸟，黑雁，也可引起鹦鹉，金丝雀的死亡。在夏天，病原携带者（如隐性感染的鸟类）通过库蚊、伊蚊、按蚊的叮咬传播给动物园的易感鸟类。

2. 症状　病鸟出现肝脾肿大和精神沉郁。其红细胞内配子体和裂殖体常见于宿主细胞核近旁。

3. 诊断　血液涂片，在红细胞中可见有着色深的配子体或裂殖体。

4. 防治　治疗困难，但可用盐酸阿的平（每千克体重 250mg）经胃管灌服，1 次/d，连续 5d 进行治疗，10d 后重复一个疗程。氯喹，按每千克体重 40mg 口服或按每千克体重 20mg 肌内注射，连用 3d。

5. 预防　可应用杀虫剂和清除动物园内的蚊虫滋生地，减少蚊虫数量。企鹅在早上或晚上置于隔离的舍内避免蚊虫的叮咬。伯氨喹有一定预防价值，与其他抗疟药不同，对细胞外的发育阶段虫体（禽类疟疾的典型形式）有效。所有企鹅从 7 月中旬到 8 月下旬，每天 1/4 片（3.75mg 伯氨喹）。

（八）羽虱病

长角羽虱科和短角羽虱科的不同种类的羽虱可寄生于很多鸟类，金丝雀受侵袭非常普遍。临床症状轻微或缺乏，但大量寄生易导致并发感染。主要表现为鸟的烦躁不安。不停地用喙整理羽毛，羽毛状况不良（折断、粗糙或沾有泥土）及脱落。如果怀疑外寄生虫，应检查皮肤和羽毛。

虱的种类不同，寄生部位也不同。常见的寄生部位是头、翅、胸和腹，检查这些部位以寻找虱卵和虱。可以用湿的细刷子或小镊子从鸟身上捕捉虱子。较大的螨可以用连接小瓶的吸管吸入瓶内。拔下羽毛观察，见羽毛基部有白色虫卵，羽绒部分可看见虫体。虫体在显微镜下观察，其体长为1～2mm，呈深灰色，体形扁平，分头、胸、腹三部分，头部的宽度大于胸部，咀嚼式口器。胸部有3对足，无翅。

除虫菊酯喷雾1～2次（间隔7～10d）疗效明显。

二、爬行动物和两栖动物寄生虫病

寄生虫在两栖类和爬行类扮演着重要的角色。国外文献报道1 100个剖检动物中，40%发现并感染寄生虫，感染病例中79%死于寄生虫病。

原虫对爬行动物和两栖动物致病的并不多。鞭毛虫常见于肠道，但很少有致病性。细滴虫引起变色蜥蜴的结肠炎。多鞭毛虫种类见于嗜水气单胞菌和其他种类细菌感染过程中小肠的坏死组织。在蛇体内，此类虫体移行到胆囊导致胆汁滞留性黄疸和死亡。隐孢子虫病与进食后返流有关。寄生虫侵害肠黏膜，导致皱褶明显增厚，分节运动丧失。肉足类几个种栖居于小肠。爬行动物最严重的致病原虫是侵袭性内阿米巴。

（一）阿米巴病

1. 病原　病原主要是内阿米巴属的侵袭性内阿米巴，在大型蛇饲养场呈局部流行。肉食性蛇比草食性蛇敏感。蛇、海龟和龟感染后，病情严重，造成较大损失。侵袭性内阿米巴的滋养体或4个核的包囊能够被传播并且在不利条件下存活。

2. 症状　临床表现为厌食、体重下降、呕吐、黏液性或出血性腹泻，最后死亡。

3. 病变　主要侵袭直肠区域或直接进入器官或通过血流到达器官。严重的病例，可以阻塞肠腔。一般情况下肝是进一步感染的靶器官，严重感染情况下，肝布满大小脓肿，内有大量的侵袭性内阿米巴滋养体。剖检可见病变从胃一直扩展到泄殖腔，肠道出现溃疡灶，溃疡发展为干酪样坏死、水肿、出血。肝型阿米巴肝肿大，多发性局灶脓肿，质脆。

4. 诊断　阿米巴病的确诊依赖于阿米巴原虫包囊或滋养体的鉴定。死前诊断通过粪便样品或结肠冲洗液离心沉淀物的检查。将聚乙烯管插入结肠，然后用生理盐水冲洗，离心沉淀样品的湿片镜检阿米巴。死后可以进行组织切片或肠黏膜刮取物的湿片检查。根据伪足的运动很易鉴别。滋养体大小为15～20μm。

5. 防治　侵袭性内阿米巴最好用灭滴灵治疗，按每千克体重160mg，口服3d，每天剂量最大400mg。森王蛇和王蛇（小滑鳞蛇）对灭滴灵敏感，每千克体重40～100mg安全。肌内注射盐酸依咪叮，每千克体重2～2.5mg，1次/d，连用10d。

（二）球虫病

爬行动物有几种球虫寄生，克洛斯球虫寄生在肾，等孢球虫寄生在胆囊和肠道；艾美耳球虫寄生在肠道。球虫病在新生动物中尤其流行，严重程度依寄生虫和被寄生动物的种类而定。

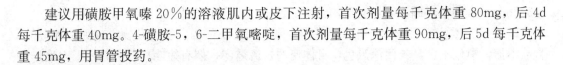

建议用磺胺甲氧嗪20％的溶液肌内或皮下注射，首次剂量每千克体重80mg，后4d每千克体重40mg。4-磺胺-5，6-二甲氧嘧啶，首次剂量每千克体重90mg，后5d每千克体重45mg，用胃管投药。

三、哺乳动物寄生虫病

(一) 熊蛔虫病

熊感染蛔虫比较常见，很少引起动物死亡。病原包括犬蛔虫，横行弓蛔虫，多乳突弓蛔虫等蛔虫属的虫体。

对环境每日清洗和消毒。如果严重感染动物拒绝口服用药，需镇静以便注射抗蠕虫药物。每千克体重50mg哌嗪化合物，拌料或饮水，连用3d，效果良好，2周后重复治疗。左旋咪唑：每千克体重100～200mg，口服，效果较好。甲苯咪唑：每千克体重19mg，治疗感染的棕熊，100％有效。

(二) 大象锥虫病

本病由伊氏锥虫寄生于宿主血浆和造血器官内所引起的一种原虫病。见于马类动物、骆驼、象及肉食动物体内。主要症状为体温升高，持续几天时间，最高体温达到38℃，此时在血液中可查到大量虫体。在发病过程中，有一无热期。动物易出现疲劳，眼有较多分泌物，尽管摄入足够食物，大象仍消瘦，便秘与腹泻交替发生，贫血和水肿。在亚洲，大象锥虫病常在雨季发生。

可用鲜血压滴片检查、血片染色检查、血液厚滴片染色检查等病原学检查。当病原检查无法确诊时，可以用血清学方法进行辅助诊断。常用的方法有琼脂扩散反应、补体结合反应、间接血凝试验等。

萘磺苯酰脲（拜耳205，苏拉灭，那加诺尔）：每头3～5g，以生理盐水配成10％溶液，1次静脉注射。

(三) 大象肝片吸虫病

该病由片形科片形属的肝片吸虫引起。国内个别动物园也曾发生因肝片吸虫感染发生大象死亡的病例。临床表现为容易疲劳，食欲无规律性，贫血，呼吸困难，兴奋、疝痛。极臭的腹泻同时伴发间歇性肠麻痹或便秘和水肿。动物卧地不起，终因虚弱死亡。采用直接涂片法和反复沉淀法，在粪便中找到虫卵即可确诊。治疗可用六氯对二甲苯悬液16g，口服，连用几天。

(四) 有袋类动物的弓形虫病

该病病原为龚地弓形虫和温扬弓形虫。袋鼠，袋狸，袋熊，袋鼬和袋貂，尤其易感这种广泛的慢性疾病。弓形虫可以引起有袋类动物较高的死亡率。除了厌食和体重减轻之外，成年动物不显示特征性症状。幼龄动物症状比较明显，精神沉郁，食欲不振，呼吸困难，体温升高，最终出现中枢神经紊乱和出血性腹泻。死后在肌肉组织发现包囊即可确诊。磺胺药和乙胺嘧啶联合用药，但该病经常复发。搞好环境卫生，消毒、驱虫和合适的食物是预防弓形虫病的必需措施。

(五) 小熊猫线虫病

1. 病原 病原为中华猫圆线虫。寄生于肺部小支气管，雄虫体长13.6～21.0mm，宽0.179～0.214mm。交合伞发育良好，伞肋明显，末端钝圆，均未达到伞缘。1对交合刺等长，黄褐色，呈弓形弯曲。引器棒状。雌虫体长 28.4～53.2mm，宽 0.259～

277

0.332mm。虫卵呈椭圆形，卵壳薄而光滑。透明，内含1条幼虫。

2. 症状 本病主要发生于捕自野外而刚刚入园的小熊猫。发病动物表现为精神沉郁，食欲不振，消化不良，粪便深黑色，身体瘦弱。流鼻涕，偶有短咳，严重者呼吸困难，声音嘶哑，最后衰竭死亡。

3. 病变 肺膈叶有针尖大至粟粒大的灰色或灰白色结节，心叶边缘有红色肝变区。肺细支气管内有大量纤细的黄色虫体。病理组织学变化表现为寄生虫性肺炎与机化。

4. 诊断 取粪便5～10g，用贝尔曼法分离检查一期幼虫。一期幼虫体长0.289～0.348mm，中宽0.013～0.017mm，食道长0.129 0～0.165mm。肠道由小颗粒状物组成。尾稍波状弯曲，背侧有一明显凹痕，但无背刺。

5. 防治 可试用丙硫咪唑、左旋咪唑及苯硫氨酯。

（六）小熊猫列叶吸虫病

1. 病原 寄生于小熊猫的列叶吸虫实际上至少有两个种，即印度列叶吸虫和小熊猫列叶吸虫。寄生于小肠的这两个虫种主要鉴别特征：印度列叶吸虫雄茎囊纵置于虫体中1/3部，睾丸肾形或椭圆形，表面光滑。而小熊猫列叶吸虫的雄茎囊呈弧形横卧于虫体前半部，睾丸分叶。

2. 流行 在北京、成都、重庆、绵阳等动物园内发现小熊猫感染此吸虫。重庆动物园小熊猫感染率达29.03%，而卧龙自然保护区野生小熊猫粪便21份，列叶吸虫卵阳性率达76.19%。在一只死亡的小熊猫小肠内最多可检出18 600条虫体。

3. 症状 轻度感染无明显表现，严重感染可出现腹泻、消瘦、贫血等症状。解剖可见小肠前端黏膜增厚呈粉红色，肠内食糜稀少，内有大量虫体。

4. 防治 丙硫苯咪唑每千克体重30mg口服。吡喹酮：每千克体重90～130mg口服。

（七）熊猫蛔虫病

1. 病原 大熊猫蛔虫病病原为西氏蛔虫，粗大，白色或灰褐色。雄虫长76～100mm，宽1.4～1.9mm。雌虫长139～189mm，宽2.5～4.0mm。虫卵呈黄色至黄褐色，椭圆形或长椭圆形，两端钝圆，大小为（67.50～83.70）μm×（54.00～0.70）μm。卵壳有3层膜，最外层为蛋白质外壳，布满棘状突起。小熊猫蛔虫病病原为横走弓蛔虫或小熊猫弓蛔虫。

2. 流行 西氏蛔虫卵具有一定的抗寒能力。在冬季寒冷气候下多不发育，而处于休眠状态，故外界环境中的虫卵密度会随大熊猫继续排卵而不断增加。待来年气候转暖时，发育为感染性虫卵，侵袭大熊猫。

3. 症状 轻度感染，临床症状不明显。感染严重时主要表现为进行性消瘦，黏膜苍白，消化不良，便秘或下痢，不喜运动，常有腹痛，被毛蓬乱。幼年、青年熊猫临床症状明显，表现为停食、呕吐、腹痛、呼吸增快，有时咳嗽，时走时作排粪动作，烦躁不安，排带黏液的稀粪。有时呈块状，并裹有少量蛔虫排出体外。消瘦，贫血，可视黏膜苍白，毛发脱落，精神痴呆，反应迟钝，有时出现癫痫样症状。

4. 诊断 采用沉淀法或饱和盐水漂浮法检查虫卵，或谢氏虫卵漂浮法检查粪便，该方法以含有等量甘油的饱和硫酸镁溶液作漂浮液，甘油对虫卵有透明作用便于观察。小熊猫弓蛔虫虫卵较大，圆形或亚圆形，黄褐色，有厚的卵壳。

5. 治疗 左咪唑，按每千克体重7～10mg混于食物内喂服1～2次。丙硫咪唑，按每千克体重10mg混于食物内喂服一次。

6. 预防 环境的清洁卫生，用具的消毒对于防止舍饲熊猫的重复感染十分重要。

（八）大熊猫螨病

1. 病原　大熊猫蠕形螨和熊猫食皮螨，亦称熊猫痒螨。前者寄生于大熊猫的毛囊和皮脂腺内，熊猫食皮螨则寄生于大熊猫的皮肤表面。大熊猫的蠕形螨病一年四季均可发生，但主要在潮湿、闷热的夏秋季节和寒冷的冬季。

2. 症状　蠕形螨病的症状为瘙痒不安，到处擦痒，或用前后肢抓痒，或用嘴啃咬患病的指和趾部。头部、面部与鼻部两侧的毛变稀疏，眼睑肿胀，有粟粒大至黄豆大的硬结。时间延长，痂皮脱落，结节则呈白色，在头部其他部位亦有散在的结节。在颈、背、臀、四肢内外侧、蹄部，皮肤变红、粗糙，有灰白色的薄痂皮或银屑，被毛稀疏或成片脱落。其他部位被毛虽未成片脱落，但被毛干燥无光泽，易断裂。

熊猫食皮螨感染表现为剧烈瘙痒，皮肤发炎，增厚，脱毛，消瘦等主要症状。

3. 诊断　用力挤压患病部结节，挤出少量浓稠液体或脓样物，或刮取病健交界处皮屑，置于载玻片上滴加少量甘油蒸馏水，镜检查病原。

4. 治疗　伊维菌素，按每千克体重 $200\mu g$ 的剂量皮下注射，1周后重复治疗1次。

知识拓展

一、三代虫病的分子生物学鉴定方法

OIE 推荐使用 PCR 方法进行鉴定，分别对 ITS 序列和 CO1 序列进行扩增。

1. 引物

ITS 上游引物：5′-TTT CCG TAG GTG AAC CT-3′；

ITS 下游引物：5′-TCC TCC GCT TAG TGA TA-3′；

CO1 上游引物：5′-TAA TCG GCG GGT TCG GTA A-3′；

CO1 下游引物：5′-GAA CCA TGT ATC GTG TAG CA-3′。

2. 反应体系　在 PCR 管中，加入 10×PCR buffer $2.5\mu L$，$5IU/\mu L$ Taq DNA 聚合酶 $0.5\mu L$，$10\mu mol/L$ 上下游引物各 $0.5\mu L$，$2.5mmol/L$ dNTP $2\mu L$，模板 DNA $10\mu L$，加水至 $25\mu L$。

3. PCR 反应条件　95℃预变性 5min；之后 95℃变性 1min，55℃退火 1min，72℃延伸 2min，运行 35 个循环，最后 72℃补充延伸 7min。三代虫的这段 ITS 产物长约 1 300bp。每个反应设置阳性对照、阴性对照和空白对照。

4. 结果判断　如果有阳性样本，将 PCR 产物测序，与 GenBank/EMBL 中已知序列进行比对。

二、蜂孢子虫病的分子生物学诊断技术

OIE 推荐使用双重 PCR 对蜂孢子虫病进行诊断。使用两对引物在同一个反应中运行体系，可以同时鉴定东方蜜蜂微孢子虫和蜜蜂微孢子虫两个种。

1. DNA 抽提

2. PCR 反应引物

F1：5′-CGGCGACGATGTGATATGAAAATATTAA-3′；

R1：5′-CCCG TCATTCT CAAAC AAAAAACCG-3′；

279

F2：5′-GGGG GCATGTCTTT GACGTACTATGTA-3′；

R2：5′-GGGGGGC GTTTAAAATGTGAAACAACTAT G-3。

3. PCR 反应体系 在反应管中加入 3mmol/L MgCl$_2$，5mol/L buffer，0.4μmol/L dNTP，0.4μM 引物（每条），2 个单位 Taq DNA 聚合酶，5μL DNA 模板，加水至 50μL。

4. PCR 反应条件 94℃ 预变性 2min；94℃ 15s，61.8℃ 45s，72℃ 45s，运行 10 个循环；94℃ 15s，61.8℃ 30s，72℃ 50s，运行 20 个循环；最后 72℃ 延伸 5min。

每个反应设置阴性对照，空白对照和阳性对照。

5. 结果判断 在 2％琼脂糖凝聚上观察产物片段大小。东方蜜蜂微孢子虫的 PCR 产物 218bp 左右，蜜蜂微孢子虫产物 321bp。如果有阳性产物，送该产物测序。将测序结果与 GenBank/EMBL 上的序列进行比对来判断。

项目·小结

病名	病原	宿主	寄生部位	诊断要点	防治方法
兔豆状囊尾蚴病	豆状囊尾蚴	中间宿主：家兔、野兔 终末宿主：犬、狐	肝和腹腔	1. 临诊：肝炎 2. 病原学检查：肝及腹腔找到虫体 3. 血清学诊断：间接血凝实验	1. 每年预防性驱虫 4 次 2. 保持清洁 3. 治疗可采用吡喹酮、硫双二氯酚、甲苯咪唑等药物
兔球虫病	斯氏艾美耳球虫、大型艾美耳球虫、肠艾美耳球虫、中型艾美耳球虫等球虫	兔	肝、肠道	1. 临诊：肝型肝高度肿大，肠型肠道、十二指肠充血 2. 实验室诊断：饱和盐水漂浮法在粪便中找到卵囊，肠黏膜或肝病灶找到球虫	1. 加强饲养管理 2. 粪便管理 3. 治疗可采用氯丙胍、磺胺-6-甲氧嘧啶、磺胺二甲基嘧啶、三甲氧苄氨嘧啶等药物
马裸头绦虫病	大裸头绦虫、叶状裸头绦虫和侏儒副裸头绦虫	中间宿主：地螨 终末宿主：马	小肠和盲肠	1. 临诊：慢性消耗性病症 2. 实验室诊断：饱和盐水漂浮法找到虫卵或者粪便中找到孕节	1. 改变夜牧习惯 2. 预防性驱虫 3. 粪便处理 4. 治疗采用氯硝柳胺、南瓜子粉末等药物
马尖尾线虫病	尖尾线虫	马	盲肠和结肠	1. 临诊：肛门剧痒 2. 实验室诊断：找到雌虫或病灶部位刮取物中找到虫卵	1. 搞好马厩卫生 2. 治疗采用丙硫苯咪唑、噻苯唑
马胃蝇蛆病	胃蝇属的多种幼虫	马	胃肠道	1. 临诊：无明显临床症状，慢性胃炎或出血性胃炎 2. 实验室诊断：肠胃、口腔、粪便内及肛门附近找到虫体，毛上找到虫卵、触摸直肠找到虫体	1. 加强饲养管理，定期驱虫 2. 治疗采用伊维菌素、敌百虫

（续）

病名	病原	宿主	寄生部位	诊断要点	防治方法
小瓜虫病	多子小瓜虫	淡水鱼和观赏鱼	体表和鳃	1. 临诊：鱼体表、鳃和口腔布满小白点 2. 实验室诊断：显微镜下找到虫子	1. 合理密养，加强饲养管理 2. 治疗采用高锰酸钾、硫酸铜、食盐水
车轮虫病	车轮虫属和小车轮虫属的车轮虫	淡水鱼和海水鱼	皮肤、鳃、鼻腔	1. 临诊：一般无特殊症状 2. 实验室诊断：镜检在鳃丝或黏液上找到虫体	1. 合理密养，加强饲养管理 2. 治疗采用硫酸铜和硫酸亚铁合剂、苦参碱溶液
斜管虫病	鲤斜管虫	淡水鱼	鳃、皮肤、鼻腔	1. 临诊：皮肤和鳃表面苍白色或形成淡蓝色薄膜 2. 实验室诊断：显微镜在鳃丝或皮肤上找到虫体	1. 合理密养，加强饲养管理 2. 治疗采用硫酸铜和硫酸亚铁合剂
指环虫病	指环虫属的多种指环虫	淡水鱼和观赏鱼	鱼鳃	1. 临诊：鳃瓣密集白色斑点 2. 实验室诊断：镜检在鳃丝上找到虫体	1. 加强饲养管理 2. 治疗采用甲苯咪唑、敌百虫等药物
锚头鳋病	锚头鳋属的多种锚头鳋	淡水鱼类和海水鱼	体表、口腔、鳍及眼	1. 临诊：急躁不安，鳞片上形成石榴子红斑 2. 实验室诊断：镜检找到虫体	治疗可以采用高锰酸钾、敌百虫等药物
虱螨病	赫氏蒲螨	蚕	体表	病蚕、蛹、蛾各期症状不同。在蚕体找到虫子可确诊	1. 采用浸、蒸、堵、杀等综合防治措施 2. 治疗采用杀虱灵、灭蚕蝇
蝇蛆病	多化性蚕蛆蝇幼虫	蚕	蚕体	1. 临诊：病蚕体表形成喇叭形黑色病斑 2. 实验室诊断：镜检解剖病蚕体壁发现蝇蛆	1. 加强饲养管理 2. 化学防治使用灭蚕蝇 3. 生物防治采用大腿小蜂等天敌灭蚕蛆
蚕微粒子病	蚕微孢子虫	蚕	蚕体	1. 临诊：病原学检查病蚕、蛹、蛾各期症状不同。丝腺形成乳白色浓泡状的斑块 2. 实验室诊断：肉眼加显微镜检查	1. 严格良种繁殖 2. 蚕种热处理 3. 治疗采用防微灵、阿苯达唑、多菌灵
蜂孢子虫病	蜜蜂微孢子虫	蜜蜂	中肠	1. 临诊：蜂下痢严重 2. 实验室诊断：镜检发现孢子虫或者中肠石蜡切片，染色观察细胞损伤	1. 科学管理，加强消毒 2. 治疗采用灭滴灵、四环素、土霉素、柠檬酸、米醋

281

病名	病原	宿主	寄生部位	诊断要点	防治方法
大蜂螨病	雅氏瓦螨	蜜蜂	蜜蜂	1.临诊：不安、振翅、摇尾 2.实验室诊断：肉眼检查找到虫体	1.化学治疗采用速杀螨 2.物理方法给蜂群热处理和热吹风 3.生物方法采用生物有机体或其他天然产物来控制
小蜂螨病	亮热厉螨	蜜蜂幼虫和蛹体	子脾	1.临诊：出现花子脾 2.实验室诊断：肉眼检查找到虫体	化学治疗采用升华硫黄。其余同大蜂螨病治疗
球虫病	艾美耳属和等孢属的球虫	鸟类、鸽、野鸽、水禽和燕雀、爬行类动物	肠道	1.临诊：血样腹泻 2.实验室诊断：粪便直接涂片和饱和盐水漂浮法找到卵囊	1.加强环境清理和消毒 2.治疗采用磺胺二甲嘧啶、氨丙啉、地克珠利
鸟毛滴虫病	鸡毛滴虫	鹑鸡类、鸽、野鸽、猛禽、金刚鹦鹉、南方褐雨燕、金丝雀	口腔、鼻腔、咽、食道和嗉囊的黏膜层	1.临诊：咽型喉部有干酪样物积聚，内脏型排黄绿色或淡黄色粪便，脐型脐部发炎 2.实验室诊断：光学显微镜观察找到虫体	治疗采用呋喃唑酮、土霉素、金霉素
鸟贾第虫病	鹦鹉贾第虫	澳洲鹦鹉、澳洲长尾小鹦鹉	肠道、胆管	1.临诊：呕吐，腹泻 2.实验室诊断：镜检发现滋养体	治疗采用异丙硝哒唑、二甲硝咪唑
鸟毛细线虫病	毛细线虫属、绳状属和优鞘属的毛细线虫	中间宿主：蚯蚓 终末宿主：鸽、野鸽、雉鸡、孔雀、鹧鸪、鹌鹑、鹦鹉	消化道	1.临诊：吞咽困难，气喘。黄绿色或血样腹泻 2.实验室诊断：粪便涂片镜检找到虫卵	治疗采用左旋咪唑、甲苯咪唑
鸟蛔虫病	禽蛔属的蛔虫	鸽、野鸽、鹦鹉及类似家禽的鸟	肠道	1.临诊：肠道堵塞 2.实验室诊断：粪便漂浮法找到虫卵	治疗采用柠檬酸哌嗪、己二酸哌嗪
鸟气管比翼线虫	气管比翼线虫	鹤、雉鸡、孔雀、巨鸬、燕雀	气管和大支气管	临诊：张嘴、咳嗽并摇头	预防和治疗采用噻苯哒唑
鸟类疟疾	疟原虫	绒鸭、海鸥类海鸟、黑雁、鹦鹉、金丝雀、企鹅		1.临诊：肝、脾肿大 2.实验室诊断：血液涂片镜检发现配子体或裂殖体	1.杀灭蚊虫 2.治疗采用盐酸阿的平、氯喹
羽虱病	长角羽虱科和短角羽虱科的羽虱	多种鸟类	头、胸、翅和腹	检查寄生部位找到虫体	治疗采用除虫菊酯喷雾
阿米巴病	侵袭性内阿米巴	蛇、海龟和龟		1.临诊：呕吐、黏液性或出血性腹泻 2.实验室诊断：镜检发现滋养体或原虫包囊	治疗采用灭滴灵、盐酸依咪叮

（续）

病名	病原	宿主	寄生部位	诊断要点	防治方法
球虫病	克洛斯球虫、等孢球虫、艾美耳球虫	爬行动物	克洛斯球虫寄生在肾，等孢球虫寄生在胆囊和肠道，艾美耳球虫寄生在肠道	镜检找到包囊	治疗采用磺胺甲氧嗪、4-磺胺-5,6-二甲氧嘧啶
熊蛔虫病	犬蛔虫，横行弓蛔虫，多乳突弓蛔虫等	熊			治疗采用哌嗪化合物、左旋咪唑和甲苯咪唑
伊氏锥虫病	伊氏锥虫	马类动物、骆驼、象及肉食动物	血浆和造血器官	1. 病原学检查采用鲜血滴片检查、血液厚滴片染色检查找到虫体 2. 血清学检查采用琼扩实验和补体结合反应和间接血凝实验	治疗采用萘磺苯酰脲
大象肝片吸虫病	肝片吸虫	大象	肝	粪便直接涂片和反复沉淀法找到虫卵	治疗采用六氯对二甲苯
弓形虫病	龚地弓形虫和温扬弓形虫	袋鼠、袋狸、袋熊、袋鼬和袋貂		死后肌肉检查找到包囊	治疗采用磺胺药和乙胺嘧啶
小熊猫线虫病	中华猫圆线虫	小熊猫	肺部小支气管	1. 临诊：粪便深黑色、短咳、呼吸困难，肺膈叶有灰色或白色结节 2. 实验室诊断：幼虫分离法找到幼虫	治疗采用丙硫咪唑、左旋咪唑、苯硫氨酯
列叶吸虫病	印度列叶吸虫和小熊猫列叶吸虫	小熊猫	肠道	腹泻、消瘦。解剖肠道找到虫体	治疗采用丙硫苯咪唑、吡喹酮
小熊猫蛔虫病	横走弓蛔虫或小熊猫弓蛔虫	小熊猫	肠道	1. 临诊：临床症状不明显 2. 实验室诊断：反复沉淀法或饱和盐水漂浮法找到虫卵	治疗采用左旋咪唑、丙硫苯咪唑
大熊猫螨病	大熊猫蠕形螨和熊猫食皮螨	大熊猫	毛囊和皮脂腺以及皮肤表面	1. 临诊：瘙痒不安 2. 实验室诊断：皮屑镜检找到虫体	治疗采用伊维菌素
大熊猫蛔虫病	西氏蛔虫	大熊猫	肠道	1. 临诊：症状不明显 2. 实验室诊断：沉淀法和谢氏虫卵漂浮法找到虫卵	同小熊猫蛔虫病

283

职业能力和职业资格测试

一、单项选择题

1. 引起兔肝球虫病的球虫是（　　）。
　　A. 柔嫩艾美耳球虫　　　　B. 斯氏艾美耳球虫　　　　C. 小型艾美耳球虫
　　D. 毒害艾美耳球虫　　　　E. 截形艾美耳球虫

2. 梅雨季节，断奶后幼兔发生一种腹围增大、贫血、黄疸、腹泻为主要特征的疾病，病兔肝区有痛感，后期有神经症状，如头后仰，四肢痉挛，做游泳状划动。死亡兔肝表面或肝实质有白色或淡黄色粟粒大或豌豆大白色结节，沿小胆管分布。治疗该病时首先选用的药物是（　　）。
　　A. 丙硫咪唑　　　　B. 左旋咪唑　　　　C. 地克珠利　　　　D. 乙胺嘧啶

3. 兔是豆状带绦虫的（　　）。
　　A. 终末宿主　　　　B. 中间宿主　　　　C. 保虫宿主　　　　D. 媒介物

4. 马裸头绦虫的中间宿主是（　　）。
　　A. 地螨　　　　B. 蚯蚓　　　　C. 剑水蚤　　　　D. 犬

5. 蝇蛆病是多化性蚕蛆蝇的哪个发育阶段寄生在蚕体所引起？（　　）
　　A. 卵　　　　B. 幼虫　　　　C. 蛹　　　　D. 成虫

6. 下列哪种车轮虫可以寄生在皮肤上？（　　）
　　A. 显著车轮虫　　　　B. 卵形车轮虫　　　　C. 微小车轮虫　　　　D. 球形车轮虫

7. 寄生于鲢体表和口腔的锚头鳋是哪种？（　　）
　　A. 多态锚头鳋　　　　B. 小锚头鳋　　　　C. 鲤锚头鳋　　　　D. 短角锚头鳋

8. 多子小瓜虫的繁殖水温是（　　）。
　　A. 12～18℃　　　　B. 15～25℃　　　　C. 28～32℃　　　　D. 32～37℃

9. （　　）的发育要经过无节幼体。
　　A. 锚头鳋　　　　B. 中华鳋　　　　C. 鲺　　　　D. 鱼怪

10. 赫氏蒲螨以（　　）越冬。
　　A. 大肚雌螨　　　　B. 雌螨　　　　C. 雄螨　　　　D. 幼螨

11. 鸽子羽毛松乱无光，排黄绿色或淡黄色黏液性、糊状粪便，解剖发现内脏器官有干酪样坏死灶，可能感染的寄生虫是（　　）。
　　A. 蛔虫　　　　B. 毛滴虫　　　　C. 球虫　　　　D. 毛细线虫

二、多项选择题

1. 下面哪种鱼类寄生虫是依靠纤毛运动？（　　）
　　A. 小瓜虫　　　　B. 车轮虫　　　　C. 斜管虫　　　　D. 指环虫

2. 蚕微孢子虫的发育周期有（　　）不同发育阶段。
　　A. 孢子　　　　B. 芽体　　　　C. 裂殖子
　　D. 孢子芽母细胞　　　　E. 滋养体

3. 蚕微粒子病的感染途径包括（　　）。

　　A. 食下感染　　　　B. 接触感染　　　　C. 胚种感染　　　　D. 间接感染

4. 蜜蜂孢子虫病包括（　　）两种生殖方式。

　　A. 裂殖生殖　　　　B. 孢子生殖　　　　C. 出芽生殖　　　　D. 胎生

5. 阿米巴原虫的诊断方法有哪些？（　　　）

　　A. 粪便沉淀法　　　B. 粪便漂浮法　　　C. 肠黏膜镜检　　　D. 组织切片法

三、判断题

1. 鱼单殖吸虫一般为雌雄同体。　　　　　　　　　　　　　　　　　（　　）
2. 指环虫后固着器官有 6 对边缘小钩。　　　　　　　　　　　　　（　　）
3. 锚头鳋终生营寄生生活。　　　　　　　　　　　　　　　　　　　（　　）
4. 小蜂螨病主要感染蜂的幼虫和蜂蛹。　　　　　　　　　　　　　（　　）
5. 蜜蜂孢子虫的生殖方式为无性生殖。　　　　　　　　　　　　　（　　）

四、实践操作题

1. 显微镜下辨认锚头鳋、车轮虫、指环虫。
2. 用粪便检查法检查兔球虫。

● 参考答案

一、单项选择题

　　1. B　2. C　3. B　4. A　5. B　6. A　7. A　8. B　9. A　10. A　11. B

二、多项选择题

　　1. ABC　2. ABCD　3. AC　4. AB　5. ACD

三、判断题

　　1. √　2. ×　3. √　4. √　5. ×

四、实践操作题（略）

附录一　常用抗寄生虫药一览表

药物	制剂	作用与用途	用法与用量	不良反应及注意事项
阿苯达唑 又名丙硫苯咪唑、丙硫咪唑、抗蠕敏、肠虫清	片剂	主要用于牛羊消化道线虫、肝片吸虫，猪、家禽蛔虫，犬猫弓首蛔虫、吸虫的驱除，本品杀灭囊尾蚴作用较强	内服：一次量，每千克体重，马 5～10mg；牛、羊 10～15mg；猪 5～10mg；犬 25～50mg；禽 10～20mg	无明显不良反应，不宜用于泌乳牛和妊娠前期的动物，马敏感不能大剂量连续应用
芬苯达唑 又名苯硫苯咪唑、苯硫咪唑或硫苯咪唑	粉剂、片剂	主要用于马、牛、羊胃肠道线虫成虫及幼虫的驱杀，对网尾线虫（肺线虫）、片形吸虫、矛形双腔吸虫和绦虫亦有较佳效果及杀虫卵作用	内服：一次量，每千克体重，马、牛、羊、猪 5～7.5mg；犬、猫 25～50mg；禽 10～50mg 休药期：牛、羊 21d；猪 3d；弃乳期 7d；山羊泌乳期禁用	无明显不良反应，犬和猫内服时偶见呕吐
奥芬达唑 又名芬苯达唑亚砜、砜苯咪唑、硫氧苯唑、磺唑氨酯、苯亚砜苯咪唑、磺苯咪唑	片剂	作用同芬苯达唑，但抗虫活性强于芬苯达唑，作用比芬苯达唑强 1 倍	内服：一次量，每千克体重，马 10mg；牛 5mg；羊 5～7.5mg；猪 4mg；犬 10mg；骆驼 4.5mg 休药期：牛、羊、猪 7d；泌乳期禁用	同芬苯达唑
噻苯达唑 又名噻苯唑、噻苯咪唑	粉剂	主要用于马、牛、猪、羊胃肠道线虫及未成熟虫体，组织中移行期幼虫和寄生于肠腔和肠壁中的成虫都有驱杀作用；还能杀灭排泄物中虫卵及抑制虫卵发育	内服：一次量，每千克体重，马、牛、羊、猪 50～100mg；犬 50mg 休药期：牛 3d；羊、猪 30d	无明显不良反应，犬在大剂量或长期用药时可见有呕吐、腹泻、脱毛和嗜睡等不良反应，猎犬敏感。高剂量可导致母羊的毒血症
左旋咪唑 又名左咪唑	片剂、注射液	主要用于马、牛、绵羊、猪、犬、鸡的线虫的驱除，本品还具有免疫增强作用并能调节抗体的产生	内服、注射：一次量，每千克体重，牛、羊、猪 7.5mg；犬、猫 10mg；禽 25mg。 休药期：牛 14d；羊、猪 28d；泌乳期禁用	本品给药后可引起牛、羊神经兴奋，猪流涎，犬呕吐、腹泻，猫多涎、兴奋等不良反应。禽安全范围较大，马较敏感，应慎用，骆驼更敏感，应禁用

（续）

药物	制剂	作用与用途	用法与用量	不良反应及注意事项
伊维菌素 又名艾佛菌素、害获灭、灭虫丁	片剂、粉剂、注射液	主要用于蛔虫、蛲虫、钩虫、肾虫及恶心丝虫、肺线虫等线虫，螨虫、虱子、跳蚤等外寄生虫的驱杀	皮下注射：一次量，牛、羊、骆驼、家禽每千克体重 0.2mg；猪、猫每千克体重 0.3mg，3 周后再用药 1 次 内服：一次量，马、羊、犬每千克体重 0.2mg，猪每千克体重 0.1mg 混饲：猪，每千克饲料添加 30mg	皮下注射有刺激作用，尤其马反应严重，慎用。对柯利血统的犬敏感，应慎用。对鱼虾及水生生物有剧毒
阿维菌素 又名爱比菌素、阿灭丁、阿巴美丁、虫克星	粉剂	同伊维菌素	同伊维菌素	同伊维菌素，毒性较伊维菌素稍强
氯硝柳胺 又名灭绦灵	片剂	主要用于马的裸头绦虫，牛羊莫尼茨绦虫、无卵黄腺绦虫、曲子宫绦虫，犬的多头绦虫、带状带绦虫，鲤的裂头绦虫等多种绦虫的驱杀	内服：一次量，每千克体重，牛 40～60mg；羊 60～70mg；犬、猫 80～100mg；禽 50～60mg 休药期：牛、羊 28d	犬、猫对本品稍敏感，两倍治疗量即出现暂时性下痢，但能耐过。对鱼类毒性较强，易中毒致死
硫双二氯酚 又名别丁、硫氯酚	粉剂	主要用于牛、羊肝片吸虫，鹿、牛、羊前后盘吸虫，猪姜片吸虫，反刍兽莫尼茨绦虫、曲子宫绦虫，马裸头绦虫，犬、猫带属绦虫，鸡赖利绦虫，鹅绦虫等的驱杀	内服：一次量，每千克体重，牛 40～60mg；猪、羊 75～100mg；犬、猫 200mg；马 10～20mg；鸡 100～200mg；鸭 30～50mg 休药期：牛、羊 28d	本品安全范围较小，可使肠蠕动增强，剂量增大时动物表现食欲减退、短暂性腹泻、乳牛的产奶量和鸡的产蛋率下降，马属动物较敏感，慎用；在家禽中，鸭比鸡敏感，尤其是北京鸭较其他品种鸭敏感，用药时宜注意
氢溴酸槟榔碱	片剂、粉剂	主要用于治疗犬细粒棘球绦虫、豆状带绦虫、泡状带绦虫及多头绦虫，鸡赖利绦虫，鸭、鹅剑带绦虫病	内服：一次量，每千克体重，犬 2mg；鸡 3mg；鸭、鹅 1～2mg。犬用药前最好禁食 12h	大剂量可使犬产生呕吐或腹泻症状，猫会出现气管黏膜分泌大量黏液而引起窒息。马属动物和猫对本品敏感，不宜使用。中毒可用阿托品解救

（续）

药物	制剂	作用与用途	用法与用量	不良反应及注意事项
吡喹酮 又名环吡异喹酮	片剂、粉剂、针剂	主要用于动物的吸虫病、血吸虫病、绦虫病和囊尾蚴病防治，是理想的广谱驱绦虫药、抗血吸虫药和驱吸虫药	内服：治疗绦虫病，一次量，每千克体重，牛、羊、猪10～30mg（细颈囊尾蚴75mg，连用3d）；犬、猫5～10mg；家禽10～20mg 内服：治血吸虫病，一次量，每千克体重，牛、羊25～35mg 休药期为28d；弃乳期7d	肌内注射有刺激性，大剂量注射时可引起局部炎症、甚至坏死。治疗量对动物安全，偶尔出现体温升高、肌肉震颤及臌气等，犬内服后可引起厌食、呕吐、腹泻等不良反应。不推荐用于4周龄内的幼犬和6月龄内的猫
硝氯酚 又名拜耳-9015	粉剂、注射剂	主要用于治疗牛、羊、猪的片形吸虫病。是反刍兽肝片吸虫较理想的驱虫药，具有高效、低毒、用量小的特点，有效率达93%～100%	内服：一次量，每千克体重，黄牛、牦牛3～7mg；水牛1～3mg；奶牛5～8mg；羊3～4mg；猪3～6mg 皮下、肌内注射：一次量，每千克体重，牛、羊0.6～1mg 牛、羊的休药期为28d；弃乳期15d	治疗量时无显著毒性，有时会出现发热、呼吸急促和出汗，偶见死亡。黄牛对本品较耐受，而羊则较敏感。注射液刺激性大，应深层肌内注射
盐酸氨丙啉 又名盐酸安普罗胺、氨丙基嘧吡啶、安乐宝	粉剂	主要用于预防和治疗禽、牛和羊球虫病。对鸡柔嫩艾美耳球虫与堆形艾美耳球虫、羔羊、犬和犊牛的球虫感染有效	拌料：每千克饲料125～250mg浓度混饲，连喂3～5d；接着以每千克饲料60mg浓度混饲，再喂1～2周。也可混饮，每升水，加入氨丙啉60～240mg 休药期：肉鸡7d，肉牛1d。产蛋期禁用	超过治疗量给药时，可引起多发性神经炎，增喂维生素B$_1$可减弱毒性反应。用药剂量过大或混饲浓度过高，易导致雏鸡患硫胺素缺乏症。犊牛、羔羊大剂量连续饲喂20d以上，会出现由于硫胺缺乏引起的脑皮质坏死，从而出现神经症状
二硝托胺 又名二硝苯甲酰胺、球痢灵	粉剂	主要用于多种球虫病的预防和治疗。对毒害、柔嫩、布氏、巨型艾美耳球虫均有良好防治效果，对火鸡球虫病、家兔球虫病也有效	预防鸡球虫病时，每10kg饲料，加入本品（含二硝托胺25%）5g；治疗时加入2.5g，连续饲喂3～5d 休药期为3d，蛋鸡产蛋期禁用	无明显不良反应
尼卡巴嗪 又名力更生、尼卡布力更生、双硝苯脲二甲嘧啶酚	粉剂	主要用于预防鸡、火鸡和兔球虫病。对鸡柔嫩、堆形、巨型、毒害、布氏艾美耳球虫均有较好的防治效果	混饲，以本品计，每10kg饲料，鸡1.25g 休药期为4d	无明显不良反应，混饲浓度超过800～1 600mg/kg时，可引起轻度贫血

（续）

药物	制剂	作用与用途	用法与用量	不良反应及注意事项
氯羟吡啶 又名克球粉、可爱丹、克球多、灭球清、康乐安、氯吡醇和球定	粉剂	主要用于预防禽、兔球虫病。对鸡的柔嫩、毒害、布氏、巨型、堆形、和缓和早熟艾美耳球虫均有良效，尤其对柔嫩艾美耳球虫作用最强。对兔球虫亦有一定的效果	混饲（含氯羟吡啶25%），10kg饲料，鸡5g；兔8g。蛋鸡产蛋期禁用 休药期：鸡、兔5d	无明显不良反应，蛋鸡和种用肉鸡不宜使用
常山酮 又名速丹、卤山酮、卤夫酮	粉剂	主要用于防治家禽球虫病。对鸡的柔嫩、毒害、巨型艾美耳球虫特别敏感，对兔艾美耳球虫也有抑制作用。对牛、绵羊、山羊的泰勒虫也有作用	混饲（含常山酮0.6%），每10kg饲料，鸡、火鸡5g 休药期：肉鸡5d；火鸡7d	鱼及水生动物对常山酮敏感，2周龄以上火鸡、8周龄以上雏鸡及产蛋鸡产蛋期禁用；会抑制鸭、鹅生长，应禁用；珍珠鸡对本品敏感，禁用
地克珠利 又名三嗪苯乙氰、二氯三嗪苯乙腈、氯嗪苯乙氰、杀球灵	粉剂、溶液	主要用于预防家禽球虫病。对鸡的柔嫩、堆形、毒害、布氏、巨型等艾美耳球虫、鸭球虫及兔球虫等均有良好的效果，对火鸡腺艾美耳球虫、孔雀艾美耳球虫和分散艾美耳球虫也有作用	混饲，每10kg饲料家禽1g。混饮，每升水，鸡0.5~1g 休药期：鸡5d	无明显不良反应，地克珠利溶液混饮的溶液必须现用现配，蛋鸡产蛋期禁用
妥曲珠利 又名甲苯三嗪酮、2.5%妥曲珠利溶液、百球清	溶液	主要用于预防家禽球虫病。对鸡堆形、布氏、巨型、和缓、毒害、柔嫩艾美耳球虫及火鸡腺状艾美耳球虫、大艾美耳球虫、小艾美耳球虫均有杀灭作用，对哺乳动物球虫、肉孢子虫和弓形虫也有效	混饮：每1L水，鸡25mg，连用2d 休药期：鸡8d	无明显不良反应，托曲珠利溶液应现用现配，连续用药不要超过6个月
磺胺喹噁啉 又称磺胺喹沙啉	粉剂（磺胺喹噁啉钠可溶性粉，磺胺喹噁啉、二甲氧苄啶预混剂）	主要用于防治鸡、火鸡的球虫病，兔、犊牛、羔羊及水貂等反刍幼畜和小动物的虫病；用于禽霍乱、大肠杆菌病等家禽的细菌性感染，对巴氏杆菌、大肠杆菌等有抗菌作用	磺胺喹噁啉可溶性粉：混饮，每升水，鸡3~5g 磺胺喹噁啉、二甲氧苄啶预混剂：混饲，每1 000kg饲料，鸡500g 休药期为10d	无明显不良反应，产蛋鸡禁用

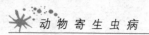

药物	制剂	作用与用途	用法与用量	不良反应及注意事项
莫能菌素 又名莫能霉素、瘤胃素、莫能菌酸、孟宁素、牧宁菌素、欲可胖、莫能素、莫能星	粉剂、预混剂	主要用于防治鸡、火鸡、犊牛、羔羊和兔的球虫病。本品对鸡柔嫩、毒害、堆形、巨型、布氏、变位艾美耳球虫等鸡常见球虫均有高效杀灭作用。对羔羊雅氏、阿撒地艾美耳球虫很有效。对产气荚膜梭菌有抑制作用	莫能菌素钠：混饲，每1 000 kg饲料，禽100～120g；仔火鸡54～90g，鹌鹑73g，肉牛、羔羊5～30g 莫能菌素预混剂：混饲，每1 000 kg饲料添加：鸡90～110g；肉牛、每头每天200～360mg 休药期为5d	本品对哺乳动物毒性大，马属动物最敏感，内服可致死，应禁用。10周龄以上火鸡、珍珠鸡及鸟类对本品敏感，不宜应用。泌乳期的奶牛、超过16周龄鸡和产蛋鸡禁用
盐霉素 又名沙得利霉素、优素精	预混剂	作用与莫能菌素相似	混饲，每1 000 kg饲料，鸡60g；猪25～75g；牛10～30g 体药期为5d	本品毒性比莫能菌素大，若浓度过大或使用时间过长，会引起采食量下降、体重减轻、共济失调和腿无力。对产蛋鸡和马属动物禁用，对火鸡、鸟类及雏鸭毒性大，慎用。不可与泰妙菌素和竹桃霉素合用
马度霉素 又名马杜拉霉素、加福	预混剂	主要用于鸡的毒害、巨型、柔嫩、堆形、布氏、变位等艾美耳球虫的驱杀。对鸭球虫病也有良好的预防效果。对大多数革兰氏阳性菌和部分真菌有杀灭作用	混饲：每10kg饲料，加入本品5g 休药期为5d	本品毒性大，只用于鸡，禁用于其他动物及蛋鸡产蛋期。不可与泰妙菌素、竹桃霉素合用
喹嘧胺 又名喹匹拉明、喹啉嘧啶胺、安锥赛	粉针剂	主要用于防治马、牛、骆驼伊氏锥虫病及马媾疫。本品对伊氏锥虫、马媾疫锥虫、刚果锥虫、活跃锥虫等作用较强	肌肉、皮下注射：一次量，每千克体重，牛、马、骆驼4～5mg。本品临用前需配制成10%灭菌注射液，剂量大时可分点注射	马属动物对其较为敏感。注射后可出现兴奋不安、呼吸迫促、心率增数、肌肉震颤、腹痛、频繁排粪尿、口流白沫、全身出汗等不良反应，严禁静脉注射。肌内或皮下注射时，常出现肿胀或硬结

（续）

药物	制剂	作用与用途	用法与用量	不良反应及注意事项
三氮脒 又名贝尼尔、二脒那 嗪	粉针剂	主要用于驽巴贝斯虫、马巴贝斯虫、牛双芽巴贝斯虫、牛巴贝斯虫、羊巴贝斯虫等梨形虫的驱杀，对牛环形泰勒虫、边虫、马媾疫锥虫、水牛伊氏锥虫亦有一定的治疗作用。是治疗家畜巴贝斯梨形虫病、泰勒梨形虫病、伊氏锥虫病及媾疫锥虫病较为理想的药物	肌内注射：一次量，每千克体重，马 3～4mg；牛、羊 3～5mg。一般用 1～2 次，连用不超过 3 次，每次间隔 24h 休药期：牛、羊 28d，弃乳期 7d	骆驼对三氮脒敏感，故不宜应用；马较敏感，忌用大剂量；水牛较黄牛敏感，连续应用时应慎重。少数水牛注射后可出现肌肉震颤、尿频、呼吸加快、流涎等症状，经数小时后自行恢复。局部肌内注射有刺激性，可引起疼痛、肿胀，应分点深层肌内注射，但经数天至数周可恢复
硫酸喹啉脲 又名阿卡普林	注射剂	本品主要用于家畜巴贝斯虫的驱杀，如牛双芽巴贝斯虫、牛巴贝斯虫、羊巴贝斯虫、猪巴贝斯虫、犬巴贝斯虫、马巴贝斯虫、驽巴贝斯虫等的驱除。对泰勒虫、无浆体效果差	肌内或皮下注射：一次量，每千克体重，马 0.6～1mg；牛 1mg；羊、猪2mg；犬 0.25mg	本品毒性较大，治疗量可出现胆碱能神经兴奋的症状，如血压下降、脉搏增快、呼吸困难、站立不安、肌肉震颤、流涎、出汗、疝痛等不良反应，本品仅适用于皮下注射，禁止静脉注射
蝇毒磷 又名库马福司、库马磷	溶液剂	本品为广谱杀虫和驱虫药。主要用于防治牛皮蝇蛆、蜱、螨、虱和蝇等外寄生虫病。内服对反刍兽、禽肠道内部分线虫、吸虫也有效	药浴、喷洒：牛羊0.02％～0.05％的乳剂。禽类，可用 0.05％浓度沙浴，杀灭外寄生虫 肌内注射杀牛皮蝇蛆：用 25％蝇毒磷针剂，按每千克体重 5～10mg 的剂量 休药期为 28d	安全范围窄，水剂灌服时，二倍治疗量可引起牛、羊中毒死亡，宜选用低剂量连续混饲法给药。禁止与其他有机磷化合物和胆碱酯酶抑制剂合用，以免增强毒性
甲基吡啶磷	粉剂、颗粒剂	主要用于厩舍、鸡舍、食品厂等处的灭蝇。本品是高效、低毒的新型有机磷杀虫剂。能杀灭苍蝇、蟑螂、蚂蚁及跳蚤等部分昆虫的成虫	喷雾：每200m² 取本品 500g，充分混合于4L 温水中 涂布：每200m² 取本品 250g，充分混合于200mL 温水中，涂 30点	本品对人、畜的毒性较大，易被皮肤吸收发生中毒，用时需注意。不能向动物直接喷射，饲料亦应转移他处。对蜜蜂有毒性，禁用于蜂群密集处。对鲑有高毒，对其他鱼类也有轻微毒性，应当日用完

（续）

药物	制剂	作用与用途	用法与用量	不良反应及注意事项
二嗪农 又名螨净、敌匹硫磷、地亚农	溶剂	主要用于驱杀寄生于家畜体表的疥螨、痒螨、蜱及虱等；本品对各种螨类、蜱、蝇、虱均有良好杀灭效果。二嗪农项圈可用于驱杀犬、猫体表蚤和虱	药浴：每1 000 L水，绵羊初次浸泡用250 g（即本品1 000 mL），补充药液添加750 g（即本品3 000 mL）；牛初次浸泡用625 g（即本品2 500 mL），补充药液添加1 500 g（即本品6 000 mL） 喷淋：猪用0.025%溶液，牛、羊用0.06%溶液	猫、鸡、鸭、鹅等动物对本品较敏感，对蜜蜂剧毒，慎用。奶牛、泌乳牛禁用
辛硫磷 又名肟硫磷	溶剂	主要用于家畜家禽蚊、蝇、虱、螨的驱杀。本品的乳剂对防治羊螨病效果良好，适用于治疗畜禽体表寄生虫病，如牛皮蝇、羊螨病、猪疥螨病等。也用于杀灭周围环境的蚊、蝇、虱、臭虫、蟑螂等	辛硫磷浇泼溶液：1 000 mL：75 g。外用，沿猪的脊背从耳根浇淋到尾根，每千克体重，猪30 mg（耳根部感染严重者，可在每侧耳内另外浇淋75 mg）。休药期为14 d	无明显不良反应
溴氰菊酯 又名敌杀死、倍特	粉剂、乳油剂	主要用于蚊、蝇、牛羊各种虱、牛皮蝇、羊痒螨、猪血虱及禽羽虱等的驱杀作用。对有机磷和有机氯耐药的虫体，用之仍然有高效	药浴、喷淋：每千克体重治疗量50～80 mg，预防量30 mg。必要时间隔7～10 d重复给药1次 休药期为28 d	本品对人、畜毒性虽小，但对皮肤、黏膜、眼睛、呼吸道有较强的刺激性，蜜蜂、家禽对本品较敏感。对鱼类及其他冷血动物毒性较大
氰戊菊酯 又名速灭杀丁	粉剂、乳油剂	主要用于畜、禽的多种体外寄生虫和吸血昆虫，如螨、虱、蚤、蜱、蚊、蝇、虻等的驱杀；也用于驱杀环境、畜禽棚舍有害昆虫，如蚊、蝇等	药浴、喷淋：每升水，马、牛螨病20 mg；猪、羊、犬、兔、鸡螨病80～200 mg；牛、猪、兔、犬虱50 mg；鸡虱及刺皮螨40～50 mg；杀灭蚤、蚊、蝇及牛虻40～80 mg 喷雾：稀释成0.2%浓度，鸡舍3～5 mL/m³，喷雾后密闭4 h以杀灭鸡羽虱、蚊、蝇、蠓等害虫 休药期为28 d	配制溶液时，水温以12℃为宜，超过25℃将会降低药效，水温超过50℃时则失效。进行喷淋、喷洒或药浴时，都应保证畜禽的被毛、羽毛被药液充分湿透。本品对蜜蜂、鱼虾、家蚕毒性较强，使用时不要污染河流、池塘、桑园、养蜂场所
双甲脒 又名特敌克	粉剂、乳油剂	主要用于防治牛、羊、猪、兔的疥螨、痒螨、蜂螨、蜱、虱等外寄生虫病。对各种螨、蜱、蝇、虱等各阶段虫体均有极强的杀灭效果	药浴、喷洒、涂擦：家畜配成含双甲脒0.025%～0.05%的溶液 休药期：牛、羊21 d；猪8 d；弃乳期48 h	家畜应用本品后有精神不安、沉郁、呼吸困难、肌肉震颤、痉挛等不良反应。本品对皮肤有刺激作用，对人、畜安全，马敏感，对鱼有剧毒，禁用于泌乳山羊和水生食品动物

附录二　各种畜禽常见寄生蠕虫

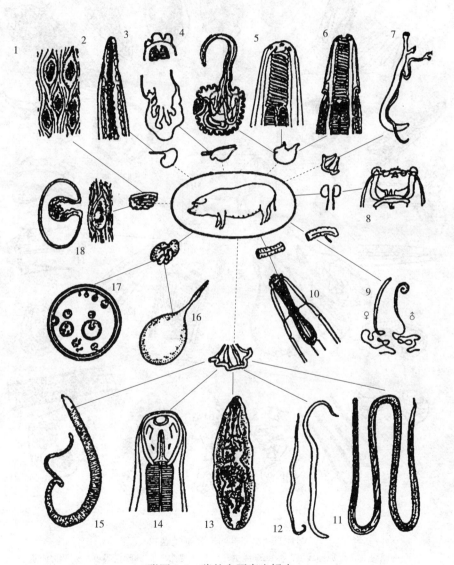

附图 2-1　猪的主要寄生蠕虫

1. 旋毛虫　2. 筒线虫　3. 后圆线虫　4. 奇异西蒙线虫　5. 似蛔线虫

6. 六翼泡首线虫　7. 分体吸虫　8. 有齿冠尾线虫　9. 毛首线虫　10. 食道口线虫

11. 类圆线虫　12. 猪蛔虫　13. 布氏姜片吸虫　14. 球首线虫　15. 蛭形巨吻棘头虫

16. 细颈囊尾蚴　17. 棘球蚴　18. 猪囊尾蚴

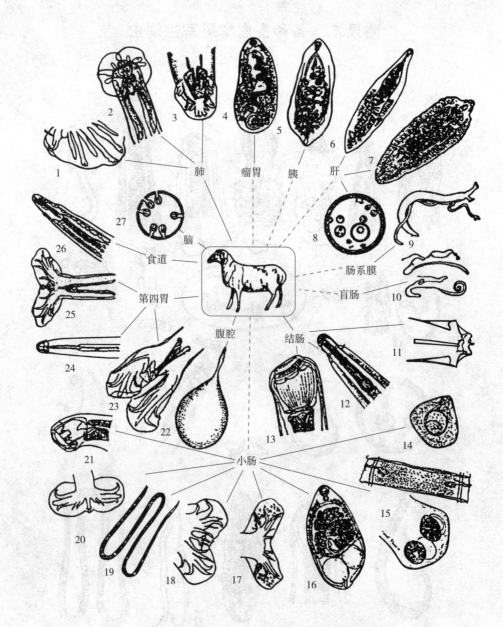

附图 2-2 羊的主要寄生蠕虫

1. 网尾线虫　2. 原圆线虫　3. 缪勒线虫　4. 同盘吸虫　5. 胰阔盘吸虫　6. 双腔吸虫
7. 片形吸虫　8. 棘球蚴　9. 日本分体吸虫　10. 毛首线虫　11. 绵羊斯克里亚宾线虫
12. 食道口线虫　13. 夏柏特线虫　14、15. 莫尼茨绦虫　16. 斯克里亚宾吸虫　17. 细颈线虫
18. 古柏线虫　19. 类圆线虫　20. 毛圆线虫　21. 仰口线虫　22. 细颈囊尾蚴　23. 血矛线虫
24. 副柔线虫　25. 奥斯特线虫　26. 筒线虫　27. 多头蚴

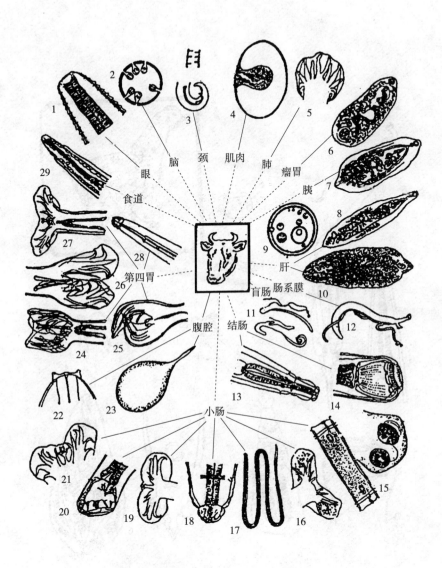

附图 2-3　牛的主要寄生蠕虫

1. 吸吮线虫　2. 多头蚴　3. 盘尾丝虫　4. 牛囊尾蚴　5. 网尾线虫

6. 同盘吸虫　7. 阔盘吸虫　8. 双腔吸虫　9. 棘球蚴　10. 片形吸虫

11. 毛首线虫　12. 日本分体吸虫　13. 食道口线虫　14. 夏伯特线虫　15. 莫尼茨绦虫

16. 细颈线虫　17. 类圆线虫　18. 犊弓首蛔虫　19. 毛圆线虫　20. 仰口线虫

21. 古柏线虫　22. 丝状线虫　23. 细颈囊尾蚴　24. 马歇尔线虫　25. 长刺线虫

26. 血矛线虫　27. 奥斯特线虫　28. 副柔线虫　29. 筒线虫

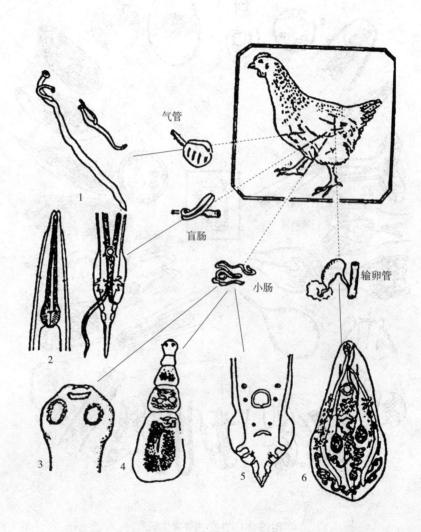

附图 2-4　鸡的主要寄生蠕虫
1. 比翼线虫　2. 异刺线虫　3. 赖利绦虫
4. 戴文绦虫　5. 鸡蛔虫　6. 前殖吸虫

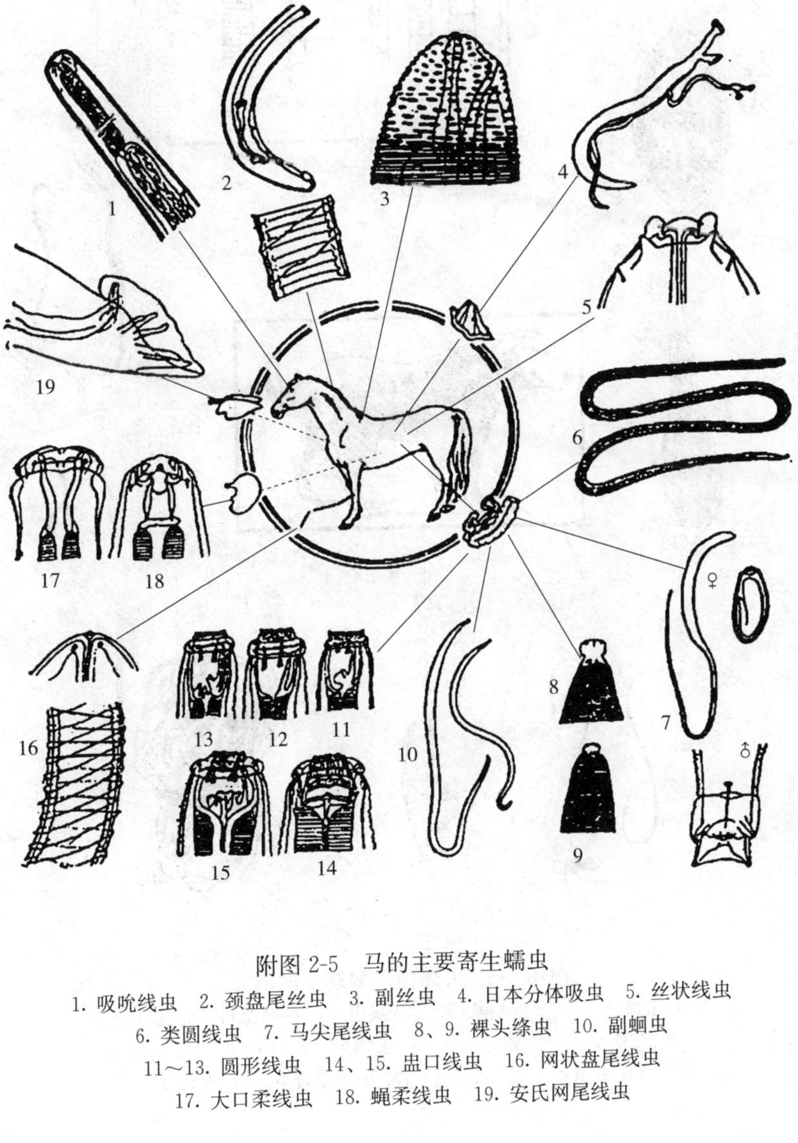

附图 2-5　马的主要寄生蠕虫
1. 吸吮线虫　2. 颈盘尾丝虫　3. 副丝虫　4. 日本分体吸虫　5. 丝状线虫
6. 类圆线虫　7. 马尖尾线虫　8、9. 裸头绦虫　10. 副蛔虫
11~13. 圆形线虫　14、15. 蛊口线虫　16. 网状盘尾线虫
17. 大口柔线虫　18. 蝇柔线虫　19. 安氏网尾线虫

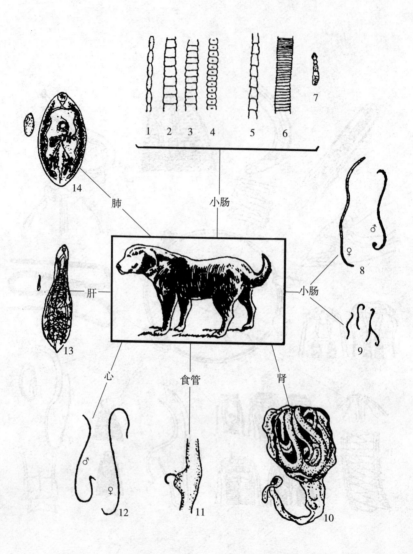

附图2-6 犬体内主要蠕虫的形态

1. 双殖绦虫 2. 泡状绦虫 3. 豆状绦虫 4. 中殖绦虫 5. 多头绦虫

6. 双槽绦虫 7. 棘球绦虫 8. 犬蛔虫 9. 犬钩虫 10. 肾虫

11. 食管虫 12. 恶丝虫 13. 华支睾吸虫 14. 肺吸虫

附录三　寄生虫分类表

一、扁形动物门（Platyhelminthes）

虫体多为背腹扁平，左右对称的多细胞动物，无体腔，虫体由表皮和肌层构成皮肌囊，内部器官埋藏在囊内。多为雌性同体。

1. 单殖纲（Monogenea）

生活史是直接的，寄生于鱼类或两栖动物的体表，多为体外寄生虫。

★指环虫科（Dactylogyridae）

小型虫体。具有 1～3 对头器和 2 对黑色眼点。具咽。肠支在伸至体末端汇合成圈。睾丸单个，个别为 3 个，位于体末端。卵巢单个，在睾丸之前，球形。卵黄腺发达。寄生于淡水鱼的鳃。本科中有指环虫属（*Dactylogyrus*）。

★三代虫科（Gyrodactylidae）

体细小。具一对头器。后吸盘发达。肠支通常为盲支。眼点付缺。睾丸中位，交配囊具小刺。卵巢通常位于睾丸之后，V 形或分瓣。胎生。本科中仅有三代虫属（*Gyrodactylus*）。

2. 吸虫纲（Trematoda）

（1）盾腹亚纲（Aspidogastrea）。

种类不多，一般虫体分为前后两部分。前端小而弯曲，后部有 1 个大盾盘。寄生于鱼类以及龟鳖类和软体动物的体表、排泄器官和消化道。

（2）复殖亚纲（Digenea）。

体内寄生，生活史复杂，有有性和无性生殖的世代交替，并需要更换 2～4 个宿主。主要寄生在内部器官内。一般幼虫期寄生于软体动物，成虫期寄生于脊椎动物或人体内。成虫有吸盘一个或两个。此纲虫体与动物医学关系最为密切，其重要的科、属有：

★片形科（Fasciolidae）

大型虫体，体扁叶状，具皮棘。口、腹吸盘紧靠。有咽，食道短。卵巢分支，位于睾丸之前。睾丸前后排列，分叶或分支。生殖孔居体中线上，开口于腹吸盘前。卵黄腺位于体两侧。缺受精囊，子宫位于睾丸前方。成虫主要寄生于哺乳类肝胆管及肠道。

附表 3-1　片形科分属检索表

a. 肠管不分支	姜片属（*Fasciolopsis*）
b. 肠管分支	片形属（*Fasciola*）

★歧腔科（Dicrocoeliidae）

中、小型虫体，体细长。扁平，半透明。体表光滑。具口、腹吸盘。有咽和食道，肠支简单。通常不抵达体末端。排泄囊简单，呈管状。睾丸呈圆形或椭圆形，并列、斜列或前后排列，位于腹吸盘后。卵巢圆形，常居睾丸之后。生殖孔居中位，开口于腹吸盘前。卵黄腺位于肠管中部两侧。子宫由许多上、下行的子宫圈组成，几乎充满生殖腺后的大部空间，内含大量小型、深褐色卵。寄生于两栖类、爬虫类、鸟类及哺乳类的肝、肠及胰。

附表3-2　歧腔科分属检索表

a. 虫体长形或梭形，睾丸前后斜列或并列，间距小 …………………………… 歧腔属（Dicrocoelium）
　虫体圆形或长形，睾丸并列，间距大 ………………………………………………………………… b
b. 腹吸盘近横中线，卵黄腺大部分在横中线后，生殖孔在肠分叉后 ……………… 阔盘属（Eurytrema）
　腹吸盘位于前半部，卵黄腺在横中线前后，生殖孔在肠分叉处 ……………… 扁体属（Platynosoma）

★前殖科（Prosthogonimidae）

小型虫体，前端稍尖，后端稍圆。具皮棘。口吸盘和咽发育良好，有食道，肠支简单，不抵达后端。腹吸盘位于体前半部。睾丸对称，在腹吸盘之后。卵巢位于睾丸的正前方。生殖孔在口吸盘附近。卵黄腺呈葡萄状，位于体两侧。寄生于鸟类，较少在哺乳类。本科中有前殖属（Prosthogonimus）。

★并殖科（Paragonimidae）

中型虫体，类卵圆形，肥厚。具体棘。口吸盘在亚前端腹面，腹吸盘位于体中部，生殖孔在其直后，肠管弯曲，抵达体后端。睾丸分支，位于体后半部。卵巢分叶，在睾丸前与子宫相对，卵黄腺分布广泛。成虫主要寄生于猪、牛、犬、猫及人的肺。本科中有并殖属（Paragonimus）。

★后睾科（Opisthorchiidae）

中、小型吸虫，虫体扁平，前部较窄，透明。口、腹吸盘不甚发达，相距较近。具咽和食道；肠支抵达体后端。生殖孔开口于腹吸盘前，缺雄茎囊。睾丸呈球形或分支、分叶，斜列或纵列于体后部。卵巢通常在睾丸之前。卵黄腺位于体两侧。子宫弯曲于卵巢与生殖孔之间，很少延伸至卵巢之后。寄生于爬行类、鸟类及哺乳类的胆管或胆囊。

附表3-3　后睾科分属检索表

a. 睾丸分支 ……………………………………………………………………… 支睾属（Clonorchis）
　睾丸不分支 …………………………………………………………………………………………… b
b. 虫体后端呈截形 …………………………………………………………………… 微口属（Microtrema）
　虫体长形 ……………………………………………………………………………………………… c
c. 卵黄腺簇状，其后缘至后睾丸中部 …………………………………………… 对体属（Amphimerus）
　卵黄腺后缘位于前睾丸水平 ………………………………………………………………………… d
d. 卵黄腺前缘超过腹吸盘水平 ………………………………………………………… 次睾属（Metorchis）
　卵黄腺前缘不到腹吸盘水平 ……………………………………………………… 后睾属（Opisthorchis）

★双士科（Hasstilesiidae）

虫体极小。口、腹吸盘几乎相等。本科中有双士属（Hasstilesia）。

★棘口科（Echinostomatidae）

中、小型虫体，呈长叶形。体前端具头冠（头领），上有1~2行头棘。体表被有鳞或棘。腹吸盘发达，位于较小口吸盘的近处。寄生于爬行类、鸟类及哺乳类的肠道，偶在胆管及子宫。本科中有低颈属（Hypoderaeum）、棘隙属（Echinochasmus）、棘缘属（Echinoparyphium）、棘口属（Echinostoma）、真缘属（Euparyphium）、似颈属（Isthmiophora）。

★前后盘科（Paramphistomatidae）

虫体肥厚，呈圆锥形，腹吸盘位于虫体末端，睾丸2个，前后或斜列于虫体后部。寄生于哺乳类的消化道。本科中有殖盘属（Cotylophoron）、杯殖属（Calicophoron）、巨盘属（Gigantocotyle）、前后盘属（Paramphistomum）、巨咽属（Macropharynx）、盘腔属

（*Chenocoelium*）、锡叶属（*Ceylonocotyle*）。

★腹袋科（Gastrothylacidae）

虫体圆柱状，前端较尖，后端钝圆。有腹袋（ventral pouch）。生殖孔开口于腹袋内，睾丸左右或背腹排列于虫体后端。寄生于反刍动物的瘤胃。本科中有菲策属（*Fishoederius*）、卡妙属（*Carmyerius*）、腹袋属（*Gastrothylax*）。

★腹盘科（Gastrodiscidae）

虫体扁平，体后部宽大，腹面有许多小乳突，口吸盘后有一对支囊，有食道球，睾丸前后排列或斜列。寄生于哺乳类的肠道。本科中有平腹属（*Homalogaster*）、腹盘属（*Gastrodiscus*）、拟腹盘属（*Gastrodiscoides*）。

★枭形科（Strigeidae）

虫体分前体、后体两部分，前部扁平或呈杯状，有吸盘，后部为圆柱状，含有生殖器官。腹吸盘不发达或付缺。在腹吸盘后具有一特殊的黏着器。有口吸盘、咽，食道短，肠管简单，抵达体后端。生殖孔开口于体后端的凹陷处或交合伞内。睾丸前后排列于体后部，卵巢通常在睾丸之前。缺雄茎囊。子宫内含有大的虫卵。卵黄腺为颗粒状，分布于前、后两体，或局限于后体。本科中有异幻属（*Apatemon*）。

★双穴科（Diplostomatidae）

虫体通常分为两个部分。前体呈叶片状、匙形或萼状。有或无腹吸盘。在其前侧方有耳状突起。黏着器粗大，其下有密集的腺体。后体常呈圆柱状，具口吸盘和咽。食道短。肠支末端到达或靠近体后端。睾丸前后排列或并列于体后部。卵巢在睾丸之前。卵黄腺呈颗粒状，分布于前、后体部。叉尾型尾蚴，囊蚴在鱼类及两栖类寄生；成虫寄生于鸟类和哺乳动物。本科中有翼形属（*Alaria*）、双穴吸虫属（*Diplostomum*）及茎双穴吸虫属（*Posthodiplstomum*）。

★背孔科（Notocotylidae）

小型虫体，腹吸盘付缺。虫体腹面有3或5行纵列的腹腺。体表前侧方被有细刺。缺咽，食道短，肠支简单，延伸至体末端。生殖孔开口于口吸盘的直后。雄茎囊发达，细长。睾丸并列，位于体末端肠支的外侧。卵巢位于两睾丸之间，或前或后。卵黄腺占据体后部的侧方，睾丸之前。子宫环褶横贯于肠管之间，从睾丸延伸至雄茎囊的后方。虫卵两端各具有一细长的极丝。本科中有槽盘属（*Ogmocotyle*）、同口属（*Paramonostomum*）、下殖属（*Catatropis*）、背孔属（*Notocotylus*）

★异形科（Heterophyidae）

寄生于哺乳动物和鸟类肠道。小型虫体，一般不超过2mm。体后部宽于前部，体表被鳞棘。腹吸盘发育不良或付缺。有口吸盘和咽，食道长，肠支几乎达体后端。生殖孔开口于腹吸盘附近，经常被包于生殖吸盘内。睾丸呈卵圆形或稍分叶，并列或前后排列，位于体后部。贮精囊发达。缺雄茎囊。卵巢为卵圆形或稍分叶，位于睾丸之前的中央或偏右。卵黄腺位于体后的两侧。弯曲的子宫位于体后半部，内含少数虫卵。本科中有异形属（*Heterophyes*）和后殖属（*Metagonimus*）。

★环肠科（Cyclocoelidae）

大、中型虫体，背腹扁平。口吸盘付缺，也常没有腹吸盘。口孔在体前端，咽发达，肠支在后部联合，简单或有盲囊。生殖孔开口于口之后近处。睾丸完整或分叶，斜列于虫体后部两肠管之间。卵巢不分叶，居于两睾丸之间，或在其前方。卵黄腺分布于体两侧。

寄生于鸟类的呼吸道。本科中有嗜气管属（*Tracheophilus*）、盲腔属（*Typhlocoelum*）、环肠属（*Cyclocoelum*）、噬眼属（*Ophthalmophagus*）。

★分体科（Schistosomatidae）

雌雄异体，一般雌虫较雄虫细，有些种的雌虫，特别在交配期间，被雄虫抱在抱雌沟内。二吸盘不发达，或紧靠或付缺。缺咽。肠支在体后部联合成单管，抵达体后端。生殖孔开口于腹吸盘之后。睾丸形成4个或4个以上的叶，居于肠联合之前或后；有的睾丸数量很多，呈颗粒状。卵巢伸长、致密，位于肠联合之前。卵黄腺占据卵巢后部。虫卵壳薄，无卵盖，有的有侧棘或端棘，内有毛蚴，寄生于宿主的血管中。

附表 3-4　分体科分属检索表

a. 睾丸位于肠联合之前 ··· b
　 睾丸位于肠联合之后 ························· 毛毕属（*Trichobilharzia*）
b. 睾丸数在 40 个以上 ························· 东毕属（*Orientobilharzia*）
　 睾丸数在 40 个以下 ····························· 分体属（*Schistosoma*）

★血居科（Sanguinicolidae）

体细长，呈矛形。吸盘退化。无咽。食道狭长。肠呈 X 状或 H 形，不达体后部。睾丸数对，位于卵巢之前。雌雄生殖孔分开，卵巢分叶或为翼状。卵黄腺发达，分布在肠叉之前。子宫弯曲。卵无盖。寄生于鱼类循环系统。本科中血居虫属（*Sanguinicola*）可引起鱼病。

★弯口科（Clistomatidae）

虫体中型到大型，平滑，口吸盘小。食道短，肠支长。腹吸盘在体前部。睾丸边缘分裂，在体后。卵巢在两睾丸之间，亚中位。子宫分布至肠支内侧腹吸盘与前睾丸之间。卵黄腺滤泡状，很发达。本科中扁弯口虫属（*Clinostomum*）的囊蚴寄生于鱼类。

★独睾科（Monorchiidae）

虫体细长，体表具棘。口吸盘发达。肠简单，长短不一。腹吸盘较小，在体前部或中部。卵巢一般在睾丸之前。睾丸1～2个，位于后部。卵黄腺常位于体两侧，可为块状、管状或形成分支。子宫大多数在体后部。寄生于淡水和海水鱼类的消化道。本科中有侧殖虫属（*Asymphylodora*）。

3. 绦虫纲（Cestoidea）

（1）真绦虫亚纲（Eucestoda）

◆圆叶目（Cyclophyllidea）

头节上有4个圆形或椭圆形吸盘。吸盘上有或无角质化的小钩。有的种类在头节最前端有顶突，顶突上常有角质化的小钩。虫体分节明显。生殖孔在体节侧缘，无子宫孔。虫卵缺卵盖。卵巢为扇形分叶或哑铃状。卵黄腺为一致密体，在卵巢的后面。成虫寄生于脊椎动物，幼虫寄生于脊椎动物或无脊椎动物。

★裸头科（Anoplocephalidae）

大、中型虫体，头节上无顶突和小钩。无颈节，每个体节有一组或两组生殖器官。节片宽大于长，睾丸数目众多。子宫形状为横管或网状分支，或退化为副子宫或卵袋，生殖孔开口于节片侧缘，虫卵内有梨形器。幼虫为似囊尾蚴，中间宿主为地螨。成虫寄生于牛、羊、马等哺乳动物的肠道。本科中有裸头属（*Anoplocephala*）、副裸头属

（*Paranoplocephala*）、莫尼茨属（*Moniezia*）。

★隧体科（Thysanosomidae）

生殖孔开口于节片侧缘，虫体无乳突和小钩，有副子宫，虫卵无梨形器。成虫寄生于牛、羊等反刍兽的小肠。本科中有曲子宫属（*Helictometra* 或 *Thysaniezia*）和无卵黄腺属（*Avitellina*）。

★带科（Taeniidae）

吸盘上无小钩，一般头节上有顶突，顶突不能回缩，上有两圈钩，形状特殊，但牛带吻绦虫例外。每个体节有一组生殖器官，生殖孔不规则地交替排列在节片一侧边缘。睾丸数目众多。卵巢双叶，子宫为管状，孕节子宫有主干和许多分支。虫卵圆形，无梨形器，胚膜辐射状，卵内含六钩蚴。幼虫为囊尾蚴型，寄生于草食动物或杂食动物（包括人）；成虫寄生于食肉动物或人。本科中有带属（*Taenia*）、带吻属（*Taeniarhynchus*）、多头属（*Multiceps*）、棘球属（*Echinococcus*）。

★戴文科（Davaineidae）

中、小型虫体，头节顶突呈垫状，上有 2 或 3 圈斧型或称"T"型小钩，吸盘上有或无钩，长在边缘。每节有一组生殖器官，偶尔也有两组的。生殖孔开口于节片侧缘，生殖器官发育后期，子宫存在或退化，由副子宫或卵袋取代。虫卵无梨形器。成虫一般寄生于鸟类，亦有寄生于哺乳动物的。幼虫寄生于无脊椎动物。本科中有戴文属（*Davainea*）和赖利属（*Raillietina*）。

★双壳科（Dilepididae）

中、小型虫体，吸盘上有或无小钩，绝大多数有顶突，顶突可回缩，顶突上通常有 1~2 圈或多圈小钩，小钩似玫瑰刺状。每节有一组或两组生殖器官，生殖孔开口于节片侧缘，睾丸数目多。孕节子宫为横的袋状或分叶，后期为副子宫器或卵袋所替代，卵袋含一个或多个虫卵，虫卵无梨形器。成虫寄生于鸟类和哺乳动物。本科中有复孔属（*Dipylidium*）。

★膜壳科（Hymenolepididae）

中、小型虫体，头节上有可伸缩的顶突，顶突上大多具有小钩，小钩形似扳机状，呈单圈排列，节片通常宽大于长，有一组生殖器官，生殖孔为单侧。睾丸大，通常不超过 4 个。孕节子宫为横管。虫卵无梨形器。成虫寄生于脊椎动物，通常以无脊椎动物为中间宿主，个别虫种可以不需要中间宿主而能直接发育。本科中有膜壳属（*Hymenolepis*）、伪裸头属（*Pseudanoplocephala*）、剑带属（*Drepanidotaenia*）、皱褶属（*Fimbriaria*）。

★中绦科（Mesocestoididae）

中、小型虫体，头节上有 4 个突出的吸盘，但无顶突。生殖孔位于腹面的中线上。虫卵居于厚壁的副子宫器内。成虫寄生于鸟类和哺乳动物。本科中有绦属（*Mesocestoides*）。

◆假叶目（Pseudophyllidea）

头节一般为双槽型，有时双槽不明显或付缺。分节明显或不明显。生殖孔位于体节中间或边缘；生殖器官每节常有一组，偶有两组者。睾丸众多，分散排列。卵黄腺为许多泡状体，分散在皮质区。孕节的子宫常成弯曲管状。子宫孔位于腹面。卵通常有盖，在第一中间宿主体内发育为原尾蚴，在第二中间宿主体内发育为能感染终末宿主的实尾蚴，成虫大多数寄生于鱼类。

★双叶槽科（Diphyllobothriidae）

大、中型虫体，头节上有吸槽，分节明显。生殖孔和子宫孔同在腹面。卵巢位于体后部的髓质区内。卵黄腺小而多，呈泡状，位于皮质区。子宫为螺旋状的管腔，在阴道孔后向外开口。卵有盖，产出后孵化。成虫主要寄生于鱼类，有的也见于爬行类、鸟类和哺乳动物。本科中有双叶槽属（*Diphyllobothrium*）、迭宫属（*Spirometra*）、舌形属（*Ligula*）。

★头槽科（Bothriocephalidae）

成虫寄生于草鱼、鲢、鳙等鱼类的肠道。头槽属（*Bohtriocephalus*）的九江头槽绦虫（*B. gowkongensis*）体长 20～250mm，头节有两个较深的吸沟。虫卵呈椭圆形，淡褐色，尖端有一不明显的卵盖。

二、线形动物门（Nematoda）

1. 有尾感器纲（Secernentea Phasmidia）

（1）杆形目（Rhabditata）。

微型至小型虫体，常具 6 片唇。自由生活阶段，具典型的杆线虫型食道；在狭部和体部间常见假食道球；雌雄虫尾端均呈锥型；交合刺同形等长；常具引器。寄生期常不具食道球；为丝状（柱状）食道，口囊小或无。寄生世代孤雌生殖（宿主体内只有雌虫），自由生活世代雌雄异体，两种世代交替进行；寄生于两栖类和爬行类的肺部或两栖类、爬行类、鸟类和哺乳动物类的肠道。

★类圆科（Strongyloididae）类圆属（*Strongyloides*） 寄生于哺乳动物的肠道。

★小杆科（Rhabdiasidae）

本科中有小杆属（*Rhabditis*）和微细属（*Micronema*）。

（2）圆线目（Strongylata）。

通常细长型虫体；食道呈棒状；雄虫有发达的交合伞，伞上有肌质的肋支撑；通常卵生；毛圆科、圆线科和钩口科的卵壳薄而光滑，椭圆形，大小通常为（80～100）μm×（40～50）μm，刚产出的卵很少发育到超过桑葚期，统称为圆线虫形虫卵；寄生于脊椎动物所有纲（但鱼类少见）。圆线目下分若干科。

★毛圆科（Trichostrongylidae） 主要寄生于反刍动物的消化道。

在有交合伞类线虫中，毛圆科系小型（长为 0.5～3cm）毛发状虫体，口囊通常无或不发达，交合伞侧叶发达和 2 根交合刺，直接发育型，通常不移行，第 3 期幼虫为感染阶段。除网尾属（*Dictyocaulus*）外，均寄生于动物和鸟类消化道。本科中有毛圆属（*Trichostrongylus*）、奥斯特属（*Ostertagia*）、背带线虫属（*Teladorsagia*）、血矛属（*Haemonchus*）、长刺属（*Mecistocirrus*）、马歇尔属（*Marshallagia*）、古柏属（*Cooperia*）、细颈属（*Nematodirus*）、似细颈属（*Nematodirella*）、猪圆线虫属（*Hyostrongylus*）。

★圆线科（Strongylidae） 绝大多数寄生于哺乳动物的肠道。

圆线科的线虫较毛圆科的线虫粗大，大多数有一大的口囊。有叶冠、牙齿或切板。圆线科的线虫体型大，为大型圆线虫，包括马属动物大肠的线虫和象的大肠线虫。本科中有圆线属（*Strongylus*）、夏伯特属（*Chabertia*）、三齿属（*Triodontophorus*）、盆口属（*Craterostomum*）、食道齿属（*Oesophagodontus*）。

★盅口科（Cyathostomidae）（或称毛线科 Trichonematidae） 较圆线科的口囊小，

均有明显的内外二圈叶冠，系"小型圆线虫"，寄生于马、象、猪、龟等动物的大肠，种类多，形态复杂。寄生于哺乳动物和两栖动物的消化道。本科中有虫口属（*Cyathostomum* 或毛线属 *Trichonema*）、盂口属（*Poteriostomum*）、辐首属（*Gyalocephalus*）、杯环属（*Cylicocyclus*）、杯齿属（*Cylicodontophorus*）、杯冠属（*Cylicostephanus*）、鲍杰属（*Bourgelatia*）、食道口属（*Oesophagostomum*）。

★网尾科（Dictyocaulidae）

白色，细线状，体长达 80mm，口囊小；雄虫交合伞退化，交合刺短，呈颗粒状外观；雌虫阴门位于体中部，产含第 1 期幼虫的卵。寄生于反刍兽和马属动物呼吸道（气管、支气管）和肺部。本科中有网尾属（*Dictyocaulus*）。

★后圆科（Metastrongylidae）

具一对分三叶的唇，交合刺细长，交合伞发达，阴门近肛门处。随粪便排出的虫卵中含有幼虫。后圆科只有一个后圆属（*Metastronglus*），是猪支气管和细支气管的大型白色寄生虫。

★原圆科（Protostrongylidae）

具发达的交合伞、交合刺和引器；阴门近肛门处。寄生于哺乳动物的呼吸系统及循环系统。本科中有原圆属（*Protostrongylus*）、囊尾属（*Cystocaulus*）、缪勒属（*Muellerius*）等。

★比翼科（Syngamidae）

有一个很发达的口囊。有的种类雄虫尾端固定在雌虫的阴门上，雌雄虫在整个生命期间处于交配状态。雄虫交合伞很发达。寄生于鸟类及哺乳动物的呼吸道和中耳中。本科中有比翼属（*Syngamus*）、鼠比翼属（*Rodentogamus*）和哺乳类比翼属（*Mammomonogamus*）。

★钩口科（Ancylostomatidae）

具大的向背侧弯曲的口囊，口边缘具齿或切板。雄虫交合伞发达，常见雌雄处于交配状态，形成 T 形外观，雌虫产典型的圆线虫卵，随粪便排出的卵处桑葚期。成虫寄生于哺乳动物的消化道，是小肠内吸血寄生虫。本科中有钩口属（*Ancylostoma*）、旷口属（*Agriostomum*）、仰口属（*Bunostomum*）、球首属（*Globocephalus*）。

★冠尾科（Stephanuridae）冠尾属（*Stephanurus*）　寄生于哺乳动物的肾及周围组织。

★裂口科（Amidostomatidae）裂口属（*Amidostomum*）　寄生于禽类的肌胃角质膜下，偶见于腺胃。

（3）蛔目（Ascaridata）。

粗大型线虫；具三片唇，一背唇，二亚腹唇；无口囊，食道简单，肌质柱状，雄虫尾部常弯向腹面；雌虫阴门位于体中部稍前。卵壳厚，处单细胞期。直接发育型。

★蛔科（Ascaridae）　食道后无小胃，寄生于哺乳动物的肠道。本科有蛔属（*Ascaris*）、副蛔属（*Parascaras*）、弓蛔属（*Toxascaris*）、贝蛔属（*Baylisascaris*）。

附表 3-5　蛔科分属检索表

1. 有间唇 ·· 副蛔属（*Parascaris*）

2. 无间唇 ··· 蛔属（*Ascaris*）

★弓首科（Toxocaridae）

附表3-6　弓首科分属检索表

a. 无颈翼 ·· 新蛔属（*Neoascaris*）

　有颈翼 ·· b

b. 食道后有小胃 ··· 弓首属（*Toxocara*）

　食道后无小胃 ··· 弓蛔属（*Toxascaris*）

★禽蛔科（Ascaridiidae）禽蛔属（*Ascaridia*）　食道棒状，但不具后食道球；雄虫有带角质边缘的泄殖孔前吸盘。寄生于鸟类。

★异尖科（Anisakidae）异尖属（*Anisakis*）　寄生于鱼类。

（4）尖尾目（Oxyurata）。

中小型虫体。食道有后食道球，因雌虫（有时雄虫或二者）尾部长而尖，故又称蛲虫。雄虫尾翼常很发达。雌虫阴门在体前部，虫卵壳薄，二侧不对称，有些种产出时已完全胚胎化。直接型发育。成虫寄生于宿主大肠，具严格的宿主特异性。

★尖尾科（Oxyuridae）　寄生于哺乳动物的消化道。本科中有尖尾属（*Oxyuris*）、无刺属（*Aspiculuris*）、住肠属（*Enterobius*）、钉尾属（*Passalurus*）、管状属（*Syphacia*）。

★异刺科（Heterakidae）　寄生于两栖、爬行、鸟类和哺乳类动物的肠道。本科中有异刺属（*Heterakis*）、同刺属（*Ganguleterakis*）、副盾皮属（*Paraspydodera*）。

（5）旋尾目（Spirurata）。

★吸吮科（Thelaziidae）　寄生于哺乳动物、鸟类的眼部组织。本科中有吸吮属（*Thelazia*）、尖旋尾属（*Oxyspirura*）、后吸吮属（*Metathelazia*）。

★尾旋科（Spirocercidae）尾旋属（*Spirocerca*）寄生于肉食动物。

★柔线科（Habronematidae）　柔线属（*Habronema*）、德拉西属（*Drascheia*）寄生于哺乳动物的胃黏膜下。

★华首科（锐形科）（Acuariidae）　寄生于鸟类的消化道、腺胃或肌胃角质膜下。本科中有副柔属（*Parabronema*）、锐形属（华首属）（*Acuaria*）、棘结属（*Echinuria*）

★颚口科（Gnathostomatiidae）颚口属（*Gnathostoma*）　寄生于鱼类、爬行类和哺乳动物的胃、肠，偶见于其他器官。

★泡翼科（Physalopteridae）泡翼属（*Physaloptera*）　寄生于脊椎动物胃或小肠。

★四棱科（Tetrameridae）四棱属（*Tetrameres*）　雌雄异形。雌虫近似球形，深藏在禽类的前胃腺内；雄虫纤细，游离于前胃腔中。

★筒线科（Gongylonematidae）筒线属（*Gongylonema*）　寄生于鸟类和哺乳动物的食道和胃壁。

（6）丝虫目（Filariata）。

虫体乳白色，粉丝状，无口囊及咽；交合刺通常不等长，不同形；胎生或卵胎生。寄生于陆生脊椎动物肌肉、结缔组织、循环系统、淋巴系统和体腔等与外界不相通的组织中。有中间宿主，为吸血节肢动物。微丝蚴存于终末宿主血液中或皮下结缔组织中。

★腹腔丝虫科（丝状科）（Setariidae）丝状属（*Setaria*）　寄生于哺乳动物的腹腔。

★丝虫科（Filariidae）副丝虫属（*Parafilaria*）　寄生于哺乳动物的结缔组织。

★盘尾科（Onchocercidae）盘尾属（*Onchocerca*）　寄生于哺乳动物的结缔组织。

★双瓣科（Dipetalonematidae）　寄生于脊椎动物的心脏或结缔组织中。本科中有双瓣属（*Dipetalonema*）、浆膜丝虫属（*Serofilaria*）、恶丝虫属（*Dirofilaria*）。

（7）驼形目（Camallanata）。

★龙线科（Dracunculidae）龙线属（*Dracunculus*）、鸟蛇属（*Avioserpens*）寄生于鸟类皮下组织，或哺乳动物的结缔组织中。

2. 无尾感器纲（Adenophorea Aphasmidia）

（1）毛尾目（Trichurata）。

虫体前端很细，后端很粗；具典型的毛尾线虫型食道（捻珠状，中间为细管腔）；有杆状带；雄虫1根交合刺或无；卵两端有塞，毛形科产幼虫；几乎寄生于所有纲的脊椎动物的消化道和肌肉组织等部位。与兽医有关的三个科。

★毛形科（Trichinellidae）毛形属（*Trichinella*）成虫寄生于哺乳动物的肠道，幼虫寄生于肌肉。

★毛尾科（Trichuridae）毛尾属（*Trichuris*）寄生于哺乳动物的肠道。

★毛细科（Capillariidae）毛细属（*Capillaria*）和线形属（纤形属）（*Thominx*）寄生于脊椎动物的消化道或尿囊中。

（2）膨结目（Dioctophymata）。

★膨结科（Dioctophymatidae）膨结属（*Dioctophyma*）寄生于哺乳动物的肾、腹腔、膀胱和消化道，或鸟类。

三、棘头动物门（Acanthocephala）

1. 原棘头虫纲（Archiacanthocephala）

（1）寡棘吻目（Oligacanthorhynchida）。

★寡棘吻科（Oligacanthorhynchidae）

大棘吻属（*Macracanthorhynchus*）大型虫体，体表有许多横皱纹。吻突呈球形。

（2）古棘头虫纲（Palaeacanthocephala）。

多形目（Polymorphida）

★多形科（Polymorphidae）

多形属（*Polymorphus*）

细颈属（*Filicollis*）

四、节肢动物门（Arthropoda）

节肢动物门虫体两侧对称，被有外骨骼，体分节，有分节的肢，有的分头、胸、腹，有的分不清，体腔充满血液，内有消化系统、生殖系统、排泄系统，雌雄异体。

1. 蛛形纲（Arachnida）

体分头胸部和腹部或不分部，成虫有足4对，无翅；无触角；有眼或无眼，头胸部有6对附肢，前2对是头部附肢，第1对为螯肢，是采食器官，第2对为须肢，位于口器两侧，能协助采食、交配和感觉。其余4对属胸部附肢。蛛形纲共分8个目，但与动物有关的主要是蜱螨目。

（1）蜱螨目（Acarina）。虫体头胸腹通常融合为一整体。分节不明显，体呈圆形或椭圆形，一般雄虫小于雌虫。成虫及若虫有4对足，幼虫有3对足。虫体前端有一个假头，由口器和假头基组成。口器包括一个居中的口下板和两侧成对的螯肢和须肢。体壁有的呈膜状，有的呈坚厚的盾板状。蜱螨目分为5个亚目，即蜱亚目、疥螨亚目、恙螨亚目、中门亚目和钩须亚目。

◆**蜱亚目（Ixodides）** 虫体中部外侧有一对气门板，呈圆形或椭圆形。足的第一附节上有感觉窝，即哈氏器；口下板有倒刺，为穿刺工具。

★**硬蜱科（Ixodidae）** 体形卵圆，背面有盾板，雄虫盾板覆盖背面全部，而雌虫的只达前半部，眼1对或无，气门板1对，位于第四对足基节的后外侧。须肢各节不能转动，第4节退化并嵌入第3节腹面。

革蜱属（*Dermacentor*）

花蜱属（*Amblyomma*）

璃眼蜱属（*Hyalomma*）

牛蜱属（*Boophilus*）

扇头蜱属（*Rhipicephlus*）

血蜱属（*Haemaphysalis*）

硬蜱属（*Ixodes*）

★**软蜱科（Argasidae）** 体形扁平，背面无背板，体表革状，有皱纹或颗粒状结构；假头位于体前端腹面，基部小，无孔区。须肢游离不紧贴螯肢两侧。气门一对，居于第4对足基节之前。大多数无眼，如有眼，则位于基节上褶。

锐缘蜱属（*Argas*）

钝缘蜱属（*Ornithodoros*）

◆**疥螨亚目（Sarcoptiformes）** 虫体无气门板，各足基节在体面表皮上形成Y状的支柱。咀嚼式口器，螯肢粗大，须肢简单，雄虫常有肛吸盘。

★**疥螨科（Sarcoptidae）** 体呈圆形，假头背面后方有一对粗短的垂直刺。体表有皱纹，足粗短，无性吸盘。

疥螨属（*Sarcoptes*）

背肛螨属（*Notoedres*）

膝螨属（*Knemidocoptes*）

★**痒螨科（Psoroptidae）**

痒螨属（*Psoroptes*）

足螨属（*Chorioptes*）

耳痒螨属（*Otodectes*）

★**肉食螨科（Cheyletidae）**

羽管螨属（*Syringophilus*）

◆**中（气）门亚目（Mesostigmata）**

躯体中部外侧有一对气门，气门缘为长形；如无气门则寄生于脊椎动物的呼吸道内，足上无哈氏器。口下板无穿刺功能。此亚目中的喘螨科的犬肺壁虱寄生于犬鼻腔和鼻窦。

★**皮刺螨科（Dermanyssidae）**

皮刺螨属（*Dermanyssus*）

禽刺螨属（*Ornithonyssus*）

★**鼻刺螨科 Rhinonyssidae**

新刺螨属（*Neonyssus*）

鼻刺螨属（*Rhinonyssus*）

◆前气门亚目（Prostigmata）或恙螨亚目（Trombiculidae）

★蠕形螨科（Demodicidae）

虫体狭长呈蠕虫状。足 4 对，粗短呈圆锥状，位于体前端腹面。假头位于前端，呈半月状凸出。雌虫阴门为一狭长纵裂，位于腹面第 4 对足的后方。寄生于毛囊或皮脂腺。

蠕形螨属（*Demodex*）

★恙螨科（Trombiculidae）

恙螨属（*Trombicula*）

真棒属（*Euschongastia*）

新棒螨属（*Neoschongastia*）

★跗线螨科（Tarsonemidae）

2. 昆虫纲（**Insecta**）

体分头、胸、腹 3 部。头部有复眼、单眼、触角和口器。胸部由前胸、中胸和后胸 3 节组成，每节有足 1 对。中胸和后胸各有翅 1 对，但寄生性昆虫中，有的翅很不发达，甚至完全消失。腹部由 11 节组成，但多数只可见 8 节，末端数节变为外生殖器。肛门和生殖孔位于腹部末端。

（1）双翅目（Diptera）。本目的主要特征为：只有一对前翅，后翅退化为平衡棍，前胸与后胸小，而中胸大。属完全变态。可分为长角亚目、短角亚目和环裂亚目，与犬猫有关的是长角亚目。

★蚊科（Culicidae）　口器细长，刺吸式。翅窄长，端部钝圆，翅脉有鳞片。

按蚊属（*Anopheles*）

库蚊属（*Culex*）

阿蚊属（*Armigeres*）

伊蚊属（*Aedes*）

★蠓科（Ceratopogonidae）

拉蠓属（*Lasiohelea*）

库蠓属（*Culicoides*）

勒蠓属（*Leptoconops*）

★蚋科（Simuliidae）

原蚋属（*Prosimulium*）

蚋属（*Simulium*）

真蚋属（*Eusimulium*）

维蚋属（*Withelmia*）

★虻科（Tabanidae）

斑虻属（*Chrysops*）

麻虻属（*Chrysozona*）

虻属（*Tabanus*）

★狂蝇科（Oestridae）

狂蝇属（*Oestrus*）

鼻狂蝇属（*Rhinoestrus*）

喉蝇属（*Cephalopina*）

★胃蝇科（Gasterophilidae）

胃蝇属（*Gasterophilus*）

★皮蝇科（Hypodermatidae）

皮蝇属（*Hypoderma*）

★虱蝇科（Hippoboscidae）

虱蝇属（*Hippobosca*）

蜱蝇属（*Melophagus*）

★毛蠓科（Psychodidae） 口器刺吸式，短于头部。胸部背面隆起。翅无鳞片或色斑，但有很多长毛，静止时竖立于背面。

（2）虱目（Anoplura）。体扁无翅，口器刺吸式，触角3～5节，复眼退化或无眼，也无单眼。胸部三节融合。足粗短。不完全变态。此目寄生于犬猫体表的有颚虱科和血虱科。

★颚虱科（Linognathidae） 有眼或无眼。腹部全为膜状，腹部的背腹面每节至少有1行毛，一般有多行毛。中、后腿比前腿大。

颚虱属（*Linognathus*）

管蝇属（*Solenopotes*）

★血虱科（Haematopinidae） 无眼，仅在触角后方有一眼点。头缩入胸部。

血虱属（*Haematopinus*）

（3）食毛目（Mallophaga）。体扁无翅，头宽大。咀嚼式口器。触角3～5节。不完全变态。

★毛虱科（Trichodectidae） 触角3节。各足跗节具1爪。

毛虱属（*Trichodectes*）

猫毛虱属（*Felicola*）

牛毛虱属（*Bovicola*）

★短角羽虱科（Menoponedae）

鸭虱属（*Trinoton*）

体虱属（*Menacanthus*）

鸡虱属（*Menopon*）

★长角羽虱科（Philopteridae）

啮羽虱属（*Esthiopterum*）

鹅鸭虱属（*Anatoecus*）

长羽虱属（*Lipeurus*）

圆羽虱属（*Goniocotes*）

角羽虱属（*Goniodes*）

（4）蚤目（Siphonaptera）。无翅。体左右扁平。头小，与胸部紧密相连。触角3节，短而粗。刺吸式口器。足粗长。完全变态。

★蚤科（Pulicidae） 眼完整。眼后有触角沟，触角斜卧于沟中。具1或2支臂前鬃。腹部末端有臀板和毛。肛板每侧具14个窝孔。

栉首蚤属（*Ctenocephalides*）

★蠕形蚤科（Vermipsyllidae）

蠕形蚤属（*Vermipsylla*）

羚蚤属（*Dorcadia*）

★角叶科（Ceratophyllidae）

（5）半翅目（Hemiptera）。

五、原生动物门（Protozoa）

1. 复顶亚门（Apicocomplexa）

有顶器，电镜下观察，一般包括极环、棒状体、微丝体、类锥体和膜下微管等结构。核泡状。无纤毛。以配子生殖为有性繁殖。全部种均寄生。

（1）**孢子虫纲**（Sporozoasida）。如有类锥体则为完全截形的锥体状。繁殖具有有性的和无性的。卵囊中含有经孢子生殖产生的子孢子。以身体的弯曲、滑行、纵脊的波动或鞭毛的挥动而运动。常常在一些群居的小配子中具有鞭毛；一般没有伪足，如有则常用于摄取食物，而不是运动；单宿主或异宿主。

◆真球虫目（Eucoccidiorida）　有裂体生殖。寄生于脊椎动物体内或无脊椎动物体内。

☆艾美耳亚目（Eimeriorina）　大配子和小配子母细胞分别发育，无融合。小配子母细胞典型者生出许多小配子。合子不运动。有类锥体。典型者子孢子位于孢子囊内。

★隐孢子虫科（Cryptosporidae）

隐孢子虫属（*Cryptosporidium*）

★艾美耳科（Eimeriidae）

在宿主细胞内发育，卵囊内有零到多个孢子囊；每一孢子囊内有一个或多个子孢子。裂体增殖在宿主体内，孢子增殖在外界。

艾美耳属（*Eimeria*）

等孢属（*Isospora*）

泰泽属（*Tyzzeria*）

温扬属（*Wenyonella*）

★肉孢子虫科（Sarcocystis）

无细胞融合，有内出芽增殖，细胞内有包囊或假囊。为脊椎动物体内的寄生虫。

贝诺属（*Besnoitia*）

肉孢子虫属（*Sarcocystia*）

弓形虫属（*Toxoplasma*）

新孢子虫属（*Neospora*）

☆血孢子虫亚目（Haemospororina）　大配子和小配子母细胞单独发育。无类锥体，无融合；小配子母细胞产生约 8 根鞭毛的小配子；合子运动（动合子）；子孢子囊有三层膜；异宿主寄生；裂体生殖在脊椎动物宿主，而孢子生殖在无脊椎动物；以吸血昆虫传染。

★疟原虫科（Plasmodiiadae）

疟原虫属（*Plasmodiuma*）

★住白细胞虫科（Leucocytozoidae）

住白细胞虫属（*Leucocytozoon*）

（2）梨形虫纲（Piroplasmea）。梨形、圆形、杆状或阿米巴形，没有类锥体，无卵囊，孢子或假包囊；无鞭毛；有极环和棒状体；在红细胞，有时也在其他细胞里；异宿主寄生，在脊椎动物内裂体生殖，在无脊椎动物内孢子生殖；蜱为媒介。

★巴贝斯科（Babesiidae）

巴贝斯属（*Babesia*）

★泰勒科（Theileriidae）

泰勒属（*Theileria*）

2. 肉足鞭毛亚门（Sarcomastigophora） 有鞭毛、伪足或两者均有。核单一型。如具有有性生殖，则主要是配子生殖。

（1）**鞭毛虫总纲（Mastigophora）**。

滋养体阶段有1根或多根鞭毛。主要以二分裂方式进行增殖，某些种类具有有性生殖。

（2）**动物鞭毛虫纲（Zoomastigophorea）**。无叶绿体。有1根或多根鞭毛。某些种类有阿米巴型，有或无鞭毛。极少数具有有性生殖。为一个多元型群。

◆动体目（Kinetoplastida）

有1或2根鞭毛，从虫体凹陷处伸出。寄生或自由生活。

▲锥体亚目（Trypanosomatina）

1根鞭毛，游离或以波动膜与虫体相连。动基体较小而致密，寄生。

★锥体科（Trypanosomatidae）叶状或椭圆状。

利什曼属（*Leishmania*）

锥虫属（*Trypanosoma*）

◆双滴虫目（Diplomonadorida）

2个核鞭毛复合物，虫体呈双旋式对称或呈照镜式对称，每个鞭毛体有1～4根鞭毛，无线粒体或高尔基复合体；核内分裂为有丝分裂；有包囊。

★六鞭科（Hexamifidae）

贾第属（*Giardia*）

六鞭属（*Hexamita*）

◆毛滴目（Trichomonadorida）

具有0～6根鞭毛（典型的是4～6根），由高尔基复合体形成一副基体；无线粒体，核外有丝分裂。通常没有包囊。有性繁殖不详。

★毛滴虫科（Trichomonadoidae）

毛滴虫属（*Trichomonas*）

三毛滴虫属（*Tritrichomonas*）

◆旋滴目（Retortamonadida）

★旋滴科（Retortamonadidae）

唇鞭毛属（*Chilomastix*）

◆根鞭毛目（Rhizomastigida）

★鞭毛阿米巴科（Mastigamoebidae）

组织滴虫属（*Histomonas*）

（3）玛瑙虫总纲（Opalinata）

（4）肉足总纲（Sarcodina）。

伪足或虽无伪足而有运动性的胞质流动，如有鞭毛，通常只限于某个发育阶段。虫体裸露或有外壳或内壳。以二分裂法增殖，如有有性生殖，则与鞭毛体期有关。多数营自由生活。

◆根足纲（Rhizopodea）

◆叶足亚纲（Lobosia）

◆阿米巴目（Amoebida）　典型的呈单核；有线粒体；没有鞭毛期。

★内阿米巴科（Endamoebidae）

肠阿米巴属（*Entamoeba*）

内蜒属（*Endolimax*）

3. 微孢子亚门（Microspora）

孢子为单细胞。有1个卡管极丝。

微孢子虫纲（Microsporasida）

微孢子目（Microsporida）

微粒子虫科（Nosematidae）

微粒子属（*Nesema*）（蜂蚕）

4. 纤毛虫亚门（Ciliophora）

至少在生活史中的一个阶段里有纤毛或复合纤毛的细胞器；有表膜下的纤毛结构；有两个类型的细胞核（大核和小核）；横的二分裂；有性繁殖包括接合生殖、自体交合和细胞交合。

纤毛虫纲（Ciliata）

◆毛口目（Trichostomatorida）

◆毛口亚目（Trichostomatorina）　体部纤毛未退化。

★小袋科（Balantidiidae）

小袋属（*Balantidium*）

安亚兰，薛其荣，鲁锦成．2012．犬蜱麻痹症诊治［J］．四川畜牧兽医．2：50．

曹玉莲，红英．2007．锚头鳋病防治一例与体会［J］．河南水产．3：34～50．

陈爱平，江育林，钱冬．2011．三代虫病［J］．中国水产．10：53～54．

陈福科．2011．一例兔艾美耳球虫病的诊疗［J］．中国畜禽种禽．11：77～78．

陈佩惠．1983．猪巨吻棘头虫与我国棘头虫病概况［J］．北京第二医学院学报．4：328～332．

陈钦藏．2005．蚕种场发生虱螨病的原因及防治对策［J］．广东蚕业（3）：12～13．

陈诗平．1994．水产适用技术百科全书［M］．北京：北京科学技术出版社．

陈天铎．1996．实用兽医昆虫学［M］．北京：中国农业出版社．

邓国藩．1978．中国经济昆虫志：第十五册［M］．北京：科学出版社．

邓绍基，骆永泉．2002．一起猪毛首线虫病的诊疗报告［J］．江西畜牧兽医杂志．5：25～26．

邓永强，汪开毓，黄小丽．2005．鱼类小瓜虫病的研究进展［J］．大连水产学院学报（20）：150～153．

龚建新．1996．谈1995年春蚕蝇蛆病暴发原因及防范措施［J］．江苏蚕业．1：13～14．

郭旭明．2008．鸽毛滴虫病［J］．畜牧兽医科技信息．09：82．

郭子茂，乌晓学．2009．猪冠尾线虫病——猪肾虫病的诊断与防治［J］．畜牧与饲料科学．30（7-8）：180～182．

黄旭华，朱方容，石美宁．2007．家蚕微粒子病病原分布和传染途径的综述［J］．广西蚕业（3）44：31～35．

蒋金书．2000．动物原虫病学［M］．北京：中国农业大学出版社．

孔繁瑶．1997．家畜寄生虫学［M］．北京：中国农业大学出版社．

孔繁瑶．2010．家畜寄生虫学［M］．2版．北京：中国农业大学出版社．

李创新，戎玉梅，兰敬国．1993．亚洲象体内寄生虫研究［J］．动物学杂志．28（5）：43～44．

李国清，等．2007．高级寄生虫学［M］．北京：高等教育出版社．

李国清．1999．兽医寄生虫学［M］．广州：广东高等教育出版社．

李海琴，郭泗虎，贾雪霞，等．2012．1例犬钩虫病的诊治［J］．黑龙江畜牧兽医．2：111．

李猛，王铁良，刘孝刚．2005．猪冠尾线虫病的诊治［J］．现代畜牧兽医．05：39．

李熙，罗冬生，刘国华．2009．一起猪后圆线虫病的诊断与防治动物医学进展［J］．30（11）：127～128．

李振龙．2011．指环虫病［J］．中国水产．10：48～49．

林瑞庆，张媛，朱兴全．2010．食道口线虫与食道口线虫病的研究进展［J］．中国预防兽医学报．9：737～740．

林选锋．2010．一例草鱼种车轮虫病的诊治［J］．科学养鱼．10：58．

林远清，柯婷雅，周发生，等．2005．犬复孔绦虫诊治不当会致犬死亡［J］．中国工作犬业．7：18．

刘伟．2009．猪华支睾吸虫病的防治措施．畜牧与饲料科学［J］．30（7～8）：173～175．

刘学美，师红卫．2002．南方大口鲶三代虫防治一例［J］．科学养鱼．6：46．

刘自运．2009．猪后圆线虫病——猪肺线虫病的诊断与防治措施［J］．畜牧与饲料科学．30：7～8．

卢俊杰，等．2002．人和动物寄生线虫图谱［M］．北京：中国农业科学技术出版社．

卢少达，张启祥．2010．一例兔豆状囊尾蚴病的诊治报告［J］．养殖技术顾问．10：200．

陆忠康.2001.简明中国水产养殖百科全书［M］.北京：中国农业出版社.

罗峰，陈泽华，苏遂琴，等.2007.鸽毛滴虫病的研究进展［J］.中国兽医寄生虫病（3）：51～54.

马保臣，董玉兰，王春璇，等.2001.鸟的寄生虫病及其防治［J］.山东畜牧兽医.05：33～34.

马玉臣.2000.犬蛔虫病的诊治［J］.畜牧兽医杂志.19（1）：33.

聂奎.2007.动物寄生虫学［M］.重庆：重庆大学出版社

潘耀谦，刘兴友，赵振升，等.2009.兔豆状囊尾蚴的压片技术及染色方法研究［J］.动物医学进展（11）30：21～24.

彭光政，刘松，刘兵，等.2011.马胃蝇蛆病的防治措施［J］.中国畜牧兽医文摘（27）5：99～100.

彭国华，袁铿，周宪民，等.2003.蛔虫感染期幼虫的分离［J］.中国寄生虫学与寄生虫病杂志.21（1）：封三.

祁善虎，赵成全，康明.1997.四种药物对绵羊胃肠道线虫驱除作用的对比试验［J］.青海畜牧兽医杂志.27（5）：18～19.

宋铭忻，等.2009.兽医寄生虫学［M］.北京：科学出版社.

孙铭鸽.2012.一例犬疥螨病的诊治［J］.畜牧兽医科技信息.3：111.

唐仲璋，等.1987.人畜线虫学［M］.北京：科学出版社.

汪明.2003.兽医寄生虫学［M］.北京：中国农业出版社.

汪世平.2004.医学寄生虫学［M］.北京：高等教育出版社.

王春青，吕树臣.1999.鱼锚头蚤病的诊断及防治［J］.吉林畜牧兽医.1：35.

王建华，朱冠登.2011.大水面养殖斑点叉尾鮰暴发小瓜虫病防治一例［J］.水产养殖.2：43～45.

王伟利，谭爱萍，姜兰.2011.指环虫病的病例分析［J］.海洋与渔业.6：36.

韦小燕.2010.蚕蝇蛆病防治技术［J］.农家之友.1：10～11.

吴志明.2006.动物疫病防控知识宝典［M］.北京：中国农业出版社.

肖武汉，李连祥.1995.鲤斜管虫的形态及形态发生的研究［J］.水生生物学报（19）3：269～274.

谢卫华.2005.鲤鱼斜管虫病治疗一例［J］.科学养鱼.3：56～57.

谢拥军，等.2009.动物寄生虫病防治技术［M］.北京：化学工业出版社.

许万祥.2009.猪蛔虫病的诊断与防治［J］.畜牧与饲料科学（7～8）：192～194.

杨大桢，夏如山.2002.桑蚕虱螨病的发生危害和诊断防治［J］.蚕桑通报（1）33：51～54.

杨光友，王成东.2000.小熊猫寄生虫与寄生虫病研究进展［J］.中国兽医杂志.26（3）：36～38.

杨光友.1998.大熊猫寄生虫与寄生虫病研究进展［J］.中国兽医学报.18（2）：206～208.

杨光友.2005.动物寄生虫病学［M］.成都：四川科学技术出版社.

杨琼，邢东旭，廖森泰，等.1997.家蚕微粒子病治疗药物的研究 药物筛选［J］.广东蚕业.44：35～37.

叶俊.2000.蜜蜂孢子虫病的流行与控制［J］.蜜蜂杂志.6：17.

于大海.1997.中国进出境动物检疫规范［M］.北京：中国农业出版社.

余炉善；卢细平.1993.连续驱虫法防治猪食道口线虫病试验报告［J］.中国兽医寄生虫病.1（1）：41～42.

余晓丽，甘西，梁万文.2004.国外小瓜虫病的研究现状［J］.现代渔业信息（19）2：14～17.

曾宪芳.1997.寄生虫学和寄生虫学检验［M］.北京：人民卫生出版社.

张海芬，战美娜，林青.2009.兔球虫病药物防治研究进展［J］.动物医学进展（8）30：78～80.

张宏伟，等.2006.动物寄生虫病［M］.北京：中国农业出版社.

张剑英.1999.鱼类寄生虫与寄生虫病［M］.北京：科学出版社.

张西臣，等.2010.动物寄生虫病学［M］.3版.北京：科学出版社.

张秀美.2006.新编兽医实用手册［M］.济南：山东科学技术出版社.

张云贵.2009.猪寄生虫病的检测与诊断方法［J］.养殖技术顾问.10：129.

郑世山，陈龙星.2005.猪姜片吸虫病的诊治报告［J］.福建畜牧兽医.27（2）：38.

中国农业百科全书编辑部.1987.中国农业百科全书·蚕业卷［M］.北京：农业出版社.

中国农业百科全书编辑部.1993.中国农业百科全书·兽医卷 [M].北京：农业出版社.

中国农业百科全书编辑部.1993.中国农业百科全书·养蜂卷 [M].北京：农业出版社.

周永学，杜爱芳，张雪娟，等.2006.我国兔豆状囊尾蚴病的研究进展 [J].中国养兔杂志.1：26～28.

朱兴全.2006.小动物寄生虫病学 [M].北京：中国农业科技出版社.

Bowman DD，1999. eorgis' Parasitology for Veterinarians (Seventh edition). Philadelphia：WB. Saunders Company.

Bowman DD，et al. 2002. Feline Clinical Parasitology. Ames：Iowa State University Press.

Fisher M（editor）.2005. Power Over Parasites：A Reference Manual for Small Animal Veterinary Surgeons. Newbury：Bayer plc.

Krämer，F，et al. 2001. Flea Biology and Control：the Biology of the Cat Flea，Control and Prevention with Imidacloprid in Small Animals. New York：Springer.

Urquhart GM，et al. 1996. Veterinary Parasitology（Second edition）. Oxford.

图书在版编目（CIP）数据

动物寄生虫病/魏冬霞，匡存林主编 . —北京：
中国农业出版社，2012.12（2018.1 重印）
"国家示范性高等职业院校建设计划"骨干高职院校
建设项目成果
ISBN 978-7-109-17068-1

Ⅰ.①动…　Ⅱ.①魏…②匡…　Ⅲ.①动物疾病—寄
生虫病—高等职业教育—教材　Ⅳ.①S855.9

中国版本图书馆 CIP 数据核字（2012）第 305408 号

中国农业出版社出版
（北京市朝阳区农展馆北路 2 号）
（邮政编码 100125）
策划编辑　徐　芳
文字编辑　耿增强
北京通州皇家印刷厂印刷　新华书店北京发行所发行
2012 年 12 月第 1 版　2018 年 1 月北京第 3 次印刷

开本：787mm×1092mm 1/16　印张：20.75
字数：492 千字
定价：44.00 元
（凡本版图书出现印刷、装订错误，请向出版社发行部调换）